普通高等教育"十一五"国家级规划教材
普通高等教育机械类国家级特色专业系列规划教材

计算机辅助制造

（第三版）

卜　昆　刘维伟　单晨伟　姚倡锋
蔺小军　田荣鑫　程云勇　编著

科学出版社
北京

内 容 简 介

本书是计算机辅助制造(CAM)教学用书，较为系统地介绍了计算机辅助制造的原理及应用。

全书共八章，以计算机辅助制造技术的手工编程和图像编程、后置处理等为主要内容。书中首先介绍了CAD/CAM系统的基本知识及其发展现状，然后重点介绍了CAM技术。书中内容包括CAD/CAM概述，数控机床的基本概念，数控加工工艺设计及加工参数选择，使用丰富的图例介绍了数控加工程序手工编制、从平面图像编程到多坐标图像编程方法和轨迹验证，介绍了四、五坐标数控加工程序的后置处理算法和通用后置处理系统的原理、数控测量机及精密数字化测量与数据处理，以及快速原型制造技术、电火花加工等特种加工技术。

本书适合高等院校的机械专业学生使用，也可作为从事计算机辅助制造工作的科研人员和数控机床编程及操作人员的参考书。

图书在版编目(CIP)数据

计算机辅助制造/卜昆等编著. —3版. —北京：科学出版社，2014.11

普通高等教育"十一五"国家级规划教材·普通高等教育机械类国家级特色专业系列规划教材

ISBN 978-7-03-041712-1

Ⅰ.①计… Ⅱ.①卜… Ⅲ.①计算机辅助制造-高等学校-教材 Ⅳ.①TP391.73

中国版本图书馆CIP数据核字(2014)第196548号

责任编辑：朱晓颖 / 责任校对：胡小洁

责任印制：徐晓晨/ 封面设计：迷底书装

科学出版社出版

北京东黄城根北街16号

邮政编码：100717

http://www.sciencep.com

北京中科印刷有限公司 印刷

科学出版社发行 各地新华书店经销

*

2003年9月第一版 开本：787×1092 1/16

2006年9月第二版 印张：18

2015年1月第三版 字数：412 000

2020年1月第九次印刷

定 价：59.80元

(如有印装质量问题，我社负责调换)

前　言

当今世界先进制造技术迅速发展，计算机集成制造技术、并行工程技术以及虚拟制造技术(Virtual Manufacturing)正在为企业提高产品质量、赢得市场竞争发挥重要作用。由于市场竞争的日趋激烈，企业对客户严格、多变的需求必须作出快速响应，这已成为企业赢得竞争的必要条件。

近年来，数控技术发展得十分迅速，数控机床的普及率越来越高，数控系统的功能越来越丰富，而同时计算机辅助设计与制造(CAD/CAM)技术的发展更是突飞猛进。现代数控加工技术的普遍应用，使产品的加工周期大幅度缩短，提高了产品的加工质量，加速了产品的更新换代，增强了产品的竞争能力。数控技术已是衡量一个国家机械制造工业水平的重要标志之一，更是体现一个机械制造企业技术水平的重要标志，许多制造行业都已经采用数控加工的方式来提高产品的竞争力。

西北工业大学现代设计与集成制造技术教育部重点实验室(原 CAD/CAM 国家重点实验室)于 1974 年率先开展了 CAD/CAM 方向的研究，1981 年获首批博士学位授予权，并培养出本学科国内第一位博士。参与本书第一、二、三版编写的作者刘维伟、汪文虎和任军学及其他作者参加了多项包括航空工业总公司重大项目“航空发动机涡轮叶片精铸模具 CAD/CAM 系统”、“航空发动机关键零件计算机辅助制造系统”及“航空发动机关键制造技术”、“航空发动机整体叶盘制造技术”等项目，获得 2006 年国家科技进步奖二等奖，入选中国高等学校十大科技进展，在计算机辅助制造方面具有丰富的实践经验。

本书在前两版的基础上进行了大幅度改版，依据制造技术的最新发展，从计算机辅助制造(CAM)的基本概念入手，较为系统地介绍了计算机辅助制造的原理及应用，增加了数控加工工艺介绍，加强了多坐标数控编程、后置处理算法、数字化测量与数据处理、特种加工技术等章节内容。通过使用本书，可使学生掌握计算机辅助设计与制造(CAD/CAM)方面的基本知识、概念，CAM 的初步应用途径和方法，相关新技术的原理和发展方向等。为学生在毕业后从事 CAD/CAM 或与之有关的工作打下基础。本书可作为高等工科院校学生的教材，也可作为数控机床编程及操作人员的参考书。

全书共分 8 章，第 1 章由卜昆编写，第 2 章由刘维伟编写，第 3 章由姚倡锋编写，第 4 章和第 5 章由单晨伟编写，第 6 章由田荣鑫编写，第 7 章由蔺小军和程云勇编写，第 8 章由卜昆、姚倡锋编写，全书由卜昆统稿。

由于计算机辅助制造技术不断发展，而编者的资料及水平有限，书中难免有不足甚至错误之处，敬请读者不吝赐教。

编　者

2014 年 7 月

前言

[illegible]

[illegible]

[illegible]

[illegible]

[illegible]

[illegible]

[illegible]

目　录

第 1 章　CAD/CAM 概述

1.1 引　　言

计算机辅助设计(Computer Aided Design,CAD)和计算机辅助制造(Computer Aided Manufacturing, CAM),是指以计算机为主要技术手段来生成和运用各种数字信息和图形信息,并进行产品设计和制造。它是人类智慧与计算机系统中的硬件和软件功能的巧妙结合。它可以将远非单纯人脑所能承担的设计和制造任务当作日常工作处理,其处理的复杂程度,将随着一代又一代新的计算机硬件和软件的出现而不断提高。

CAD/CAM 技术是 20 世纪中后期迅速发展起来的一门新兴的综合性计算机应用系统技术。20 世纪 40 年代出现第一台计算机,50 年代出现第一台数控机床,60 年代出现交互式图像显示设备、定义自由曲面的方法和力学计算的有限元法,70 年代出现工作站(Workstation)和造型技术(Wireframe Modeling、Solid Modeling、Surface Modeling)、数据库技术,80 年代出现智能机器人技术和专家系统,CAD/CAM 历经了形成、发展、提高和集成各个阶段。市场环境(企业竞争,产品市场寿命短)、设计环境(开发新产品的成功率要高而设计周期短)、制造环境(多品种、小批量和高质量)的变化是 CAD/CAM 技术发展的动力。今天 CAD/CAM 已渗透到工程技术和人类生活的几乎所有领域,并日益向纵深发展。迄今为止,在计算机技术的应用领域中,CAD/CAM 的覆盖率可达 60%以上。

CAD/CAM 技术主要服务于机械、电子、宇航、建筑、轻纺等产品的总体设计、外形设计、结构设计、优化设计、运动机构的模拟设计、有限元分析的前后置处理、物体质量特性计算、工艺过程设计、数控加工、检验测量等环节。它涉及计算机科学、计算数学、计算几何、计算机图形学、数据结构、数据库、数控技术、软件工程、仿真技术、机器人学、人工智能等学科领域。

CAD/CAM 技术具有高智力、知识密集、更新速度快、综合性强、效益高、初始投入大等特点。CAD/CAM 技术的发展,不仅深刻地改变了人们能够借以设计和制造各种产品的常规方式,而且影响到企业的管理和商业对策。因此,任何一个企业和研究机构要想保持设计和制造中的竞争能力,就必须努力研究、开发或使用 CAD/CAM 技术。

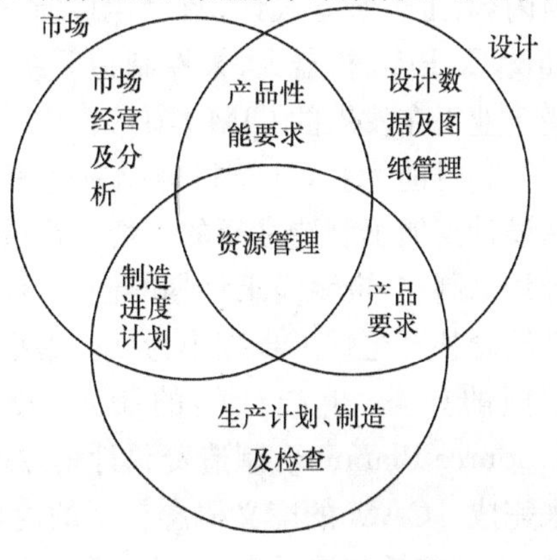

图 1-1　市场、设计和制造的相互关系

设计、制造和市场被看作是从设计思想形成到交付产品的生产过程中三个不可分割的组成部分(图 1-1)。市场把产品的需求信息提供给设计部门,设计部门将产品的定义数据和各种参数传送到制造部门,制造部门中的计划职能单位将产品的定义数据(如几何数据、加工信息等)转换成工艺定义数据和有关产品制造的说明，然后将这些信息传送到工厂的加工现场，工厂据此进行生产。以计算机为基础的计划和管理工作，直接定出进度计划并监视制造过程和控制产品质量。

1.2 CAD/CAM系统

物质世界的各种发明创造，都是为了满足人类的需要而产生的。在各种情况下，总是先有某种需要，而后产生一种怎样才能满足那种需要的思想，最后经过努力将其变为现实。人们从需要到产生思想，再把这种思想变成实物，一般称其为设计和制造过程。这一过程包括市场需求分析、产品性能要求的确定、总体设计模型的建立、模型的综合分析、结构设计、方案优选、评估决策、工程描述、工艺规程设计、加工、装配和检测等环节(图 1-1)，或者概括地说，产品设计和制造是指从市场需求分析开始，直到成为产品所必需的一系列有序活动。

从计算机科学的角度看，设计和制造过程是一个信息处理、交换、流通和管理的过程。因此，人们能够对产品从构思到投放市场的整个过程进行分析和控制，即对设计和制造过程中信息的产生、转换、存储、流通、管理进行分析和控制。CAD/CAM 系统实质上是一个有关产品设计和制造的信息处理系统。

产品的类型虽然成千上万，但其设计和制造的时间顺序模式却大同小异。从图 1-1 可以看出，任何设计制造过程，都是从对一种需求的识别开始。认识一种需求本身就是一个创造过程。设计者常在竞争形势的观察中察觉出大量的需求。在对需求进行了认真的分析后，才能进入创造性的工程设计阶段。是重新设计还是改型设计，都应从方案(总体)设计入手，使设计产品模型化，然后进行结构设计。一旦结构设计和性能分析等工作结束，就要与所要求的设计性能进行比较并得到最后的经过优选的各种参数。然后，即可进入零部件的设计和制造。

为了提高设计师或一个群体解决设计、制造问题的创造性和工作效率，已经提出了多种辅助手段。CAD/CAM 技术就是一种被人们广泛采用的主要辅助手段。这是工业革命以来工程技术领域中发生的最重大的变化之一。

CAD/CAM 系统是围绕着产品的设计与制造两大部分独立发展起来的。CAD 从方程求解计算和绘图入手，发展到现在的诸项内容：建立数学模型、工程分析、产品设计(包括方案设计、总体设计、零部件设计)、动态模拟、自动绘图等；CAM 从手工编程、自动编程，到现在的诸项内容：工艺装备设计、数字化(图形化)控制、工艺过程计划(Computer Aided Process Planning，CAPP)、机器人、柔性制造系统(Flexible Manufactring System，FMS)、工厂管理以及一些企业正在发展的 CIMS 项目。

到目前为止，计算机辅助制造有狭义和广义的两个概念。CAM 的狭义概念指的是从产品设计到加工制造之间的一切生产准备活动，它包括 CAPP、NC 编程、工时定额的计算、生产计划的制定、资源需求计划的制定等。这是最初 CAM 系统的狭义概念。到今天，CAM 的狭义概念甚至更进一步缩小为 NC 编程的同义词。CAPP 已被作为一个专门的子系统，而工时定额的计算、生产计划的制定、资源需求计划的制定则划分给 MRPII(Manufacturing Resource Planning，制造资源计划)/ERP(Enterprise Resource Planning，企业资源计划)系统来完成。CAM 的广义概念包括的内容则多得多，除了上述 CAM 狭义定义所包含的所有内容外，它还包括制造活动中与物流有关的所有过程(加工、装配、检验、存储、输送)的监视、控制和管理。

纵观CAD/CAM发展的历史，国内外的发展情况都是先由数控机床的出现，进而发展了CAM，由于CAM的要求，促进了CAD的发展。过去复杂外形零件生产方面的致命弱点是模拟量的信息传递，CAM中自动编程的出现，迫切要求用数学方法来定义零件。此外，CAD系统的出现彻底改变了设计工作过程的流程，也改变了与生产相关的处理。1963年图形显示器的出现使原来的CAD工作发生了根本的变革，通过数学方法建立产品的统一、完整的三维几何模型，信息流直接从CAD流到CAM，即CAD的输出正好是CAM的输入，达到了真正的CAD与CAM的结合。

1.2.1　CAD/CAM系统的类型

根据功能的不同，目前市场上流行的商业性CAD/CAM系统，大体上可划分为以下两种类型。

1. 通用性系统

典型的通用性系统有CADAM、UG-II、CATIA、Pro-E、I-DEAS等。

(1) CADAM

CADAM系统是美国洛克希德飞机公司1965年开始研制的绘图加工系统，1972年投入生产使用，1975年进入市场。目前国际上已有近百家飞机公司和其他部门采用，我国也有十余套CADAM系统在使用。CADAM系统是在IBM大型机系列和IBM2250光笔图形显示终端上开发的。

CADAM的设计思想是使新的计算机绘图方式尽量保持原来工程制图的习惯，用三面投影图描述三维形体。其内部的存储格式是$2\frac{1}{2}$坐标的，如存放一个视图的Z平面位置以及各点的x、y坐标值。该系统可以在屏幕上百分之百地完成一幅工程图的图面设计，包括标注尺寸线和全部图注，可以方便地存储、调用和修改图纸，同时还能对所设计的产品做几何分析、构造有限元模型、生成数控加工指令等。

(2) UNIGRAPHICS

UG(UNIGRAPHICS)是麦道公司(后并入电子资讯系统有限公司(EDS)，现更名为UGS公司)1984年起推出的商品化CAD/CAM/CAE系统软件，它最早是在VAX计算机的通用环境下开发的，后来逐渐转移到UNIX工作站上，如SGI工作站。目前推出的UG系统从15版本开始已经可以在微机上运行，从16版本开始已经完全抛开UNIX操作系统，而采用Windows NT或Windows 2000，且用户界面与Windows的界面风格相统一。但可以仿UNIX，使UG除了可以在一般的微机(至少64MB内存)上运行外，也可以在工作站上运行。

UG是业界最实用的工业设计软件包之一，它提供给用户一个灵活的复合建模模块。UG作为一个CAD/CAE/CAM系统，主要提供了以下功能：工程制图模块、线框、实体、自由曲面造型模块、特征建模、用户自定义CAD/CAE/CAM系统特征、装配、虚拟现实及漫游、逼真着色、WAVE技术(参数化产品设计平台)、几何公差等CAD模块。

UG还有较强的CAM功能，主要有车削加工、型芯和型腔铣削、固定轴铣削、清根切削、可变轴铣削、顺序铣、后置处理、切削仿真、线切割、图形刀轨编辑器、NURBS(非均匀B样条)轨迹生成器。

提供的CAE部分主要有如下功能：有限元分析、机构分析、注塑模分析等模块。另外，

UG 还提供了较为完善的钣金件的设计、制造、排样及高级钣金的设计功能。

此外，UG 还提供了用户进行二次开发的接口及用户界面的设计工具 UG OPEN/API 等。值得一提的是 UG 的一个特色产品 IMAN。

UG 的 IMAN 是一种经过生产验证的 PDM 解决方案，目前在各种不同行业的大、小型企业中得到了广泛应用。IMAN 可以从很少的用户扩展到非常多的用户，并能够管理单站和多站企业环境。其产品可靠的结构使客户可以持续以最少的数据移植成本充分利用数据和信息技术所带来的新优势。

IMAN 还是提供虚拟产品开发（VPD）和支持一体化产品开发过程和环境的技术产品，能够保证工程师们在提供端到数据端管理的无缝电子产品开发环境中密切合作。除了与工程应用和实用工具如 CAD/CAM 的紧密集成外，IMAN 还具备将信息与后处理系统如采购管理和企业资源规划系统的链接能力。

(3) CATIA

CATIA 是由法国著名飞机制造公司 Dassault 开发并由 IBM 公司负责销售的 CAD/CAM/CAE/PDM 应用系统，CATIA 起源于航空工业，其最大的标志客户即美国波音公司。波音公司通过 CATIA 建立起了一整套无纸飞机生产系统，取得了重大的成功。现在的 CATIA 软件分为 V4 版本和 V5 版本两个系列。V4 版本应用于 UNIX 平台，V5 版本应用于 UNIX 和 Windows 两种平台。V5 版本的开发开始于 1994 年，UNIX 平台下的 V4 版本尽管功能强大，但也有其缺点，即菜单较复杂，专业性太强等。一个设计人员熟练掌握 CATIA V4 版本往往需要两三年甚至更长的时间。为了使软件能够易学易用，Dassault System 于 1994 年开始重新开发全新的 CATIA V5 版本，新的 V5 版本界面更加友好，功能也日趋完善，并且开创了 CAD/CAE/CAM 软件的一种全新风格。

CATIA 提供了下面几种功能：

1）提供基于规则驱动的实体建模、混合建模以及钣金件设计，相关装配与集成化工程制图产品等。

2）提供了一系列易用的模块来生成、控制并修改结构及自由曲面物体。

3）提供了最先进的高级电子样机检查及仿真功能；知识工程产品能帮助用户获取并重复使用本企业的经验，以优化整个产品生命周期。

4）在产品设计过程中集成并交换电气产品的设计信息。

5）提供了容易使用，面向设计者的零件及其装配的应力与频率响应等分析。

6）提供面向车间的加工解决方案。

7）用户制造厂房设施的优化布置设计工作。

8）提供各类数据转换接口，与 CATIA V4 的集成帮助将 V4 与 V5 有效地组合成为一个集成的混合环境。

CATIA 软件是与 UG 软件功能类似的 CAD/CAE/CAM 系统，但 CATIA 主要应用于航空航天工业，而 UG 主要在汽车、船舶等行业应用广泛。在最近几年，UG 在航空航天工业也占有一席之地，且有与 CATIA 平分秋色之势。

(4) Pro-Engineer

Pro-E(Pro-Engineer)和 Solidworks 在机械制造领域中大量使用。

Pro-E 是 PTC 公司(Parametric Technology Corporation)的著名产品。它备有统一的数

据库，并具有较强的参数化设计、组装管理、生产加工过程及刀具轨迹等功能；它还提供各种现有标准交换格式的转换器以及与著名的CAD/CAE系统进行数据交换的专用转换器，所以也具有集成化功能。该系统的另一个特点是硬件独立性，它可以在DEC、HP、IBM、SUN、SGI等各种工作站上运行。Pro-E采用实体造型技术，从8.0版本开始增加了参数化曲面造型功能，并具有用户自定义形状特征的模块。

1）参数化设计和特征功能。

Pro-E是采用参数化设计的、基于特征的实体模型化系统，工程设计人员采用具有智能特性的基于特征的功能去生成模型，如腔、壳、倒角及圆角，也可以随意勾画草图，轻易改变模型。这一功能特性给工程设计者提供了在设计上从未有过的简易和灵活。

2）单一数据库。

Pro-E建立在统一基层的数据库上，不像一些传统的CAD/CAM系统建立在多个数据库上。所谓单一数据库，就是工程中的资料全部来自一个库，使得每一个独立用户可为一件产品造型而工作，不管他是哪一个部门的。换言之，在整个设计过程的任何一处发生改动，亦可以前后反应在整个设计过程的相关环节上。例如，一旦工程样图有改变，NC（数控）工具路径也会自动更新；组装的工程图如有任何变动，也完全同样反应在整个三维模型上。这种独特的数据结构与工程设计的完整结合，使得一件产品的所有设计完全结合起来。这一优点，使得设计更优化，成品质量更高，产品能更好地推向市场，价格也更便宜。

（5）I-DEAS

I-DEAS是由美国国家航空及宇航局（NASA）支持开发，是SDRC公司于1979年发布的第一个完全基于实体造型技术的大型软件，目前属于EDS公司（2001年，EDS宣布收购合并UGS与SDRC）。I-DEAS提供一套基于Internet的协同产品开发解决方案，包含全部的数字化产品开发流程。I-DEAS是可升级的、集成的、协同电子机械设计自动化（Manufacturing Design Automatically，MDA）解决方案。I-DEAS使用数字化主模型技术，这种技术将帮助用户在设计早期阶段就能从“可制造性”的角度更加全面地理解产品。纵向及横向的产品信息都包含在数字化主模型中，这样，在产品开发流程中的每一个部门都将更容易地进行有关全部产品信息的交流。这些部门包括：制造与生产、市场、管理及供应商等。

数字化主模型帮助用户开发及评估多种设计概念，使得设计的最终产品更贴近用户的期望。质量成为设计过程自身的一部分。通过为相关产品开发任务提供公共基础的方法，整个团队实现并行工作。数字主模型能够使不同职能部门的多个团队在产品开发早期共同工作，它替代了在同一时期不同团队只能建立各自数据的模式，这样就大大地缩减了产品的上市时间。它在航空航天、汽车运输、电子及消费品和工业设备等方面拥有众多的用户。

I-DEAS除了基本的CAD造型及CAM功能以外，在I-DEAS的新版本中又增加了以下一些功能，主要包括：

1）CAD方面。

① 复杂曲面建立能力，包括模压/凸台、复杂角结构圆角以及变量化扫描。

② 产品修改工具，包括增强的选取意图捕捉及几何映射。

2）CAM方面。

机床仿真、笔尖铣削、光顺的高速加工连接、交互的图形化刀具轨迹编辑以及自动孔加工等。

3) CAE方面。

基于网格区域的几何提取、装配的有限元模型构造等。

由于I-DEAS和UG的内核都是Parasolid,因此I-DEAS和UG实现两个产品基于Parasolid/ eXT技术的互操作就成为可能。在2001年推出的I-DEAS 9中,已实现了I-DEAS与UG之间的互操作。两个系统彼此能互相访问,在一个系统中进行设计,另一个系统可以对该设计进行分析或加工。用户可以充分利用两套软件的优势来优化自己的产品研发流程,获取更高的价值。两套系统之间可进行双向变更的相关通知及更新,并保护设计意图,实现对历程树等的智能跟踪。两套软件将按阶段逐步实现针对几何、模型文件、TDM数据的互操作性。互操作功能将使用户运用两个产品的互补性以改善其企业的设计过程。

(6)PARASOLID

PARASOLID是英国EDS(Electronic Data Systems)公司推出的CAD/CAM开发平台,它是由英国剑桥的Shape Data公司研制的,其前身是早期的实体造型先驱Romulus系统(Romulus最早期工作要追溯到20世纪70年代在剑桥大学的开发)。Shape Data公司在1985年推出了一个面向工程师的新产品项目,此项目的目标是在以复杂曲面为边界的实体造型领域提供通用的开发平台,由此诞生了PARASOLID。目前,PARASOLID在世界上已有7 000多个基于它的最终用户产品,其应用范围主要集中在机械CAD/CAM/CAE领域,它的用户群包括系统开发商、企业、大学、研究机构等。UG、Solidworks、SolidEdge、PATRAN、ANSYS及众多CAD/CAE系统都是以它作为图形核心系统。应用PARASOLID的主要公司有EDS-UG,ICAD,Siemens-Nixdorf,Fujitsu,General Electric和General Motors等。

PARASOLID支持流形造型与生成形拓扑(非流形造型、单元体造型、混合维造型),提供了布尔运算、局部操作、显示、查询等功能。PARASOLID的造型能力强而丰富,其主要特色表现在以下方面:

1) 复杂过渡。

PARASOLID提供了丰富的边、面高级过渡和倒圆功能(如,Rolling Ball、Variable-Radius、Curvature Continuous、Conic-Section等)。

2) 容差造型。

PARASOLID从其他CAD系统导入数据(尤其是裁剪曲面)时无须对模型进行修补,而是采用了独特的容差造型(Tolerant Modeling)技术。通过为每个边赋予不同的容差,使模型交换可靠、精确,避免了几何数据的丢失、缝隙的产生及其他误差。

3) 抽壳、等距和变厚。

抽壳、等距和变厚是生成薄壁零件的三种操作,作为可靠的造型器,PARASOLID支持复杂几何操作,并允许结果模型的拓扑与原始模型的拓扑相差很大。

4) 拔模。

PARASOLID支持复杂零件的拔模操作,支持对复杂曲面几何的变形操作。这些功能与非均匀变化的结合,为各种模具设计提供了强有力的工具。

2. 单功能系统

较典型的单功能系统有如下几种。

(1) MasterCAM

MasterCAM是由美国CNC Software公司开发的基于微机的CAD/CAM软件,V5.0以上版本运行于 Windows 操作系统。由于其价格较低且功能齐全，因此有很高的市场占有率。

系统的主要功能有：

1）造型功能。

① 采用先进的 NURBS 样条设计。

② 对 Spline 或曲线可做熔接(Blend)、补正(Offset)。

③ 多边形、椭圆等图形都有新的画法，切线平行线等绘制更加方便。

④ 曲面处理可由两个曲面及三个曲面产生熔接曲面，可对三个曲面做过渡处理。

⑤ 可提供曲线与曲面、平面与曲面、曲面与曲面倒圆角功能(所有曲面皆可为多重曲面)。

⑥ 在以剖切、边界线、交线、投影线等方式产生曲线时亦可切换至多重曲面的选择功能。

⑦ 基本曲面由举升(Loft)、孔斯(Coons)、直纹(Ruled)、旋转(Revolved)、扫描(Swept)、牵引(Draft)等方式产生，还可以用实体基本元件的方式，产生立方体、圆柱、圆锥、球、环及拉伸等封闭的曲面。

2）加工功能。

① 加工方式由 2～5 轴，分外形、挖槽、钻孔、单一曲面、多重曲面及五轴加工等项。

② 除可使用原来的加工方式，如平行加工、外形加工、挖槽等加工方式外，MasterCAM V6 提供两种新的多重曲面加工方式，辐射加工(Radial)及多重曲面投影加工(Project)。

③ 零件采用辐射粗、精加工，刀具路径对回转中心呈辐射状，解决了行切加工陡壁零件时效果不好的问题。

④ 加工中可设定起始角度、旋转中心及起始补正距离，以切削方向容差及最大角度增量控制表面精度。

⑤ 对于极不规则零件，可先做 2D 刀具路径，然后把刀具路径投影至多重曲面进行加工。

另外，新版软件还提供了一个有用的功能——批次加工。当有多个刀具路径需生成时，可采用此方式，设置好每个任务的加工参数，调整加工次序，即可让系统按照次序自动执行每一个处理过程。

3）仿真模拟。

可模拟实际的切削过程，通过设定毛坯及刀具的形状、大小及不同颜色，可以观察到实际的切削过程。

系统同时给出有关加工情况，去除材料量、加工时间等，并检测出加工中可能出现的碰撞、干涉并报告错误在刀具轨迹文件中的位置。

模拟完成后，即可测量零件的表面精度。

4）显示屏幕。

① 新版软件界面上方有灵活方便的工具棒，可自由设定其中的98个按钮，随意调用各种功能。

② 图形可实时用鼠标拖动旋转，彩色渲染图可控制旋转、平移及缩放，可清楚地观察建立的三维模型。

③ 图素选取可用多边形框选，也可取消选择。

④ 在操作过程中，若有疑问，可随时用“?”或“Alt-H”呼叫 HELP，即可显示当前使用功能的详细说明。

5）数据接口。

软件提供多种图形文件接口，包括 DXF、IGES、STL、STA、ASCII 等。

我国自行开发的较典型的系统有北京航空航天大学的CAXA和清华大学的“金银花”系统。

(2) CAXA软件

CAXA软件是北航海尔软件有限公司面向市场需求，推出的低价位的CAXA系列国产CAD/CAM软件。

CAXA系统的主要功能有：

1) 计算机辅助设计，包括零件的二维、三维设计与绘图，专业注塑模具及冲模具设计与绘图。

2) 计算机辅助工艺过程设计。

3) 计算机辅助制造，包括任意型腔型面造型与自动加工编程，铣床2～3轴加工、线切割、车床自动加工编程，以及电脑雕刻机专用雕刻软件。

(3) 金银花软件

金银花MDA是三维造型软件，是国家“863”高技术发展计划15项重大关键项目之一，采用美国Spatial公司的ACIS几何模型器作为几何操作集，以提高几何建模的稳定性。ACIS是国际上提供先进三维几何操作集的软件之一。目前，包括Autodesk公司的MDT等170家商用软件使用了ACIS几何操作集，直接使用的用户达100万以上。

金银花MDA2000提供参数化特征设计功能，共有六个模块：零件设计、装配设计、工程图设计、高级曲面、标准件库和高级渲染。用户可以利用该软件方便地进行零件设计(三维实体造型)、装配设计；自动生成所需的工程图纸；配有计算机辅助制造软件的数控加工中心可以直接读取所设计的三维实体零件文件；三维实体零件、装配件可以用计算机辅助分析软件进行各种强度分析、运动分析、运动仿真等；用户可以在该软件的基础上进行二次开发，以满足不同行业和领域的特殊需求。金银花MDA2000已发展成为国内二次应用开发的一个标准平台和集成平台以及和CAD/CAM一体化的支撑平台。

1.2.2 CAD/CAM系统应具备的功能

1973年，当CAD/CAM还处于初期实用阶段时，国际信息处理联合会IFIP(International Federation of Information Processing)曾经给CAD下了一个广义的、并未得到公认的定义：CAD是将人和计算机混编在解题专业组中的一种技术，从而将人和计算机的最优特性结合起来。人具有逻辑推理、判断、图形识别、学习、联想、思维、表达和自适应的特点和能力，计算机则以运算速度快、存储量大、精确度高、不疲劳、不忘记、不易出错以及能迅速显示数据、曲线和图形见长。所谓“最优特性结合”，即通过人机交互技术，让人和计算机进行信息交流和分析，互相取长补短，使人和计算机的最优特性都得到充分发挥，从而可以获得最佳的综合效果。

一个比较完善的CAD/CAM系统，是由产品设计制造的数值计算和数据处理程序包、图形信息交换(输入、输出)和处理的交互式图形显示程序包、存储和管理设计制造信息的工程数据库等三大部分构成的。这种系统的主要功能包括：

1. 雕塑曲面造型(Surface Modeling)功能

系统应具有根据给定的离散数据和工程问题的边界条件，来定义、生成、控制和处理过渡曲面与非矩形域曲面的拼合能力，提供汽车、飞机、船舶设计和制造，以及某些用自由曲面构造产品几何模型所需要的曲面造型技术。

2. 实体造型(Solid Modeling)功能

系统应具有定义和生成体素(Primitive)的能力,以及用几何体素构造法 CSG(Constructive Solid Geometry)或边界表示法 B-rep(Boundary Representation)构造实体模型的能力,并且能提供机械产品总体、部件、零件以及用规则几何形体构造产品几何模型所需要的实体造型技术。

3. 物体质量特性计算功能

系统应具有根据产品几何模型计算相应物体的体积、表面积、质量、密度、重心、导线长度以及轴的转动惯量和回转半径等几何特性的能力,为系统对产品进行工程分析和数值计算提供必要的基本参数和数据。

4. 三维运动机构的分析和仿真功能

系统应具有研究机构运动学特征的能力,即具有对运动机构(如凸轮连杆机构)的运动参数、运动轨迹、干涉校核进行研究的能力,以及对运动系统的仿真等进行研究的能力。从而为设计师设计运动机构时,提供直观的、可以仿真的交互式设计技术。

5. 二、三维图形的转换功能

众所周知,设计过程是一个反复修改、逐步逼近的过程。产品总体设计需要三维图形,而结构设计主要用二维图形。因此,从图形系统角度分析,设计过程也是一个三维图形变二维图形,二维图形变三维图形的变换过程,所以,CAD/CAM 系统应具有二、三维图形的转换功能。

6. 三维几何模型的显示处理功能

系统应具有动态显示图形、消除隐藏线(面)、彩色浓淡处理(Shading)的能力,以便使设计师通过视觉直接观察、构思和检验产品模型,解决三维几何模型设计的复杂空间布局问题。

7. 有限元法(Finite Element Method,FEM)网格自动生成的功能

系统应具有用有限元法对产品结构的静、动态特性、强度、振动、热变形、磁场、流场等进行分析的能力,以及自动生成有限元网格的能力,以便为用户精确研究产品结构受力,以及用深浅不同的颜色描述应力或磁力分布提供分析技术。有限元网格,特别是复杂的三维模型有限元网格的自动划分能力是十分重要的。

8. 优化设计功能

系统最低限度应具有用参数优化法进行方案优选的功能。这是因为,优化设计是保证现代产品设计具有高速度、高质量、良好的市场销售的主要技术手段之一。

9. 数控加工的功能

系统应具有三、四、五坐标机床加工产品零件的能力,并能在图形显示终端上识别、校核刀具轨迹和刀具干涉,以及对加工过程的模态进行仿真。

10. 信息处理和信息管理功能

系统应具有统一处理和管理有关产品设计、制造以及生产计划等全部信息(包括相应软件)的能力。或者说,应该建立一个与系统规模匹配的统一的数据库,以实现设计、制造、管理的信息共享,并达到自动检索、快速存取和不同系统间的交换和传输的目的。

1.3 CAD/CAM 系统的组成

1.3.1 系统的组成

根据 CAD/CAM 系统的目的和功用，确定系统的组成，在某些工程领域(如航空、航天、汽车、船舶等)，设计的技术条件是需要严格定义的，而其他领域的设计(如农业机械、建筑工程)，则可以有较大的选择自由。尽管各行各业之间的产品设计、生产存在着很多差异，它们应用的 CAD/CAM 系统都有共同点。一般来讲，一套完整的 CAD/CAM 系统包括硬件系统和软件系统，硬件与软件的结合与匹配，才能充分发挥 CAD/CAM 系统的高效、优质的特点。

1. CAD/CAM 硬件系统

CAD/CAM 硬件系统包括计算机及其选用的外部设备，根据系统是否有人机交互功能来选用计算机的类型。系统总体结构按配置方式来分类：

(1) 按是否具有人机交互功能来划分

一种是交互式人机对话型，另一种是非交互型。

(2) 按是否具有智能功能来划分

这样可以分为智能型和非智能型。

(3) 按选用计算机的类型(通常根据计算速度、字长、存储容量等)来划分

这样可以分为大中型机、工作站和微型机。

1) 大中型机组成的硬件系统的特点是：采用具有大容量、高速度、多功能的大型通用计算机；可提供功能较强的通道硬设备；通过终端设备，特别是图形终端联机形式实现人机对话操作；便于统一管理。其缺点是系统的初始投资较高，且随着计算机的总负荷的增加，系统的响应速度将降低；若主机(CPU)发生故障，会使整个系统瘫痪，不能工作。

2) 工作站组成的硬件系统的特点是：运算速度快；可使用的主存和外存储容量大；数据处理和图形处理功能强，且具有交互功能的图形设备屏幕分辨率高；联网通信能力好；易于符合国际通用标准；便于与异种计算机集成。

3) 微型机(有人简称为微机)组成的硬件系统的特点是：价格便宜，使用方便。近年来，微机性能不断提高，价格不断下降，内存不断扩大，运行速度不断提高。若配备高分辨率的图形显示器或图形加速器，采用大容量外存储器，改进联网功能，其性能接近于工作站系统的功能。一般适用于中、小型企业使用。

另外，由于网络技术的发展，微机、工作站、大型机可以进行异机联网，形成一个有机的整体，在网络中发挥各自的优点和特长。

(4) 按系统总体结构配置来划分

这样可以分为主机系统、成套系统、工作站或微机系统。

1) 主机系统也称集中式或中心式配置，由一个中央处理机(CPU)配有多台图形终端等外设组成的系统，如图 1-2 所示。

2) 成套系统(Turn-key System)，也称交钥匙系统。供应商根据用户要求，提供一套包括硬、软件配套的系统，交付即可使用，用户无需再开发。

3) 工作站或微机系统又称分布式或非中心式系统，如图 1-3 所示，工作站系统也称作超

级微型机系统，它采用高分辨率的图形显示器，一般相互联网，使软件资源可以共享。目前在网上往往配备一台服务器，以负责管理网上资源为主。微型机的计算能力与图形能力的不断增强，使微机的应用范围不断扩大。由承担低层次二维绘图和简单计算任务，发展到完成较高层次三维造型、有限元计算等任务。微机的不断发展，促使它和工作站的差别将逐渐消失。

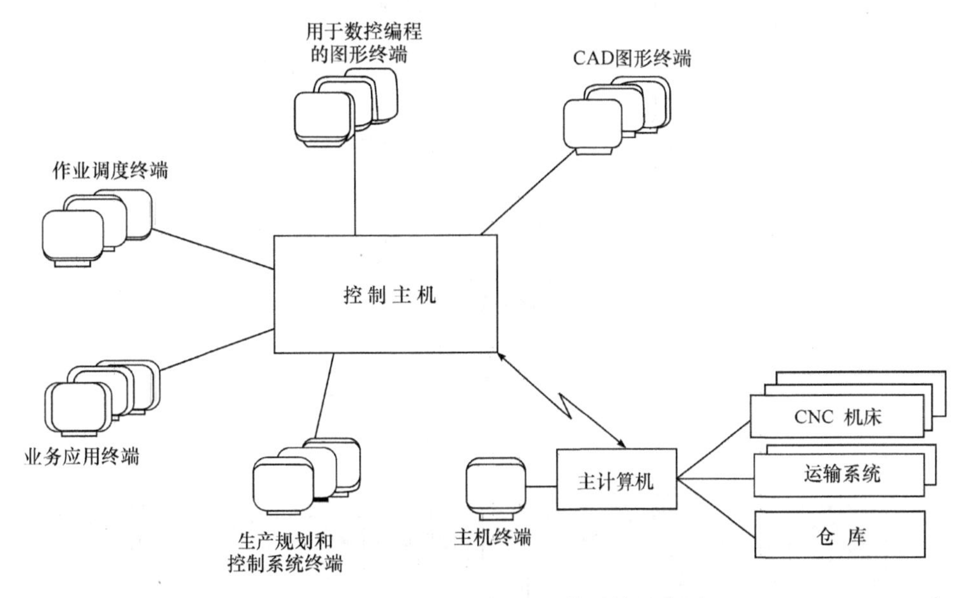

图 1-2　集中式 CAD/CAM 硬件系统示意图

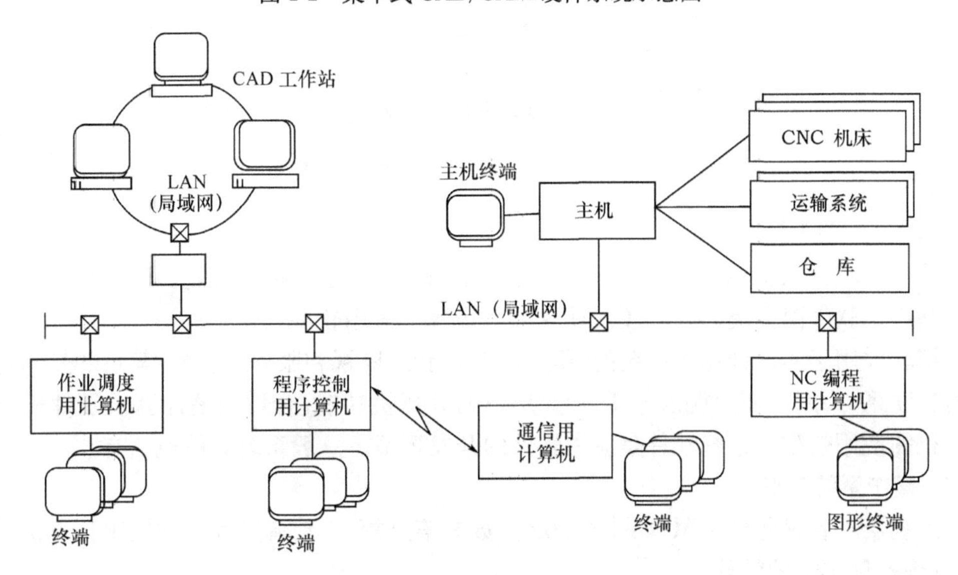

图 1-3　分布式 CAD/CAM 硬件系统示意图

不管 CAD/CAM 硬件系统的分类如何，其运行的典型硬件有以下几个组成部分：

1）中央处理机(CPU)，由运算器与控制器组成。

2）数控存储器，如磁存储器、光存储器等。CPU 和存储器通常组装在一个机壳内，合称为主机。

3）输入/输出设备，如键盘、数字化仪、鼠标、图形显示器、打印机、绘图机等。

各部分的组成及关系如图 1-4 所示。

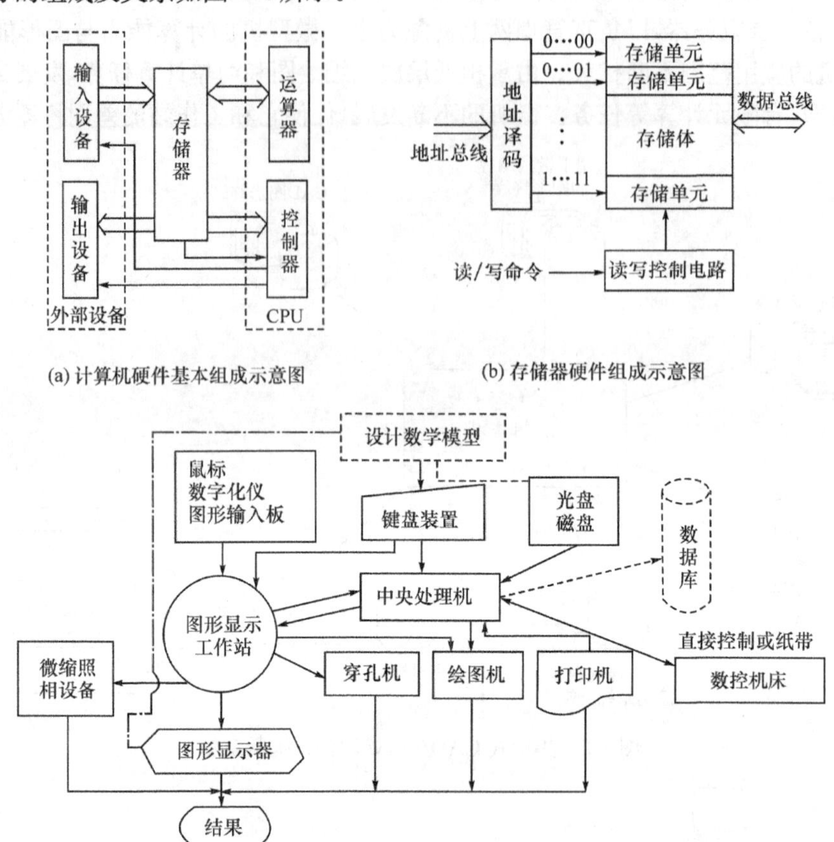

图 1-4　CAD/CAM 硬件系统各主要部分组成及关系图

2. CAD/CAM 软件系统

计算机的软件系统是将解决问题的思想方法和过程用程序进行描述。软件按功能分为系统软件和应用软件两大类。CAD/CAM 软件系统属于应用软件。

系统软件用于实现计算机系统的管理、控制、调度、监视和服务等功能，其目的是与计算机硬件直接联系，为用户使用提供方便，扩充用户的计算机功能，合理调整计算机硬件资源和提高计算机的使用效率。系统软件是应用软件的开发环境。一般系统软件包括有：

(1) 操作系统(OS)

该系统用于管理各种资源，如硬件、软件、数据信息等，自动调度和合理组织计算机的作业流程，处理各种中断的软件。

(2) 程序设计语言处理系统

该系统用于将源程序(用户用各种语言编制的程序)翻译成目标程序(用机器语言编制的程序)。按翻译方法不同分为：解释执行与编译执行两大类。前者对源程序不生成目标程序，采用边解释、边执行的方法；后者必须先将源程序翻译成目标程序后，才开始执行。

(3) 数据库管理系统(DBMS)

该系统用于管理数据库，检索库内有关的数据，并对数据进行各种操作。它除了保证数据资源共享、数据保密和安全外，还尽量减少库内数据的重复性和冗余性。

(4) 服务性程序

该程序用于提供各种运行所需的服务。例如，程序的装入、连接、编辑及诊断故障程序、纠错程序、监督程序等。

(5) 计算机网络软件

该软件包括网络操作系统和数据通信处理程序，负责对网络资源进行组织和管理，实现相互之间的通信，达到网络中资源共享的目的。

应用软件是用户为解决某种应用问题而编制的一些程序，如有限元分析计算程序、优化程序、自动控制程序、数据处理程序以及 CAD/CAM 软件等。

1.3.2 系统的选择与配置

CAD/CAM 系统的选择与配置对任何一个打算应用 CAD/CAM 技术的单位都是至关重要的。首先明确用户应用 CAD/CAM 系统的目的与对象；其次掌握用户的支付经费额和其他已有相关设备的情况。根据上述初始条件，综合考虑以下因素，做出 CAD/CAM 系统选择与配置的决策。

1) 系统的功能。系统的功能包括 CPU 的运算处理能力(表 1-1)，内、外存储器容量，图形显示与处理能力，输入/ 输出作业能力，通信联网能力等。上述能力应相互匹配与协调，以达到整个系统应有的功能。

表 1-1　处理对象所需计算机的系统功能

计算机处理对象	所需计算机的计算能力(相对比较)	所需内/外存容量/MB	图形性能/KB
数值计算	1×10	0.640/4	32
二维线框图	1×10	1/40	64
二维动态图形	1×10^3	2/120	64
三维线框图	1×10^4	4/120	132
三维着色图	1×10^5	8/260	700
有限元计算	1×10^5	8/200	132
体元模型，实体动态图像 CAM 图形仿真	1×10^6	16/420	700

2) 系统的可调节性和可扩展性。新安装的系统应能与原先安装的计算机环境进行交互操作，即具有向下兼容能力；同时应该具有升级扩展能力。

3) 系统的可靠性与可维护性。系统的可靠性指在给定时间内，计算机系统中程序运行不出错的概率，有人从反面论述为故障率。系统的可维护性指在纠正系统出现错误或故障以及满足新的要求时改变原系统的难易程度，一般包括纠错性维护能力、适应性维护能力和完善性维护能力。

4) 性能价格比。性能价格比是一个相对的综合指标。在购买硬件系统时，用户按功能和价格同时比较考核，在满足用户要求的情况下，取其最佳值，作为选择对象。

5) 供应商的发展趋势和资产可信程度。在选购系统时，不仅要分析比较其技术性能指标、价格，还要分析供应商的发展趋势和财务经营状况。若用户对计算机公司发展的情况不了解，购买了即将停产换代的产品，或是与即将易手的公司做生意，其后果会非常被动。

CAD/CAM 系统的选择与配置过程如下：

(1) 需求的确认与定义

需求的确认包括确认系统需求目标和财务目标，评审需求计划和估报预算，评价现有状态和内部能力，安排时间计划和调查供应商情况等。同时完成功能定义说明书和系统需求建议书(Request For Proposal，RFP)。

(2) 评价方案和选择方案

编制可供选择的方案，比较供应商的软硬件产品支持服务方案，评价供应商信誉和长期效益，最后，考虑综合利益和投资回收期等因素，选定最佳方案，并完成系统实施计划任务书。

(3) 计划实施

计划实施包括按计划任务书的内容和时间，实施系统安装与调整、用户培训与教育、协调内部作业和调整建立新的工作程序和标准等工作。

(4) 系统运行

系统运行包括系统维护和支持、产生利润并实现资金回收，系统与各专业化及其他应用软件系统逐步建立联系等。

1.4 CAD/CAM 的发展趋势

1.4.1 CIMS 技术

1. CIM 与 CIMS 的区别与联系

CIM 即计算机集成制造技术(Computer Integrated Manufacturing Technology)。

目前关于 CIM 比较统一的认识是：CIM 是制造业应用计算机技术的更高阶段。CIM 是 CAD(计算机辅助设计)、CAPP(计算机辅助工艺规划)、CAM(计算机辅助制造)、MRP(制造资源规划)等自动化技术发展的延续和更高水平的集成。通俗地说，即在制造业中将从市场分析、经营决策、产品设计、经过制造过程各环节，最后到销售和售后服务，包括原材料、生产和库存管理，财务资源管理等全部运转活动，在一个全局集成规划指导下逐步实现计算机化，以实现更短的设计生产周期，改善企业经营管理适应市场的迅速变化，获得更大的经济效益。过去人们仅把制造看作一个物料转换过程，但实际上，制造是一个复杂的信息交换过程，在制造中一切活动都是信息处理连续统一体的一部分。

CIMS 即计算机集成制造系统(Computer Integrated Manufacturing System)。

CIMS 是在 CIM 这个思想指导下建立的制造系统。它在信息技术、自动化技术和制造技术的基础上，通过计算机及其软件把制造过程中各种分散的自动化系统有机地集成起来，以形成适用于多品种、中小批量生产并能产生总体高效益的智能制造系统，其主要特征是集成化和智能化。集成化反映了自动化的广度，把系统空间扩展到了市场、设计加工、检验、销售及用户服务等全过程。而智能化反映了自动化的深度，不仅涉及物流控制的自动化，还包括信息流控制的脑力劳动自动化。CIM 是组织、管理生产的一种哲理、思想和方法，而 CIMS 则是这种思想的体现。

2. CIMS 的体系结构及组成

从功能上看，一个制造企业的 CIMS 包括经营管理、工程设计、产品制造、质量保证和物资保障等五个功能系统，包括一个能有效连接这些系统的支撑环境，即计算机网络和数据库系统，从而构成企业的信息集成系统(图 1-5)。

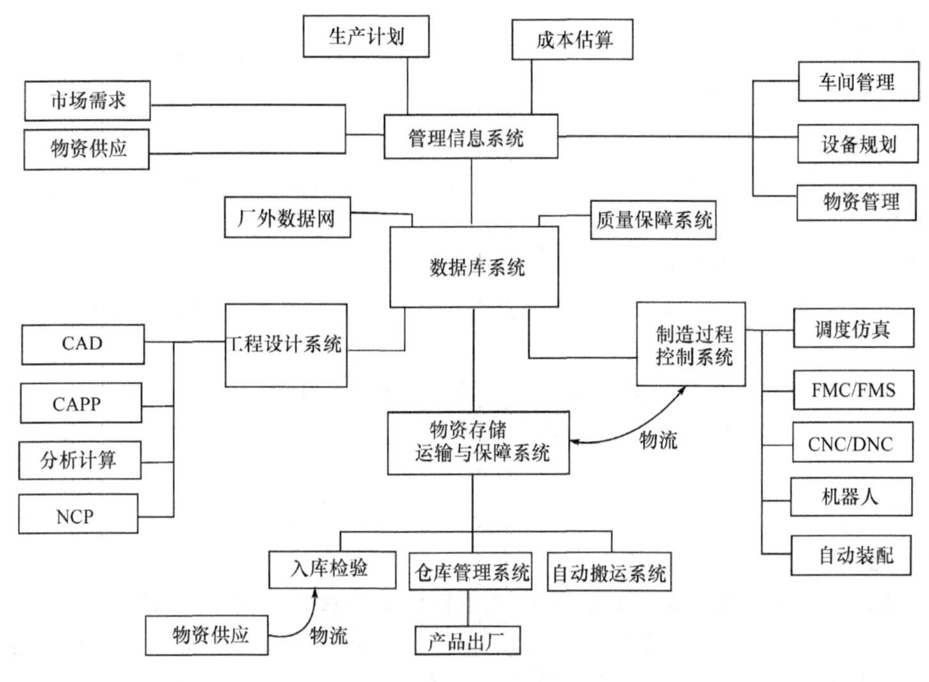

图 1-5　CIMS 的基本组成

(1) 管理信息系统

在 CIMS 环境下的管理信息分系统(MIS)，是指以 CIM 为指导思想、使用计算机和信息技术管理企业生产经营活动的应用系统。制造业 MIS 系统可由以下功能模块组成：经营决策、综合统计分析、计划管理、办公自动化、财务管理、销售管理、生产管理、库存管理、车间任务和作业管理、技术管理、新品开发、物资供应、设备管理、能源管理、人事劳资管理等。MIS 对企业的主要作用为：合理安排生产，提高企业生产效率，降低企业的生产成本，提高对客户的服务质量，提高企业的管理水平和管理素质，增加企业的应变能力和竞争能力。

MIS 系统是 CIMS 中的一个重要分系统，与其他分系统有着密切的联系。它是 CIMS 的上层管理系统，是企业的灵魂。它不仅需要根据变化的市场需求做出生产决策，确定生产计划和估计生产成本和效益，而且要做出物料、能源、设备和人员的计划和安排，保证生产的正常进行。

(2) 产品工程设计系统

设计自动化是指利用计算机软硬件及网络环境，实现产品开发全过程的一种技术，即在网络和计算机辅助下建立产品数据模型，全面模拟产品的设计、制造、装配和分析等过程。如计算机辅助设计系统、计算机辅助工程分析系统、计算机辅助工艺规划系统、工装设计、数控加工系统以及可能的其他系统等。

但必须指出，在 CIMS 环境下，这些计算机辅助功能子系统必须实现信息集成和共享，而不是独立的信息孤岛，其关键是 CAD/CAPP/CAE/CAM 的集成。设计自动化不仅贯穿企业生产的全过程，而且涉及企业的生产计划、物流物料和成本分析等方面，集成了现代设计制造过程中的多项先进技术，包括三维建模、装配分析、优化设计、系统集成、产品数据管理、虚拟现实技术(VR)、多媒体和网络通信等，是一项多学科的综合技术。

(3) 制造过程控制系统

制造自动化分系统(MAS)主要指车间的生产设备和过程的控制及管理，其中主要是CNC、FMC、FMS等设备或系统的制造过程控制和管理，一般由数控机床、加工中心、测量机、立体仓库、多级分布式控制(管理)计算机等设备及相应的支持软件组成。它涉及加工制造的各个环节以及设备或系统间的信息管理和物流管理，它是CIMS中信息流和物料流的结合点，是CIMS最终产生经济效益的聚集地。

制造自动化分系统的作用可归纳为以下三点：

1) 实现多品种、中小批量产品制造的柔性自动化，制造过程应包括加工、装配、检验等各生产阶段。

2) 提高生产效率和产品质量，缩短生产周期，降低成本，提高企业的竞争能力。

3) 为作业人员创造舒适而安全的劳动环境。

(4) 质量保证系统

质量保证体系是一个保证产品质量的全企业范围内的系统。质量保证工作从产品设计开始，设计师必须为特定的产品和零件选择最好的结构和适宜的材料以保证获得最佳性能。质量保证工作还须从原材料入库检验开始，一直延伸到制造过程中的生产设备、加工工具、加工方法及工作人员能力的选择和确定，同时监视在生产和运输过程中一切可能影响产品质量的操作。通过该体系有效地采集、存储、评价与处理存在于设计和制造过程中与质量有关的大量数据，从而有效地控制、促进质量的提高。CIMS环境下质量保证分系统的目标在于：保证用户对产品的需求，并使这些要求在实际生产的各环节得到实现。

(5) 物资存储运输与保障系统

这是保障全企业物资供应的系统。其包括原材料外购、配套元器件、自产零部件、产品的存储和按生产调度计划及时提供给生产单位和操作人员，还包括厂内外各种运输车、传送带、机器人和各种用途的格架仓库、自动堆垛机等。

(6) 数据库系统

为了满足各系统信息交换和共享的需要，CIMS环境下的各个功能系统的信息数据都要在一个结构合理的数据库系统里进行存储。它包括分系统的地区数据库和共用的中心数据库的分布式数据库及管理系统，其中各类数据库可在分布式数据库管理系统的控制下供各系统调用和存取。

(7) 网络系统

网络系统是指各功能系统的计算机通信和网络系统，能在通信协议下完成各分系统间信息、数据的通信和交换。从CIMS整体看，计算机网络技术是一种支撑技术，它是信息集成的关键技术之一。其实施原则为：实用、可靠、经济、先进，并应注重其开放性和标准化。

CIMS是自动化技术、信息技术、生产管理技术、网络技术等多学科技术相互渗透而产生的集成系统，标准化和接口技术至关重要。数据模型、异构分布数据管理系统及网络通信至今没有得到很好的解决。如何描述复杂的系统以及如何设计和控制，以便系统在比较满意的状态下运行，也是一个有待研究的问题。

1.4.2　PDM技术简介

所有企业梦寐以求的是设计一个好的新产品，并抢先投放市场。但一个适销对路的产品，一方面需要采用CAD/CAPP/CAM等技术，设计出最新、最好、性价比最高的产品，满足用户不断变化着的要求。与此同时，在用户需求、概念设计、详细设计、生产制造及维修服务等各个阶段，还要确保产品数据的一致性，避免由于技术指标的变化、图样的变更、备件的替换、型号的更新等因素带来的麻烦与错误，造成不必要的返工和浪费。

另外，面对网络化及电子商务的浪潮，企业如何管理大量电子化数据并从中迅速查找、访问到所需的信息，也是企业要解决的一个重要问题。PDM的出现为此提供了一种可靠的途径。国外PDM技术的推广应用明显提高了制造业产品的竞争力，获得了十分显著的经济效益。

1. *PDM的发展过程*

(1) PDM的产生及含义

CAD/CAM/CAE等技术的应用在促进生产力发展的同时也带来了新的挑战。对于制造业而言，虽然各单元的计算机辅助技术已日益成熟，但各自动化单元自成体系，彼此之间缺少有效的信息沟通与协调，出现了所谓的“信息孤岛”问题。在这种情况下，许多企业已经认识到：实现信息的有序管理将成为它们在未来的竞争中保持领先地位的关键因素。

产品数据管理(Product Data Management，PDM)正是在这一背景下产生的一项新的管理思想和技术。PDM将计算机在产品设计、分析、制造、工艺规划和质量管理等方面的信息孤岛集成在一起，对产品整个生命周期内的数据进行统一的管理，准确地描述了企业工作内容的全部信息。

PDM是以产品为中心，通过计算机网络和数据库技术，把企业生产过程中所有与产品相关的信息和过程集成起来，统一管理，使产品数据在其生命周期内保持一致、最新和安全，为工程技术人员提供一个协同工作的环境，从而缩短产品研发周期、降低成本、提高质量，为企业赢得竞争优势。一般而言，与产品相关的信息包括项目计划、设计数据、产品模型、工程图纸、技术规范、工艺资料等；与产品相关的过程包括工作流程、机构关系等过程处理程序。PDM技术就是将它们集成并管理起来，使企业的并行工程能够真正发挥效益。

所以，PDM一般可以定义为以软件技术为基础，以产品为核心，实现对产品相关的数据、过程、资源一体化集成管理的技术。PDM明确定位为面向制造业，以产品为管理的核心，以数据、过程和资源为管理信息的三大要素。

PDM进行信息管理的两条主线是静态的产品结构和动态的产品设计流程，所有的信息组织和资源管理都是围绕产品设计展开的，这也是PDM系统有别于其他的信息管理系统(如管理信息系统、物料管理系统、项目管理系统)的关键所在。

PDM继承并发展了CIM等技术的核心思想，在系统工程思想的指导下，用整体优化的观念对产品设计数据和设计过程进行描述，规范产品生命周期管理，保持产品数据的一致性和可跟踪性。PDM的核心思想是设计数据的有序、设计过程的优化和资源共享。

(2) PDM的发展

早期的PDM产品诞生于20世纪80年代初。在中国，PDM是20世纪90年代兴起的一项新技术，因其有效地实现了企业的信息集成和过程集成PDM在国内外得到了广泛的应用。目前，随着企业需求的扩大，PDM技术的研究与开发已相当普遍，现在全球范围的商品化

PDM 软件不下百余种。从现有的产品来看，PDM 技术和相关产品的发展可以分为三代。

1) 第一代 PDM 产品大多是由各 CAD 企业推出的配合各自 CAD 产品的系统。这一代 PDM 产品的功能局限在工程图纸的管理，集成的工具主要是专用的 CAD 系统。第一代 PDM 产品在一定程度上缓解了"信息孤岛"的问题，但没有真正实现企业的数据和过程集成。同时，第一代 PDM 产品还普遍存在功能较弱、开放程度不高、集成能力不强的缺陷。

2) 第二代 PDM 产品功能更加强大，少数产品真正可以实现企业级的信息集成和过程集成，同时软件的开放性、集成能力大大提高。这一代 PDM 产品明确了 PDM 在企业中的地位，即 PDM 系统应当是企业设计和工艺部门的基础数据平台，各种 CAX 应用如 CAD、CAPP、CAE 的应用应当通过 PDM 进行集成，以 PDM 作为企业设计和工艺的数据管理中心和流程管理中心。PDM 系统和其他管理系统如 MRPII、MIS 等是相互协作的关系，PDM 主要负责企业的设计领域，为企业提供各种产品工程信息，MRPII 主要管理企业的生产领域，而 MIS 系统主要管理企业的各种管理信息。通过一定的接口将 PDM 系统、MRPII 和企业 MIS 系统连接起来，与自动化的制造系统相结合，构成了一个企业计算机集成制造系统(CIMS)。

第二代 PDM 产品真正使 PDM 的概念深入人心，PDM 的功能得到广泛认可。同时，第二代 PDM 产品在技术上有巨大的进步，商业上也获得了很大的成功。目前市场上的 PDM 产品绝大部分属于这种类型。

3) 随着技术的发展和 Internet 在全球的广泛应用，对 PDM 的发展提出了更高的要求。建立在 Internet 平台和基于 WEB 的开发技术逐渐应用到 PDM 领域。PTC 公司的 Windchill 和 EDS 的基于 Java 平台的 iMAN 是第三代 PDM 产品的典型代表。

2. PDM 的功能

PDM 技术的研究与应用在国外已经非常普遍。目前，全球范围商品化的 PDM 软件产品虽然有许多差异，但一般来说，大多具有以下主要功能：

(1) 电子资料库和文档管理

对于大多数企业来说，需要使用许多不同的计算机系统和不同的计算机软件来产生产品整个生命周期内所需的各种数据，而这些计算机系统和软件还有可能建立在不同的网络体系上。在这种情况下，如何确保这些数据总是最新的和正确的，并且使这些数据能在整个企业的范围内得到充分的共享，同时还要保证数据免遭有意或无意的破坏，这些都是迫切需要解决的问题。

PDM 的电子资料库和文档管理提供了对分布式异构数据的存储、检索和管理功能。在 PDM 中，数据的访问对用户来说是完全透明的，用户无需关心电子数据存放的具体位置以及自己得到的是否是最新版本，这些工作都由 PDM 系统来完成。电子资料库的安全机制使管理员可以定义不同的角色并赋予这些角色不同的数据访问权限和范围，通过给用户分配相应的角色使数据只能被已授过权的用户获取或修改。同时，在 PDM 中电子数据的发布和变更必须经过事先定义的审批流程后才能生效，这样就使用户得到的总是经过审批的正确信息。

(2) 产品结构与配置管理

产品结构与配置管理是 PDM 的核心功能之一，利用此功能可以实现对产品结构与配置信息和物料清单(Bill Of Material，BOM)的管理。用户可以利用 PDM 提供的图形化界面来对产品结构查看和编辑。

在PDM系统中，零部件按照它们之间的装配关系被组织起来，用户可以将各种产品定义数据与零部件关联起来，最终形成对产品结构的完整描述，传统的BOM也可以利用PDM自动生成。

PDM系统通过有效性和配置规则来对系列化产品进行管理。有效性分为两种：结构有效性和版本有效性。结构有效性影响的是零部件在某个具体的装配关系中的数量，而版本有效性影响的是对零部件版本的选择。有效性控制有两种形式：时间有效性和序列有效性。产品配置规则也分为两种：结构配置规则和可替换配置规则。

在企业，同一产品的产品结构形式在不同的部门并不相同（如设计部门和工艺部门），因此PDM系统还提供了按产品视图来组织产品结构的功能。通过建立相应的产品视图，企业的不同部门可以按其需要的形式来对产品结构进行组织。而当产品结构发生更改时，可以通过网络化的产品结构视图来分析和控制更改对整个企业的影响。

(3) 生命周期（工作流）管理

PDM的生命周期管理模块管理着产品数据的动态定义过程，其中包括宏观过程（产品生命周期）和各种微观过程（如图样的审批流程）。对产品生命周期的管理包括保留和跟踪产品从概念设计、产品开发、生产制造直到停止生产的整个过程中的所有历史记录，以及定义产品从一个状态转换到另一个状态时必须经过的处理步骤。

管理员可以通过对产品数据的各基本处理步骤的组合来构造产品设计或更改流程，这些基本的处理步骤包括指定任务、审批和通知相关人员等。流程的构造是建立在对企业中各种业务流程的分析结果上的。

(4) 集成开发接口

各企业的情况千差万别，用户的需求也是多种多样的，没有哪一种PDM系统可以适应所有企业的情况，这就要求PDM系统必须具有强大的客户化和二次开发能力。现在许多PDM产品提供了二次开发工具包，PDM实施人员或用户可以利用这类工具包来进行针对企业具体情况的定制工作。

3. *PDM的发展趋势*

(1) 提供企业信息建模方法论和相应工具的支持

从PDM的发展来看，PDM是一门管理的技术，它和企业的实际情况密切相关，PDM是依托IT技术实现企业最优化管理的有效方法，是科学的管理框架与企业现实问题相结合的产物，是计算技术与企业文化相结合的一种产品。所以，PDM不只是一个简单的技术模型，实施PDM必须站在企业管理的高度，并给企业提供相应的方法论，建立一个正确的信息模型，为系统的实施打下坚实的基础。

(2) 广泛应用面向对象的系统分析和设计技术

随着企业对计算机需求的不断扩大，企业计算机应用系统的开发越来越复杂，而利用传统的设计方法已经不能满足系统开发的需要，因为企业对系统的需求不可能一成不变。由于用户要求的变化、竞争形式的发展与加剧、规则的修改与调整、投资状况的变化、技术的迅猛发展等因素都会使系统需求不断地改变。而面向对象的方法因其抽象性和封装性的特点，使其能更好地确定系统的范围和目标，并能很好地适应未来的发展。所以，未来PDM系统的开发将广泛应用面向对象的方法。

(3) 基于Internet/Intranet平台的PDM产品

Internet的运用已遍及全球，随着应用的深入，未来企业的商务活动将越来越多地在

Internet(互联网)和 Intranet(企业网)平台上进行,作为企业信息平台的 PDM,如何适应这一发展,已成为急需解决的问题,所以,未来 PDM 产品的开发将越来越多地基于 Internet/Intranet 平台。

(4) 从传统的客户机/服务器(Client/Server)结构转向三层结构

客户机/服务器结构的出现使计算机应用获得巨大的发展,但随着应用的深入,其固有的缺点和弊端也显露出来:网络资源的消耗大、系统的安装、配置、升级、维护、培训将耗费大量的人力和物力。三层体系结构是二层体系结构的发展和延伸,它把系统从逻辑上分为三层:用户服务层——完成描述逻辑;应用处理层——完成业务处理逻辑;数据存取层——完成数据存取逻辑。系统应用都集中在应用处理层,客户端只负责结果的显示,系统的改动只需在应用处理层修改即可。所以,三层体系结构较好地解决了二层结构所固有的问题,这就导致 PDM 的开发从传统的客户机/服务器结构转向三层结构。

(5) 系统的开放性

PDM 是集成的技术,集成是其重要的特征。作为企业信息集成平台的 PDM,必须管理企业各种应用系统产生的数据,使应用系统之间达到信息的交流与共享。但随着企业计算机应用的深入,将会有更多不同应用系统产生的信息由 PDM 进行管理。所以,PDM 要适应未来的发展,必须为更多的应用系统提供标准化的接口。

(6) 支持快速定制和开发客户化系统

因 PDM 系统和企业自身的情况密切相关,实施 PDM 系统并不是经过简单的培训就可以使用,它必须有一个复杂的客户化过程。目前因 PDM 系统的标准化和企业管理的规范化正在逐步完善,所以,现在 PDM 的实施还处在“量身定做”的阶段,开发周期很长,耗费大量的人力、物力。由此可以看到,进行 PDM 系统标准化、模块化的开发,使 PDM 系统支持快速定制和开发客户化系统将是未来的研究方向之一。

(7) 分布式技术

基于网络的分布式计算技术也是近年来获得很大进步的技术之一。以分布式计算技术为基础,基于构件的系统体系结构将逐渐取代模块化的系统体系结构。

在分布式计算技术的标准方面,一直存在着两大阵营,一个是以 OMG 组织为核心的 CORBA 标准,另一个是以微软为代表的基于 DCOM 的 ActiveX 标准。目前这两大标准的争夺仍然没有结束,许多商品化软件同时支持这两个标准。

目前,PDM 是相当热门且快速成长的技术,得到美、欧、日等工业发达国家或地区企业界的高度重视。PDM 在我国的应用刚刚起步,就得到我国企业界的广泛关注,并认为采用 PDM 是改变我国国有企业当前处境和促进其走出困境,参与国内和国际市场竞争的一条可行之路。

1.4.3 并行工程

从 20 世纪 90 年代直至 21 世纪,制造业以满足用户需求的新产品尽快上市为赢得市场竞争的第一要旨。传统的产品开发模式由于不能在设计早期很好地考虑产品生命周期中的各种因素,致使设计更改频繁,延误了开发周期、增加了产品成本,并且用户需求得不到很好的满足。并行工程是集成地、并行地设计产品及相关过程的系统化方法,它通过组成多学科产品开发队伍、改进产品开发流程、利用各种计算机辅助工具等手段,使产品开发的早期阶段能及早考虑下游的各种因素,减少反复修改次数,达到缩短产品开发周期、提高产品质量、降低产品成本，从而增强企业竞争能力的目标。并行工程已在国外的航空、国防、电子、汽车 等领域获得了成功的应用。这对我国的制造业是挑战，也是一次机遇。

1. *并行工程的定义和本质*

人们对并行工程的定义有不同的说法，但目前人们普遍接受的是由美国防御分析研究所在R-338报告中提出的定义。该定义指出："并行工程(Concurrent Engineering，CE)是对产品及其相关的各种过程(包括制造过程和支持过程)进行并行、集成化设计的一种系统方法。这种方法要求产品开发人员在设计一开始就考虑产品整个生命周期中从概念形成到产品报废处理的所有因素，包括质量、成本、进度计划和用户要求。"根据这一定义，认为并行工程的本质是：

1) 并行工程强调设计的可制造性、可装配性和可检测性。强调设计的可制造性、可装配性、可检测性。也就是说，并行工程强调设计人员在进行产品设计时一定要考虑在已有的制造、装配和检测手段下，产品能否顺利地制造、装配出来，而且能检测。即使一个产品设计得再好，而不能很方便地制造、装配和检测出来，也就不能达到及早投放产品的目标。

2) 并行工程强调产品的可生产性。在这里可生产性与可制造性是有区别的。可制造性主要是从设备加工技术的角度，看能否将一个产品加工出来。而可生产性除了可制造性这一层含义外，主要指产品在需要按要求的批量生产时，企业在设备生产能力和人员能力上能否达到要求。即并行工程要考虑企业的设备和人力资源。

3) 并行工程强调产品的可使用性、可维修性和可报废性。强调产品的可使用性、可维修性和可报废性也就是考虑产品在使用过程中是否能满足用户要求，是否利于维修，在废弃时是否易于处理等。

从以上三个方面的特性可以看出，并行所强调的是在产品设计时就要尽早考虑其生命周期中所有的后续过程：制造、装配、检测、企业的设备能力和人力资源、使用、维修和报废等。只有在一开始就系统考虑了这些因素，才能减少修改的次数，缩短产品上市时间。

并行工程为了加快产品上市时间，还强调产品开发各环节各活动的并行交叉进行，具体特征如下：

1) 并行交叉。并行交叉强调产品设计与工艺过程设计、生产技术准备、采购、生产等种种活动并行交叉进行。并行交叉有两种形式：一是按部件并行交叉，即将一个产品分成若干个部件，使各部件能并行交叉进行设计开发；二是对每一单个部件，可以使其结构设计、工艺过程设计、生产技术准备、采购、生产等各种活动尽最大可能并行交叉进行。需要注意的是，并行工程强调各种活动并行交叉，并不是也不可能违反产品开发过程必要的逻辑顺序和规律，不能取消或越过任何一个必经的阶段，而是在充分细分各种活动的基础上，找出各子活动之间的逻辑关系，将可以并行交叉的活动尽量并行交叉进行。

2) 尽早开始工作。正因为强调各活动之间的并行交叉，以及并行工程为了争取时间，所以它强调人们要学会在信息不完备情况下就开始工作。因为根据传统的方法，人们认为只有等到所有产品设计图纸全部完成以后才能进行工艺设计工作，所有工艺设计图完成后才能进行生产技术准备和采购，生产技术准备和采购完成后才能进行生产。而并行工程强调将各有关活动细化后进行并行交叉，因此很多工作要在我们传统上认为信息不完备的情况下进行。

从以上分析我们还可以看到，并行工程还有以下几个方面的本质特点：

1) 并行工程强调面向过程(Process-Oriented)和面向对象(Object-Oriented)。一个新产

品从概念构思到生产出来是一个完整的过程(Process)。传统的串行工程方法是基于二百多年前英国政治经济学家亚当·斯密的劳动分工理论。该理论认为分工越细,工作效率越高。因此串行方法是把整个产品开发全过程细分为很多步骤,每个部门和个人都只做其中的一部分工作,而且是相对独立进行的,工作做完以后把结果交给下一个部门。西方把这种方式称为“抛过墙法”(Throw Over the Wall),他们的工作是以职能和分工任务为中心的,不一定存在完整的、统一的产品概念。而并行工程则强调人要面向整个过程或产品对象,因此它特别强调设计人员在设计时不仅要考虑设计,还要考虑这种设计的工艺性、可制造性、可生产性、可维修性等,工艺部门的人也同样要考虑其他过程,设计某个部件时要考虑与其他部件之间的配合。所以整个开发工作都是要着眼于整个过程(Process)和产品目标(Product Object)。从串行到并行,是观念上的很大转变。

2) 并行工程强调系统集成与整体优化。在传统串行工程中,对各部门工作的评价往往是看交给它的那一份工作任务完成是否出色。就设计而言,主要是看产品的设计是否新颖,是否有创造性,产品是否具有优良的性能,对其他部门也是看他的那一份工作是否完成的出色。而并行工程则强调系统集成与整体优化,它并不完全追求单个部门、局部过程和单个部件的最优,而是追求全局优化,追求产品整体的竞争能力。对产品而言,这种竞争能力就是由产品的TQCS综合指标——交货期(Time)、质量(Quality)、价格(Cost)和服务(Service)来体现的。在不同情况下,侧重点不同。在现阶段,交货期可能是关键因素,有时是质量,有时是价格,有时是它们中的几个综合指标。对每一个产品而言,企业都对它有一个竞争目标的合理定位,因此并行工程应围绕这个目标来进行整个产品开发活动。只要达到整体优化和全局目标,并不追求每个部门的工作最优。因此对整个工作的评价是根据整体优化结果来评价的。

2. 我国在并行工程领域的发展

1995 年,国家科委从战略的高度将并行工程作为 CIMS 的进一步发展方向,设立了关键技术攻关项目对并行工程的方法和技术进行系统化的研究。经过一年多的研究和开发,项目组取得了阶段性的成果,参加了 863 成果十周年展览,向中央及各部委领导、航空部和航天部几大院所的专家、国内的各高校和研究机构的 同行等进行了汇报展示,获得了好评。目前,总体集成和部分关键技术已取得突破,在航天部某产品开发过程中取得实际效果。

(1) 研究目标

1) 改进某结构件开发过程,建设相应的多功能产品开发队伍。

2) 利用并行工程的方法和技术缩短产品开发周期 30%~40%,降低废品率 50%,同时降低产品成本,提高产品质量。

3) 解决一批关键技术的研究、开发、验证和应用工作。

4) 为我国企业 1997 年之后实施并行工程提供参考模式、减少风险、培养人才队伍。

(2) 体系结构

1) 管理与质量分系统。该系统分析某产品现有产品开发流程,提出改进的产品开发过程,运用计算机手段对综合产品开发队伍和产品开发过程进行管理和控制;通过质量功能配置的方法保证用户需求在产品开发阶段得到满足。

2) 工程设计分系统。该系统以 CIMS 信息集成和 CAE/CAD/CAPP/CAM 为基础,扩展面向装配的设计(DFA)和面向制造的设计(DFM)功能,实现基于产品数据管理系统(PDM)的并行设计和产品全生命周期的数字定义。

3）支持环境分系统。该系统通过构造 Client/Server 结构的计算机系统和广域的网络平台，使异地分布的产品开发队伍能够协同工作。

4）制造分系统。该系统并行工程的研究开发内容最终将在实际企业得到应用或验证，加工出合格的机械结构件。

（3）关键技术

1）产品开发过程建模、仿真与优化分析。

2）产品生命周期数据管理。

3）数字化产品建模及支持并行设计的 CAX/DFX 数据集成。

4）面向装配的设计（DFA）。

5）面向制造的设计（DFM）。

6）质量功能配置（QFD）。

7）集成产品开发团队的组织、实施及群组协同工作环境。

8）计算机辅助工程分析（CAE）毛坯铸件分析（ZCAE）。

（4）系统环境

1）Client/Server 结构的计算机环境支持并行产品开发。

2）异构的广域网络环境支持群组协同工作。

3）开放的计算机软件系统和开发工具。

（5）应用前景

并行工程已在国外的航空、航天、汽车、电子、机床和武器等各行业的新产品开发中取得了成功的应用。实践证明，它对缩短产品开发周期、提高产品质量、降低产品成本，从而增强企业的竞争能力特别有效。我国的很多企业也对并行工程提出了明确的需求。预计并行工程将对促进我国制造企业加入国际市场竞争的大环境起到积极的作用。

并行工程项目以典型的复杂机械结构件为应用对象，其关键技术研究成果将会很好地适用于汽车、航空、航天、机床等领域。所提出的方法也同样适用于电子、计算机等行业的产品开发。

1.4.4 计算机支持的协同工作

随着社会的发展和科技的进步，各种工作变得越来越复杂。以前完成一项工作可能只要一个人或几个人就能胜任了，但现在与以前大不相同了，几乎每项工作的完成都是许多人智慧的共同结晶，因此协同工作在当今社会变得日益重要。

所谓协同，就是指协调两个或者两个以上的不同资源或者个体，协同一致地完成某一目标的过程或能力。而所有有助于协同的软件都可以称作是协同软件。从概念上可以得出，协同并不是新生事物，它是随人类社会的出现而出现，并随着人类社会的进步而发展的。当技术从人们日常生活和商业社会的边缘逐渐成为核心，人们就越来越需要技术能够提供更多的东西。作为一个新的软件热点，“协同”概念有着更深的含义，不仅包括人与人之间的协作，也包括不同应用系统之间、不同数据资源之间、不同终端设备之间、不同应用情景之间、人与机器之间、科技与传统之间等全方位的协同，如图 1-6 所示。

协同工作有两层含义：一层是指广义上的协同工作；另一层是指计算机支持的协同工作（Computer Supported Cooperative Work，CSCW）。

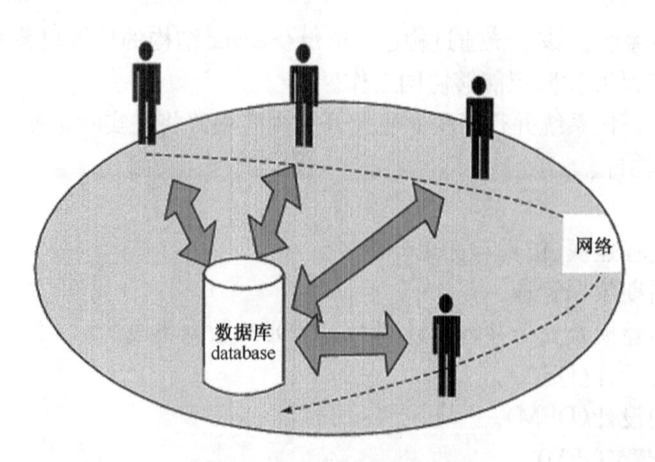

图 1-6　协同的概念及含义

在协同工作中最重要的问题是如何提高整个工作的效率。为此,在通信和计算机技术日益成熟的信息社会中,计算机支持的协同工作也就应运而生了。

计算机的发展走出了一条从相互没有联系或联系困难的独立计算机到互联、互操作,甚至协同工作的计算机群体的道路。当大量的用户都可方便地使用计算机时,计算机才可能深入人们的工作和生活,并影响到人们的协作方式,进而使计算机与我们的工作和生活融合到一起,形成新的在计算机支持下的人类协作方式,提高人们的协作效率。现代的计算机协同工作——"CSCW",被普遍认为是 21 世纪的人类工作方式。

协同概念发展到"CSCW"是人类社会进入信息时代的必然产物,它是在现代社会中,以人们协同工作方式为背景,计算机和通信技术的发展和融合为基础,以具有广泛应用领域为前提条件发展而自然形成的。计算机系统结构的发展创造了网络计算和协同计算的环境。计算机系统结构是沿着"单机单用户→单机多用户→多机系统→计算机网络→计算机互联、互操作和协同工作"这样一种方向发展的。而计算机互联、互操作和协同工作构成的网络计算和协同计算是实现 CSCW 的基础。

CSCW 这一概念最早是在 1984 年由美国 MIT 的 Irene Greif 和 DEC 的 Paul Cashman 这两位研究人员用于描述他们正在组织安排的有关如何用计算机支持交叉学科的研究人员共同工作的课题时提出来的。一开始对于 CSCW 的含义,研究的范围和焦点并不是很清楚的。先后有过不同的定义,如 Greif 曾定义 CSCW 为"……一个关于计算机在群体工作(Group Work)中的角色的独特的研究领域"。而 Bannon 和 Schnidt 在 1989 年提出"CSCW 应致力于研究协同工作的本质和特征,并以此为基础来设计出具有足够的计算机技术支持的协同工作的信息系统"。

我们把"计算机协同工作"定义为:地域分散的一个群体借助计算机及其网络技术,共同协调与协作来完成一项或一组任务。它包括群体工作方式研究和支持群体工作的相关技术研究、应用系统的开发等部分。通过建立协同工作的环境,改善人们进行信息交流的方式,消除或减少人们在时间和空间上的相互分隔的障碍,从而节省工作人员的时间和精力,提高群体工作质量和效率。例如,共享文件系统提供的资源共享能力,电子邮件和多媒体会议系统提供的人与人之间的通信支持功能,工作流和决策支持系统的组织管理功能。我们把支持协同工作的计算机软件称为群件(Groupware)。

计算机支持的协同工作是同计算机科学、心理学、人类工程学、认知科学和社会学等多个学科领域紧密相关的一个综合性的学科研究领域。它以人类的协同工作为研究对象，以计算机网络和通信技术的发展为基础，从多种学科角度在理论上解释人们的合作和交流，探索计算机技术对人类群体工作的可能支持，同时利用现有技术，特别是多媒体技术、网络与通信技术、分布式处理技术等建立一个协同工作的环境。

近十几年来，有关CSCW的研究和应用异常活跃。除了美国ACM举办的两年一次的国际性CSCW学术会议以外，欧洲和亚洲也相继举办了学术会议，交流CSCW领域的最新研究和应用成果。值得一提的是，亚洲从1996年开始的每年一次的CSCW In Design学术会议，主要针对工程领域计算机辅助设计中的协同工作问题。除此之外，国际上还出版了几种有关CSCW的学术期刊，如*CSCW Journal*、*Group and Organization Management*、*Journal of Organizational Computing*等，报道该领域的最新研究成果。各种研究机构和政府机关对CSCW给予了特别的关注，在各个应用领域，发起了许多相关的研究项目，极大地推进了CSCW理论的发展及其在各个应用领域中的推广和应用。

现在，协同应用系统的研究和开发正逐渐从早期的支持工作组级的小规模协作向支持跨企业的、全球范围的大规模协作方向发展。早期研究的小规模协作系统，如桌面会议系统、协同编著系统、应用共享系统等，都只是给人们提供了一种辅助性的交互和交流手段，其作用还不足以使之成为企业或机构的关键性信息基础设施。而大规模协作的协同应用系统是用来支持企业内部和企业之间的协同工作，它具有地域范围分散性、业务兴趣异构性和业务性质关键性等特征。

随着大规模协作的发展，CSCW在许多领域中得到了应用，包括：电子商务和EDI、虚拟企业和组织、协同设计与制造、远程教育、远程医疗、虚拟协作环境、合作科学研究等，这些CSCW应用领域将对未来社会人们的工作、学习和生活产生深远的影响。

1. CSCW的三要素

CSCW的目的就是在计算机环境下提供对人们群体工作的支持，因此说，通信、合作、协调是CSCW的三要素。

1) CSCW的基础是通信。通信发生在地理上是分布的用户之间(本地通信可以认为可是分布系统的特例)，因此网络通信是至关重要的，并且在合作环境中处理多媒体文件传输和数据控制是很复杂的。而基于计算机的或者以计算机为媒体的通信，并没有完全和其他的通信形式相结合。异步的基于文本的电子邮件和公告板与同步的电话和面对面的交谈是不同的：人们不能在任意的两个电话号码之间传送文件。把计算机处理技术和通信技术结合起来可以帮助解决这个问题。

2) CSCW的形式是合作。与通信相似，合作是小组活动的重要内容。在群体活动中，任意一项活动都必须是多人合作完成。有效的合作要求人们必须共享信息。但是当前的信息系统，尤其是数据库系统在很多情况下把人们互相隔离开。比如，当两个设计人员使用同一个CAD数据库进行操作时，他们不可能同时修改同一个设计物体的不同部分，并且知道他的合作者所做的修改，因此他们必须通过互相检查才能知道对方所做的工作。而许多任务都需要良好的共享环境，并可以在适当的时候友好地通知群组的活动信息以及获得各个用户的活动信息。

3) CSCW的关键是协调。如果一个组的活动是协调的，那么它的通信和合作将会大大得到加强。一个不能进行很好地协调的工作小组，它的成员之间势必会经常发生冲突和重复劳动。因此当几个部分共同组成一个任务时，协调本身就被看作是一个必不可少的活动。当前使用的数据库应用系统给工作小组提供了对共享对象的访问，然而大多数软件工具只提供对单用户工作的支持，对支持小组的协调这一重要功能所做的却很少。

2. CSCW 的分类

根据人们日常的经验可以将 CSCW 按照时间和空间的概念分类，即可体现 CSCW 的两个基本特征——交互合作方式和合作者的地域分布。

(1) 合作方式

CSCW 系统的基本目的是支持多用户合作以解决一个或一类特定问题，因其他成员交互方式不同，合作方式可分为以下三类：

1) 完全同步系统。要求全体用户同时参加，如实时计算机会议系统。

2) 完全异步系统。允许合作在一段较长时间内发生，如 E-mail 系统。

3) 混合系统。既支持同步合作，也支持异步合作，允许实时同步合作和独立于时间的异步工作发生在同一框架内，如既有异步交互也有同步交互的一般计算机会议系统。

(2) 地域分布

基于群体的地域分布情况，CSCW 系统可分为以下四类：

1) 当场合作。要求所有用户均在同一地点。

2) 虚拟当场合作。全体用户不一定都在同一房间内，但系统应用如同当场合作。这类系统通常使用多媒体技术(声音、图像等)。

3) 局部远程合作。通常所有用户位于同一工作单元(如一座大楼)之内，用户之间通常需共享屏幕，并可提供高宽带实时访问能力。

4) 远程合作。适用于群体成员间的相互访问能力很低的情况，包括消息系统及只能采用基本“拨号”机制的计算机会议系统。

(3) CSCW 系统分类

根据合作方式和地域情况，现有的 CSCW 系统可以分成四类：

1) 电子邮件系统。CCITT 的 X. 400(一种邮件传输协议的标准)是标准的电子邮件系统，多媒体电子邮件系统属于这一类。

2) 计算机会议系统。多媒体会议系统是对群体成员的协同工作非常具有吸引力的系统。

3) 会议室系统。支持群体成员面对面实时地进行协同工作和决策，常包含着一个大显示器、计数器、电视终端，若干单独的输入/表决设备及控制终端等。

4) 协同写作及协同问题讨论系统。支持群体工作的成员协同写作和讨论，合作生成的文件是这种协同工作的产物。

3. CSCW 的主要研究内容

1) 基础理论研究。包括概念、协作机制和协议、体系结构、实现技术与方法等。协作机制是其中的一个重要研究内容，根据时间和空间的不同可分为同时同地、同时异地、异时同地、异时异地四种。

2) 工具的抽象与实现。一个计算机支持的协同工作系统是由若干个支持工具所构成的，因此需要在研究多种协作过程的基础上，抽象并开发出一套通用的、符合标准规范的、可组合运用的、多媒体交互的计算机支持的协同工作工具。其中，计算机支持的协同工作标准规范的确定，是目前急需解决的一个问题。

3）网络资源管理和多用户协作管理的研究。主要研究计算机支持的协同工作资源的分布性、一致性、安全性、透明性和可维护性，以及如何实现多用户协作过程中有效的权限管理。

4）系统接口研究。计算机支持的协同工作接口包括人机接口和多用户接口是在分布式协同环境下对用户的系统界面支持，它应能够实现“你见即我见”。

5）多媒体通信同步机制的研究。多媒体通信同步包括时间同步、空间同步和时空综合同步，它是计算机支持的协同工作系统中协作机制实现的关键。

一个计算机支持的协同工作系统，又可称为群件，它具有以下特点：

1）它是一个分布式的计算机系统，其分布式结构可以是异构型，也可以是同构型。

2）以多媒体方式通信交互，具有较高的实时性。

3）具有并发处理和控制功能，可实现共享媒体的并发控制。

4）具有良好的人-机接口和人-人接口。

4. CSCW的发展方向

从CSCW及其相关研究领域来看，其进一步的发展方向为：

1）从认知科学的角度建立真正合适的协作支持理论、技术和方法。从概念级逐步转入对CSCW的基本理论、原理、机制、方法和模型的研究，预计在不远的将来，CSCW的理论将逐渐成熟。

2）研究更加具有开放性、集成性、智能性的CSCW系统。开放性使得CSCW系统可以支持现行的媒体硬件平台、网络平台以及协议；集成性指集成多种媒体、多种工具，允许不同的合作技术相结合，允许多种方法和风格共存，支持更加广泛的应用；智能化指在系统中嵌入智能单元，以增强对复杂情况的自适应能力。由于CSCW系统在组织和协作过程中的动态性和不确定性，尤其当用户数目激增时导致这种特性的突出，迫切需要提高系统的智能性以提高系统求解问题的能力。

3）探讨现有CSCW系统开发的经验和教训。探索完整的CSCW系统开发方法论：包括系统分析、设计方法、系统开发过程、系统开发环境和工具等一系列课题。其中建立适合于CSCW系统开发的过程模型尤为引人关注。

4）高速远程通信网络技术的发展缩小了时空所带给人们的限制。信息高速公路的建设给人类活动带来的冲击将是多方位的；网络技术将打破现有组织的界限，如虚拟企业的产生。如何预测并适应新的组织形式，将是CSCW面临的重大挑战，需要社会学、经济学、心理学和计算机科学等诸多学科的联合解决。

1.4.5 网络化制造

进入21世纪，计算机技术和通信技术的迅猛发展，极大地拓展了制造业的深度和广度。Internet的出现及日益广泛的应用，并且正以前所未有的势头飞速发展，带动了人类社会经历自工业革命以来最重要的生产力革命，改变了信息传递的方式，同时也改变着企业组织管理方式，还极大地改变了人们生活、学习以及获取知识的方式。这些由Internet所带来的巨大变革，必将和已经对当今的制造业产生极为深远和现实的影响，使以满足全球化市场用户需求为核心的快速响应制造活动成为可能。企业的一切活动将不再仅局限于自己内部的集成，而把自身视为全球化网络集成环境中的一个节点，更加着眼于知识、信息的获取和共用，更自觉、主动地利用信息技术来改造和强化自身，使企业在全新的网络经济中高速成长。这样，就产生了一种适应资讯社会的新型制造模式——网络化制造。

网络化制造是同济大学张曙提出的适合我国内地和香港地区的一种敏捷制造模式。网络化制造的目标是：面对市场机遇，针对某一市场需要，利用以因特网为标志的信息高速公路，灵活而迅速地组织社会制造资源，把分散在不同地区的现有生产设备资源、智力资源和各种核心能力，按资源优势互补的原则，把它们迅速组合成为一种没有围墙的、超越空间约束的、靠电子手段联系的、统一指挥的经营实体，以便快速推出高质量、低成本的新产品。网络化制造是一种可持续发展的，以人为中心的生产模式。网络化制造的总体结构包括面向市场的企业外联网络(Extranet)，面向虚拟企业内部的内联网络(Intranet)，利用万维网和防火墙技术通过Internet将两者加以集成。

网络化制造通过采用先进的网络技术、制造技术及其他相关技术，构建面向企业特定需求的基于网络的制造系统，并在系统的支持下，突破空间地域对企业生产经营范围和方式的约束，开展覆盖产品整个生命周期全部或部分环节的企业业务活动，如产品设计、制造、销售、采购和管理等企业生产经营活动的环节，实现企业间的协同和各种社会资源的共享与集成，高速度、高质量、低成本地为市场提供所需的产品和服务。

网络化制造的理论是在协同论、系统论、信息论等相关理论基础上发展而来，是“先进制造技术”学科领域的前沿课题和研究热点。网络化制造模式产生的背景主要与因特网的发展、经济全球化趋势以及制造企业战略的变化和先进制造系统、技术的发展有关，如图 1-7 所示。网络化制造又可称为分散网络化制造、分布式网络化制造、网络化敏捷制造、基于因特网的制造、基于网络的制造、基于网络的远程制造等。

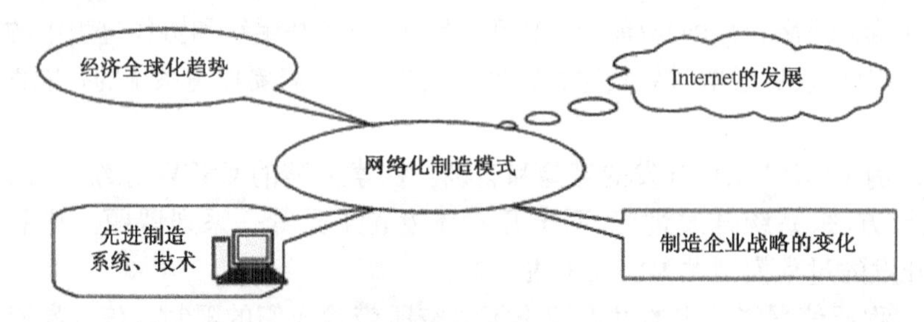

图 1-7 网络化制造模式产生的背景

1. 网络化制造模式的特点

通过网络化制造可以使制造企业提高敏捷性和快速响应能力、企业的创新能力。网络化制造是一种先进的制造模式，覆盖了企业生产经营的所有活动，强调企业间的协同工作和资源共享。具有如下特点：

1) 组织形式以动态性的网络联盟为主。网络化制造环境下，某个企业针对某个市场机遇或某项新技术、新发明的应用要求，联合具有某项核心优势技术的其他企业组建网络联盟，加快响应市场需求的速度，降低产品成本。网络联盟随合作项目结束而解散，具有动态性。

2) 协同性。企业协同可以包括设计协同、制造协同、供应链协同和商务协同等。网络化制造模式实施应用的主要技术目标是实现协同。需要网络联盟内各企业的协同工作，发挥各自核心优势通过协同，来提高企业间合作的效率，缩短产品开发周期，降低制造成本，提高产品质量，缩短整个供应链的交货周期。

3）数字化。由于网络化制造是一种基于网络的制造系统，通过网络传递产品设计、制造、管理、商务、设备和控制等各种信息，因此，数字化是网络化制造的重要特征，也是实施网络化制造的重要基础。

4）异地分布性和应用系统异构性。网络技术使联盟内企业分布在全球不同地区成为可能，而各企业的应用系统也不尽相同，要利用网络技术共享、交换信息。

5）敏捷性。敏捷化是快速响应客户需求的前提，表现为系统结构上的快速重组、性能上的快速响应、过程中的并行性与分布式决策。

6）知识性。在现代生产模式下，决定产品成本、产品利润和竞争能力的主要因素是开发、生产该产品所需的知识的价值而不是材料、设备或劳动力。

7）创新性。21世纪要求每个企业不仅需要有对变化市场的快速响应能力，还要有不断通过技术创新和产品更新来开拓市场、引导市场的能力。价值法则告诉我们，一个新产品的价格总是高于其价格，通过竞争价格才逐渐接近其价值。只有不断推出有独占性技术的新产品，才能不断获取高额利润。

2．网络化制造涉及的关键技术

网络化制造涉及大量的组织、使能、平台、工具、系统实施和运行管理技术（图1-8），大致可以分为总体技术、基础技术、集成技术与应用实施技术。总体技术主要是指从系统的角度，研究网络化制造系统的结构、组织与运行等方面的技术；基础技术是指网络化制造中应用的共性与基础性技术；集成技术主要是指网络化制造系统设计、开发与实施中需要的系统集成与使能技术；应用实施技术是支持网络化制造系统应用的技术。

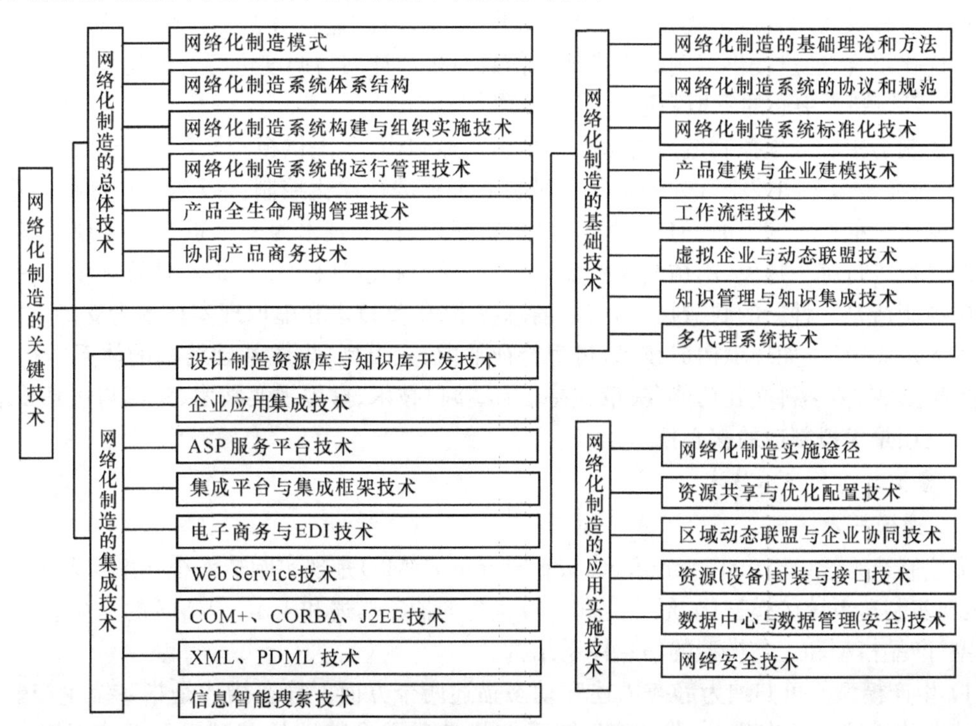

图1-8　网络化制造涉及的关键技术

1.4.6 虚拟制造

虚拟制造技术(Virtual Manufacturing Technology,VMT)是20世纪80年代后期提出并得到迅速发展的一个新思想,是对真实产品制造的动态模拟,是一种在计算机上进行而不消耗物理资源的模拟制造软件技术。它以虚拟现实和仿真技术为基础,具有建模和仿真环境,对产品的设计、生产过程统一建模,在计算机上实现产品从设计、加工和装配、检验、使用整个生命周期的模拟和仿真。这样,可以在产品的设计阶段就模拟出产品及其性能和制造过程,以此来优化产品的设计质量和制造过程,优化生产管理和资源规划,以达到产品开发周期和成本的最小化,产品设计质量的最优化和生产效率最高化,从而形成企业的市场竞争优势。

1. 虚拟制造的种类

广义的制造过程不仅包括了产品的设计加工、装配,还包含了对企业生产活动的组织与控制。从这个观点出发,可以把虚拟制造划分为三类:以设计为中心的虚拟制造、以生产为中心的虚拟制造和以控制为中心的虚拟制造。

(1) 以设计为中心的虚拟制造

以设计为中心的虚拟制造强调以统一制造信息模型为基础,对数字化产品模型进行仿真与分析、优化,进行产品的结构性能、运动学、动力学、热力学方面的分析和可装配性分析,以获得对产品的设计评估与性能预测结果。

(2) 以生产为中心的虚拟制造

以生产为中心的虚拟制造是在企业资源的约束条件下,对企业的生产过程进行仿真,对不同的加工过程及其组合进行优化。它对产品的"可生产性"进行分析与评价,对制造资源和环境进行优化组合,通过提供精确的生产成本信息对生产计划与调度进行合理化决策。

(3) 以控制为中心的虚拟制造

以控制为中心的虚拟制造是将仿真技术引入控制模型,提供模拟实际生产过程的虚拟环境,使企业在考虑车间控制行为的基础上对制造过程进行优化控制。以上三种虚拟制造分别侧重于制造过程的不同方面,但它们都以计算机建模、仿真技术为一个重要的实现手段,通过对制造过程进行统一建模,用仿真支持设计过程、模拟制造过程,进行成本估算和生产调度。

虚拟制造是一种新的制造技术,它以信息技术、仿真技术和虚拟现实技术为支持。虚拟制造技术涉及面很广,如环境构成技术、过程特征抽取、元模型、集成基础结构的体系结构、制造特征数据集成、多学科交驻功能、决策支持工具、接口技术、虚拟现实技术、建模与仿真技术等。其中后三项是虚拟制造的核心技术。

2. 虚拟制造的核心技术

(1) 建模技术

虚拟制造系统(Virtual Manufacturing System,VMS)是现实制造系统在虚拟环境下的映射,是现实制造系统的模型化、形式化和计算机化的抽象描述和表示。VMS的建模应包括:生产模型、产品模型和工艺模型的信息体系结构。

1) 生产模型。可归纳为静态描述和动态描述两个方面。静态描述是指系统生产能力和生产特性的描述。动态描述是指在已知系统状态和需求特性的基础上预测产品生产的全过程。

2) 产品模型。是制造过程中,各类实体对象模型的集合如图1-9所示。目前产品模型描述的信息有产品结构明细表、产品形状特征等静态信息。而对 VMS 来说，要使产品实施过程中的全部活动集成，就必须具有完备的产品模型，所以虚拟制造下的产品模型不再是单一的静态特征模型，它能通过映射、抽象等方法提取产品实施中各活动所需的模型。

图 1-9　汽车前围侧板拉延模设计模型

3）工艺模型。将工艺参数与影响制造功能的产品设计属性联系起来。以反应生产模型与产品模型之间的交互作用。工艺模型必须具备以下功能：计算机工艺仿真、制造数据表、制造规划、统计模型以及物理和数学模型。

（2）仿真技术

仿真就是应用计算机对复杂的现实系统经过抽象和简化形成系统模型，然后在分析的基础上运行此模型，从而得到系统一系列的统计性能。由于仿真是以系统模型为对象的研究方法，而不干扰实际生产系统，同时仿真可以利用计算机的快速运算能力，用很短时间模拟实际生产中需要很长时间的生产周期，因此可以缩短决策时间，避免资金、人力和时间的浪费。计算机还可以重复仿真，优化实施方案。

仿真的基本步骤为：研究系统→收集数据→建立系统模型→确定仿真算法→建立仿真模型→运行仿真模型→输出结果并分析。

产品制造过程仿真，可归纳为制造系统仿真和加工过程仿真（图 1-10、图 1-11）。虚拟制造系统中的产品开发涉及产品建模仿真、设计过程规划仿真、设计思维过程和设计交互行为仿真等，以便对设计结果进行评价，实现设计过程早期反馈，减少或避免产品设计错误。加工过程仿真，包括切削过程仿真、装配过程仿真，检验过程仿真以及焊接、压力加工、铸造仿真等。目前上述两类仿真过程是独立发展起来的，尚不能集成，而 VM 中应建立面向制造全过程的统一仿真。

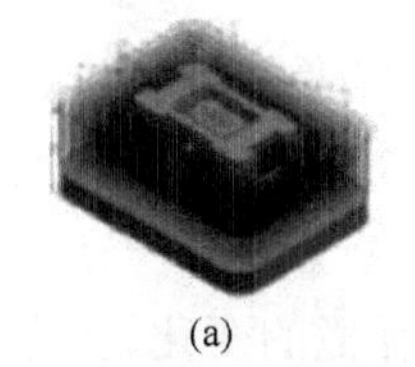

(a)

(b)

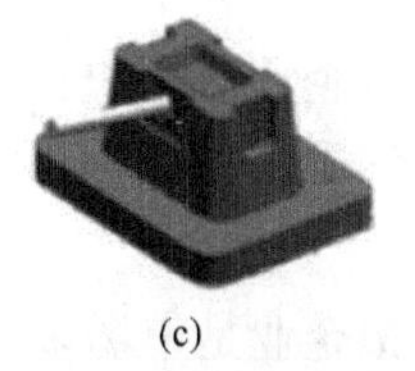

(c)

(d)

图 1-10　基于 Unigraphics NX 平台的五轴铣削刀具轨迹

（3）虚拟现实技术（Virtual Reality Technology，VRT）

虚拟现实技术是在为改善人与计算机的交互方式，提高计算机可操作性中产生的，它是综

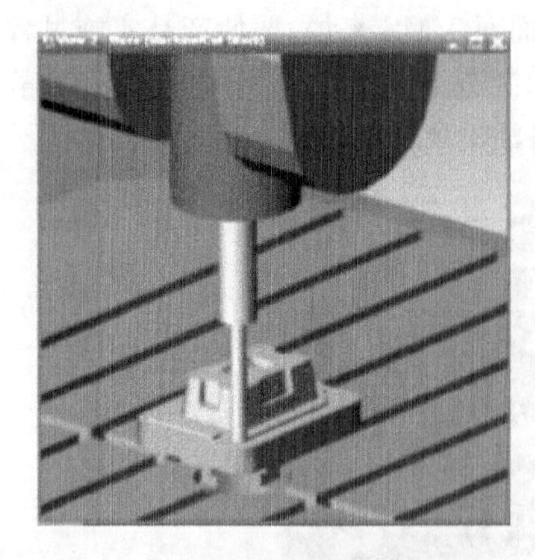

图 1-11 基于 Vericut 的机床仿真加工示意图

合利用计算机图形系统、各种显示和控制等接口设备，在计算机上生成可交互的三维环境（称为虚拟环境）中提供沉浸感觉的技术（图 1-12）。

由图形系统及各种接口设备组成，用来产生虚拟环境并提供沉浸感觉，以及交互性操作的计算机系统称为虚拟现实系统（Virtual Reality System，VRS）。虚拟现实系统包括操作者、机器和人机接口三个基本要素。它不仅提高了人与计算机之间的和谐程度，也成为一种有力的仿真工具。利用 VRS 可以对真实世界进行动态模拟，通过用户的交互输入，并及时按输出修改虚拟环境，使人产生身临其境的沉浸感觉。虚拟现实技术是 VM 的关键技术之一。

图 1-12 客车外形设计气流场分析（虚拟风洞）

3. VMT 在制造业中的应用

虚拟制造技术首先在飞机、汽车等领域获得成功的应用。美国波音（Boeing）公司在 777 新型客机机型设计过程中，利用 VMT 和三维模型进行管道布线等复杂装配过程的模拟获得成功。目前 VMT 应用在以下几个方面。

(1) 虚拟企业

虚拟企业建立，其中有一条最重要的原因是因为各企业本身无法单独满足市场需求，迎接市场挑战。因此，为了快速响应市场的需求，围绕新产品开发，利用不同地域的现有资源、不同的企业或不同地点的工厂，重新组织一个新公司。该公司在运行之前，必须分析组合是否最优，能否协调运行，并对投产后的风险、利益分配等进行评估。这种联合公司称为虚拟公司，或者称为动态联盟，是一种虚拟企业，它是具有集成性和实效性两大特点的经济实体。

虚拟企业的特征是：

1) 企业地域分散化。虚拟企业从用户订货、产品设计、零部件制造以及总成装配、销售、经营管理都可以分别由处在不同地域的企业，按契约互惠互利联合运作，进行异地设计、异地制造、异地经营管理。

2) 企业组织临时化。虚拟企业是市场多变的产物。为了适应市场环境的变化，企业组织结构也要及时反映市场动态，虚拟企业注重短期利益。当产品方向更换、联盟伙伴之间利益改变或企业追求目标变更时，企业要调整组织结构，或者立即解散，重新再组织新的虚拟企业。

3) 企业功能不完整化。一个完整的企业，应具有从企业管理、设计、制造一直到市场销售、售后服务等完整的全部功能。但在虚拟企业不需要机构功能完整，它以各种方式借用外部力量来进行组合和集成。因为虚拟企业是动态联盟形式,突破企业的有形界限,利用外部资源加速实现企业的市场目标。传统的外协加工是一种原始的虚拟企业行为。

4) 企业信息共享化。构成虚拟企业的基本条件之一,就是组成企业伙伴之间的计算机互联网。根据具体情况,可以是国际互联网,局域网或企业内部网,及时的沟通信息,包括产品设计、制造、销售、管理等信息,这些信息是以数据形式表示,能够分布到不同的计算机环境中,以实现信息资源共享,保证虚拟企业各部门步调高度协调,在市场波动条件下,确保企业最大整体利益。

虚拟企业的主要基础是:建立在先进制造技术基础上的企业柔性化;在计算机上制造数字化产品,从概念设计到最终实现产品整个过程的虚拟制造;计算机网络技术。此三项内容是构成虚拟企业不可缺少的必要条件。

虚拟企业这种先进制造模式,在先进国家的部分企业已经运行。例如,美国Ultra Comm公司是生产电子产品的虚拟企业,在美国各地有60多家,数以千计的雇员组成的虚拟电子集团,公司本身只有几名雇员,该公司采用分散设计和制造方式,不同的产品选用不同企业,依靠网络技术组成的经济实体,实现市场目标。又如,总部设在香港的鑫港公司,是一家国际化企业,以制造销售电话机为主的电信产品,总部从事新产品开发、研制、销售和管理等,产品在国内厦门经济特区宏泰科学工业园制造。

在面对多变的市场需求下,虚拟企业具有加快新产品开发速度,提高产品质量,降低生产成本,快速响应用户的需求,缩短产品生产周期等优点。因此虚拟企业是快速响应市场需求的部队,能在商战中为企业把握机遇和带来优势。

(2) 虚拟产品设计

例如,飞机、汽车的外形设计,其形状是否符合空气动力学原理,运动过程中的阻力,其内部结构布局的合理性等。在复杂管道系统设计中,采用虚拟技术,设计者可以“进入其中”进行管道布置,并可检查能否发生干涉。在计算机上的虚拟产品设计,不但能提高设计效率,而且能尽早发现设计中的问题,从而优化产品的设计。例如,美国波音公司投资40亿美元研制波音777喷气式客机,从1990年10月开始到1994年6月仅用了3年零8个月时间就完成了研制,一次试飞成功,投入运营。波音公司分散在世界各地的技术人员可以从777客机数以万计的零部件中调出任何一种在计算机上观察、研究、讨论,所有零部件均是三维实体模型,如图1-13所示。可见虚拟产品设计给企业带来的效益。

(a) (b)

图1-13 减速器齿轮的虚拟设计

(3) 虚拟产品制造

应用计算机仿真技术,对零件的加工方法、工序顺序、工装的选用、工艺参数的选用,加工工艺性、装配工艺性、配合件之间的配合性、连接件之间的连接性、运动构件的运动性等均可建模仿真,可以提前发现加工缺陷,提前发现装配时出现的问题,从而能够优化制造过程,提高加工效率。

(4) 虚拟生产过程

产品生产过程的合理制定、人力资源、制造资源、物料库存、生产调度、生产系统的规划设计等,均可通过计算机仿真进行优化,同时还可对生产系统进行可靠性分析,对生产过程的资金进行分析预测,对产品市场进行分析预测等,从而对人力资源、制造资源的合理配置,对缩短产品生产周期,降低成本意义重大。

综上所述,虚拟制造技术在企业中的应用可以带来很多效益。虚拟产品设计可以提高设计质量、优化产品性能,缩短设计周期。虚拟产品制造可以提高制造质量,优化工艺过程,缩短制造周期。虚拟生产过程可以优化资源配置,物流管理,缩短生产周期,降低生产成本。虚拟企业可以增强企业柔性,满足客户的特殊要求,形成企业的市场竞争优势。

1.4.7 敏捷制造

制造业是国民经济的基础产业,其发达程度体现了一个国家的科学技术和社会生产力发展水平。从18世纪英国爆发工业革命开始,制造业走出手工作坊阶段,迅速发展壮大,逐渐成为世界各国国民经济中的主导产业。特别是20世纪50年代,大批大量生产模式的确立使制造业达到了一个前所未有的巅峰时期。但是近十几年来,随着世界经济的快速发展和人们生活水平的不断提高,市场环境发生了巨大的变化,消费者需求日趋主体化、个性化和多样化,产品生命周期短、更新换代快、品种增加、批量减小,顾客对产品的交货期、价格和质量的要求越来越高,制造厂商面对一个变化迅速且无法预测的买方市场,传统的大批大量的生产模式不再适应新的市场形势的需要。在这种情况下,如何敏捷地提供可利用的知识和技术,快速开发新产品,重组资源,组织生产,满足用户"个性化产品"的需要,等对市场需求的快速反应能力就成为企业能否赢得竞争、不断发展的关键。敏捷制造就是在这种背景下,由美国于1991年提出的,并在实践中得到了一定的应用,取得了初步的效果。

1. 什么是敏捷制造

敏捷制造的英文名为Agile Manufacturing,简称AM。"敏"字的甲骨文字形像用手整理头发的样子,本义为动作快。敏捷的英文解释为quick,agile,nimble,fleet,prompt等,即反应迅速快捷的含义。

敏捷制造目前尚无统一、公认的定义,一般可以这样认为:敏捷制造是在"竞争-合作/协同"机制作用下,企业通过与市场/用户、合作伙伴等方面具有以下特点。

1) 敏捷制造思想的出发点是基于对产品和市场的综合分析,具体包括:市场/用户是谁;市场/用户需要什么;企业对市场做出快速响应是否值得;如果企业做出快速响应,能否获取利益。

因此,敏捷制造的战略着眼点在于快速响应市场/用户的需要,使产品设计、开发、生产等各项工作并行进行,不断改进老产品,迅速设计和制造能灵活改变结构的高质量的新产品,以满足市场/用户不断提高的要求。

2) 企业实施敏捷制造必须不断提高企业能力,实现技术、管理和人员的全面、协调集成,其敏捷性体现在:企业的应变能力、先进制造技术、企业信息网、信息技术。其中最关键的因素是企业的应变能力，衡量企业的应变能力需要综合考虑市场响应速度、质量和成本，是企业在市场中生存和领先能力的综合表现。

敏捷企业在纷繁复杂的商务环境中具有极强的应变能力，能够以最快的速度、最好的质量和最低的成本，迅速、灵活地响应市场/用户需求，从而赢得竞争。

3）敏捷制造强调“竞争-合作/协同”，采用灵活多变的动态组织结构，改变了过去以固定专业部门为基础的静态不变的组织结构，以最快的速度从企业内部某些部门和企业外部不同公司中选出设计、制造该产品的优势部分，组成一个单一的经营实体。

2. 敏捷制造的起源

20世纪80年代，联邦德国和日本生产的高质量的产品大量推向美国市场，迫使美国的制造策略由注重成本转向产品质量。进入90年代，产品更新换代加快，市场竞争加剧。仅仅依靠降低成本、提高产品质量还难以赢得市场竞争，还必须缩短产品开发周期。当时美国汽车更新换代的速度已经比日本慢了一倍以上，速度成为美国制造商关注的重心。

同时，20世纪70～80年代，被列为“夕阳产业”不再予以重视的美国制造业一度成为美国经济严重衰退的重要因素之一。在这种形式下，通过分析研究的得出了“一个国家要生活得好，必须生产得好”的基本结论。

为重新夺回美国制造业的世界领先地位，美国政府把制造业发展战略目标瞄向21世纪。美国通用汽车公司(GM)和里海(Leigh)大学的雅柯卡(Iacocca)研究所在国防部的资助下，组织了百余家公司，耗资50万美元，花费1 000人日，分析研究400多篇优秀报告后，提出《21世纪制造企业战略》的报告。1988年，在这份报告中首次提出敏捷制造的新概念。1990年向社会半公开以后，立即受到世界各国的重视。1992年美国政府将敏捷制造这种全新的制造模式作为21世纪制造企业的战略。

3. 敏捷制造的内涵

敏捷制造模式的创立人认为，随着生活水平的日趋提高，对产品的需求和评价标准从质量、价格、功能转变为最短交货期、最大客户满意、资源保护和污染控制等方面。是一种继大量生产时代后的制造产品、分配产品和提供服务的新的制造模式。强调将许多柔性的、先进的、实用的制造技术，高素质的劳动者以及企业之间和企业内部灵活的管理三者有机地结合起来，对顾客需求的产品和服务驱动的市场，迅速做出快速响应。

根据我国学者的理解，对一个公司或企业来说，敏捷制造表示在连续且无法预测的用户变换需求的竞争环境下，企业或公司赢利运作的能力。对于公司或企业中的员工来讲，敏捷制造意味着根据市场需求，迅速重组员工与技术资源，快速响应市场并为公司创造价值的能力。

一个具备敏捷制造能力的企业应该具备多种能力，其敏捷制造能力主要包括企业间的虚拟协作能力、高度制造柔性能力、快速制造能力和快速反应能力。这种敏捷性在不同的层次上，又有其各自的内涵。

敏捷制造在企业策略层次上主要体现为：企业或公司针对竞争规则变化、新竞争对手出现、国家政策法规的变动以及社会形态的变化等能做出快速反应的能力。

敏捷制造在企业日常运作层次上主要体现为：企业能够对影响其日常运作变化，如用户对产品规格、售后服务的需求、供货时间的要求、产品质量出现的问题、设备出现故障等问题能快速做出反应的能力。

4. 敏捷制造企业的主要特征

敏捷制造的目标是企业能够快速响应市场的变化，根据市场需求，能够在最短时间内开发制造出满足市场需求的高质量的产品。因此，具备敏捷制造能力的企业需要满足以下要求：

1）企业从上到下都明确认识快速响应市场/用户需求的重要性，并能通过信息网络对变化的环境做出快速响应。

2）企业拥有先进的制造技术，能够迅速设计、制造新产品，缩短产品上市时间，降低成本。

3）企业每个部门、每个员工都具有一定的敏捷性，都愿意并善于与别人合作。

4）企业能够最大限度地调动、发挥人的作用，并使员工的素质和创新能力不断提高。

敏捷制造企业具有如下特点：

1）高度柔性。柔性主要指制造柔性和组织管理柔性。制造柔性主要是指企业能够针对市场的需求迅速转产，转产后能够实现多品种、变批量产品的快速制造。组织柔性主要是指企业淡化宝塔型的管理模式，更强调扁平式管理即权利下放，项目组具有一定的决策能力。充分发挥每个人的主观能动性，随时发现问题，随时解决。

2）先进的技术系统。敏捷制造企业应具有领先的技术手段和掌握这些技术的人员，还应具有可快速重组的、柔性的，但并不强调完全自动化的加工设备，以及一套行之有效的质量保证体系，使设计制造出来的产品达到社会用户都满意的程度。

3）高素质人员。敏捷制造的一个显著特征就是以其对机会的迅速反应能力来参与激烈的市场竞争，这不仅是无思想的计算机所不能担负的工作，而且也不是思想僵化、被动接受指令的职工或一般模式中偏重于技术的工程师们所能应付得了的，它需要具有“创造性思维”的全面发展的敏捷型劳动才能够胜任。

拥有高素质劳动力的企业，与拥有普通劳动力的企业相比，高素质劳动力能够充分发挥主动性和创造性，积极有效地掌握信息和新技术；高素质劳动力得到授权后，能自己组织和管理项目，在各个层次上做出适当的决策；高素质劳动力具有协作精神，在动态联盟中能与各种人员保持良好的合作关系。

4）用户的参与。传统的制造过程是收集用户的要求，有制造者进行设计，或者由制造者预测市场需求，再将“自以为是”的产品推向市场。在这种模式下，用户是被动地接受。否则，就要定做，不仅花费高，所需时间也长。在敏捷制造模式下，用户参与产品的设计过程，根据自己的喜好提出设计要求，而且整个设计制造过程对用户都是透明的，甚至连销售服务方面都有用户的参与。

5. 敏捷制造的现状

敏捷制造模式是20世纪80年代末在美国提出的。进入90年代美国在航空航天、机床和电子制造业分别建立了敏捷制造研究中心，敏捷制造在世界范围内引起了强烈的反响，受到各国政府及工业界的广泛重视。1992年，由美国国防部高级研究计划局（Advanced Research Projects Agency，ARPA）和美国国家自然科学协会（NSF）投资500万美元，组建了敏捷制造企业协会（Agile Manufacturing Forum，AMF），现为敏捷制造协会（Agility Forum）。敏捷制造协会主要负责组织进行有关敏捷制造理论和实践的探讨，每年召开一次有关敏捷制造的国际会议。目前大约有250个公司和组织参加了该协会的有关工作。

1992年，美国还开展了敏捷制造技术项目（Technologies Enabling Agile Manufacturing，TEAM）的研究活动。参加该项目的有包括国防部、劳伦斯·利弗莫尔国家实验室、国家自然科学基金会等政府机构在内的75家以上的研究所、公司和工业集团(包括先进敏捷制造技术的提供者和最终用户),其目的在于集中工业资源、政府实验室和国防产品生产厂的力量,研究先进敏捷制造技术。到目前为止,有25家以上企业在进行TEAM项目的技术研究活动。

1993年,美国国防部高级研究计划局和国家自然科学基金会又投资1500万美元支持敏捷制造实验项目,有选择地资助了3个学校的先进制造技术研究所(Advanced Manufacturing Research Institute,AMRI),即纽约州的Rensselaer Polytechnic Institute的电子AMRI、伊利诺伊大学的AMRI和得克萨斯大学的自动化机器人AMRI,支持它们进行敏捷制造方面的活动,分别研究电子工业、机床工业、航天和国防工业的敏捷制造问题。此外,ARPA还配套支持了工业界进行的7项敏捷化商务实践、4项敏捷企业决策支持研究、8项敏捷化智能设计与制造系统和10项敏捷供应链管理系统。

从1994年开始,由AMEF牵头开展了"最佳敏捷实践参考基础"研究,有近百家公司和大学研究机构分别就敏捷制造的六个领域,其中包括集成品与过程开发/并行工程、人员问题、动态联盟、信息与控制、过程与设备、法律问题进行了研究与实践相结合的深入工作。

目前,美国已有上百家公司和企业在进行敏捷制造的实践活动。随着对敏捷制造哲理研究的日趋深入,美国一些大公司应用敏捷制造哲理取得了显著成绩。例如,得克萨斯设备防御系统和电子集团(DSEG)在对捕鲸叉(harpoon)导弹工厂的管理中,参照敏捷制造的一些哲理,采用了灵活多变的动态组织结构。它改变了传统的依照装配、测试、质量控制等功能布置工厂的方式,而按照多任务、自导向工作组的原则组成工作单元,使每个工作单元拥有它所需要的资源,缩短产品流动的距离,从而将装配的线性传递距离减少70%,并简化了储运设备的复杂性。

又如,IBM公司也将快速响应市场,满足市场/用户需要作为企业的根本出发点,用户只需通过电话或电子邮件订货就可获得满意的商品。IBM公司在一条有40多名工人的生产线上,可同时生产27种产品,而且每种产品因用户特殊要求而异。用户的订货数据输入电脑数据库,机器人或专职工人根据电脑数据挑选部件,然后输入传送带送往组装站。组装工人按电脑屏幕指示的步骤组装,然后由包装工人包装启运,第二天产品就可出现在用户面前。

目前,敏捷制造已具备了一定的实践基础和雏形,典型行业敏捷制造的应用示范正在进行中。

6. *敏捷制造的发展前景*

实施敏捷制造的过程是制造业在现有基础上不断提高的平滑转变过程,而对敏捷制造的研究刚刚兴起,完整的理论体系尚未形成,其实施方法、手段和途径仍有待进一步探索。虽然众多企业在努力实施敏捷制造,他们确实也从某一方面或几个方面提高其敏捷性,但迄今为止,仍有许多问题有待解决。针对这一情况,美国等对敏捷制造的开发与应用给予了高度重视,资助许多研究单位开发实现敏捷制造的参考模型和支持工具,并鼓励在不同行业进行示范应用,以期在边研究、边应用的过程中积累经验,完善敏捷制造工具产品,为更多的行业、企业应用打下基础。

在开发实现敏捷制造的参考模型和支持工具方面,第一,要建立并完善敏捷化工程模型。第二,进一步加强经营决策工具和实验性实施设计策略开发工作。在参考敏捷化工程模型的基础上,还将进一步加强经营决策工具和实验性实施设计策略开发,以便能包含更丰富的信息和形成更成熟的标准。第三,探索企业的敏捷因素的评价准则和分析技术将受到广泛的重视。第四,进一步开发支持实施敏捷制造的各种技术和工具。

在典型行业应用示范方面，由于现有的大批量生产模式与变批量、多品种生产模式之间存在很大的差距，现有的生产过程又不具备足够的柔性等各种限制因素的存在，敏捷制造示范项目仍有待探索和改进。企业一方面需要充分利用现有的制造能力和技术经验有效地改进生产过程配置；一方面需要建立企业信息网，完善各种数据库系统，同时开发先进的并行基础结构，提供协同工作中人员、工具和产品实现环境的三维集成。以促进企业集成的实现，这样才能尽快从当前生产方式向密接生产方式的转变。此外，应深入研究敏捷的概念、内涵以及实践，更好地应用于中小企业。

由于敏捷制造具有资源、技术等集成优势，美国敏捷化协会的专家认为受资源限制的中小企业，将成为应用敏捷制造的重要力量。今后敏捷的概念、内涵以及实践都将得到更深入的研究和进一步的发展，以便更好地应用于中小企业。敏捷制造思想的出发点是基于对未来产品和市场发展的分析。随着人民生活水平的不断提高，对未来产品的需求和评价指标将从质量、功能的角度转为最大客户满意、资源保护、污染控制等方面；产品市场总的发展趋势将从当今的标准化和大批量到未来的多元化和个体化。

与产品发展多元化、个体化相对应的是未来产品的利润和成本结构也将发生变化。在大批量生产占据主要地位的今天，决定产品成本和利润的主要是制造过程中的各种消耗；而敏捷制造的倡导者们认为，决定产品成本、利润和竞争能力的主要因素是开发、生产该产品所需的知识的价值，换言之，同样的材料、设备和劳动力，投入到不同的技术（知识）含量的产品中，其产品成本、利润及竞争能力很可能受到重视的新的组织结构，它使企业能够在不增加厂房、设备和人员投资的情况下，与动态联盟的其他成员共享各种知识、技术、信息和资源，迅速进行扩大范围的资源、技术和人员的最优配置，有效地扩充了生产能力。这样就使企业生产技术含量超出其生产能力的产品成为可能，从而形成超出自身的竞争优势。

敏捷制造的基本思想和方法可以应用于绝大多数类型的行业和企业，并以制造加工工业最为典型。敏捷制造的应用将在世界范围内，尤其是发达国家逐步实施。从敏捷制造的发展与应用情况来看，它不是凭空产生的，是工业企业适应经济全球化和先进制造技术及其相关技术发展的必然产物，已有非常深厚的实践基础，世界主要国家的航空航天企业都已在不同的阶段或层次上按照敏捷制造的哲理和思路开展应用。由于敏捷制造中的诸多支柱（CIMS、并行工程等）和保障条件（如 CAD/CAM 等）随着大多数企业自身发展和改造将逐步得以推进和实施，可以说，敏捷制造的实施从硬件上并非另起一套，而是从理念上和企业系统集成上更上一层，其实施和推进将与已有的 CAD/CAM 改造、并行工程，甚至 CIMS 逐步融为一体，因而，其可行性是显而易见的。可以预见，随着敏捷制造的研究和实践不断深入，其应用前景十分广阔。

1.4.8　绿色制造技术

1. 绿色制造的提出

在人类即将跨入 21 世纪的今天，当微电子技术、大规模集成电子技术和机械工业相结合，从而使古老的机械工业蓬勃发展的同时，却产生了对能源和原材料的巨大消耗和浪费及对生态环境的日益破坏，使得全世界的技术人员和环保人士都在全力解决此类问题，美国、日本、德国等发达国家在这方面都取得了不少成果。我国对该领域已经开始重视起来。目前机械制造工业存在的主要问题有：

1) 废旧或闲置设备回收和再利用率较差，这在旧机床处理方面问题尤为突出，我们的许多工厂常见的场景就是厂房内废弃满身锈迹的旧设备，数控机床、加工中心、FMS、CIMS甚至网络加工等先进制造系统和大批的旧机床并存，如何改造和利用好这些旧设备是摆在我们面前的重大课题。

2) 能源和原材料的浪费现象十分严重，这在某些国营大厂表现更为明显，满地的切屑和小零件、无从下脚的遍地油污也许能说明我国在由原料到产品所消耗的能源和原材料为什么比美国和日本等先进国家高出数十倍之多。

3) 环境保护意识还比较淡薄，尤其是一些中小企业对环境的污染还比较严重。

4) 产品的回收利用率很低。长期以来，我们沿袭的生产模式是生产→流通→消费→废弃的开式循环，现在我们提倡的是闭式循环的生产模式，就是在原来的生产模式中增加一个“回收”环节。厂家在产品的设计和制造过程中就应该充分的考虑回收的问题，我国清华大学的家电产品和上海交通大学汽车全生命周期绿色设计现在也取得了不少成果。

近几年开始开发的绿色制造，正是针对以上这些现象，提出了综合考虑环境因素和资源利用效率的现代制造模式。传统制造和绿色制造的最大区别就是传统制造只是根据市场信息设计生产和销售产品，而其余就考虑得较少。绿色制造则通过绿色生产过程(绿色设计、绿色材料、绿色设备、绿色工艺、绿色包装、绿色管理)生产出绿色产品，产品使用完以后再通过绿色处理后加以回收利用。

绿色制造是一种综合考虑环境影响和资源效率的现代制造模式，其目标是使产品从设计、制造、运输、使用到报废处理的整个产品生命周期中，采用绿色制造能最大限度地减少对环境的负面影响，同时原材料和能源的利用效率能达到最高。绿色制造是可持续发展战略在制造业中的体现，换句话说，绿色制造是现代制造业的可持续发展模式。

2. 绿色制造技术的内容

前面已论述到：绿色制造系统的特征目标是追求废弃物最少和环境污染最小，而决定此两个目标的根本因素是资源流。影响制造系统的资源流的因素是多种多样的，因而决定了实施绿色制造涉及的问题和途径是多方面的。归纳起来，绿色制造技术从内容上应包括“五绿”，即绿色设计、绿色材料、绿色工艺、绿色包装和绿色处理五个方面。在绿色制造实施问题中，绿色设计是关键。比如，Boothroyd在Ford汽车公司发表的报告中指出，尽管设计费用仅占产品全部成本的5%左右，但却决定了80%～90%的产品生命周期的全部消耗。

(1) 绿色设计

绿色设计是在产品及其寿命的全过程的设计中，充分考虑对资源和环境的影响，在充分考虑产品的性能、质量、开发周期和成本的同时，优化各有关设计因素，使得产品及其制造过程对环境的总体负影响减到最小。绿色设计又称为面向环境的设计(Design For the Environment，DFE)。面向环境的产品设计应包括的内容很广泛，像材料的选择、产品的包装方案设计等环节，考虑这些环节对资源消耗和环境的影响甚大，应把它们单独作为面向环境设计问题的一个子项加以考虑。其中，面向环境的产品方案设计一般是指涉及产品原理、方法、总体布局、产品类型、包装运输等方面的选择和设计。面向环境的产品结构设计的主要目标是采用尽可能合理和优化的结构(包括有利于包装运输和良好的人机工程的结构)，以减少资源消耗和浪费，从而减少对环境的负面影响，面向环境的产品包装设计方案，就是要从环境保护的角度出发，优化产品的包装方案（从包装材料的选取、包装制品的制造到包装制品的回收处理及包装成本等的优化），使得资源消耗和环境负影响最小。

(2) 绿色材料

绿色材料(Green Materials) 是指在制备、生产过程中能耗低、噪声小、无毒性并对环境无害的材料和材料制品，也包括那些对人类、环境有危害，但采取适当的措施后就可以减少或消除的材料及制成品。绿色制造中所强调的绿色材料是指在满足一定功能要求的前提下，具有良好的环境兼容性的材料。绿色材料在制备、使用以及用后处置等生命周期的各阶段，具有最大的资源利用率和最小的环境影响。绿色材料又被称为生态材料(Eco-Material) 或环境意识材料(Environmentally Conscious Materials)。选择绿色材料是实现绿色制造的前提和关键因素之一。如图 1-14 所示，绿色制造要求选择材料应遵循以下几个原则：

1) 优先选用可再生材料，尽量选用回收材料。提高资源利用率，实现可持续发展。

2) 尽量选用低能耗、少污染的材料。

3) 尽量选择环境兼容性好的材料及零部件，避免选用有毒、有害和有辐射特性的材料。所用材料应易于再利用、回收、再制造或易于降解。

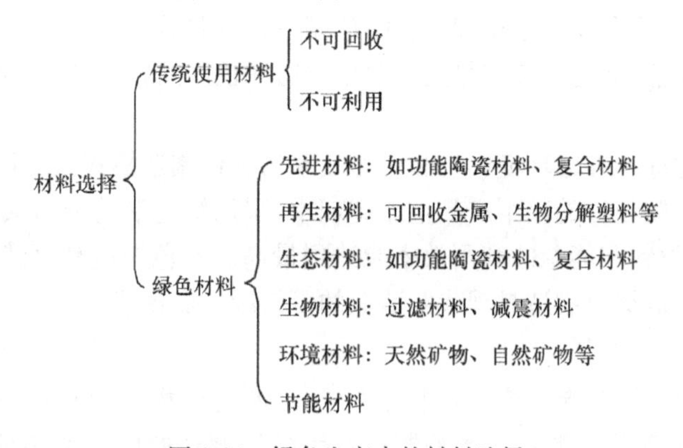

图 1-14　绿色生产中的材料选择

(3) 绿色工艺

采用绿色工艺是实现绿色制造的重要一环，绿色工艺与清洁生产密不可分。1992 年在里约联合国环发大会上，清洁生产被正式认定为可持续发展的先决条件，《中国 21 世纪议程》也将其列入其中，并制定了相应的法律。清洁生产要求对产品及其工艺不断实施综合的预防性措施，其实现途径包括清洁材料、清洁工艺和清洁产品。我们所提出的绿色工艺是指清洁工艺，指既能提高经济效益，又能减少环境影响的工艺技术。它要求在提高生产效率的同时必须兼顾削减或消除危险废物及其他有毒化学品的用量，改善劳动条件，减少对操作者的健康威胁，并能生产出安全的与环境兼容的产品。绿色工艺的实现途径包括：

1) 改变原材料投入，有用副产品的利用，回收产品的再利用以及对原材料的就地再利用，特别是在工艺过程中的循环利用。

2) 改变生产工艺或制造技术，改善工艺控制，改造原有设备，将原材料消耗量、废物产生量、能源消耗、健康与安全风险以及生态的损坏减少到最低程度。

3) 加强对自然资源使用以及空气、土壤、水体和废物排放的环境评价，根据环境负荷的相对尺度，确定其对生物多样性、人体健康、自然资源的影响评价。总之，我们应从生命周期的全过程对绿色工艺进行研究。推行绿色工艺既要从技术入手,更要重视管理和宣传问题。

(4) 绿色包装

选择绿色包装材料作为产品的包装已经成为一个研究的热点。各种包装材料占据了废弃物的很大一部分份额。据报道,1990 年美国约产生 2 亿吨城市固体废物,其中 1/ 3 为产品包装。这些包装材料的使用和废弃后的处置给环境带来了极大的负担。尤其是一些塑料和复合化工产品,很多是难以回收和再利用的,只能焚烧或掩埋处理,有的降解周期可达上百年,给环境带来了极大的危害。因此,产品的包装应摒弃求新、求异的消费理念,简化包装,这样既可减少资源的浪费,又可减少环境的污染和废弃物后的处置费用。另外,产品包装应尽量选择无毒、无公害、可回收或易于降解的材料,如纸、可复用产品及可回收材料(如 EPS 聚苯乙烯产品) 等。通过改进产品结构,减少重量,也可达到改善包装,降低成本并减小对环境的不利影响。DEC 公司的研究表明,增加其产品的内部结构强度,可以减少 54% 的包装材料需求,并可降低 62%的包装费用。我国在一些产品上过分铺陈讲究,常常大瓶套小瓶,大盒装小盒,不仅加大成本,还造成不必要的材料浪费。相反,西方一些发达国家不再提倡繁杂精美的包装,重兴简约之风,这也是绿色包装思想的一种体现。

(5) 绿色处理

产品的绿色处理(即回收) 在其生命周期中占有重要的位置,正是通过各种回收策略,产品的生命周期形成了一个闭合的回路。寿命终了的产品最终通过回收又进入下一个生命周期的循环之中。它们包括重新使用、继续使用、重新利用和继续利用。为了便于产品的绿色处理,一般在设计中主要考虑产品的材料和结构设计,如采用面向拆卸的设计方法(Design For Disassembly,DFD)。拆卸是实现有效回收策略的重要手段。只有拆卸才能实现完全的材料回收和可能的零部件再利用。只有在产品设计的初始阶段就考虑报废后的拆卸问题,才能实现产品最终的高效回收。绿色生产模式中的回收利用方式如图 1-15 所示。

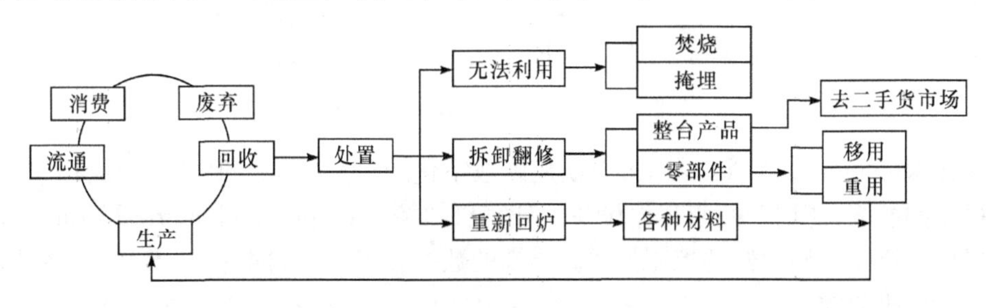

图 1-15 绿色生产模式中的回收利用方式

第 2 章　数控机床的基本概念

2.1　数控机床的定义

数控机床(Numerical Control Machine Tool)是采用数字技术形式控制的机床。详言之,凡是用数字化的代码将加工过程中所需的各种操作和步骤以及刀具与工件之间的相对位移等信息表示出来,通过程序介质送入计算机或数控系统经过译码、运算及处理,控制机床的刀具与工件的相对运动,加工出所需工件的一类机床即为数控机床。

国际信息处理联盟(International Federation of Information Processing,IFIP)第五技术委员会对数控机床的定义是:数控机床是一个装有程序系统的机床。该系统能够逻辑地处理具有使用代码或其他符合编码指令规定的程序。

由上可知,数控机床就是采用了数控技术的机床,或者说装备了数控系统的机床。现代数控机床的数控系统是由机床控制程序、数控装置、可编程控制器、主轴控制系统及进给伺服系统等组成的。数控机床实现控制的过程是:被加工的零件工艺数据信息被编辑为数控程序,通过控制介质(纸带或磁盘)被计算机接收;控制计算机经过处理,转换为伺服系统可以接受的位置和速度指令;伺服机构带动数控设备实现程序要求的运动,从而实现数控加工。图 2-1 为数控系统控制原理框图。

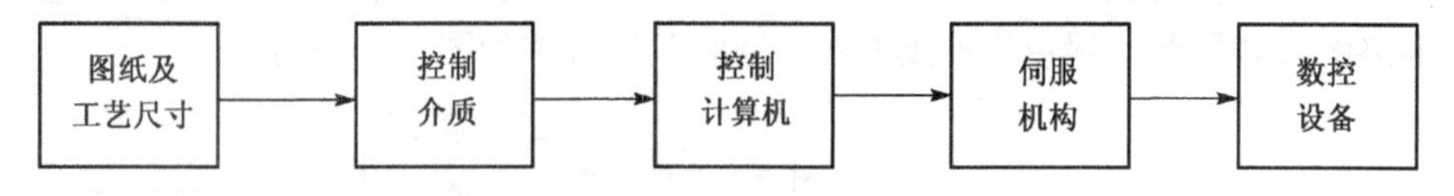

图 2-1　数控系统控制原理框图

数控技术(Numerical Control,NC)就是以数字化的信息实现控制的一门应用技术,它不仅用于机床的控制,还用于控制其他设备。计算机数控(Computer Numerical Control,CNC)技术是以计算机作为控制器的控制技术。早期的数控技术以硬件数控技术开始,而现代数控系统多为计算机数控。

数控系统对机床的控制包括"顺序控制"和"数字控制"两个方面。顺序控制只能控制各种自动加工的先后顺序,不控制移动部件的位移量,顺序控制指对刀具交换、主轴调速、冷却液开停、工作台极限位置等一类开关量的控制;数字控制则用于机床进给传动的控制,以实现对工作台或刀具运行的顺序、位移量以至速度等实现的自动控制过程。在数控机床上,这两类控制信息都以数字化代码表示。通过控制介质,如穿孔带或磁带记录并送入数控装置的计算机中,经其译码、运算等处理后,再发出相应指令来控制机床的主轴及进给部件的运动,从而使机床自动加工出所需零件。

由此可知,数控机床是由计算机根据加工信息自动进行控制的自动机床。由于这类机床对加工信息具有独特的记录、处理和控制方式,从而使得该类机床的调整有别于传统控制形式的自动机床。传统的机械式自动机床和仿形机床加工零件时,要制作凸轮、挡块等辅助装置或与零件相同或相似的零件原型，机床依照原型按特定的控制方式，加工出合格的零件，其加工准备周期较长，调整不方便，而且加工过程是模拟量传递，加工精度低，当零件变更时需重新准备辅助装置和标准零件。而在数控机床上加工零件时，对不同的加工对象，只需要重新编制相应的加工程序，选择合适的刀具，而无需再做其他的调整。

概括起来，采用数控机床加工有以下几方面的优点：

1）有利于提高加工精度，保证零件的一致性。

2）可以提高生产效率，通常可提高加工效率3～5倍，能缩短生产周期短，适合小批量产品研制。

3）适合于复杂形状零件的加工，能够加工普通机床难以完成的复杂曲面类零件，尤其是航空航天及船舶等领域精度要求较高的复杂曲面零件。

4）有利于实现管理和机械加工的自动化发展。数控机床大多配备刀库，由于具有程序控制和自动换刀功能，各工序在一次装夹中完成，机床自动化程度高，可以减小操作人员对产品质量的影响。

采用数控机床加工，由数字形式的信息控制机床的加工过程，使之实现一定程度的自动化，由于使用数字信息，容易与CAD系统衔接，形成CAD和CAM紧密结合，获得高的加工质量和生产效率。但是数控加工有其缺点，它对工艺和编程人员的素质要求较高，而且设备造价高，生产成本比传统的加工方式要高。在数控加工中，对某一种零件的各个加工工序要编写专用的程序，当被加工零件或者工艺过程改变时，就需要对数控加工程序做相应的改变，这使得数控加工具有一定的柔性，比起改变生产装备要容易得多，所以在中小批量零件的加工中，数控的方式得到越来越广泛的应用。

数控技术被广泛应用于机械加工的各种场合，如绘图、装配、检验、薄板冲压和点焊等。数控加工适合于中小批量的加工，随着数控技术的发展，数控设备占有的比例在不断地上升，数控加工的成本也在不断地下降，在过去的几十年内，数控技术获得了惊人的发展，在欧美等国家，数控设备的占有超过了70%，我国现在生产的机械设备中，数控几乎覆盖了所有领域。

2.2 数控机床的组成

数控机床主要由数控装置、控制介质、伺服系统和机床本体四大部分组成。如图2-2所示为数控机床的组成框图。

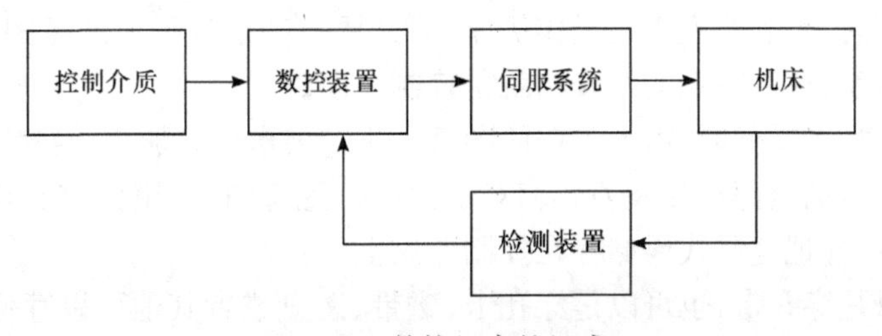

图2-2 数控机床的组成

为了提高机床的加工精度，在数控系统中加入一个测量反馈装置，这样就构成了闭环数控系统，否则为开环控制系统。开环控制系统的工作过程是这样的：将控制机床工作台运动的位移量、移动速度、位移方向等参量通过控制介质输入给数控装置，数控装置根据这些参量指令计算得出进给脉冲序列，然后经伺服系统转换放大，最后控制工作台按所要求的速度、轨迹、方向和距离移动。若为闭环系统，则在输入指令值的同时，反馈检测机床工作台的实际位移量，反馈量与输入量在数控装置中进行比较，若有差值，说明二者间有误差，则数控装置控制机床沿着消除误差的方向运动。

下面将简述数控机床各组成部分。

2.2.1 数控装置

在图 2-2 中，数控装置是实现自动加工的控制中枢，在普通数控机床中，它一般由程序的输入装置、控制器、运算器和输出装置组成。数控装置接收输入介质的信息，并将其代码加以识别、储存、运算，输出相应的指令脉冲以驱动伺服系统，进而控制机床的动作。

输入装置的功能是接收外部的输入程序并加以存储，将它转化成适当的信息送到有关的寄存器，作为控制和运算的依据。

信息输入是数控机床的信息输入通道，加工零件的程序和各种参数，数据通过输入设备送进数控装置。早期的输入方式为穿孔纸带和磁带。目前较多采用磁盘。在生产现场，特别是一些简单的零件程序都采用按键，配合显示器(CRT)的手动数据输入(MDI)方式；手摇脉冲发生器输入都是在调整机床的对刀时使用；也可通过 I/O 通信接口输入。

控制器的功能是协调和控制数控装置各部分的工作，使机床按照规定的要求协调的动作。运算器接受控制器的指令，并对输入的集合信息进行插补运算，并向输出装置发出进给脉冲。输出装置的作用是根据控制器的命令接受运算器的输出脉冲，经过功率放大驱动伺服系统，使机床按照编程的要求产生运动。

机床的控制动作包括完成主轴的启停、转向及变换转速；确定进给方向、速度和进给方式，如定位、走直线、走圆弧、循环进给等；选择刀具及产生刀具补偿，完成各种辅助操作，如松开与锁紧工作台、旋转工作台与分度、开关冷却液等。

相对于早期所谓的硬件型数控机床(NC 机床)来说，CNC 机床具有的不同控制功能，只需通过改变控制软件即能实现，因而对机床的控制更为灵活、方便，数控装置的作用由一台计算机来完成，数控能力就具有一定的柔性。

2.2.2 控制介质

数控机床工作时，不需要人手工操作机床，但又要自动地执行人的意图，这就必须在人和数控机床间建立联系，这种联系的媒介物就是控制介质。

在通用机床上加工零件时，由人工按照图纸和工艺要求进行加工。在数控机床上加工时，则要把加工零件所需的全部动作及刀具相对工件的位置等内容，用数控装置所能接受的数字和文字代码来表示，并把这些代码储存在控制介质上。

控制介质可以是穿孔带，也可以是穿孔卡、磁带、磁盘或者其他可以存储代码的载体。至于采用哪种，则取决于数控装置的类型。在 CAD/CAM 集成系统中，数控加工程序在编程系统中生成并存储在编程系统计算机中，使用程序时可以通过网络或者与机床相连的通信接口，将程序送入数控装置，不需要上述控制介质。

20 世纪 80 年代以前常用的控制介质是 8 单位的标准穿孔带，且常用的是纸介质的，所以又称纸带。现代的数控系统大多配备有软盘驱动器，可以将软盘中的程序直接读入控制器；还有的系统配备 RS232 串行接口与计算机相连，将程序传输入控制系统。

记录在载体上的数控加工信息必须符合机床控制系统对程序格式的要求，一段完整的控制命令中一般包含以下几种信息：

1）几何信息。确定加工零件的几何形状，如位移、圆心、曲面法矢量等。

2）辅助功能信息。说明加工条件，如刀具几何参数、进给量和主轴转速、开关冷却液、程序结束等。

3）准备功能信息。说明插补类型、加工坐标平面、实现刀具半径补偿等。

2.2.3　伺服系统

伺服系统是数控装置与机床本体间的传动联系环节，可以将来自数控装置的脉冲信号转换为机床移动部件的运动，使工作台精确定位或按规定的轨迹做严格的相对运动，最后加工出符合图纸的零件。

伺服系统是由伺服电动机、驱动装置及部分机床具有的位置检测装置等组成。伺服电动机是软件的执行件，驱动装置则是伺服电动机的动力源。数控装置发出的指令信号经驱动装置功率放大后，带动电动机运转，进而通过机械传动装置拖动工作台或刀架运动。因此，伺服系统的性能是决定数控机床的加工精度、表面质量和生产率的主要因素之一。相对于每个脉冲信号，机床移动部件的位移量叫做脉冲当量(用 δ 来表示)。常用的脉冲当量为 0.01mm/脉冲、0.005mm/脉冲、0.001mm/脉冲。

在数控机床的伺服系统中，常用的驱动元件有功率步进电机、电液脉冲马达、直流伺服电机和交流伺服电机等。数控机床的伺服系统按其控制方式分为开环伺服系统、半闭环伺服系统和闭环控制系统三大类。数控机床按照它们对加工精度、生产率和成本的要求，可选择合适的伺服系统。

2.2.4　机床本体

机床本体是指数控机床的机械构造体，主要由床身、导轨、各种运动部件、工作台、刀库和排屑器组成，与普通机床比较有以下区别：

1）采用高性能主传动系统或主轴部件，具有传递功率大、刚性高、抗振性能好及热变形小等优点；

2）进给传动为数字伺服传动，传动链短，结构简单，传动精度高；

3）具有完善的刀具自动交换和管理系统，工件在加工中心机床上一次安装后，能自动地完成或者接近完成所有加工工序内容；

4）采用高效的传动件，较多采用的如滚珠丝杠副、直线滚动导轨副等；

5）机床本体多采用铸铁床身，具有很高的动、静刚度。

由于数控机床采用和普通机床不同的结构和运动方式，所以在精度和加工效率方面大大高于普通机床。

2.3 数控机床的分类

目前,数控机床的规格繁多,据不完全统计已经有400多个品种规格,可以按照多种原则分类。但归纳起来,常见的有以下几种分类方法。

2.3.1 按工艺用途划分

1. 一般数控机床

数控机床的工艺范围与传统的通用机床相似,有数控车、铣、镗、钻、磨等类型,如图2-3、图2-4所示。而且每一种又有很多品种,例如数控铣床中就有立铣、卧铣、工具铣、龙门铣等。数控机床与传统机床区别在于能加工复杂零件,且其加工精度和生产效率高。

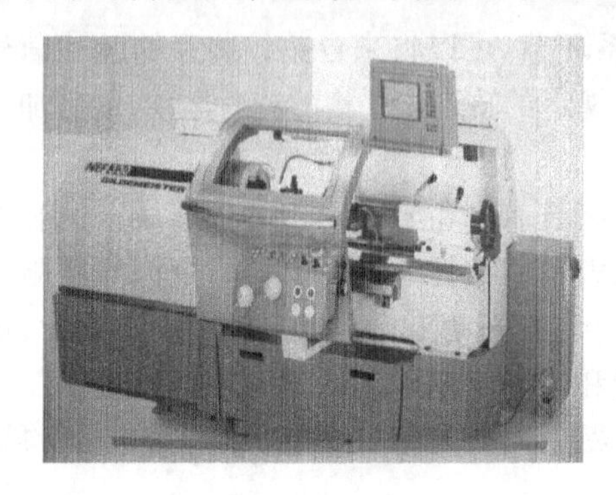

图2-3 数控车床

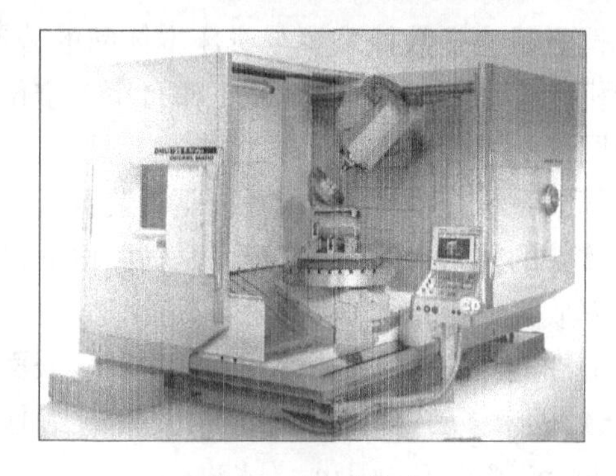

图2-4 数控铣床

2. 数控加工中心

数控加工中心是带有自动换刀装置的数控机床,主要适合于箱体类零件和复杂曲面零件的多工序集中加工,其中以镗铣加工中心和车削中心最为广泛,此类机床带有自动换刀系统和刀库,又称多工序数控机床或镗铣加工中心,习惯上称为加工中心(Machining Center),可以将加工的多道工序在一次装夹中完成,这使数控机床更进一步地向自动化和高效化方向迈进。

数控加工中心与一般数控机床的区别是:工件经一次装夹后,数控装置就能控制机床自动地更换刀具,连续地对工件各加工面自动地完成铣(车)、镗、钻、铰、攻丝等多道工序加工。这类机床以镗铣为主,与一般地数控机床相比具有以下优点:

1) 可以减少机床数量,便于管理,对于多工序的零件只要一台机床就能完成全部工序加工,并可以减少半成品的库存率;

2) 可以减少多次装夹的定位误差;

3) 由于工序集中,减少了辅助时间,提高了生产率;

4) 大大减少了专用工夹量具的数量,进一步缩短了生产准备时间,降低了成本。

2.3.2 按工作过程运动轨迹划分

按照能够控制的刀具与工件间相对运动的轨迹,可将数控机床分为点位控制数控机床、点位直线控制数控机床和轮廓控制数控机床等。现分述如下:

1. 点位控制(Positioning Control)数控机床

这类机床的数控装置只能控制机床移动部件从一个位置(点)精确移动到另一个位置(点)(Point to Point Control),即仅控制行程的终点坐标值,在移动过程中不作切削加工,至于两相关点之间的移动速度及路线则取决于生产率,当到达规定的位置后,加工才开始,如图 2-5(a)所示的孔加工。刀具在快速移动过程中,原则上可以走从①~⑤中任何一条路线,如图 2-5(b)所示。为了在精确定位的基础上有尽可能高的生产率,所以两相关点之间的移动是先以快速移动到接近新的位置,然后降速,使之慢速趋近定位点,以保证其定位精度。

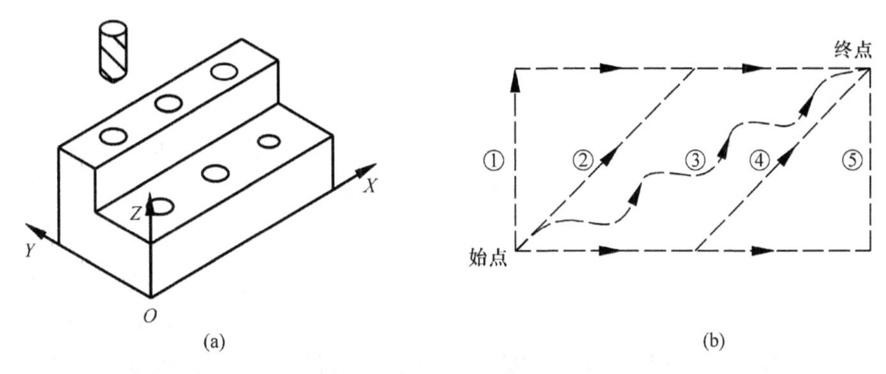

图 2-5　点位控制数控系统

属于这类机床的主要有数控钻床、数控镗床和数控冲床和数控测量机等,其相应的数控装置称为点位控制装置。

2. 点位直线控制数控机床

这类机床不仅能保证刀具在相关点的定位,还要控制刀具沿某一个坐标轴方向做直线运动的速度和路线(即轨迹)。因此用这类铣床能加工方形零件,用车床能加工不带锥度的圆柱零件,它是点位控制和单坐标控制的结合。

这类机床和点位控制数控机床的区别在于:当机床的移动部件运动时,可以沿一个坐标轴的方向(一般地,也可以沿 45°斜线进行切削,但不能沿任意斜率的直线切削)进行切削加工,而且其辅助功能比点位控制的数控机床多,如增加了主轴转速控制、循环进给控制、刀具选择等功能。

属于这类机床的有:简易数控车床、数控镗钻床、数控加工中心等。

3. 轮廓控制数控机床

这类机床同时实现运动件在两个或两个以上的坐标轴方向上做关联运动,或简称为联动,从而使刀具相对工件的运动轨迹成为一种确定的复合运动轨迹。加工时不仅要控制起点和终点,如图 2-6 所示,而且刀具在起点和终点之间的运动轨迹要严格按照程序要求的路线,切削中需要控制整个加工过程中每点的切削速度和坐标位置使机床加工出符合图纸的复杂零件,利用这种功能可以加工曲线曲面。这类机床的控制功能比较齐全。

属于这类机床的有:数控车床、数控铣床、数控磨床和电加工机床等。其相应的数控系统称为轮廓控制装置(或连续控制装置)。

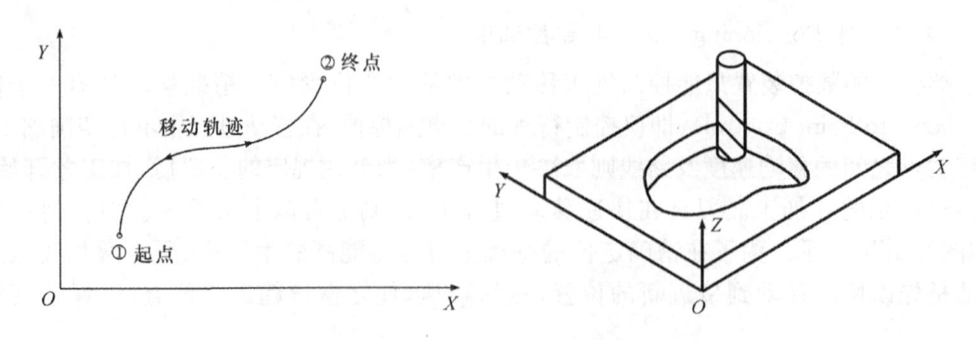

图 2-6　轮廓控制数控系统

2.3.3　按伺服系统控制方式划分

数控机床按对被控制量有无测量反馈装置可以分为开环和闭环两种。在闭环系统中，根据检测装置安放的位置又可以分为全闭环和半闭环两种。

1. 开环控制数控机床

这类机床的数控装置中，不带位置检测装置，位移指令信号经放大后控制电动机，然后通过机械传动装置驱动工作台，指令信号流动是单方向的，对机床移动的实际位置不做检测。其特点是，数控装置结构简单，成本低，安装、调试方便；缺点是控制精度低，伺服运动精度主要取决于伺服电动机（功率步进电机）和机械装置的精度。开环控制系统框图如图 2-7 所示。

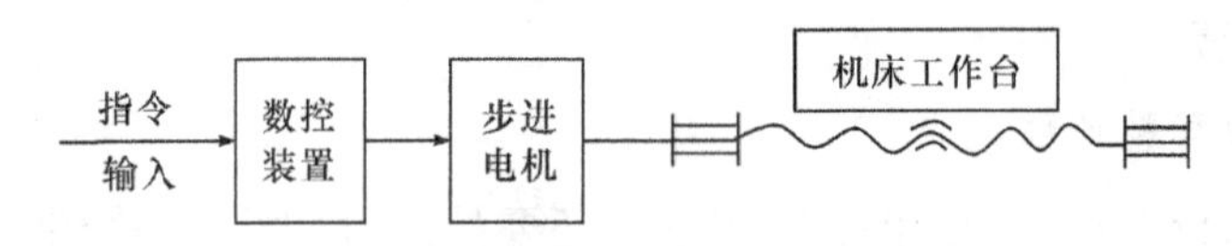

图 2-7　开环控制系统框图

这种机床传递功率有限，反应迅速、调试方便、工作比较稳定、维修简单，它适合于一般的中小型数控机床。

2. 闭环控制数控机床

由于开环控制精度达不到精密机床和大型机床的要求，所以必须检测机床移动的实际位置，为此，在开环数控机床上增加检测反馈装置，在加工中时刻检测机床移动部件的位置，使之和数控装置所要求的位置相符合，以期达到很高的加工精度。

这类机床采用直流伺服电动机或交流伺服电动机驱动，工作台的实际位移通过检测装置及时反馈给数控系统中的比较器，以与指令位移信号进行比较，两者的差值又作为伺服电动机的位移控制信号，进而带动工作台消除位移误差。机床配用的伺服系统如图 2-8 所示。

闭环控制的数控机床的优点是精度高、速度快，但是控制系统调试维修比较复杂，机床制造成本高。

3. 半闭环控制数控机床

当位移检测装置安装在滚珠丝杠轴端部或伺服电动机转轴上时，所构成的机床伺服系统称为半闭环系统，半闭环系统能间接反映工作台位移。

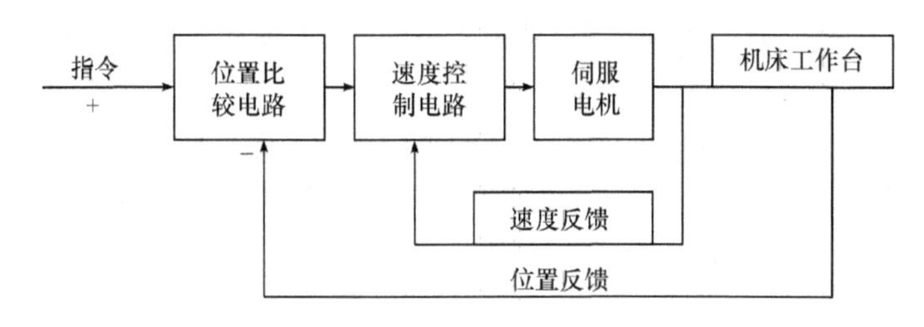

图 2-8　闭环控制系统框图

半闭环系统控制的机床，其伺服系统结构简单，造价较低，系统不易受到机械传动装置的干扰，工作稳定性较好，调试相对容易。但由于不是对机床的位移进行控制，故精度较低。

2.3.4　按同时控制的坐标轴划分

根据控制系统所能同时控制的坐标轴数目，数控机床可分为：两坐标数控机床、三坐标数控机床和多坐标数控机床。对于多坐标的数控机床，它可以同时控制的运动轴数称为可以联动的数目。

加工不同零件时，应选用相应的机床。两坐标数控机床如线切割数控机床、两坐标数控铣床等，可用于加工二维轮廓零件。具有三坐标以上运动轴的机床称为多坐标数控机床。如果一台具有五个运动坐标的数控机床，在控制系统控制下它的四个坐标轴可以同时运动，即除控制 X、Y、Z 轴运动外还可和另一旋转轴（比如 A）实现联动，则称此机床为五坐标四联动数控机床，这类数控机床可加工曲线、四轴直线纹面叶轮、旋转类零件和平面内斜孔的壳体类零件。如果除控制 X、Y、Z 轴运动外还可以和两个旋转轴（比如 A、B）联动则称为五坐标五联动数控机床，这类机床在不干涉情况下可加工复杂零件，如曲面变斜角、各种叶轮、闭式叶盘、带有空间斜孔的复杂壳体类零件。

多坐标数控机床可以加工具有复杂型面的零件，如螺旋桨、叶片叶轮、模具等。图 2-9(b) 所示为多坐标数控机床的运动示意图，与三坐标数控机床相比，它多了一个可做圆周进给运动

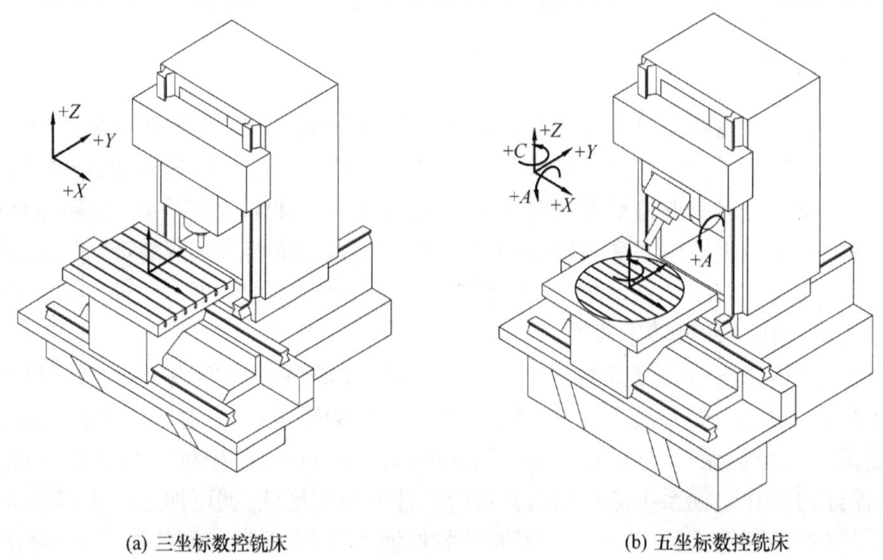

(a) 三坐标数控铣床　　(b) 五坐标数控铣床

图 2-9　数控机床的运动坐标

的数控回转工作台和一个数控主轴摆头，见图 2-9(a)，从而使机床除了可沿 X、Y、Z 三个坐标作直线运动外，还可绕 Z、X 轴转动(分别为 C 运动和 A 运动)。主轴摆头的作用是，使刀具在加工过程中按要求摆动一定角度，使之和零件轮廓相符合，或者避免刀具与工件产生干涉，或者用来改善切削条件，提高生产率，保证被加工零件的加工表面质量等。

2.3.5 按数控装置类型划分

按数控装置类型分类，可分为硬件式数控机床和软件式数控机床。

1. *硬件式数控机床(NC 机床)*

硬件数控又称普通数控。在这种系统的数控装置中，输入、译码、插补运算、输出等控制功能均由分立式元件硬接线连接的逻辑电路来实现。一般来说，不同的数控设备需要设计不同的硬件逻辑电路。这类数控系统的通用性、灵活性等功能较差，维护成本高。

2. *软件式数控机床(CNC 机床)*

20 世纪 70 年代中期，随着微电子技术的发展，芯片的集成度的越来越高，利用大规模及超大规模集成电路组成 CNC 装置成为可能。在这种装置中，常采用小型计算机或微型计算机作为控制单元，其中主要功能几乎全部由软件来实现。对于不同的系统，只需编制不同的软件就可以实现不同的控制功能，而硬件几乎可以通用。这就为硬件的大批量生产提供了条件。数控系统硬件的批量生产有利于保证质量、降低成本、缩短周期、迅速推广和扩展应用，所以现代数控系统都无例外地采用 CNC 系统。

此外，还可以按机床功能分为金属切削类数控系统、金属成形类数控设备、数控特种加工设备等。

2.4 数控加工的几个基本概念

在了解数控加工前，需要对相关的一些基本原理和概念加以介绍。

2.4.1 机床的切削运动

机床的切削运动是指刀具相对工件运动，并进行切削的过程。工件在机床上的加工，是通过刀具相对工件的运动中的切削过程来实现的，不同的机床各个坐标的运动有所区别，三个直线运动坐标可以通过刀具的移动来实现，也可以通过工作台的移动来实现；旋转坐标中，有通过刀具绕主轴上某一旋转中心来实现的，也有通过工作台的旋转来实现的，或者通过两种方式的混合采用来实现。如图 2-7(b)中，五坐标数控机床的两个旋转坐标一个通过主轴的摆动来实现，一个通过工作台的旋转来实现。

为了统一对机床的运动方式的理解，方便数控编程，把数控加工中的运动理解为相对运动，即把工件视为静止，而刀具运动，刀具按照加工程序的要求运动，对零件实施切削加工。为此，可以设定加工坐标系(Manufacturing Coordinate System)，此坐标系设置在工件上，加工中只需要保证刀尖在坐标系中的运动轨迹符合工件的轮廓形状，就可加工出所需形状的零件。坐标系的设置按国际标准约定，所以对不同的数控加工设备，采用相同的加工坐标系所编制的程序在不同的机床上可以普遍适用。

刀尖轨迹的控制是由数控装置来保证的，数控装置可按加工程序的要求，不断地向各坐标伺服系统输出加工指令，控制刀具沿各坐标轴移动相应的位移量，刀具按照程序中指定的坐标位置运动，就可以包络出相应零件的轮廓形状。应该注意的是，只有刀具和零件之间的相对移动是不够的，刀具沿程序规定轨迹运动的同时，还必须对零件进行切削加工，这个运动是刀具的切削动作，切削的实现是通过刀具的旋转来实现的。通用的刀具一般是切削刃右旋的，主轴在加工过程中旋转方向也相应采用右旋。对不同的刀具，选用的主轴转速应该不同。

2.4.2　数控机床的插补

在数控加工时，数控装置需要在规定加工轮廓的起点和终点之间进行中间点的坐标计算，然后按计算结果向各坐标轴分配适量的脉冲数，从而得到相应轴方向上的数控运动。这种坐标点的“密化计算”称作插补。现代数控机床的数控装置，都具有对基本数学函数，如线性函数、圆函数等进行插补的功能。插补的速度关系到进给速度，在 CNC 系统中，数控装置拥有的插补能力直接关系到机床数控加工能力。插补能力越强，工件在数控机床上成形的方法越简单，反之，则较复杂。

现代的数控系统在加工形状简单的零件时(平面轮廓零件)，对其中的几何形状可以直接应用机床的内部插补功能来完成，如直线和圆弧可以直接进行插补，应用机床内部插补功能加工的轮廓形状表面质量高、尺寸精度高，零件的加工精度主要取决于机床本身的机械精度和数控计算精度以及工艺、刀具等因素。

无论是硬件数控系统(NC)还是计算机数控(CNC)或者微机数控(MNC)系统，都应具备插补功能，只是它们完成的方式不同。在 CNC 或 MNC 中，用软件完成插补或者软硬件结合完成插补，而在 NC 中有一个专门完成插补的计算装置——插补器。无论是软件插补还是硬件插补，其插补的原理基本相同，其作用都是根据给定的信息进行数据处理计算，在计算过程中不断向各个坐标发出相互协调的进给脉冲，使被控机械部件按照指定的路线移动。

经过多年的发展，插补原理不断成熟，类型众多。从数学模型来看，有直线插补、二次曲线插补等；从插补计算输出的数值形式来分，有基准脉冲插补和数据采样插补。在基准脉冲插补中，按照实现原理又分为以区域判别为特征的逐点比较法插补、以比例乘法为特征的数字脉冲乘法器插补、以数字积分法进行的数字积分插补、以矢量运算为基础的矢量判别法插补、兼备逐点比较和数字积分特征的比较积分法插补等。在 CNC 系统中，除了采用上述基准脉冲插补中的各种插补原理外，还可以采用各种数据采样插补方法。

2.4.3　刀具补偿

为了简化数控编程，方便加工操作，在数控系统中一般具有刀具补偿功能，简称刀补。对于轮廓比较简单的零件，其外形轮廓一般可以采用刀具半径补偿的方法取得很高的加工质量。刀具补偿功能将在后面第 3 章中做详细的介绍。

2.4.4　加工坐标系基准和刀位点

加工坐标系是指数控加工程序编制的基准点，也就是数控编程的原点。加工坐标系是数控加工的基准，选择加工坐标系的原则是：1) 方便数学上的处理和简化程序编制；2) 在机床上便于操作，容易找正；3) 尽量和设计图纸基准相重合；4) 引起的加工误差小。

加工坐标系可以设置在零件上、夹具上或者机床上，但必须和零件的基准有确定并且可以测量的关系。通常加工坐标系选定在零件互相垂直的直角边上、对称的零件分中，或者在基准孔上，对有些零件在加工上也可能会有特殊的约定。

刀位点是指刀具基准点在加工坐标系中的位置，一般来说，平底立铣刀的刀位点选择在刀具轴线和刀具底面的交点，球头刀选择在球头的中心或者刀具轴线和球头的交点上，钻头选择在钻头的尖部等，因系统和习惯而异。

程序中刀具的位置是指刀具基准点在加工坐标系中的坐标值。

对刀点是数控加工时建立刀具和零件相对位置的刀具起始位置的基准点。刀具运行至对刀点时，在程序中使用的原点下建立其理论坐标值，这样才能保证刀具在加工过程中的运动轨迹符合编程所需要的运行路线。由于对刀仪的普遍使用，对刀点在数控加工中的使用已经不是很普遍。

2.4.5　数控编程方法

数控编程可以分为手工编程和自动编程两种。

手工编程是指编制零件数控加工程序的各个步骤，即从零件图纸分析、工艺处理、确定加工路线和工艺参数、计算数控机床所需输入的数据、编写零件的数控加工程序单直至程序的检验，均由人工来完成。

对于点位或者几何形状不太复杂的零件，用手工编程即可实现。对于形状不是简单元素组成的零件，计算相当繁杂，工作量大，容易出错，手工编程已经不能满足要求，必须采用自动编程系统。

自动编程就是用计算机来实现零件的数控编程工作，即把零件的几何尺寸和数据输入计算机，根据计算机建立的零件来计算刀具加工轨迹，生成数控加工程序的过程。

自动编程系统根据操作方式的不同，可以分为 APT(Automatically Programmed Tool)语言编程和图像编程。

1) APT 语言。APT 语言是一种对工件、刀具的几何形状及刀具相对工件的运动进行定义时所使用的一种近似于英语的符号语言。把用该语言编写的零件程序输入计算机，经过计算机 APT 编程系统处理，就可以产生数控加工程序。

2) 图像编程。图像编程系统的主要特点是以图像为要素的输入方式，而不需要使用数控语言。从编程数据的来源，零件及刀具几何形状的输入、显示和修改，刀具相对于工件的运动方式，走刀轨迹的生成，加工过程的动态仿真显示，刀位验证，直到数控加工程序的产生等的整个过程，都是采用屏幕菜单和驱动命令在图形交互的方式下得到的。图像编程具有形象、直观和高效的优点。

APT 语言编程和图像编程在第 4 章和第 5 章中有详细介绍。

2.5　数控机床的特点与发展趋势

数控机床的出现，极大地推动了机械加工技术的发展，它不但使加工精度和效率有了极大的提高，而且使生产实现自动化和柔性化成为可能。

2.5.1　数控机床的特点

与其他类型的自动化机床相比较，数控机床主要有如下一些特点。

1. 具有较大柔性

由前述可知，数控机床是按照记录在载体上的信息指令自动进行加工的，当加工对象改变时，只需重新编制数控加工程序，而不需要对机床结构进行调整，也不需要制造凸轮、靠模一类的辅助机械装置。这样，便可以快速地从一种零件的加工转换到另一种零件的加工，使生产准备周期大为缩短。

2. 能获得较高的加工精度

机床加工精度在很大程度上取决于进给传动的位置精度。数控机床的进给传动为伺服传动，它能保证运动参数，如位移、速度的准确性。此外，传动链短、传动机构精密、高效，也极大地提高了传动的精度。因此，数控机床具有较高的加工精度。

3. 便于加工复杂形状的零件

数控机床能同时控制多个坐标联动，可加工其他机床很难加工甚至不可能加工的复杂零件，如含有曲线的二维复杂轮廓零件、含有曲面的三维实体零件等。

4. 机床的使用、维护技术要求高

数控机床是多学科、高新技术的产物，相应地，这就对机床的操作和维护提出了较高的要求。此外，机床价格高，设备一次性投资大，为保证数控加工的综合技术经济效益，同样要求机床的使用者和维修人员应具有较高的专业素质。

按照以上特点，数控机床最适合在单件或者小批生产条件下，加工下列类型的零件：①普通机床难以加工，或虽能加工，但需要复杂、昂贵的工艺装备；②材料昂贵、不允许报废的零件；③结构复杂、需要多工序加工的零件；④生产周期要求短的急缺零件。

数控机床的适合加工范围中，“零件复杂程度”的含意，不单纯指形状复杂需要多坐标机床加工的零件，还包括像印刷线路板钻孔那样工序简单，但重复操作多、位置精度高的零件(孔数可以多达数千个)。

近代工业生产采用的是刚性自动化生产模式，例如汽车工业，采用了大量的组合机床或自动生产流水线；而在标准件的生产中，则多使用凸轮分配控制的专用自动机床。这些机床，适合大批量零件的加工，但也有其突出的弊端，即当加工零件更换时，需重新调整，准备时间长，所需费用高。

进入 20 世纪 80 年代后的机械制造业，其产品面临市场竞争带来的挑战，促使越来越多的企业走上小批量、多品种、不断更新产品的道路。随着以航天、精密仪器制造业为主的高技术产品不断地出现，复杂零件越来越多，精度要求也越来越高，传统的刚性自动化生产模式已不敷需要，柔性自动化生产则应运而生。数控机床就是在这种形势下产生的自动化设备。

2.5.2　数控机床的发展趋势

数控机床是在电子、计算机、自动控制、自动检测及精密机械制造等技术综合发展的基础上兴起的新型机床，它是现代机械制造业实现和发展柔性自动化生产的基础装备。随着柔性生产技术的进一步发展，目前，数控机床正朝着高速化、高精度、高可靠性的方向发展。

1. 更高的速度和精度

现代数控机床，由于配备了新型的数控系统及伺服系统，其主轴转速，进给速度和分辨率都有很大的提高，从而极大地提高了数控加工的生产率和加工精度。

现代数控机床的数控系统，不仅具有原来的数控补偿功能，还采用了具有热补偿、空间误差补偿功能的传感器及相应的软件，从而显著地提高了机床的定位精度。统计资料表明，数控机床的定位精度已达$\pm 5 \sim \pm 1\mu m$；重复定位精度达到$0.5\mu m$。

20世纪90年代中后期发展的高速铣削数控加工中心，其主轴转速高达数万转，快速进给达到40m/min，工作进给达到10m/min以上，极大地提高了加工效率，而且解决了高硬度材料加工等难题。

2. 更高的可靠性

数控机床的可靠性主要取决于数控系统的可靠性。现代数控机床的数控系统，采用模块化硬件结构形式。根据不同机床的数控功能的需要，可选择不同功能的模块进行组合。这些功能模块的设计与制造，是在优化、通用化、标准化的原则下进行的，因而大大地提高了数控产品的可靠性。

现代数控机床，在丰富的数控软件支持下，具有较完善的数控功能。其中除直接用于加工的功能外，还包括人机对话功能、机床故障自诊断功能、机床保护功能、刀具管理功能等。这些功能的配备，既降低了机床使用与维护方面的复杂性，又极大地提高了机床使用的可靠性。例如，当机床在加工中遇到刀具折断导致加工中断时，数控系统能将刀具位置贮存起来，在更换刀具并重新输入新刀的有关数据后，刀具即能自动地回到正确的加工位置上继续进行加工，避免因换刀后可能出现的失误。

3. 更完善的功能

传统的数控机床，加工程序编制是脱离机床单独进行的。现代数控机床则更多具有"前台加工，后台编辑"的功能，即可以不脱机编程进行程序处理。这种编程方式，提高了机床利用率。现代数控系统采用微机处理器，可配备 Windows NT 和 Windows 2000 操作系统，使程序管理和操作更为方便。

新型的数控系统，装有小型工艺数据库，在程序自动编制过程中，可以根据机床的性能、工件材料及加工要求，自动选择最佳刀具及切削用量，从而保证了数控加工的经济性。

现代数控技术，注重提高数控机床的自动化水平和智能水平。为此，机床上装有各种监控、检测装置，对诸如工件误差、刀具磨损或破损、加工越位、操作失误等都能及时予以提示、报警或处理，可以实现无人管理下的加工运行。

在数控机床的结构方面，一是其驱动装置正向着交流和数字化的方向发展；二是机床床体的设计和制造不断选用新的材料；三是其加工刀具等辅助工具的材料引人注目。

2.6　高速铣削技术

2.6.1　高速切削技术的发展

此前几十年里，机械加工技术的研究和发展主要集中在减少加工过程的辅助时间，数控机床出现以前，机械加工过程超过70%的时间是辅助时间——用于零件的上下料、测量、换刀和调整机床等。数控机床的发明、推广和应用以其在柔性制造自动化技术上的优势，大大缩短了零件加工辅助时间，极大地提高了生产效率，成为现代制造技术辉煌成就之一。

随着数控机床的进一步发展，加工零件的辅助时间大幅度降低，在机械零件加工的总工时中，切削所占的时间比例越来越大，要进一步提高机床的生产效率，除了优化生产工艺外，只能考虑降低切削时间，这就意味着要提高切削速度(包括主轴转速和进给速度)。20世纪80年代以来，由于高速切削技术的逐渐推广应用，零件加工中的切削工时呈现了较大幅度的下降。

高速切削加工技术中的"高速"是一个相对概念，对于不同的加工方法和工件材料，高速切削加工中应用的切削速度并不相同，如何定义高速切削加工，至今没有统一的认识。但对铣削加工而言，从刀具夹持装置达到平衡要求(平衡品质和残余不平衡量)时的速度来定义高速切削加工，实际应用根据ISO1940标准，主轴转速高于8000r/min为高速切削加工。在国内应用中主轴转速高于20000r/min则称高速铣削，实际上不能简单以主轴转速界定高速铣削，切削速度高低不但和主轴转速有关，而且与刀具有效切削直径等因素有关。

高速切削起源于德国切削物理学家萨洛蒙(Carl Salomon)博士，1929年进行的超高速模拟试验，并于1931年提出了高速切削假设，萨洛蒙博士指出：在常规的切削速度范围内，切削温度随切削速度的提高而增大。对于每一种材料，存在一个速度范围，在这个速度范围内，由于切削温度太高，任何道具都无法承受，切削加工不可能进行，但是当切削速度再增大，超过这个速度范围以后，切削温度反而降低，同时，切削力也会大幅度下降。

美国于1960年前后开始进行超高速加工切削试验，试验结果对萨洛蒙假设的正确性给予了充分的证明。之后，美国在高速切削加工方面做了很多领先的工作。1977年，美国的高频电主轴转速可在1800～18000r/min范围内无级变速，工作台进给最大速度为7.6m/min，美国空军和Lockheed飞机公司首先研究了用于轻合金材料的超高速铣削。研究指出：随着切削速度的不断提高，切削力下降，加工表面质量提高，刀具磨损主要取决于刀具材料的导热性。德国和日本在超高速切削方面也做出了突出的贡献，在数控机床技术方面也取得了丰硕的成果并获得了良好的经济效益。

目前，高速铣削机床得到了快速的发展，主轴可以达到转速100000r/min以上，在微细结构加工中至少要采用速度超过40000r/min的高速主轴，而机床的最高加工进给速度达到100m/min以上，切削进给达到10m/min以上，同时高速铣削技术得到了更广泛的应用，如航空航天难加工材料的切削、易产生切削变形的薄壁类零件的加工、以高速铣削代替电加工等。

图2-10为米克朗公司的HSM 400高速铣机床。

图2-10　米克朗公司的HSM 400高速铣机床

2.6.2　高速切削原理

高速切削技术是在机床结构及材料、高速主轴系统、快速进给系统、高性能CNC控制系统、高性能刀夹系统、高性能刀具材料及刀具设计制造技术、高效高精度测量测试技术、高速切削机理、高速切削工艺等相关的硬件与软件技术的基础之上综合而成。因此，高速切削是一个集机床、刀具、工件、加工工艺、切削过程监控及切削机理等方面的系统工程，如图 2-11 所示。

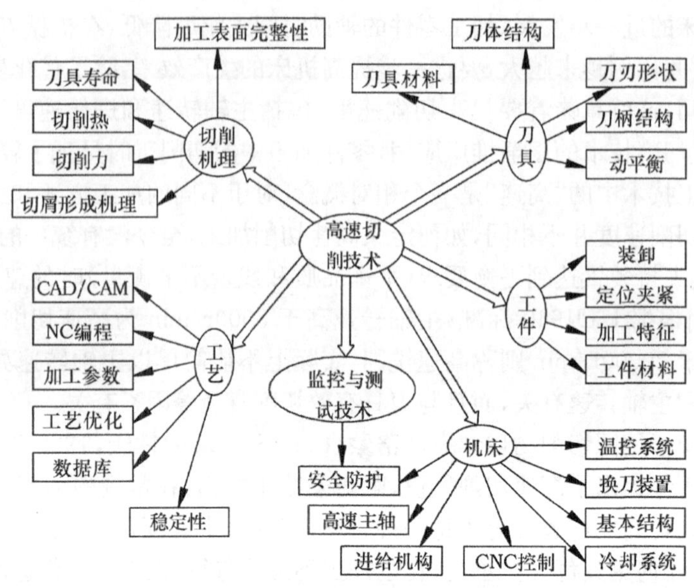

图 2-11　高速切削技术体系

以高切削速度、高进给速度、高加工精度和优良的加工表面质量为主要特征的高速切削加工技术具有不同于传统切削加工技术的加工机理和应用优势，已被国内外的航空航天、汽车制造等行业广泛采用。高速切削涉及的问题非常复杂，致使很难用一个公式或几句话清楚表达。可以简单地表达为：能更好地发挥现代刀具材料的高效率切削技术。与普通铣削相比，该技术极大地提高了切削速度，从而改变了切屑的形成过程。

高速切削与切削速度、切削材料、刀具几何结构有紧密的关系，图 2-12 显示了传统切削过程前刀面区域待加工的材料是如何持续地塑性变形，剪切切屑时刀具与切屑的摩擦以及切屑的剪切和剥离产生的热量传递给了刀具或工件，或通过切屑散发。如果正确设置工艺过程，能将产生热量的 70%～80%传递给切屑。

图 2-13 显示了提高切削速度的过程。这里，通过提高切削速度，待切削的工件材料变形所产生的不断增加的阻力致使摩擦和压力的增加，并导致切屑温度和刀具与工件之间接触面温度的提高。在该点，接触面区域的温度可升至工件材料的熔点。切屑和接触面之间的接触区域产生的高温会导致温度效应并降低工件材料变形的阻力。因此，形成了良好的持续切削流，切屑压力降低。形成的流动切屑带有较大的剪切角和较小的切屑横截面。这样通过加大剪切角来减小切屑横截面，加快了工件变形并使切削力降低。与传统切削过程相比，高速切削的切削力明显要小一些。

从动力学角度，高速切削加工过程中，随着切削速度的提高，切削力降低，而切削力正是切削过程中产生振动的主要激励源，转速的提高使切削系统的工作频率远离机床的固有频率，而工件的加工表面粗糙度对缔结固有频率最敏感。因此，高速切削加工可大大提高产品的质量，降低加工表面粗糙度。目前，加工表面质量可提高到 Ra 0.4μm，三维外形公差可达到 20μm，高速切削的精加工表面不需要钳工工序，直接保证了产品的高质量。表 2-1 为传统切削与高速切削的比较。

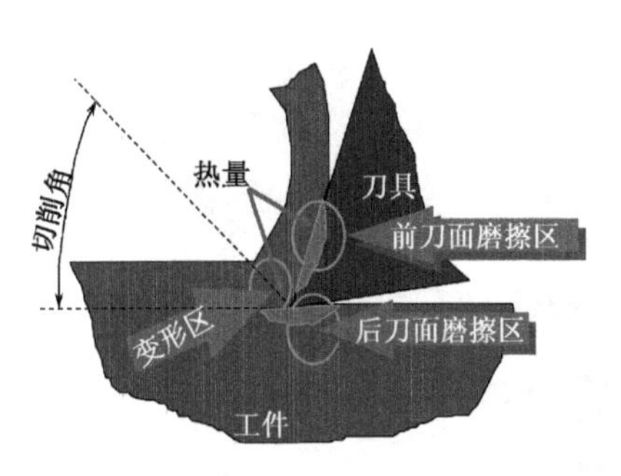

图 2-12 传统切削状态

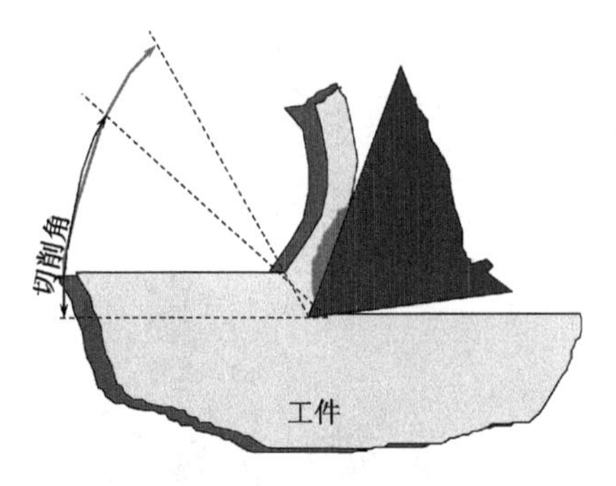

图 2-13 高速切削状态

表 2-1 传统切削与高速切削的比较

切削比较	传统切削	高速切削
零件表面质量	粗糙度较低	高的表面质量及高精度
切削速度	低主轴转速	高主轴转速
切削进给速度	低进给速度	高进给速度
刀具	大尺寸刀具	小新材料新结构刀具
切削用量	大切削用量	中小切削深度
切削力	大扭矩	低扭矩
金属去除率	高金属去除率	高金属去除率高

2.6.3 高速铣削机床结构

为了满足高速切削的工艺要求，机床必须满足动力学、主轴速度以及刚度和吸振性的严格要求。

1. 高速回转主轴单元系统

如果在刀具直径确定的情况下提高切削线速度，则无疑需要较高的主轴速度。在加工微小和细致的几何形状时，会要求更高的速度，因为需采用直径更小的刀具。所以加工微细结构时至少要采用速度超过 40000r/min 和扭矩超过 6N · m 的主轴。目前，高速铣削机床运动加速度最大可达 $10m/s^2$（相当于重力加速度），可在工业上使用的速度达 60000r/min 的主轴是最新的技术趋势。

高速加工中心的主要特点之一就是具有高速旋转的主轴系统，为了实现刀具主轴的高速旋转，高速加工中心对传统结构作了很大的改进，传统的带和齿轮传动主轴不能满足高速旋转的要求，最高转速只能达到 10000r/min，因此代之以大功率、宽调速交流变频电机来实现数控机床主轴的调速。近年来，生产的高速数控机床所采用的电主轴结构就是采用了主轴电机和机床主轴合二为一的结构形式（图 2-14），其结构紧凑、重量轻、惯性小、响应性能好并可避免震动和噪声，最高转速可达 15000～100000r/min。

2. 高速进给系统

经过适当预紧的大螺距滚珠丝杠，加上大功率电机形成了高切削速度和高加速度的基础。然而机床系统的整体能力是由可承受的最大冲击力所确定的（因加速度而产生）。尤其在频繁改变进给方向的情况下。如加工小的几何形状时，决定最大加工速度的是允许的最大冲击力，而不仅仅取决于驱动系统的能力。

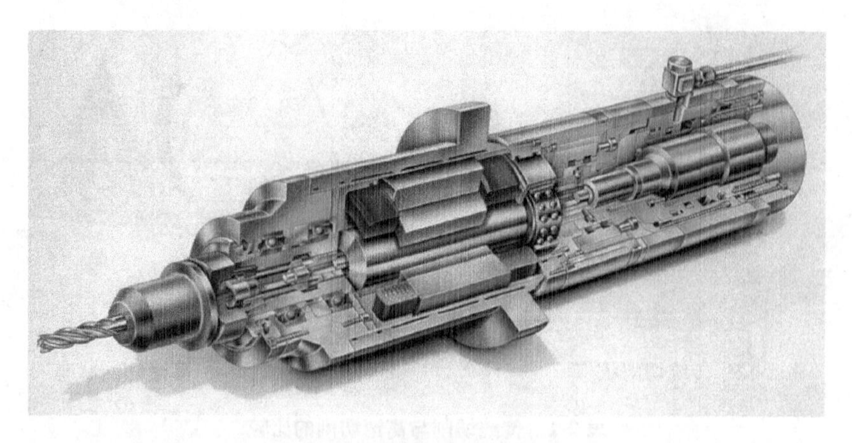

图 2-14 高速电主轴结构图

(1) 滚珠丝杠

从 1958 年美国 K&T 公司生产第一台加工中心到现在旋转电动机加滚珠丝杠仍为加工中心和其他数控机床进给系统所采用,但随着超高速加工技术的发展和应用,滚珠丝杠转动惯量大、弹性变形引起工作台爬行和反向死区引起非线性误差等一系列问题逐步暴露出来,在高速下会严重影响加工中心的动态性能。目前,一般的滚珠丝杠能实现的最大直线运动速度约为 30～60m/min,加速度 0.2g～1g,不能很好地满足超高速加工的要求。近些年来,一些滚珠丝杠制造商虽然做了不断的改进,可是仍然不能将问题彻底解决,这迫使从事超高速加工去另寻出路。

(2) 直线电动机

直线电动机的动子与工作台固连,定子则安装在机床床身上,取消了滚珠丝杠和其他一切中间机械传动环节,实现了加工中心进给系统的零传动,其主要优点有:①速度高,因为它直接驱动,无任何旋转元件,因而不受离心力作用,最大进给速度可达 80～180m/min。②加速度大,直线电动机启动推力大,结构简单、质量轻、可实现灵敏加(减)速,最大加速度可达 2g～10g。③定位精度高,一般采用以光栅尺为位置测量元件,采用闭环反馈控制系统,工作台定位精度高达 0.1～0.01μm。④行程不受限制,这是滚珠丝杠不能达到的。

直线电动机作为一种新型进给驱动方式,应用于加工中心中,已经呈现出滚珠丝杠所无法比拟的诸多优点,有望成为 21 世纪高速加工中心进给的基本传动方式。

3. 高刚性机床机械部件

支撑件是机床的基础部件,它包括床身、立柱、横梁、底座、刀架、工作台、箱体以及升降台等机床大件。为使每个切削刃获得适当的进给率,高的进给速度和加速度也是必要的,这需要全新的机床概念。由混凝土聚合物制成的床身框架和由球墨铸铁制成的滑枕等移动部件是最新的技术趋势。固定部件极为坚固并经过大量的精加工,以保证尽可能大的刚度和吸振性。对于所有移动部件,则需要保证刚度最大的同时使重量尽可能最轻。只有这样的重量分配才可实现高的动态特性,从而满足高速切削工艺的要求。

高速切削加工时,虽然切削力一般比普通机床加工时低,但因高加速和高减速产生的惯性力、不平衡力等却都很大,因此机床床身等大件必须具有足够的强度和刚度,高的结构刚性和高水平的阻尼特性,使机床受到的激振力很快衰减。为此,高速铣床采取的措施是:合理设计其截面形状、合理布置筋板结构；对于床身采用非金属环氧树脂、人造花岗石等；大件截面采用特殊的轻质结构。

米克朗 HSM 400 高速铣削柔性单元采用封闭式 O 型的龙门结构(图 2-15)，混凝土混合物(人造大理石)床身，具有良好的阻尼特性(胜过灰铸铁 6 倍)和高度的热稳定性(胜过灰铸铁 20 倍)Y-Z 轴溜板为高强度铸造结构。进给控制系统使用数字驱动技术；所有进给轴(X、Y、Z)均采用轻型结构以减少移动惯量；进给加速度高至 1g；混凝土聚合物良好的阻尼特性使加减速时机床的振动减至最小。

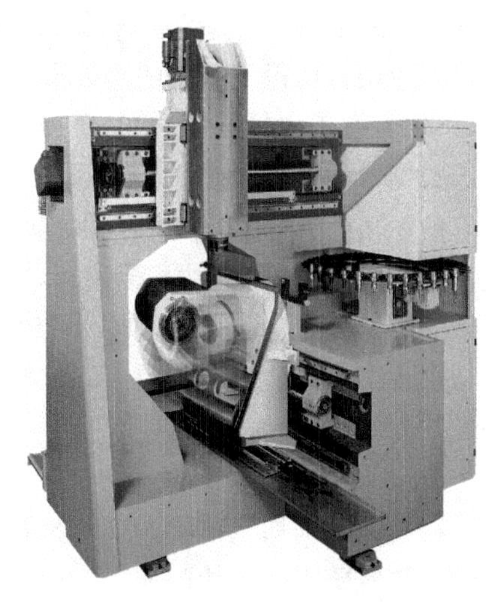

图 2-15　封闭式 O 型龙门机床框架

对于刀架、升降台、工作台等运动支撑部件，设计时必须设法大幅度地减轻其重量，保证移动部件高的速度和高的加速度。采用直线电机驱动的 NC 回转/摆动工作台转速可达 40r/min，以适应高速运动要求。

同时高速铣削刀柄也有特殊要求，目前有德国的 HSK 刀柄、美国的 KM 刀柄等，高速铣削刀柄的锥度为 1∶10，与传统的刀柄 7∶24 锥度刀柄相比定位精度从±2.5μm 提高到±1μm，高速刀柄采用锥度面和刀柄平面共同定位，不但精度高而且可以提高定位刚性，保证刀具在高速切削过程的平衡性能。

2.6.4　高速数控铣削的程序处理

高速铣削不同于传统的铣削编程，体现在以下几点：

1) 由于高速切削机床的“三高”特点，其程序也有别于普通数控加工，要求小行距、小切削余量、高速旋转、快速进给，使得切削时产生的热量及时被微小的切屑高速飞出带走，加强冷却，使零件不至于产生热变形，同时保证刀具有足够的刚度，这是编程刀具轨迹计算时应该特别注意的。

2) 高速铣削机床具有程序前瞻处理能力。机床运动的高加速度可保证机床能够及时达到高速及降速，它由机床的预读功能控制完成。高速高性能的数控系统：由于主轴转速，进给速度和加速度都非常高，要求 CNC 数控系统必须具有高的数据处理和运算速度，保证实现高速插补，程序快速处理和数控程序预处理，提高进给运动轨迹控制精度，保证切削加工过程的平稳性，保证零件加工质量。

2.6.5　高速铣削技术的应用

1. 模具的高速铣削

模具是制造业中用量大、影响面广的工具产品，是衡量一个国家的科技水平的重要标志，目前，工业产品零件粗加工的 75%、精加工的 50%及塑料零件的 90%将由模具完成，随着模具应用量不断扩大，加工模具效率低下的问题逐步凸现出来，模具制造业中应用高速切削加工来代替传统加工方法，可以加快模具的开发速度，实现工艺换代，而且将会很大程度上提高生产效率和产品质量。

高速加工模具主要有两方面的优势:①高速切削大大提高加工效率,不仅机床转速高、进给快,而且粗、精加工可一次完成,可以节约钳工抛光工作,极大地提高了模具生产效率。结合CAD/CAM技术,模具的制造周期可缩短约40%。②采用高速切削可加工淬硬钢,硬度可达60HRC左右,可得到很好的表面质量,表面粗糙度低于$Ra0.6\mu m$,取得了以铣代磨的加工效果,不仅节省了大量修光时间,还提高了加工的表面质量。

2. 难加工材料的高速切削

航空和动力工业部门大量采用镍基合金和钛合金制造飞机和发动机零件,这些材料的强度大,硬度高,耐冲击加工中容易硬化,切削温度高,刀具磨损严重,属于难加工材料,以前通常采用很低的切削速度进行加工。如采用超高速切削,则其切削速度可提高到100~1000m/min,为常规切削速度10倍左右,不但可以大幅度提高生产效率,而且可有效地减少刀具磨损,提高加工零件的表面质量。

3. 高速铣削薄壁结构

在高速切削加工范围内,随着切削速度的提高,切削力平均减少达30%以上,有利于对刚性较差和薄壁零件的切削加工。而且高速铣削过程产生的热量由于来不及传导被切屑带走而减小热变形,所以特别适合薄壁零件加工。有资料显示:高速切削可加工厚度为0.08μm,高度为25mm的铝材,可加工厚度为0.1μm,高度为2mm的铜材。在淬硬钢材上加工宽为1mm的槽,在硬度为HRC54的12767型材料上深槽可达12mm。图2-16和图2-17分别为高速铣削淬硬模具和高速铣削铝质螺旋片。

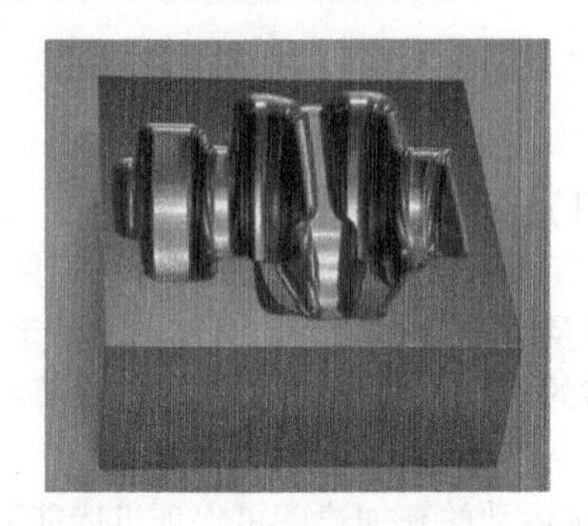

图2-16　高速铣削淬硬模具

图2-17　高速铣削铝质螺旋片

第 3 章　数控加工工艺

生产过程是指将原材料转变为成品的全过程。在生产过程中，凡是改变生产对象的形状、尺寸、相对位置和性质等，使其成为成品或半成品的过程称为工艺过程。工艺就是制造产品的方法。数控加工工艺是采用数控机床加工零件时所运用各种方法和技术手段的总和，应用于整个数控加工工艺过程。它是利用切削刀具在数控机床上直接改变加工对象的形状、尺寸、表面位置、表面状态等，使其成为成品或半成品的过程。

3.1　数控加工工艺设计

3.1.1　零件数控加工基本过程

数控加工，就是泛指在数控机床上进行零件加工的工艺过程。数控机床是一种用计算机来控制的机床，用来控制机床的计算机，不管是专用计算机，还是通用计算机都统称为数控系统。数控机床的运动和辅助动作均受控于数控系统发出的指令。而数控系统的指令是由程序员根据工件的材质、加工要求、机床的特性和系统所规定的指令格式(数控语言或符号)编制的。所谓编程，就是把被加工零件的工艺过程、工艺参数、运动要求用数字指令形式(数控语言)记录在介质上，并输入数控系统。数控系统根据程序指令向伺服装置和其他功能部件发出运行或中断信息来控制机床的各种运动。当零件的加工程序结束时，机床便会自动停止。任何一种数控机床，在其数控系统中若没有输入程序指令，数控机床就不能工作。

机床的受控动作大致包括机床的启动、停止；主轴的启停、旋转方向和转速的变换；进给运动的方向、速度、方式；刀具的选择、长度和半径的补偿；刀具的更换，冷却液的开启、关闭等。图 3-1 是数控机床加工过程框图。从框图中可以看出在数控机床上加工零件所涉及的范围比较广，与相关的配套技术有密切的关系。合格的编程员首先应该是一个很好的工艺员，应熟练地掌握工艺分析、工艺设计和切削用量的选择，能正确地选择刀辅具并提出零件的装夹方案，了解数控机床的性能和特点，熟悉程序编制方法和程序的输入方式。

数控加工程序编制方法有手工(人工)编程和自动编程之分。手工编程，程序的全部内容是由人工按数控系统所规定的指令格式编写的。自动编程即计算机编程，可分为以语言和绘画为基础的自动编程方法。但是，无论是采用何种自动编程方法，都需要有相应配套的硬件和软件。

可见，实现数控加工编程是关键。但光有编程是不行的，数控加工还包括编程前必须要做的一系列准备工作及编程后的善后处理工作。一般来说数控加工工艺主要包括的内容如下：①选择并确定进行数控加工的零件及内容；②对零件图纸进行数控加工的工艺分析；③数控加工的工艺设计；④对零件图纸的数学处理；⑤编写加工程序单；⑥按程序单制作控制介质；⑦程序的校验与修改；⑧首件试加工与现场问题处理；⑨数控加工工艺文件的定型与归档。

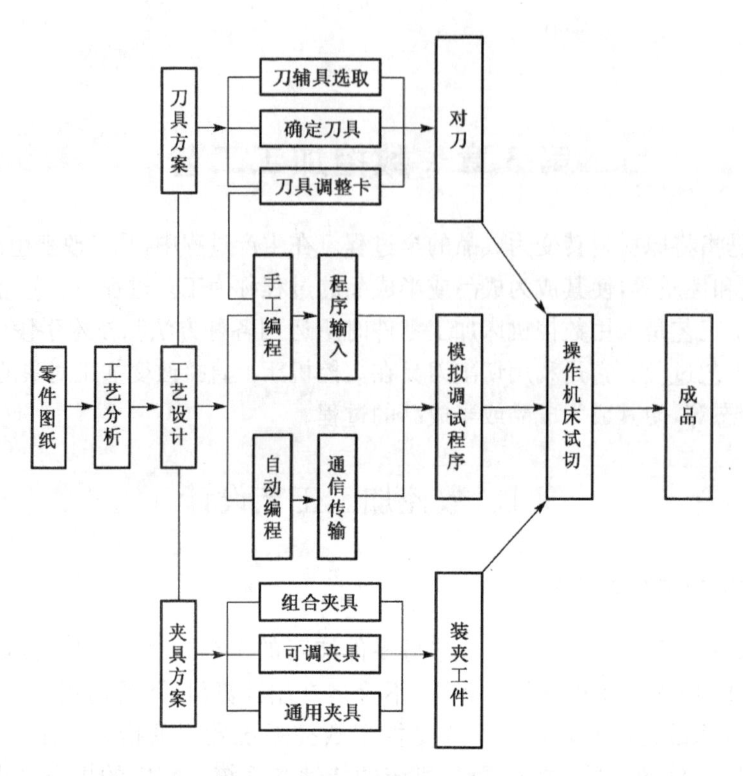

图 3-1　数控机床加工过程框图

3.1.2　数控加工的工艺过程设计

数控加工前对工件进行工艺设计是必不可少的准备工作。无论是手工编程还是自动编程，在编程前都要对所加工的工件进行工艺分析、拟定工艺路线、设计加工工序。因此，合理的工艺设计方案是编制加工程序的依据，工艺设计做不好是数控加工出差错的主要原因之一，往往造成工作反复、工作量成倍增加的后果。编程人员必须首先搞好工艺设计，再考虑编程。

1. 数控加工内容的选择

当选择并决定对某个零件进行数控加工后，并非其全部加工内容都采用数控加工，数控加工可能只是零件加工工序中的一部分。因此，有必要对零件图样进行仔细分析，立足于解决难题、提高生产效率，注意充分发挥数控的优势，选择那些最适合、最需要的内容和工序进行数控加工。一般可按下列原则选择数控加工内容：

1）普通机床无法加工的内容应作为优先选择内容；

2）普通机床难加工、质量也难以保证的内容应作为重点选择内容；

3）普通机床加工效率低、工人手工操作劳动强度大的内容，可在数控机床尚有加工能力的基础上进行选择。

相比之下，下列一些加工内容则不宜选择数控加工：

1）需要用较长时间占机调整的加工内容；

2）加工余量极不稳定，且数控机床上又无法自动调整零件坐标位置的加工内容；

3）不能在一次安装中加工完成的零星分散部位，采用数控加工很不方便，效果不明显，可以安排普通机床补充加工。

此外，在选择数控加工内容时，还要考虑生产批量、生产周期、工序间周转情况等因素，要尽量合理使用数控机床，达到产品质量、生产率及综合经济效益等指标都明显提高的目的，要防止将数控机床降格为普通机床使用。

2. 数控加工零件的工艺性分析

对数控加工零件的工艺性分析，主要包括产品的零件图样分析和结构工艺性分析两部分。

(1) 零件图样分析

1) 零件图上尺寸标注方法应适应数控加工的特点，如图 3-2(a)所示，在数控加工零件图上，应以同一基准标注尺寸或直接给出坐标尺寸。这种标注方法既便于编程，也便于尺寸之间的相互协调，又有利于设计基准、工艺基准、测量基准和编程原点的统一。零件设计人员在尺寸标注时，一般总是较多地考虑装配等使用特性，因而常采用如图 3-2(b)所示的局部分散的标注方法，这样就给工序安排和数控加工带来诸多不便。由于数控加工精度和重复定位精度都很高，不会因产生较大的累积误差而破坏零件的使用特性，因此，可将局部的分散标注法改为同一基准标注或直接标注坐标尺寸。

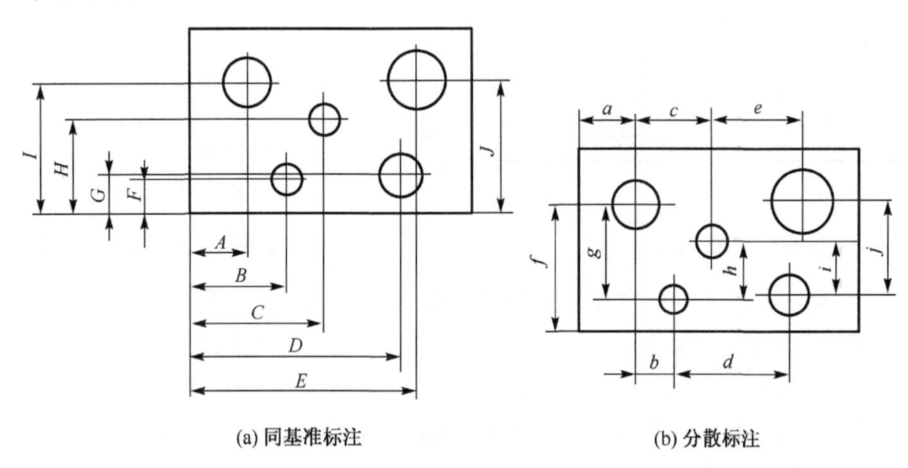

(a) 同基准标注　　(b) 分散标注

图 3-2　零件尺寸标注分析

2) 分析被加工零件的设计图纸，根据标注的尺寸公差和形位公差等相关信息，将加工表面区分为重要表面和次要表面，并找出其设计基准，进而遵循基准选择的原则，确定加工零件的定位基准，分析零件的毛坯是否便于定位和装夹，夹紧方式和夹紧点的选取是否会有碍刀具的运动，夹紧变形是否对加工质量有影响等。为工件定位、安装和夹具设计提供依据。

3) 构成零件轮廓的几何元素(点、线、面)的条件(如相切、相交、垂直和平行等)，是数控编程的重要依据。手工编程时，要依据这些条件计算每一个节点的坐标；自动编程时，则要根据这些条件对构成零件的所有几何元素进行定义，无论哪一个条件不明确，都会导致编程无法进行。因此，在分析零件图样时，务必要分析几何元素的给定条件是否充分，发现问题及时与设计人员协商解决。

(2) 零件的结构工艺性分析

1) 零件的内腔与外形应尽量采用统一的几何类型和尺寸，这样可以减少刀具规格和换刀次数，方便编程，提高生产效益。

2) 内槽圆角的大小决定着刀具直径的大小，所以内槽圆角半径不应太小。对于图 3-3 所示零件，其结构工艺性的好坏与被加工轮廓的高低、转角圆弧半径的大小等因素有关。图(b)与(a)相比，转角圆弧半径 R 大，可以采用直径较大的立铣刀来加工；加工平面时，进给次数也相应减少，表面加工质量也会好一些，因而工艺性较好。反之，工艺性较差。通常 $R<0.2H$ (H 为被加工工件轮廓面的最大高度)时，可以判定零件该部位的工艺性不好。

3) 零件铣槽底平面时，槽底圆角半径 r 不要过大。如图 3-4 所示，铣刀端面刃与铣削平面的最大接触直径 $d=D-2r$(D 为铣刀直径)，当 D 一定时，r 越大，铣刀端面刃铣削平面的面积越小，加工平面的能力就越差，效率越低，工艺性也越差。当 r 大到一定程度时，甚至必须用球头铣刀加工，这是应该尽量避免的。

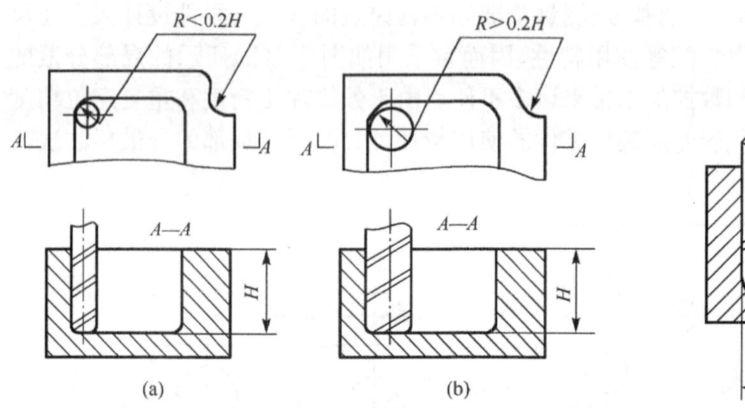

图 3-3　内槽结构工艺性

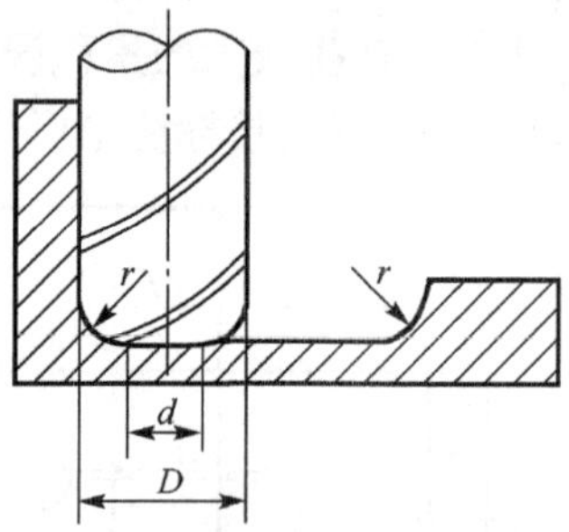

图 3-4　零件底面圆弧半径对工艺性的影响

4) 应尽可能在一次装夹中完成所有能加工表面的加工，为此要选择便于各个表面都能加工的定位方式；若需要二次装夹，应采用统一的基准定位。在数控加工中若没有统一的定位基准，会因工件重新安装产生定位误差，从而使加工后的两个面上的轮廓位置及尺寸不协调，因此，为保证二次装夹加工后其相对位置的准确性，应采用统一的定位基准。

3. 数控加工的工艺路线设计

与常规工艺路线拟定过程相似，数控加工工艺路线的设计，最初也需要找出零件所有的加工表面并逐一确定各表面的加工方法，其每一步相当于一个工步，然后将所有工步内容按一定原则排列成先后顺序；再确定哪些相邻工步可以划为一个工序，即进行工序的划分；最后再将所需的其他工序如常规工序、辅助工序、热处理工序等插入，衔接于数控加工工序序列之中，就得到了要求的工艺路线。

数控加工的工艺路线设计与普通机床加工的常规工艺路线拟定的区别主要在于它仅是几道数控加工工艺过程的概括，而不是指从毛坯到成品的整个工艺过程。由于数控加工工序一般均穿插于零件加工的整个工艺过程之中，因此在工艺路线设计中，一定要兼顾常规工序的安排，使之与整个工艺过程协调吻合。

(1) 工序的划分

在数控机床上加工的零件，一般按工序集中原则划分工序。划分方法如下：

1) 按安装次数划分工序。以一次安装完成的那一部分工艺过程为一道工序。该方法一般适合于加工内容不多的工件，加工完毕就能达到待检状态。如图 3-5 所示的凸轮零件，其两端面、$R38$ 外圆以及 $\phi22H7$ 和 $\phi4H7$ 两孔均在普通机床上加工，然后在数控铣床上以加工过的两个孔和一个端面定位安装，在一道工序内铣削凸轮剩余的外表面轮廓。

2) 按所用刀具划分工序。以同一把刀具完成的那一部分工艺过程为一道工序。这种方法适用于工件的待加工表面较多，机床连续工作时间过长，加工程序的编制和检查难度较大等情况。在专用数控机床和加工中心上常用这种方法。

3) 按粗、精加工划分工序。考虑工件的加工精度要求、刚度和变形等因素来划分工序时，可按粗、精加工分开的原则来划分工序，即以粗加工中完成的那部分工艺过程为一道工序，精加工中完成的那部分工艺过程为另一道工序。一般来说，在一次安装中不允许将工件的某一表面粗、精不分地加工至精度要求后再加工工件的其他表面。

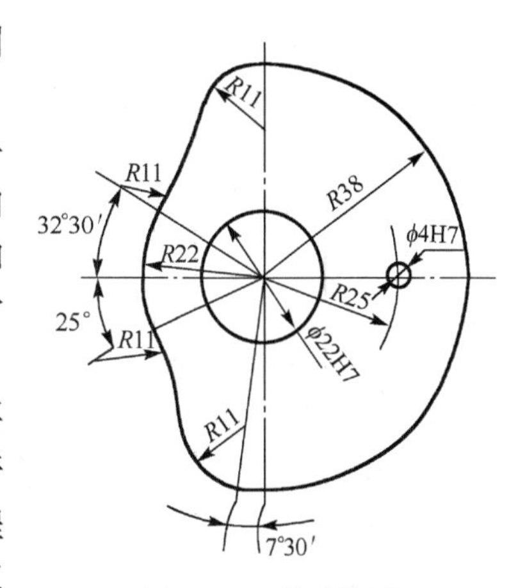

图 3-5　凸轮零件图

4) 按加工部位划分工序。以完成相同型面的那一部分工艺过程为一道工序。有些零件加工表面多而复杂，构成零件轮廓的表面结构差异较大，可按其结构特点(如内型、外形、曲面或平面等)划分成多道工序。

综上所述，在划分工序时，一定要视零件的结构与工艺性、机床的功能、零件数控加工内容的多少、安装次数以及生产组织等实际情况灵活掌握。

(2) 加工顺序的安排

加工顺序安排得合理与否，将直接影响到零件的加工质量、生产率和加工成本。应根据零件的结构和毛坯状况，结合定位及夹紧的需要综合考虑，重点应保证工件的刚度不被破坏，尽量减少变形。切削加工顺序的安排应遵循以下原则：

1) 先粗后精。先安排粗加工，中间安排半精加工，最后安排精加工和光整加工。

2) 先主后次。先安排零件的装配基面和工作表面等主要表面的加工，后安排如键槽、紧固用的光孔和螺纹孔等次要表面的加工。由于次要表面加工工作量小，又常与主要表面有位置精度要求，所以一般放在主要表面的半精加工之后，精加工之前进行。

3) 先面后孔。对于箱体、支架、连杆、底座等零件，先加工用作定位的平面和孔的端面，然后再加工孔。这样可使工件定位夹紧稳定可靠，利于保证孔与平面的位置精度，减小刀具的磨损，同时也给孔加工带来方便。

4) 基面先行。用作精基准的表面要首先加工出来。所以，第一道工序一般是进行定位面的粗加工和半精加工(有时包括精加工)，然后再以精基面定位加工其他表面。例如，轴类零件顶尖孔的加工。

在加工工序安排的过程中还应注意热处理工序的安排，热处理可以提高材料的力学性能，改善金属的切削性能以及消除残余应力。在制订工艺路线时，应根据零件的技术要求和材料的性质，合理地安排热处理工序。

1) 退火与正火。退火或正火的目的是为了消除组织的不均匀，细化晶粒，改善金属的加工性能。对高碳钢零件用退火降低其硬度，对低碳钢零件用正火提高其硬度，以获得适中的较好的可切削性，同时能消除毛坯制造中的应力。退火与正火一般安排在机械加工之前进行。

2) 时效处理。以消除内应力、减少工件变形为目的。为了消除残余应力，在工艺过程中需安排时效处理。对于一般铸件，常在粗加工前或粗加工后安排一次时效处理；对于要求较高的零件，在半精加工后尚需再安排一次时效处理；对于一些刚性较差、精度要求特别高的重要零件（如精密丝杠、主轴等），常常在每个加工阶段之间都安排一次时效处理。

3）调质。对零件淬火后再高温回火，能消除内应力，改善加工性能并能获得较好的综合力学性能。一般安排在粗加工之后进行。对一些性能要求不高的零件，调质也常作为最终热处理。

4）淬火、渗碳淬火和渗氮。它们的主要目的是提高零件的硬度和耐磨性，常安排在精加工（磨削）之前进行，其中渗氮由于热处理温度较低，零件变形很小，也可以安排在精加工之后。

正确地安排辅助工序是十分重要的。如果安排不当或遗漏，将会给后续工序和装配带来困难，甚至影响产品的质量，所以必须给予重视。加工顺序的安排除遵循上述加工顺序的安排原则外，还应遵循下列原则：

1）尽量使工件的装夹次数、工作台转动次数、刀具更换次数及所有空行程时间减至最少，提高加工精度和生产率。

2）先内后外原则，即先进行内型内腔加工，后进行外形加工。

3）为了及时发现毛坯的内在缺陷，精度要求较高的主要表面的粗加工一般应安排在次要表面粗加工之前。大表面加工时，因内应力和热变形对工件影响较大，一般也需先加工。

4）在同一次安装中进行的多个工步，应先安排对工件刚性破坏较小的工步。

5）为了提高机床的使用效率，在保证加工质量的前提下，可将粗加工和半精加工合为一道工序。

6）加工中容易损伤的表面（如螺纹等），应放在加工路线的后面。

下面通过一个实例来说明这些原则的应用。

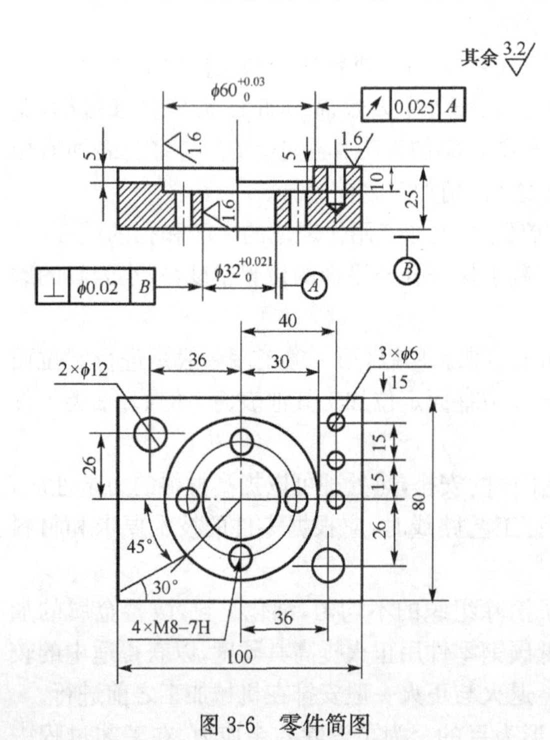

图 3-6　零件简图

如图 3-6 所示零件，可以先在普通机床上把底面和四个轮廓面加工好（“基面先行”），其余的顶面、孔及沟槽安排在立式加工中心上完成（工序集中原则），加工中心工序按“先粗后精”、“先主后次”、“先面后孔”等原则可以划分为如下 15 个工步：

- 粗铣顶面；
- 钻 ϕ32、ϕ12 等孔的中心孔（预钻凹坑）；
- 钻 ϕ32、ϕ12 孔至 ϕ11.5；
- 扩 ϕ32 孔至 ϕ30；
- 钻 3×ϕ6 的孔至尺寸；
- 粗铣 ϕ60 沉孔及沟槽；
- 钻 4×M8 底孔至 ϕ6.8；
- 镗 ϕ32 孔至 ϕ31.7；
- 精铣顶面；
- 铰 ϕ12 孔至尺寸；
- 精镗 ϕ32 孔至尺寸；
- 精铣 ϕ60 沉孔及沟槽至尺寸；

- ϕ12 孔口倒角；
- 3×ϕ6、4×M8 孔口倒角；
- 攻 4×M8 螺纹完成。

(3)数控加工工序与普通工序的衔接

这里所说的普通工序是指常规的加工工序、热处理工序和检验等辅助工序。数控工序前后一般都穿插其他普通工序，若衔接不好就容易产生矛盾。较好的解决办法是建立工序间的相互状态联系，在工艺文件中做到互审会签。例如是否预留加工余量，留多少，定位基准的要求，零件的热处理等，这些问题都需要前后衔接，统筹兼顾。

4. *数控加工工序的设计*

数控加工工序设计的主要任务是为每一道工序选择机床、夹具、刀具及量具，确定定位夹紧方案、走刀路线、工步顺序、加工余量、工序尺寸及其公差、切削用量和工时定额等，为编制加工程序做好充分准备。

(1) 确定走刀路线和工步顺序

走刀路线是刀具在整个加工工序中相对于工件的运动轨迹，不但包括了工步的内容，而且也反映出工步的顺序。走刀路线是编写程序的依据之一。在确定走刀路线时，主要遵循以下原则：

1) 保证零件的加工精度和表面粗糙度。

例如在铣床上进行加工时，因刀具的运动轨迹和方向不同，可能是顺铣或逆铣，其不同的加工路线所得到的零件表面的质量就不同。究竟采用哪种铣削方式，应视零件的加工要求、工件材料的特点以及机床刀具等具体条件综合考虑，确定原则与普通机械加工相同。数控机床一般采用滚珠丝杠传动，其运动间隙很小，并且顺铣优点多于逆铣，所以应尽可能采用顺铣。在精铣内外轮廓时，为了改善表面粗糙度，应采用顺铣的走刀路线加工方案。

对于铝镁合金、钛合金和耐热合金等材料，建议也采用顺铣加工，这对于降低表面粗糙度值和提高刀具耐用度都有利。但如果零件毛坯为黑色金属锻件或铸件，表皮硬而且余量较大，这时采用逆铣较为有利。

加工位置精度要求较高的孔系时，应特别注意安排孔的加工顺序。若安排不当，就可能将坐标轴的反向间隙带入，直接影响位置精度。如图 3-7 所示，镗削图(a)所示零件上六个尺寸相同的孔，有两种走刀路线。按图(b)所示路线加工时，由于 5、6 孔与 1、2、3、4 孔定位方向相反，X 向反向间隙会使定位误差增加，从而影响 5、6 孔与其他孔的位置精度。按图(c)所示路线加工时，加工完 4 孔后往上多移动一段距离至 P 点，然后折回来在 5、6 孔处进行定位加工，从而使各孔的加工进给方向一致，避免反向间隙的引入，提高了 5、6 孔与其他孔的位置精度。

刀具的进退刀路线要尽量避免在轮廓处停刀或垂直切入切出工件，以免留下刀痕。

2) 使走刀路线最短，减少刀具空行程时间，提高加工效率。

图 3-8 所示为正确选择钻孔加工路线的例子。按照一般习惯，总是先加工均布于同一圆周上的一圈孔后，再加工另一圈孔，如图 3-8(a)所示，这不是最好的走刀路线。对点位控制的数控机床而言，要求定位精度高，定位过程尽可能快。若按图 3-8(b)所示的进给路线加工，可使各孔间距的总和最小，空程最短，从而节省定位时间。

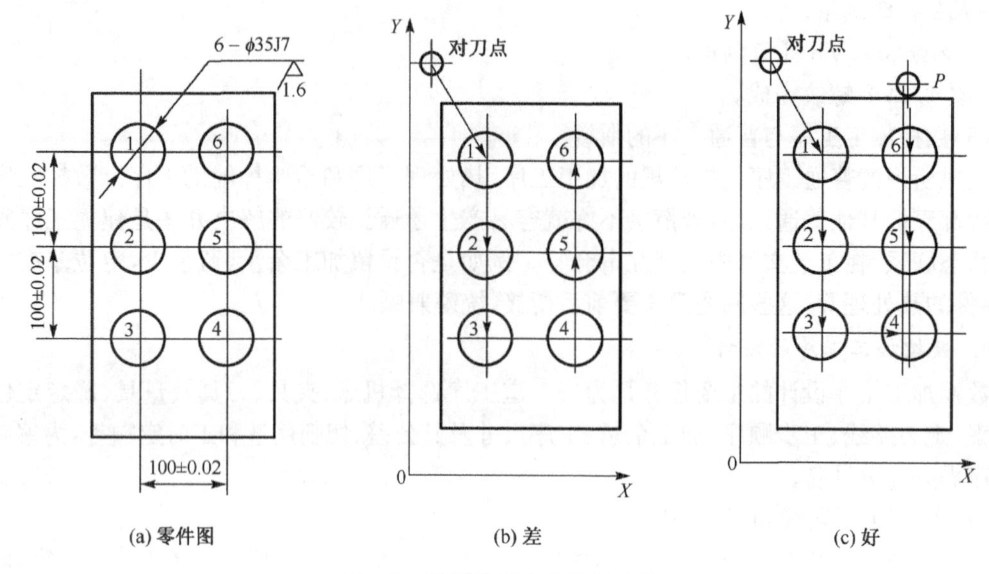

图 3-7　镗削孔系走刀路线比较

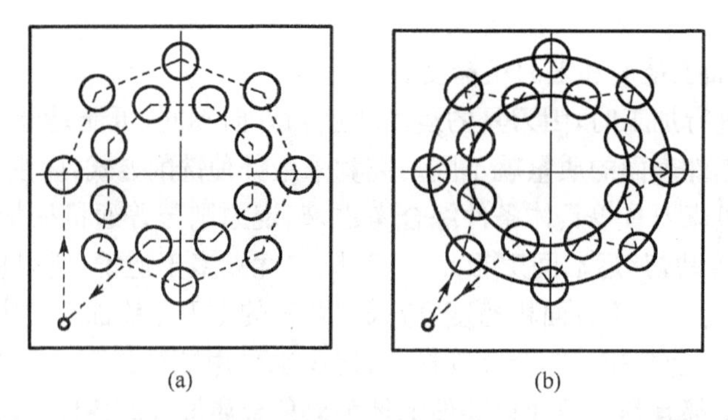

图 3-8　最短加工路线选择

3)最终轮廓一次走刀完成。

图 3-9(a)所示为采用行切法加工内轮廓。加工时不留死角,在减少每次进给重叠量的情况下,走刀路线较短,但两次走刀的起点和终点间留有残余高度,影响表面粗糙度。图 3-9(b)所示的采用环切法加工,表面粗糙度较小,但刀位计算略为复杂,走刀路线也较行切法长。采用图 3-9(c)所示的走刀路线,先用行切法加工,最后再沿轮廓切削一周,使轮廓表面光整。三种方案中,图(a)方案最差,图(c)方案最佳。

(2) 工件的定位与夹紧方案的确定

工件的定位基准与夹紧方案的确定,应遵循前面所述有关定位基准的选择原则与工件夹紧的基本要求。此外,还应该注意下列三点:

1) 力求设计基准、工艺基准与编程原点统一,以减少基准不重合误差和数控编程中的计算工作量。

2) 设法减少装夹次数,尽可能做到在一次定位装夹中,能加工出工件上全部或大部分待加工表面,以减少装夹误差,提高加工表面之间的相互位置精度,充分发挥数控机床的效率。

3) 避免采用占机人工调整方案,以免占机时间太多,影响加工效率。

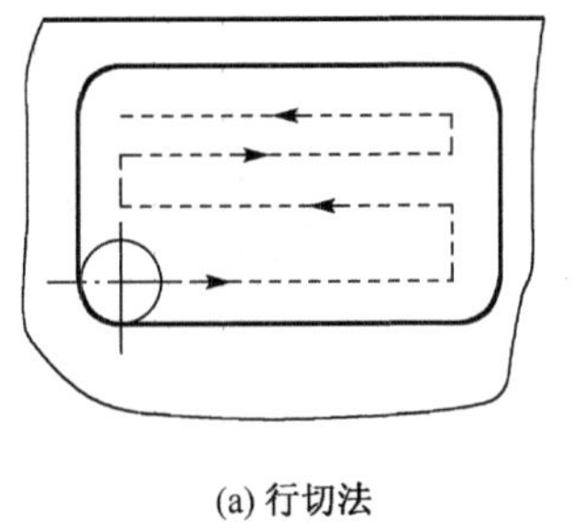

(a) 行切法

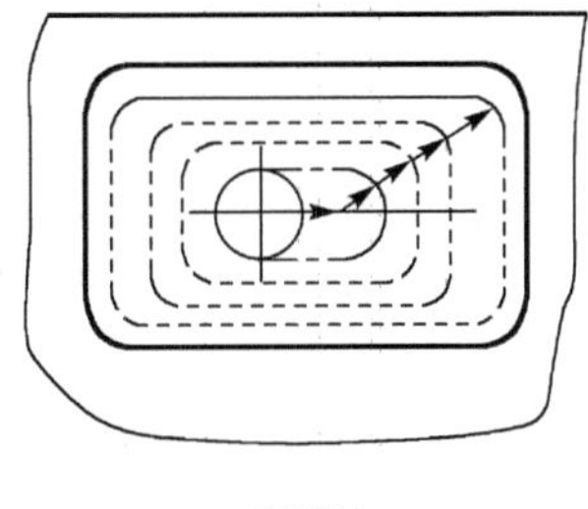

(b) 环切法

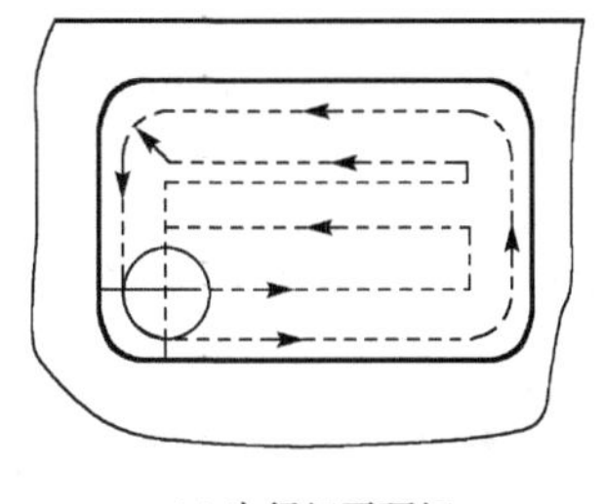

(c) 先行切再环切

图 3-9　封闭内轮廓加工走刀路线

(3) 夹具的选择

数控加工的特点对夹具提出了两个基本要求：一是保证夹具的坐标方向与机床的坐标方向相对固定；二是要能协调零件与机床坐标系的尺寸。除此之外，重点考虑以下几点：

1) 单件小批量生产时，优先选用组合夹具、可调夹具和其他通用夹具，以缩短生产准备时间和节省生产费用；

2) 在成批生产时，才考虑采用专用夹具，并力求结构简单；

3) 零件的装卸要快速、方便、可靠，以缩短机床的停顿时间，减少辅助时间；

4) 为满足数控加工精度，要求夹具定位、夹紧精度高；

5) 夹具上各零部件应不妨碍机床对零件各表面的加工，即夹具要敞开，其定位、夹紧元件不能影响加工中的走刀(如产生碰撞等)；

6) 为提高数控加工的效率，批量较大的零件加工可采用气动或液压夹具、多工位夹具。

5. 数控加工工艺守则

数控加工除遵守普通加工通用工艺守则的有关规定外，还应遵守表 3-1 数控加工工艺守则的规定。

表 3-1　数控加工工艺守则

项目	要求内容
加工前的准备	1) 操作者必须根据机床使用说明书熟悉机床的性能、加工范围和精度，并要熟练地掌握机床及其数控装置或计算机各部分的作用及操作方法； 2) 检查各开关、旋钮和手柄是否在正确位置； 3) 启动控制电气部分，按规定进行预热； 4) 开动机床使其空运转，并检查各开关、按钮、旋钮和手柄的灵敏性及润滑系统是否正常等； 5) 熟悉被加工件的加工程序和编程原点
刀具与工件的装夹	1) 安放刀具时应注意刀具的使用顺序，刀具的安放位置必须与程序要求的顺序和位置一致； 2) 工件的装夹除应牢固可靠外，还应注意避免在工作中刀具与工件或刀具与夹具发生干涉
加工	1) 进行首件加工前，必须经过程序检查(试运行程序)、轨迹检查、单程序段试切及工件尺寸检查等步骤； 2) 在加工时，必须正确输入程序，不得擅自更改程序； 3) 在加工过程中操作者应随时监视显示装置，发现报警信号时应及时停车排除故障； 4) 零件加工完后，应将程序纸带、磁带或磁盘等收藏起来妥善保管，以备再用

3.1.3　数控加工专用技术文件的编写

数控加工专用技术文件不仅是进行数控加工和产品验收的依据，也是操作者遵守和执行的规程，同时还为产品零件重复生产积累了必要的工艺资料，完成了技术储备。这些技术文件是对数控加工的具体说明，目的是让操作者更明确加工程序的内容、装夹方式、各个加工部位所选用的刀具及其他技术问题。该文件包括了编程任务书、数控加工工序卡、数控刀具卡片、数控加工程序单等。以下提供了常用文件格式，文件格式可根据企业实际情况自行设计。

1. 数控加工编程任务书

编程任务书阐明了工艺人员对数控加工工序的技术要求、工序说明和数控加工前应保证的加工余量，是编程员与工艺人员协调工作和编制数控程序的重要依据之一，见表 3-2。

表 3-2　数控加工编程任务书

<table>
<tr><td colspan="2" rowspan="3">工艺处</td><td colspan="4" rowspan="3">数控编程任务书</td><td colspan="2">产品零件图号</td><td></td><td>任务书编号</td></tr>
<tr><td colspan="2">零件名称</td><td></td><td></td></tr>
<tr><td colspan="2">使用数控设备</td><td></td><td>共　页第　页</td></tr>
<tr><td colspan="10">主要工序说明及技术要求：</td></tr>
<tr><td colspan="6" rowspan="2"></td><td>编程收到日期</td><td>月　日</td><td>经手人</td><td></td></tr>
<tr><td></td><td></td><td></td><td></td></tr>
<tr><td>编制</td><td></td><td>审核</td><td></td><td>编程</td><td></td><td>审核</td><td></td><td>批准</td><td></td></tr>
</table>

2. 数控加工工序卡

数控加工工序卡与普通加工工序卡很相似，所不同的是：工序简图中应注明编程原点与对刀点，要有编程说明及切削参数的选择等，它是操作人员进行数控加工的主要指导性工艺资料。工序卡应按已确定的工步顺序填写，见表 3-3。如果工序加工内容比较简单，也可采用表 3-4 数控加工工艺卡片的形式。

表 3-3　数控加工工序卡片

<table>
<tr><td rowspan="2">单位</td><td colspan="4" rowspan="2">数控加工工序卡片</td><td colspan="4">产品名称或代号</td><td colspan="2">零件名称</td><td>零件图号</td></tr>
<tr><td colspan="4"></td><td colspan="2"></td><td></td></tr>
<tr><td colspan="5" rowspan="6">工序简图</td><td colspan="4">车间</td><td colspan="3">使用设备</td></tr>
<tr><td colspan="4"></td><td colspan="3"></td></tr>
<tr><td colspan="4">工艺序号</td><td colspan="3">程序编号</td></tr>
<tr><td colspan="4"></td><td colspan="3"></td></tr>
<tr><td colspan="4">夹具名称</td><td colspan="3">夹具编号</td></tr>
<tr><td colspan="4"></td><td colspan="3"></td></tr>
<tr><td>工步号</td><td colspan="4">工步作业内容</td><td>加工面</td><td>刀具号</td><td>刀补量</td><td>主轴转速</td><td>进给速度</td><td>背吃刀量</td><td>备注</td></tr>
<tr><td></td><td colspan="4"></td><td></td><td></td><td></td><td></td><td></td><td></td><td></td></tr>
<tr><td></td><td colspan="4"></td><td></td><td></td><td></td><td></td><td></td><td></td><td></td></tr>
<tr><td>编制</td><td></td><td>审核</td><td></td><td>批准</td><td colspan="2"></td><td colspan="2">年　月　日</td><td colspan="2">共　页</td><td>第　页</td></tr>
</table>

表 3-4　数控加工工艺卡片

单位名称		产品名称或代号		零件名称		零件图号	
工序号	程序编号	夹具名称		使用设备		车间	
工步号	工步内容	刀具号	刀具规格	主轴转速	进给速度	背吃刀量	备注
编制	审核	批准		年　月　日		共　页	第　页

3. 数控刀具卡片

数控加工刀具卡主要反映刀具名称、编号、规格、长度等内容。它是组装刀具、调整刀具的依据。详见表 3-5。

表 3-5　数控加工刀具卡片

产品名称或代号			零件名称		零件图号	
序号	刀具号	刀具规格名称	数量	加工表面		备注
编制		审核		批准	共　页	第　页

4. 数控加工程序单

数控加工程序单是编程员根据工艺分析情况，按照机床特点的指令代码编制的。它是记录数控加工工艺过程、工艺参数的清单，有助于操作员正确理解加工程序内容。格式见表 3-6。

表 3-6　数控加工程序单

零件号			零件名称			编制		审核	
程序号						日期		日期	
N	G	X(U)	Z(W)	F	S	T	M	CR	备注

3.2　数控加工夹具

数控加工夹具是现代机械加工行业中不可缺少的重要工艺装备之一。夹具是工艺装备的主要组合部分，在机械制造中占有重要地位。使用夹具可以提高工件的加工精度并保证零件的互换性，提高劳动生产率，同时可以降低劳动强度，改善工人的劳动条件，使用夹具还可以扩大现有机床的应用范围，充分利用现有的设备资源。夹具对保证产品质量、缩短产品试制周期等都具有重要意义。

3.2.1 数控加工夹具概述

在机械加工过程中，为了保证加工精度，固定工件，使之占有确定位置以接受加工或检测的工艺装备统称为机床夹具，简称夹具。

1. 机床夹具在机械加工中的作用

(1) 保证加工精度

采用夹具安装，可以准确地确定工件与机床、刀具之间的相互位置，工件的位置精度由夹具保证，不受工人技术水平的影响，其加工精度高而且稳定。

(2) 提高生产率、降低成本

用夹具装夹工件，无需找正便能使工件迅速地定位和夹紧，显著地减少了辅助工时；用夹具装夹工件提高了工件的刚性，因此可加大切削用量；可以使用多件、多工位夹具装夹工件，并采用高效夹紧机构，这些因素均有利于提高劳动生产率。另外，采用夹具后，产品质量稳定，废品率下降，可以安排技术等级较低的工人，明显地降低了生产成本。

(3) 扩大机床的工艺范围

使用专用夹具可以改变原机床的用途和扩大机床的使用范围，实现一机多能。例如，在车床或摇臂钻床上安装镗模夹具后，就可以对箱体孔系进行镗削加工；通过专用夹具还可将车床改为拉床使用，以充分发挥通用机床的作用。

(4) 减轻工人的劳动强度

用夹具装夹工件方便、快速，当采用气动、液压等夹紧装置时，可减轻工人的劳动强度。

2. 夹具的组成

机床夹具的种类和结构虽然繁多，但它们的组成均可概括为以下几个部分，这些组成部分既相互独立又相互联系。

(1) 定位元件

定位元件保证工件在夹具中处于正确的位置。如图 3-10 所示，钻后盖上的 ϕ10mm 孔。

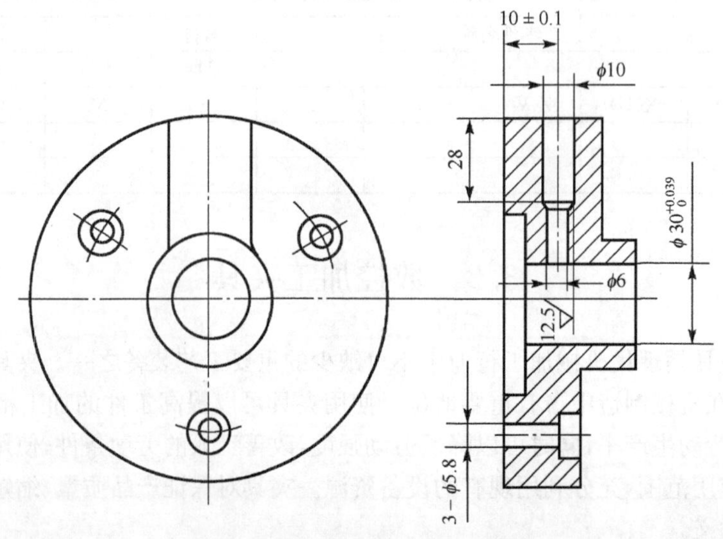

图 3-10　后盖零件钻径向孔的工序图

其钻夹具如图 3-11 所示，夹具上的圆柱销 5、菱形销 9 和支承板 4 都是定位元件，通过它们使工件在夹具中占据正确的位置。

(2) 夹紧装置

夹紧装置的作用是将工件压紧夹牢，保证工件在加工过程中受到外力(切削力等)作用时不离开已经占据的正确位置。图 3-11 中的螺杆 8(与圆柱销合成一个零件)、螺母 7 和开口垫圈 6 就起到了上述作用。

(3) 对刀或导向装置

对刀或导向装置用于确定刀具相对于定位元件的正确位置。如图 3-11 中钻套 1 和钻模板 2 组成导向装置，确定了钻头轴线相对定位元件的正确位置。铣床夹具上的对刀块和塞尺为对刀装置。

(4) 连接元件

连接元件是确定夹具在机床上正确位置的元件。如图 3-11 中夹具体 3 的底面为安装基面，保证了钻套 1 的轴线垂直于钻床工作台以及圆柱销 5 的轴线平行于钻床工作台。因此，夹具体可兼作连接元件。车床夹具上的过渡盘、铣床夹具上的定位键都是连接元件。

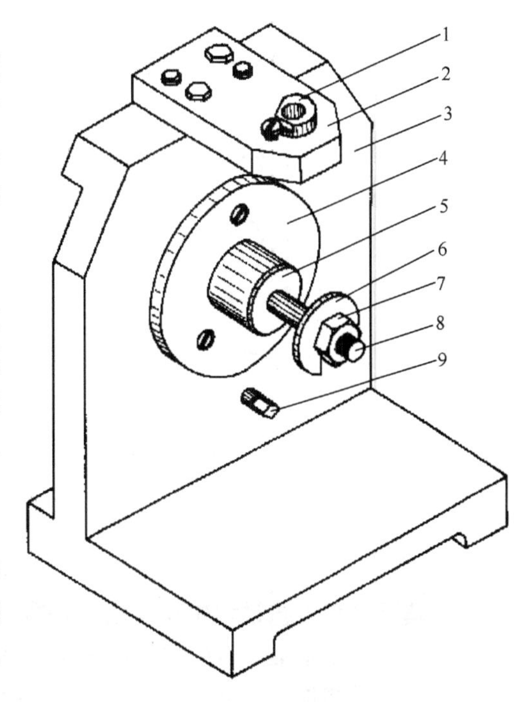

图 3-11　后盖钻夹具

1-钻套；2-钻模板；3-夹具体；4-支承板；5-圆柱销；6-开口垫圈；7-螺母；8-螺杆；9-菱形销

(5) 夹具体

夹具体是机床夹具的基础件，如图 3-11 中的件 3，通过它将夹具的所有元件连接成一个整体。

(6) 其他装置或元件

它们是指夹具中因特殊需要而设置的装置或元件。若需加工按一定规律分布的多个表面时，常设置分度装置；为了能方便、准确地定位，常设置预定位装置；对于大型夹具，常设置吊装元件等。

3.2.2　数控加工中的基准

基准是零件上用来确定其他点、线、面位置所依据的那些点、线、面。按其功用不同，基准可分为设计基准和工艺基准两大类。

1. 设计基准

设计基准是在零件图上所采用的基准。它是标注设计尺寸的起点。如图 3-12(a)所示的零件，平面 2、3 的设计基准是平面 1，平面 5、6 的设计基准是平面 4，孔 7 的设计基准是平面 1 和平面 4，而孔 8 的设计基准是孔 7 的中心和平面 4。在零件图上不仅标注的尺寸有设计基准，而且标注的位置精度同样具有设计基准，如图 3-12(b)所示的钻套零件，轴心线 O-O 是各外圆和内孔的设计基准，也是两项跳动误差的设计基准，端面 A 是端面 B、C 的设计基准。

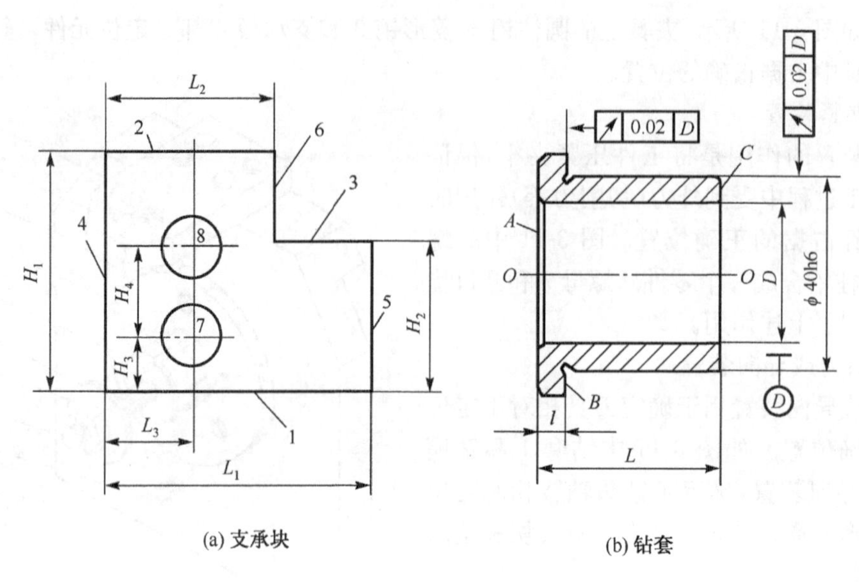

(a) 支承块　　(b) 钻套

图 3-12　基准分析

2. 工艺基准

工艺基准是在工艺过程中所使用的基准。工艺过程是一个复杂的过程，按用途不同工艺基准又可分为定位基准、工序基准、测量基准和装配基准。

工艺基准是在加工、测量和装配时所使用的，必须是实在的。然而作为基准的点、线、面有时并不一定具体存在(如孔和外圆的中心线，两平面的对称中心面等)，往往通过具体的表面来体现，用以体现基准的表面称为基面。例如图 3-12(b) 所示钻套的中心线是通过内孔表面来体现的，内孔表面就是基面。

(1) 定位基准

在加工中用作定位的基准，称为定位基准。它是工件上与夹具定位元件直接接触的点、线或面。如图 3-12(a)所示零件，加工平面 3 和 6 时是通过平面 1 和 4 放在夹具上定位的，所以平面 1 和 4 是加工平面 3 和 6 的定位基准；如图 3-12(b)所示的钻套，用内孔装在心轴上磨削 ϕ40h6 外圆表面时，内孔表面是定位基面，孔的中心线就是定位基准。

定位基准又分为粗基准和精基准。用作定位的表面，如果是没有经过加工的毛坯表面，称为粗基准；若是已加工过的表面，则称为精基准。

(2) 工序基准

在工序图上，用来标定本工序被加工面尺寸和位置所采用的基准，称为工序基准。它是某一工序所要达到加工尺寸(即工序尺寸)的起点。如图 3-12(a)所示零件，加工平面 3 时按尺寸 H_2 进行加工，则平面 l 即为工序基准，加工尺寸 H_2 叫做工序尺寸。

工序基准应当尽量与设计基准相重合，当考虑定位或试切测量方便时也可以与定位基准或测量基准相重合。

(3) 测量基准

零件测量时所采用的基准，称为测量基准。如图 3-12(b)所示，钻套以内孔套在心轴上测量外圆的径向圆跳动，则内孔表面是测量基面，孔的中心线就是外圆的测量基准；用卡尺测量尺寸 1 和 L，表面 A 是表面 B、C 的测量基准。

(4) 装配基准

装配时用以确定零件在机器中位置的基准，称为装配基准。如图 3-12(b)所示的钻套，ϕ40h6 外圆及端面 B 即为装配基准。

3.2.3　工件的定位和夹紧

在机械加工中，必须使机床、夹具、刀具和工件之间保持正确的相互位置，才能加工出合格的零件。这种正确的相互位置关系，是通过工件在夹具中的定位、夹具在机床上的安装、刀具相对于夹具的调整来实现的。

1. 六点定位原理

一个尚未定位的工件，其空间位置是不确定的，均有六个自由度，如图 3-13 所示，即沿空间坐标轴 X、Y、Z 三个方向的移动和绕这三个坐标轴的转动(分别以 $\vec{X}$、$\vec{Y}$、$\vec{Z}$ 和 $\widehat{X}$、$\widehat{Y}$、$\widehat{Z}$ 表示)。

定位，就是限制自由度。如图 3-14 所示的长方体工件，欲使其完全定位，可以设置六个固定点，工件的三个面分别与这些点保持接触，在其底面设置三个不共线的点 1、2、3(构成一个面)，限制工件的三个自由度：$\vec{Z}$、$\widehat{X}$、$\widehat{Y}$；侧面设置两个点 4、5(成一条线)，限制了 $\vec{Y}$、$\widehat{Z}$ 两个自由度；端面设置一个点 6，限制 $\vec{X}$ 自由度。于是工件的六个自由度便都被限制了。这些用来限制工件自由度的固定点，称为定位支承点，简称支承点。

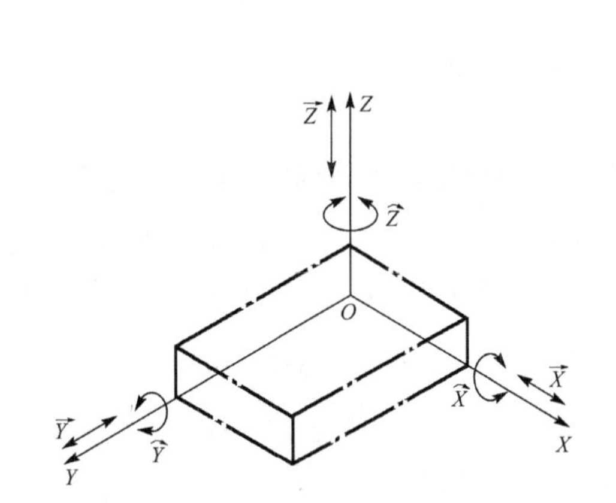

图 3-13　工件的六个自由度

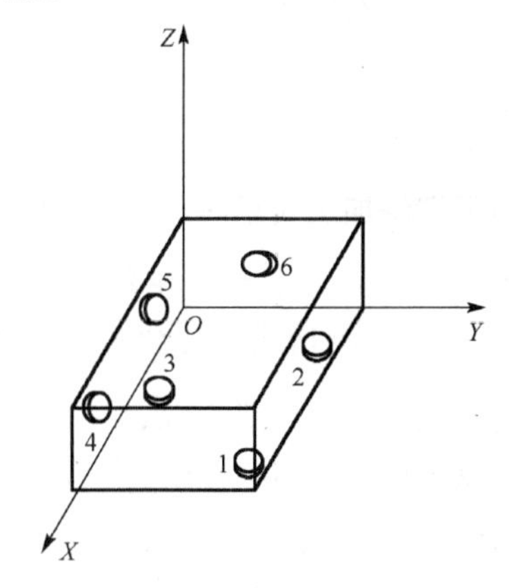

图 3-14　长方体形工件的定位

用合理分布的六个支承点限制工件六个自由度的法则，称为六点定位原理。

在应用“六点定位原理”分析工件的定位时，应注意以下几点：

1) 定位支承点限制工件自由度的作用，应理解为定位支承点与工件定位基准面始终保持紧贴接触。若二者脱离，则意味着失去定位作用。

2) 一个定位支承点仅限制一个自由度，一个工件仅有六个自由度，所设置的定位支承点数目，原则上不应超过六个。

3) 分析定位支承点的定位作用时，不考虑力的影响。工件的某一自由度被限制，并非指工件在受到使其脱离定位支承点的外力时，不能运动。欲使其在外力作用下不能运动，是夹紧的任务；反之，工件在外力作用下不能运动，即被夹紧，也并非是说工件的所有自由度都被限制了。所以，定位和夹紧是两个概念，绝不能混淆。

2. 工件定位中的几种情况

(1) 完全定位

工件的六个自由度全部被限制的定位，称为完全定位。当工件在 X、Y、Z 三个坐标方向上均有尺寸要求或位置精度要求时，一般采用这种定位方式。

例如在图 3-15 所示的工件上铣槽，槽宽(20±0.05)mm 取决于铣刀的尺寸；为了保证槽底面与 A 面的平行度和尺寸 $60_{-0.2}^{\ 0}$mm 两项加工要求，必须限制 $\vec{Z}$、$\widehat{X}$、$\widehat{Y}$ 三个自由度；为了保证槽侧面与 B 面的平行度和尺寸(30±0.1)mm 两项加工要求，必须限制 $\vec{X}$、$\widehat{Z}$ 两个自由度；由于所铣的槽不是通槽，在长度方向上，槽的端部距离工件右端面的尺寸是 50mm，所以必须限制 $\vec{Y}$ 自由度。为此，应对工件采用完全定位的方式，选 A 面、B 面和右端面作定位基准。

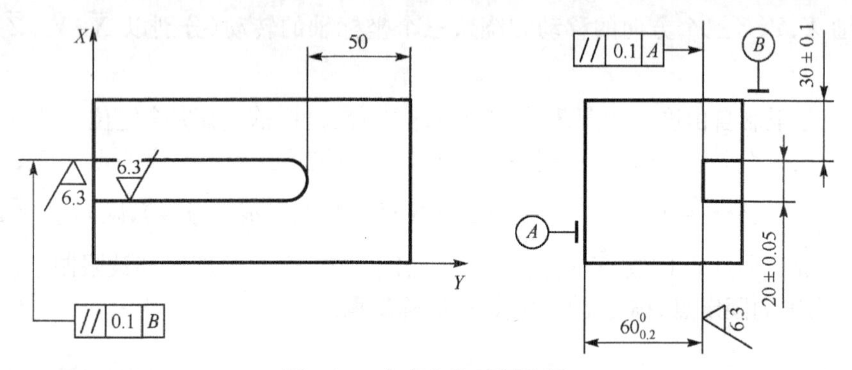

图 3-15 完全定位示例分析

(2) 不完全定位

根据工件的加工要求，并不需要限制工件的全部自由度，这样的定位，称为不完全定位。

如图 3-16 所示，图(a)为在车床上加工通孔，根据加工要求，不需要限制 $\vec{X}$ 和 $\widehat{X}$ 两个自由度，故用三爪卡盘夹持限制其余四个自由度，就能实现四点定位。图(b)为平板工件磨平面，工件只有厚度和平行度要求，故只需限制 $\vec{Z}$、$\widehat{X}$、$\widehat{Y}$ 三个自由度，在磨床上采用电磁工作台即可实现三点定位。

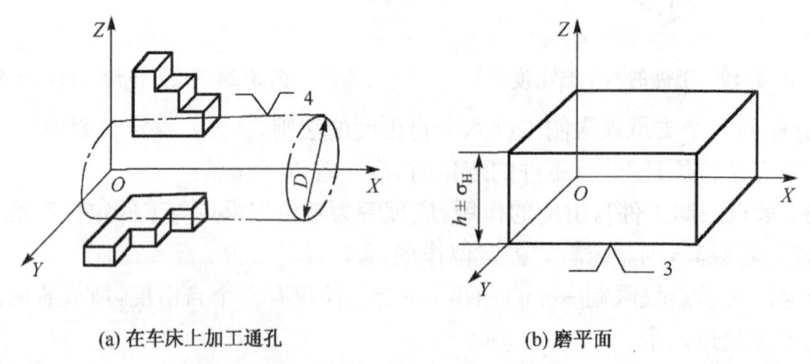

(a) 在车床上加工通孔　　(b) 磨平面

图 3-16 不完全定位示例

(3) 欠定位

根据工件的加工要求，应该限制的自由度没有完全被限制的定位，称为欠定位。欠定位无法保证加工要求，所以是绝不允许的。

如图 3-17 所示，工件在支承 1 和两个圆柱销 2 上定位，按此定位方式，$\vec{X}$ 自由度没被限制，属欠定位。工件在 X 方向上的位置不确定，如图中的双点画线位置和虚线位置，因此钻出孔的位置也不确定，无法保证尺寸 A 的精度。只有在 X 方向设置一个止推销后，工件在 X 方向才能取得确定的位置。

(4) 过定位

夹具上的两个或两个以上的定位元件，重复限制工件的同一个或几个自由度的现象，称为过定位。如图 3-18 所示两种过定位的例子。

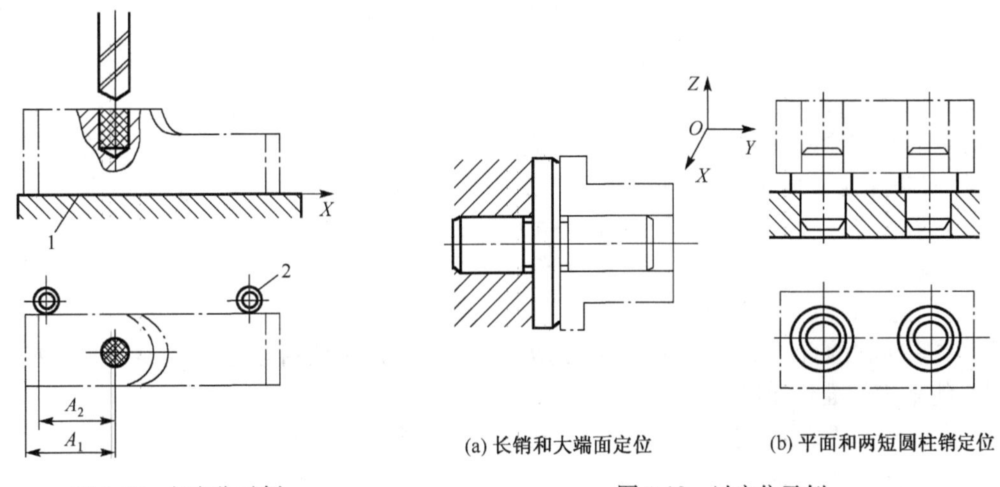

图 3-17　欠定位示例

(a) 长销和大端面定位　(b) 平面和两短圆柱销定位

图 3-18　过定位示例

图 3-18(a)为孔与端面联合定位情况，由于大端面限制 $\vec{Y}$、$\widehat{X}$、$\widehat{Z}$ 三个自由度，长销限制 $\vec{X}$、$\vec{Z}$ 和 $\widehat{X}$、$\widehat{Z}$ 四个自由度，可见 $\widehat{X}$、$\widehat{Z}$ 被两个定位元件重复限制，出现过定位。图 3-18(b)为平面与两个短圆柱销联合定位情况，平面限制 $\vec{Z}$、$\widehat{X}$、$\widehat{Y}$ 三个自由度，两个短圆柱销分别限制 $\vec{X}$、$\vec{Y}$ 和 $\vec{Y}$、$\widehat{Z}$ 共四个自由度，则 $\vec{Y}$ 自由度被重复限制，出现过定位。过定位可能导致下列后果。

3. 夹紧装置的组成及基本要求

机械加工过程中，工件会受到切削力、离心力、重力、惯性力等的作用，在这些外力作用下，为了使工件仍能在夹具中保持已由定位元件所确定的加工位置，而不致发生振动或位移，保证加工质量和生产安全，一般夹具结构中都必须设置夹紧装置将工件可靠夹牢。

(1) 夹紧装置的组成

图 3-19 为夹紧装置组成示意图，它主要由以下三部分组成：

1) 力源装置。产生夹紧作用力的装置。所产生的力称为原始力，如气动、液动、电动等，图中的力源装置是气缸 1。对于手动夹紧来说，力源来自人力。

2) 中间传力机构。介于力源和夹紧元件之间传递力的机构，如图中的连杆 2。在传递力的过程中，它能够改变作用力的方向和大小，起增力作用；还能使夹紧实现自锁，保证力源提供的原始力消失后，仍能可靠地夹紧工件，这对手动夹紧尤为重要。

3) 夹紧元件。夹紧装置的最终执行件，与工件直接接触完成夹紧作用，如图中压板 3。

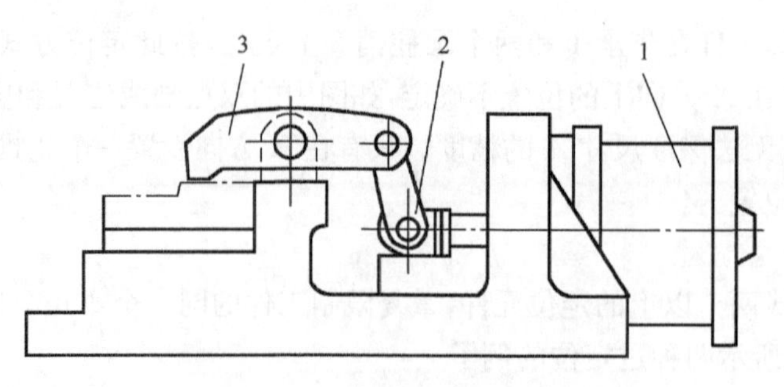

图 3-19 夹紧装置组成示意图

1-气缸;2-连杆;3-压板

(2) 对夹具装置的要求

必须指出,夹紧装置的具体组成并非一成不变,需根据工件的加工要求、安装方法和生产规模等条件来确定。但无论其组成如何,都必须满足以下基本要求:

1) 夹紧时应保持工件定位后所占据的正确位置。

2) 夹紧力大小要适当。夹紧机构既要保证工件在加工过程中不产生松动或振动。同时,又不得产生过大的夹紧变形和表面损伤。

3) 夹紧机构的自动化程度和复杂程度应和工件的生产规模相适应,并有良好的结构工艺性,尽可能采用标准化元件。

4) 夹紧动作要迅速、可靠,且操作要方便、省力、安全。

4. *夹紧力三要素确定*

设计夹紧机构,必须首先合理确定夹紧力的三要素:大小、方向和作用点。

(1) 夹紧力方向的确定

确定夹紧力作用方向时,应与工件定位基准的配置及所受外力的作用方向等结合起来考虑。其确定原则是:

1) 夹紧力的作用方向应垂直于主要定位基准面。

图 3-20 所示直角支座以 A、B 面定位镗孔,要求保证孔中心线垂直于 A 面。为此应选择 A 面为主要定位基准,夹紧力 Q 的方向垂直于 A 面。这样,无论 A 面与 B 面有多大的垂直度误差,都能保证孔中心线与 A 面垂直。否则,如图 3-20(b)所示夹紧力方向垂直于 B 面,则因 A、B 面间有垂直度误差($\alpha>90^\circ$或$\alpha<90^\circ$),使镗出的孔不垂直于 A 面而可能报废。

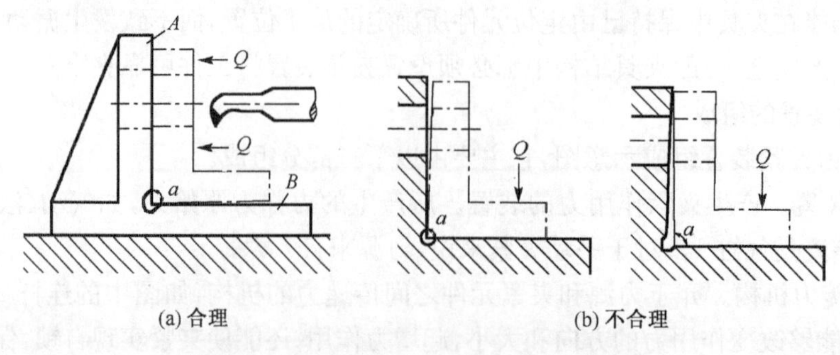

图 3-20 夹紧力方向对镗孔垂直度的影响

2）夹紧力作用方向应使所需夹紧力最小。

这样可使机构轻便、紧凑，工件变形小，对手动夹紧可减轻工人劳动强度，提高生产效率。为此，应使夹紧力 Q 的方向最好与切削力 F、工件的重力 G 的方向重合，这时所需要的夹紧力为最小。图 3-21 表示了 F、G、Q 三力不同方向之间关系的几种情况。显然，图(a)最合理，图(f)情况为最差。

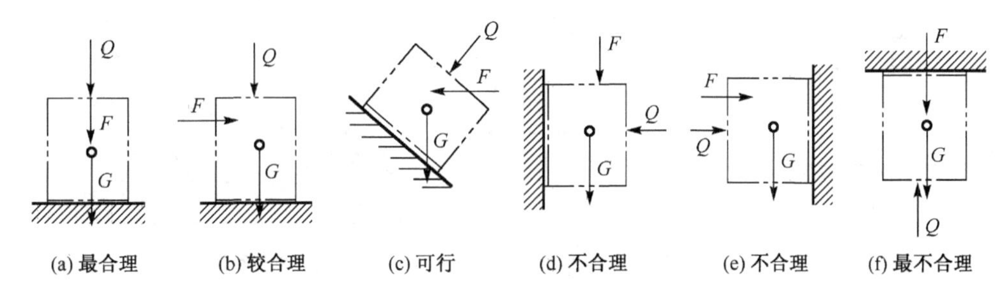

图 3-21　夹紧方向与夹紧力大小的关系

3）夹紧力作用方向应使工件变形最小。

由于工件不同方向上的刚度是不一致的，不同的受力表面也因其接触面积不同而变形各异，尤其在夹紧薄壁工件时，更需注意。

如图 3-22 所示套筒，用三爪自定心卡盘夹紧外圆，显然要比用特制螺母从轴向夹紧工件的变形大得多。

(2) 夹紧力作用点的确定

选择作用点的问题是指在夹紧方向已定的情况下，确定夹紧力作用点的位置和数目。应依据以下原则：

1）夹紧力作用点应落在支承元件上或几个支承元件所形成的支承面内。

如图 3-23(a)所示，夹紧力作用在支承面范围之外，会使工件倾斜或移动，而图 3-23(b)则是合理的。

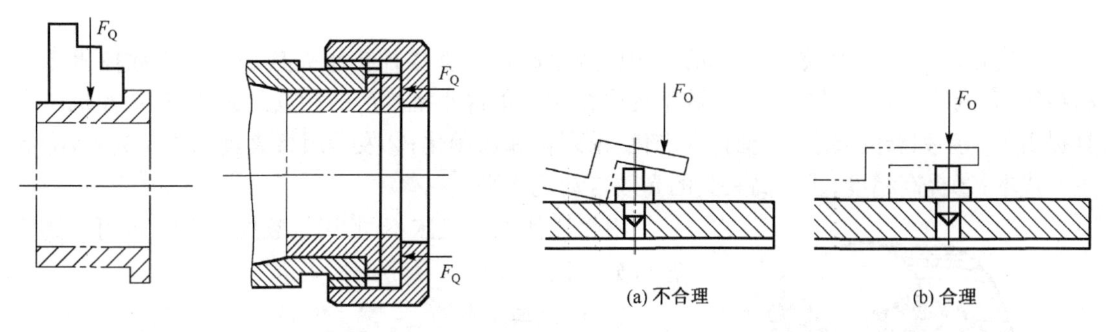

图 3-22　夹紧力方向与工件刚性关系　　图 3-23　夹紧力作用点应在支承面内

2）夹紧力作用点应落在工件刚性好的部位上。

如图 3-24 所示，将作用在壳体中部的单点改成在工件外缘处的两点夹紧，工件的变形大为改善，且夹紧也更可靠。该原则对刚度差的工件尤其重要。

3）夹紧力作用点应尽可能靠近被加工表面，以减小切削力对工件造成的翻转力矩。

必要时应在工件刚性差的部位增加辅助支承并施加夹紧力，以免振动和变形。如图 3-25

所示，支承 a 尽量靠近被加工表面，同时给予夹紧力 Q_2。这样翻转力矩小又增加了工件的刚性，既保证了定位夹紧的可靠性，又减小了振动和变形。

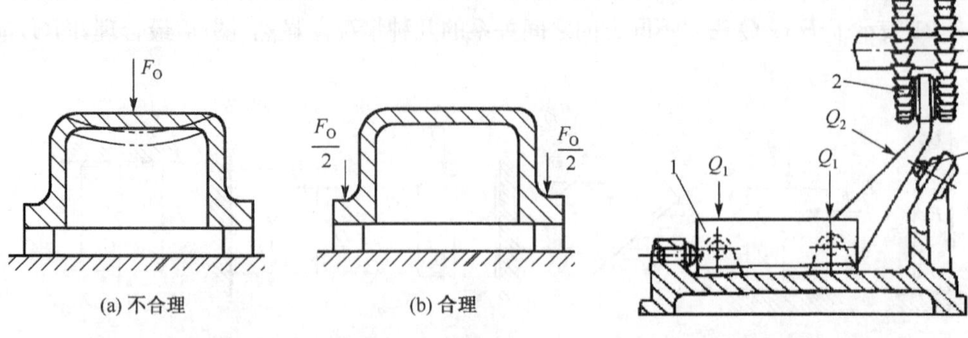

图 3-24　夹紧力作用点应在刚性较好部位　　图 3-25　夹紧力作用点应靠近加工表面

(3) 夹紧力大小的确定

夹紧力大小要适当，过大了会使工件变形，过小了则在加工时工件会松动，造成报废甚至发生事故。

采用手动夹紧时，可凭人力来控制夹紧力的大小，一般不需要算出所需夹紧力的确切数值，只是图 3-25 夹紧力作用点应靠近加工表面必要时进行概略的估算。当设计机动(如气动、液压、电动等)夹紧装置时，则需要计算夹紧力的大小，以便决定动力部件(如气缸、液压缸直径等)的尺寸。进行夹紧力计算时，通常将夹具和工件看作一刚性系统，以简化计算。根据工件在切削力、夹紧力(重型工件要考虑重力，高速时要考虑惯性力)作用下处于静力平衡，列出静力平衡方程式，即可算出理论夹紧力，再乘以安全系数，作为所需的实际夹紧力。实际夹紧力一般比理论计算值大 2～3 倍。

夹紧力三要素的确定，是一个综合性问题。必须全面考虑工件的结构特点、工艺方法、定位元件的结构和布置等多种因素，才能最后确定并具体设计出较为理想的夹紧机构。

3.2.4　数控加工常用夹具

现代自动化生产中，数控机床的应用已越来越广泛。数控机床夹具必须适应数控机床的高精度、高效率、多方向同时加工、数字程序控制及单件小批生产的特点。为此，对数控机床夹具提出了一系列新的要求：①推行标准化、系列化和通用化；②发展组合夹具和拼装夹具，降低生产成本；③提高精度；④提高夹具的高效自动化水平。

根据所使用的机床不同，用于数控机床的通用夹具通常可分为以下几种。

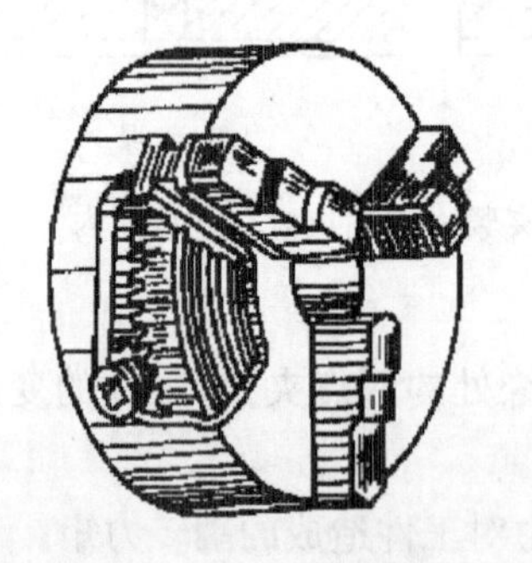

图 3-26　三爪自定心卡盘的构造

1. 数控车床夹具

数控车床夹具主要有三爪自定心卡盘、四爪单动卡盘、花盘等。

三爪自定心卡盘如图 3-26 所示，可自动定心，装夹方便，应用较广，但它夹紧力较小，不便于夹持外形不规则的工件。

四爪单动卡盘如图 3-27 所示，其四个爪都可单独移动，安装工件时需找正，夹紧力大，适用于装夹毛坯及截面形状不规则和不对称的较重、较大的工件。

通常用花盘装夹不对称和形状复杂的工件，装夹工件时需反复校正和平衡。

2. 数控铣床夹具

数控铣床常用夹具是平口钳，先把平口钳固定在工作台上，找正钳口，再把工件装夹在平口钳上，这种方式装夹方便，应用广泛，适于装夹形状规则的小型工件，如图3-28所示。

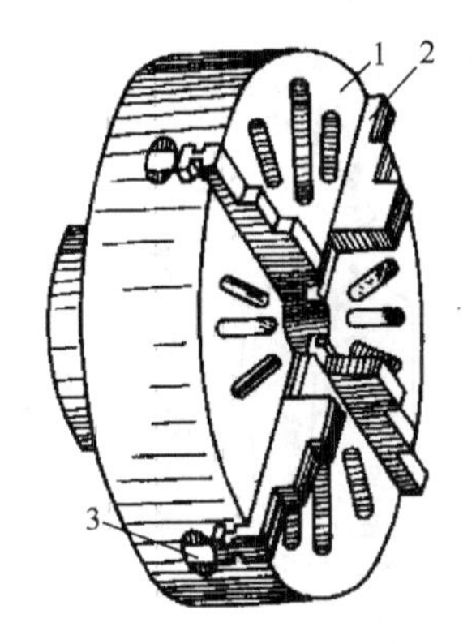

图3-27　四爪单动卡盘

1-卡盘体；2-卡爪；3-丝杆

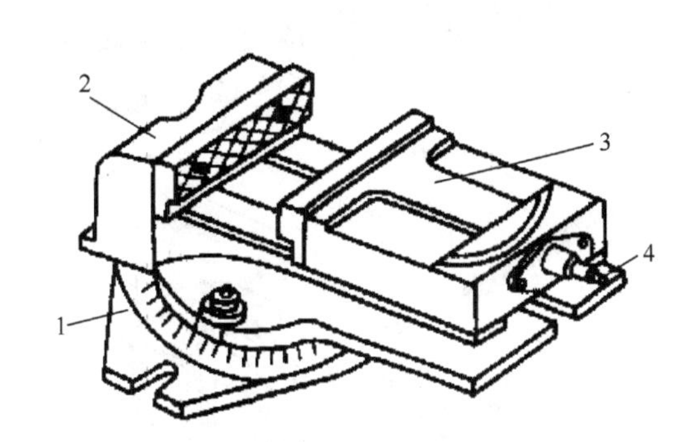

图3-28　平口钳

1-底座；2-固定钳口；3-活动钳口；4-螺杆

3. 加工中心夹具

数控回转工作台是各类数控铣床和加工中心的理想配套附件，有立式工作台、卧式工作台和立卧两用回转工作台等不同类型产品。立卧回转工作台在使用过程中可分别以立式和水平两种方式安装于主机工作台上。工作台工作时，利用主机的控制系统或专门配套的控制系统，完成与主机相协调的各种必需的分度回转运动。

为了扩大加工范围，提高生产效率，加工中心除了沿 X、Y、Z 三个坐标轴的直线进给运动之外，往往还带有 A、B、C 三个回转坐标轴的圆周进给运动。数控回转工作台作为机床的一个旋转坐标轴由数控装置控制，并且可以与其他坐标联动，使主轴上的刀具能加工到工件除安装面及顶面以外的周边。回转工作台除了用来进行各种圆弧加工或与直线坐标进给联动进行曲面加工以外，还可以实现精确的自动分度。因此回转工作台已成为加工中心一个不可缺少的部件。

除以上通用夹具外，数控机床夹具主要采用拼装夹具、组合夹具、可调夹具和数控夹具。

4. 组合夹具

组合夹具是一种标准化、系列化、通用化程度很高的工艺装备，我国目前已基本普及。组合夹具由一套预先制造好的不同形状、不同规格、不同尺寸的标准元件及部件组装而成。用来钻径向分度孔的组合夹具立体图及其分解图见图3-29。

5. 拼装夹具

拼装夹具是在成组工艺基础上，用标准化、系列化的夹具零部件拼装而成的夹具。它有组合夹具的优点，比组合夹具有更好的精度和刚性，更小的体积和更高的效率，因而较适合柔性加工的要求，常用作数控机床夹具。

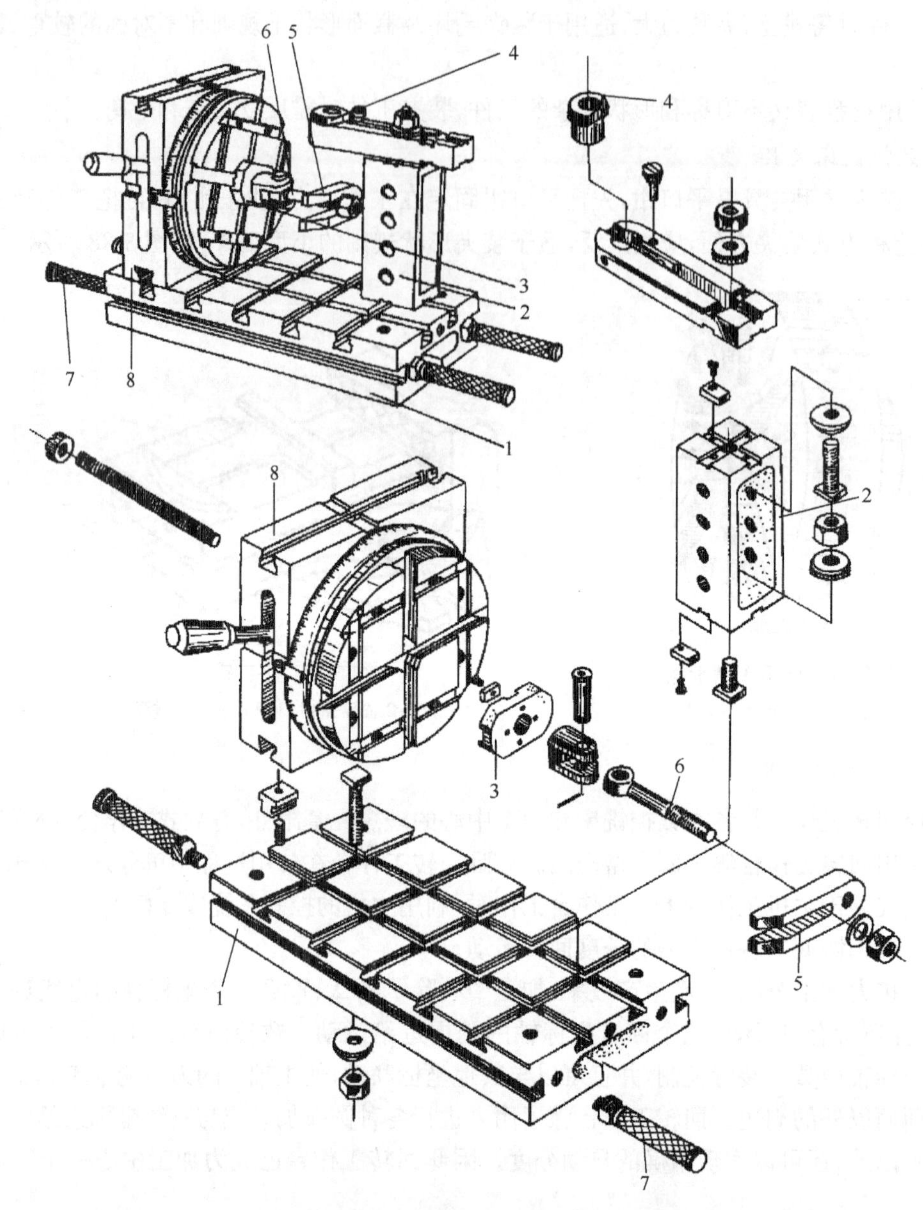

图 3-29　钻盘类零件径向孔的组合夹具

1-基础件；2-支承件；3-定位件；4-导向件；5-夹紧件；6-紧固件；7-其他件；8-合件

图 3-30 为镗箱体孔的数控机床夹具，需在工件 6 上镗削 A、B、C 三孔。工件在液压基础平台 5 及三个定位销钉 3 上定位；通过基础平台内两个液压缸 8、活塞 9、拉杆 12、压板 13 将工件夹紧；夹具通过安装在基础平台底部的两个连接孔中的定位键 10 在机床 T 形槽中定位，并通过两个螺旋压板 11 固定在机床工作台上。可选基础平台上的定位孔 2 作夹具的坐标原点，与数控机床工作台上的定位孔 1 的距离分别为 X_0、Y_0。三个加工孔的坐标尺寸可用机床定位孔 1 作为零点进行计算编程，称固定零点编程；也可选夹具上方便的某一定位孔作为零点进行计算编程，称浮动零点编程。

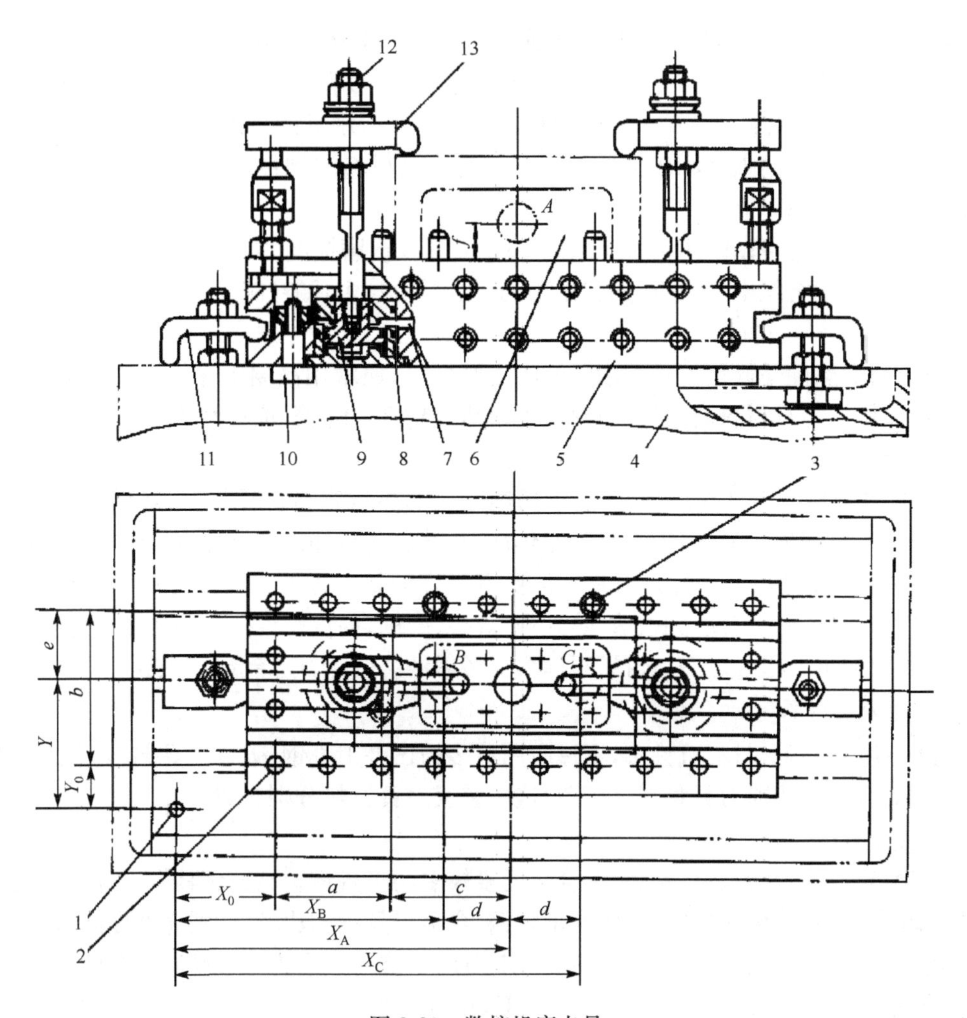

图 3-30 数控机床夹具

1、2-定位孔；3-定位销孔；4-数控机床工作台；5-液压基础平台；6-工件；7-通油孔；8-液压缸；9-活塞；10-定位键；11、13-压板；12-拉杆

3.3 数控加工刀具

3.3.1 数控加工刀具材料

在金属切削加工中，刀具切削部分起主要作用，所以刀具材料一般指刀具切削部分材料。刀具材料决定了刀具的切削性能，直接影响加工效率、刀具耐用度和加工成本，刀具材料的合理选择是切削加工工艺一项重要内容。

1. *刀具材料的基本要求*

金属加工时，刀具受到很大切削压力、摩擦力和冲击力，产生很高的切削温度，刀具在这种高温、高压和剧烈的摩擦环境下工作，刀具材料需满足一些基本要求。

1) 高硬度。刀具是从工件上去除材料，所以刀具材料的硬度必须高于工件材料的硬度。刀具材料最低硬度应在 60HRC 以上。对于碳素工具钢材料，在室温条件下硬度应在 62HRC

以上；高速钢硬度为63HRC～70HRC；硬质合金刀具硬度为89HRC～93HRC。

2）高强度与强韧性。刀具材料在切削时受到很大的切削力与冲击力，如车削45钢，在背吃刀量a_p=4mm、进给量f=0.5mm/r的条件下，刀片所承受的切削力达到4000N，可见，刀具材料必须具有较高的强度和较强的韧性。一般刀具材料的韧性用冲击韧度A_K表示，反映刀具材料抗脆性和崩刃能力。

3）较强的耐磨性和耐热性。刀具耐磨性是刀具抵抗磨损能力。一般刀具硬度越高，耐磨性越好。刀具金相组织中硬质点（如碳化物、氮化物等）越多，颗粒越小，分布越均匀，则刀具耐磨性越好。

刀具材料耐热性是衡量刀具切削性能的主要标志，通常用高温下保持高硬度的性能来衡量，也称热硬性。刀具材料高温硬度越高，则耐热性越好，在高温抗塑性变形能力、抗磨损能力越强。

4）优良导热性。刀具导热性好，表示切削产生的热量容易传导出去，降低了刀具切削部分温度，减少刀具磨损。另外，刀具材料导热性好，其抗耐热冲击和抗热裂纹性能也强。

5）良好的工艺性与经济性。刀具不但要有良好的切削性能，本身还应该易于制造，这要求刀具材料有较好的工艺性，如锻造、热处理、焊接、磨削、高温塑性变形等功能。此外，经济性也是刀具材料的重要指标之一，选择刀具时，要考虑经济效果，以降低生产成本。

2. 普通刀具材料

当前所使用的刀具材料有许多，不过应用最多的还是工具钢（碳素工具钢、合金工具钢、高速钢）和硬质合金类普通刀具材料，以下对这些普通刀具材料分别介绍。

（1）高速钢

高速钢是一种含有钨、钼、铬、钒等合金元素较多的工具钢。高速钢具有良好的热稳定性，在500～600℃的高温仍能切削，和碳素工具钢、合金工具钢相比较，切削速度提高1～3倍，刀具耐用度10～40倍。高速钢具有较高强度和韧性，如抗弯强度为一般硬质合金的2～3倍，陶瓷的5～6倍，且具有一定的硬度（63～70HRC）和耐磨性。

1）普通高速钢。普通高速钢分为两种，钨系高速钢和钨钼系高速钢。

① 钨系高速钢。这类钢的典型钢种为W18Cr4V（简称W18），它是应用最普遍的一种高速钢。这种钢磨削性能和综合性能好，通用性强。常温硬度63～66HRC，600℃高温硬度48.5HRC左右。不过此钢的缺点是碳化物分布常不均匀，强度与韧性不够强，热塑性差，不宜制造成大截面刀具。

② 钨钼钢。钨钼钢是将一部分钨用钼代替所制成的钢。典型钢种为W6Mo5Cr4V2（简称M2）。此种钢的优点是减小了碳化物数量及分布的不均匀性，和W18钢相比M2抗弯强度提高17%，抗冲击韧度提高40%以上，而且大截面刀具也具有同样的强度与韧性，它的性能也较好。此钢的缺点是高温切削性能和W18相比稍差。我国生产的另一种钨钼系钢为W9Mo5Cr4V2（简称W9），它的抗弯强度和冲击韧性都高于M2，而且热塑性、刀具耐用度、磨削加工性和热处理时脱碳倾向性都比M2有所提高。

2）高性能高速钢。此钢是在普通高速钢中增加碳、钒含量并添加钴、铝等合金元素而形成的新钢种。此类钢的优点是具有较强的耐热性，在630～650°C高温下，仍可保持60HRC的高硬度，而且刀具耐用度是普通高速钢的1.5～3倍。它适合加工奥氏体不锈钢、高温合金、钛合金、超高强度钢等难加工材料。此类钢的缺点是强度与韧性较普通高速钢低，高钒高速钢磨削加工性差。典型的钢种有高碳高速钢 9W6Mo5Cr4V2、高钒高速钢 W6Mo5Cr4V3、钴高速钢 W6Mo5Cr4V2Co5 及超硬高速钢 W2Mo9Cr4VCo8、6Mo5Cr4V2Al 等。

3) 粉末冶金高速钢。粉末冶金高速钢是用高压氩气或纯氮气雾化熔化的高速钢钢水，得到细小的高速钢粉末，然后经热压制成刀具毛坯。

粉末冶金钢有以下优点：无碳化物偏析，提高钢的强度、韧性和硬度，硬度值达 69～70HRC；保证材料各向同性，减小热处理内应力和变形；磨削加工性好，磨削效率比熔炼高速钢提高 2～3 倍；耐磨性好。

此类钢适于制造切削难加工材料的刀具、大尺寸刀具(如滚刀和插齿刀)，精密刀具和磨加工量大的复杂刀具。

(2) 硬质合金

硬质合金是由难熔金属碳化物(如 TiC、WC、NbC 等)和金属粘结剂(如 Co、Ni 等)经粉末冶金方法制成。

1) 硬质合金的性能特点。

硬质合金中高熔点、高硬度碳化物含量高，因此硬质合金常温硬度很高，达到 78～82 HRC，热熔性好，热硬性可达 800～1000℃ 以上，切削速度比高速钢提高 4～7 倍。

硬质合金缺点是脆性大，抗弯强度和抗冲击韧性不强。抗弯强度只有高速钢的 1/3～1/2，冲击韧性只有高速钢的 1/4～1/35。

硬质合金力学性能主要由组成硬质合金碳化物的种类、数量、粉末颗粒的粗细和粘化剂的含量决定。碳化物的硬度和熔点越高，硬质合金的热硬性也越好。粘结剂含量大，则强度与韧性好。碳化物粉末越细，而粘结剂含量一定，则硬度高。

2) 普通硬质合金的种类、牌号及适用范围。

国产普通硬质合金按其化学成分的不同，可分为四类：

① 钨钴类(WC+Co)，合金代号为 YG，对应于国标 K 类。此合金钴含量越高，韧性越好，适于粗加工，钴含量低，适于精加工。

② 钨钛钴类(WC+TiC+Co)，合金代号为 YT，对应于国标 P 类。此类合金有较高的硬度和耐热性，主要用于加工切屑成呈状的钢件等塑性材料。合金中 TiC 含量高，则耐磨性和耐热性提高，但强度降低。因此粗加工一般选择 TiC 含量少的牌号，精加工选择 TiC 含量多的牌号。

③ 钨钛钽(铌)钴类(WC+TiC+TaC(Nb)+Co)，合金代号为 YW，对应于国标 M 类。此类硬质合金不但适用于加工冷硬铸铁、有色金属及合金半精加工，也能用于高锰钢、淬火钢、合金钢及耐热合金钢的半精加工和精加工。

④ 碳化钛基类(WC+TiC+Ni+Mo)。合金代号 YN，对应于国标 P01 类。一般用于精加工和半精加工，对于大长零件且加工精度较高的零件尤其适合，但不适于有冲击载荷的粗加工和低速切削。

3) 超细晶粒硬质合金。

超细晶粒硬质合金多用于 YG 类合金，它的硬度和耐磨性得到较大提高，抗弯强度和冲击韧度也得到提高，已接近高速钢。适合做小尺寸铣刀、钻头等，并可用于加工高硬度难加工材料。

3. 特殊刀具材料

(1) 陶瓷刀具

陶瓷刀具材料的主要由硬度和熔点都很高的Al_2O_3、Si_3N_4等氧化物、氮化物组成，另外还有少量的金属碳化物、氧化物等添加剂，通过粉末冶金工艺方法制粉，再压制烧结而成。常用的陶瓷刀具有两种：Al_2O_3基陶瓷和Si_3N_4基陶瓷。

陶瓷刀具优点是有很高的硬度和耐磨性，硬度达91～95HRA，耐磨性是硬质合金的5倍；刀具寿命比硬质合金高；具有很好的热硬性，当切削温度760℃时，具有87HRA（相当于66HRC）硬度，温度达1200℃时，仍能保持80HRA的硬度；摩擦系数低，切削力比硬质合金小，用该类刀具加工时能降低表面粗糙度。

陶瓷刀具缺点是强度和韧性差，热导率低。陶瓷最大缺点是脆性大，抗冲击性能很差。

此类刀具一般用于高速精细加工硬材料。

(2) 金刚石刀具

金刚石是碳的同素异构体，具有极高的硬度。现用的金刚石刀具有三类：天然金刚石刀具、人造聚晶金刚石刀具和复合聚晶金刚石刀具。

金刚石刀具具有如下优点：极高的硬度和耐磨性，人造金刚石硬度达10000HV，耐磨性是硬质合金的60～80倍；切削刃锋利，能实现超精密微量加工和镜面加工；很高的导热性。

金刚石刀具缺点是耐热性差，强度低，脆性大，对振动很敏感。

此类刀具主要用于高速条件下精细加工有色金属及其合金和非金属材料。

(3) 立方氮化硼刀具

立方氮化硼（简称CBN）是由六方氮化硼为原料在高温高压下合成的。

CBN刀具的主要优点是硬度高，硬度仅次于金刚石，热稳定性好，较高的导热性和较小的摩擦系数。缺点是强度和韧性较差，抗弯强度仅为陶瓷刀具的1/5～1/2。

CBN刀具适用于加工高硬度淬火钢、冷硬铸铁和高温合金材料。它不宜加工塑性大的钢件和镍基合金，也不适合加工铝合金和铜合金，通常采用负前角的高速切削。

4. 涂层刀具

涂层刀具是在韧性较好的硬质合金基体上或高速钢刀具基体上，涂覆一层耐磨性较高的难熔金属化合物而制成。

常用的涂层材料有TiC、TiN、Al_2O_3等。TiC的硬度比TiN高，抗磨损性能好。不过TiN与金属亲和力小，在空气中抗氧化能力强。因此，对于摩擦剧烈的刀具，宜采用TiC涂层，而在容易产生粘结条件下，宜采用TiN涂层刀具。

涂层可以采用单涂层和复合涂层，如TiC-TiN、TiC-Al_2O_3、TiC-TiN-Al_2O_3等。涂层厚度一般在5～8μm，它具有比基体高得多的硬度，表层硬度可达2500～4200HV。

涂层刀具具有高的抗氧化性能和抗粘结性能，因此具有较高的耐磨性。涂层摩擦系数较低，可降低切削时的切削力和切削温度，提高刀具耐用度，高速钢基体涂层刀具耐用度可提高2～10倍，硬质合金基体刀具提高1～3倍。加工材料硬度越高，涂层刀具效果越好。

涂层刀具主要用于车削、铣削等加工，由于成本较高，还不能完全取代未涂层刀具的使用。硬质合金涂层刀具在涂覆后强度和韧性都有所降低，不适合受力大和冲击大的粗加工，也不适合高硬材料的加工。涂层刀具经过钝化处理，切削刃锋利程度减小，不适合进给量很小的精密切削。

3.3.2　数控刀具分类及要求

数控加工刀具可分为惯例刀具和模块化刀具两大类。模块化刀具是发展方向。发展模块化刀具的主要优点:减少换刀停机时间,提高小批量生产的经济性;提高刀具的规范化和合理化的水平;提高刀具的管理及柔性加工的水平;扩大刀具的利用率,充分发挥刀具的性能;有效地消除刀具测量工作的中断现象,可采用线外预调。事实上,由于模块刀具的发展,数控刀具已形成了三大系统,即车削刀具系统、钻削刀具系统和镗铣刀具系统。

1. 数控刀具分类

(1) 从结构上分

1) 整体式。由整块材料磨制而成。使用时根据不同用途将切削部分磨成所需形状。优点是结构简单、使用方便、可靠、更换迅速等。

2) 镶嵌式。分为焊接式和机夹式。机夹式又可根据刀体结构的不同,分为不转位刀具和可转位刀具。

3) 减振式。当刀具的工作长度与直径比大于4时,为了减少刀具的振动提高加工精度,应该采用特殊结构的刀具,主要应用在镗孔加工上。

4) 内冷式。刀具的切削冷却液通过机床主轴或刀盘流到刀体内部,并从喷孔喷射到刀具切削刃部位。

5) 特殊式。包括强力夹紧、可逆攻丝、复合刀具等。

现在数控机床的刀具主要采用不重磨机夹可转位刀具。

(2) 从制造材料上分

1) 高速钢刀具。

2) 硬质合金刀具。

3) 陶瓷刀具。

4) 立方氮化硼刀具。

5) 聚晶金刚石刀具。

目前数控机床的刀具主要使用的是硬质合金刀具。

(3) 从切削工艺上分

1) 车削刀具。有外圆车刀、端面车刀、内孔车刀和成形车刀等。

2) 钻削刀具。有普通麻花钻、可转位浅孔钻和扩孔钻等。

3) 镗削刀具。有单刃镗刀、多刃镗刀和多刃组合镗刀等。

4) 铣削刀具。有面铣刀、立铣刀、键槽铣刀、模具铣刀和成形铣刀等。

2. 数控加工对刀具的要求

1) 刀具材料应具有高的可靠性;

2) 刀具材料应具有高的耐热性、抗热冲击性和高温力学性能;

3) 数控刀具应具有高的精度;

4) 数控刀具应能实现快速更换;

5) 数控刀具应系列化、标准化和通用化;

6) 数控刀具大量采用机夹可转位刀具;

7) 数控刀具大量采用多功能复合刀具及专用刀具;

8）数控刀具应能可靠地断屑或卷屑；

9）数控刀具材料应能适应难加工材料和新型材料加工的需要。

3.3.3　数控车削刀具

数控刀具的结构、数控车床刀具种类繁多，功能互不相同。根据不同的加工条件正确选择刀具是编制程序的重要环节，因此必须对车刀的种类及特点有一个基本的了解。在数控车床上使用的刀具有外圆车刀、钻头、镗刀、切断刀、螺纹加工刀具等，其中以外圆车刀、镗刀、钻头最为常用。

由于工件材料、生产批量、加工精度，以及机床类型、工艺方案的不同，车刀的种类也非常多。根据与刀体的连接固定方式的不同，车刀主要可分为焊接式与机械夹固式两大类。

1. 焊接式车刀

将硬质合金刀片用焊接的方法固定在刀体上，称为焊接式车刀。这种车刀的优点是结构简单、制造方便、刚性较好；缺点是由于存在焊接应力，使刀具材料的使用性能受到影响，甚至出现裂纹。另外，刀杆不能重复使用，硬质合金刀片不能充分回收利用，造成刀具材料的浪费。

根据工件加工表面以及用途的不同，焊接式车刀又可分为切断刀、外圆车刀、端面车刀、内孔车刀、螺纹车刀以及成形车刀等，如图 3-31 所示。

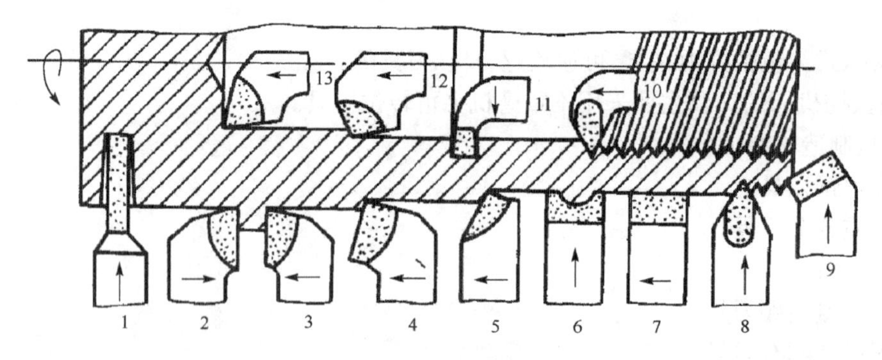

图 3-31　焊接式车刀

1-切断刀；2-右偏刀；3-左偏刀；4-弯头车刀；5-直头车刀 6-成形车刀；7-宽刃精车刀；8-外螺纹车刀；9-端面车刀 10-内螺纹车刀；11-内槽车刀；12-通孔车刀；13-盲孔车刀

2. 机械夹固式可转位车刀

（1）可转位车刀的结构形式

1）杠杆式。结构见图 3-32(a)，由杠杆、螺钉、刀垫、刀垫销、刀片组成。这种方式依靠螺钉旋紧压靠杠杆，由杠杆的力压紧刀片达到夹固的目的。其特点适合各种正、负前角的刀片，有效的前角范围为－60°～＋180°；切屑可无阻碍地流过，切削热不影响螺孔和杠杆；两面槽壁给刀片有力的支撑，并确保转位精度。

2）楔块式。其结构见图 3-32(b)，由紧定螺钉、刀垫、销、楔块、刀片组成。这种方式依靠销与楔块的挤压力将刀片紧固。其特点适合各种负前角刀片，有效前角的变化范围为－60°～＋180°。两面无槽壁，便于仿形切削或倒转操作时留有间隙。

3）楔块夹紧式。其结构见图 3-32(c)，由紧定螺钉、刀垫、销、压紧楔块、刀片所组成。这种方式依靠销与楔块的压下力将刀片夹紧。其特点同楔块式，但切屑流畅不如楔块式。

此外还有螺栓上压式、压孔式、上压式等形式。

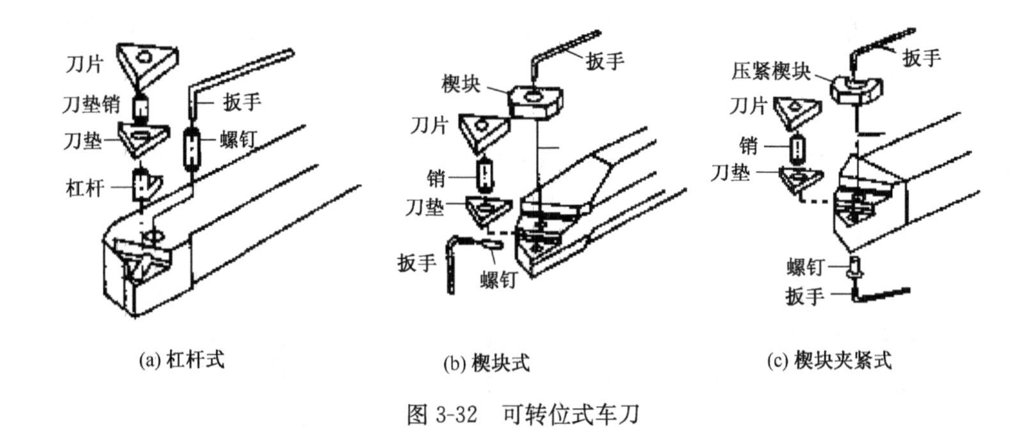

(a) 杠杆式　(b) 楔块式　(c) 楔块夹紧式

图 3-32　可转位式车刀

(2) 刀片代码

按照国际标准 ISO 1832—1985(新标准 ISO 1832－2004)中可转位刀片的代码表示方法，代码由 10 位字符串组成，其排列如下：

1　2　3　4　5　6　7　8　9——10

其中每一位字符串是代表刀片某种参数的意义，分述如下：

1为刀片的几何形状及其夹角；2为刀片主切削刃后角(法角)；3为刀片内接圆直径 d 与厚度 s 的精度级别；4为刀片形式、紧固方法或断屑槽；5为刀片边长、切削刃长度；6为刀片厚度；7为刀尖圆角半径 r_ε 或主偏角 k_r 或修光刃后角 α_n；8为切削刃状态，刀尖切削刃或倒棱切削刃；9为进刀方向或倒刃宽度；10为厂商的补充符号或倒刃角度。

一般情况下，第 8 位和第 9 位代码是当有要求时才被填写使用。第 10 位代码根据具体厂商而不同。

例如：车刀可转位刀片 TNUM160408ERA2 的含义为：T——60°三角形刀片形状；N——法后角为 0°；U——内切圆直径 d 为 6.35mm 时：刀尖转位尺寸允差±0.13mm，内接圆允差±0.08mm，厚度允差±0.13mm；M——圆柱孔单面断屑槽；16——刀刃长度 16mm；04——刀片厚度 4.76mm；08——刀尖圆弧半径 0.8mm；E——刀刃倒圆；R——向左方向切削；A2——直沟卷屑槽，槽宽 2mm。

(3) 可转位式车刀命名规则

按照国家标准 GB5343.1—85(新标准 GB/T 5343.1－2007)可转位车刀型号共有 10 个代号，分别表示车刀的各项特性：

第 1 位代号表示刀片夹紧方式。

第 2 位代号表示刀片形状。

第 3 位代号表示刀头部形式，共 19 种。例如：A 表示主偏角为 90°的直头外圆车刀；W 表示主偏角为 60°的偏头端面车刀。

第 4 位表示刀片后角角度。

第 5 位表示切削方向。

第 6、7、8 位代号分别表示车刀的刀尖高度、刀杆宽度、车刀长度。其中刀尖高度和刀杆宽度分别用两位数字表示。如刀尖高度为 32mm，则代号为 32。当车刀长度为标准长度时，第 8

位用“—”表示；若车刀长度不适合标准长时，则用一个字母表示，每个字母代表不同长度。

第 9 位表示切削刃长度，见图 3-33。

第 10 位自编号。

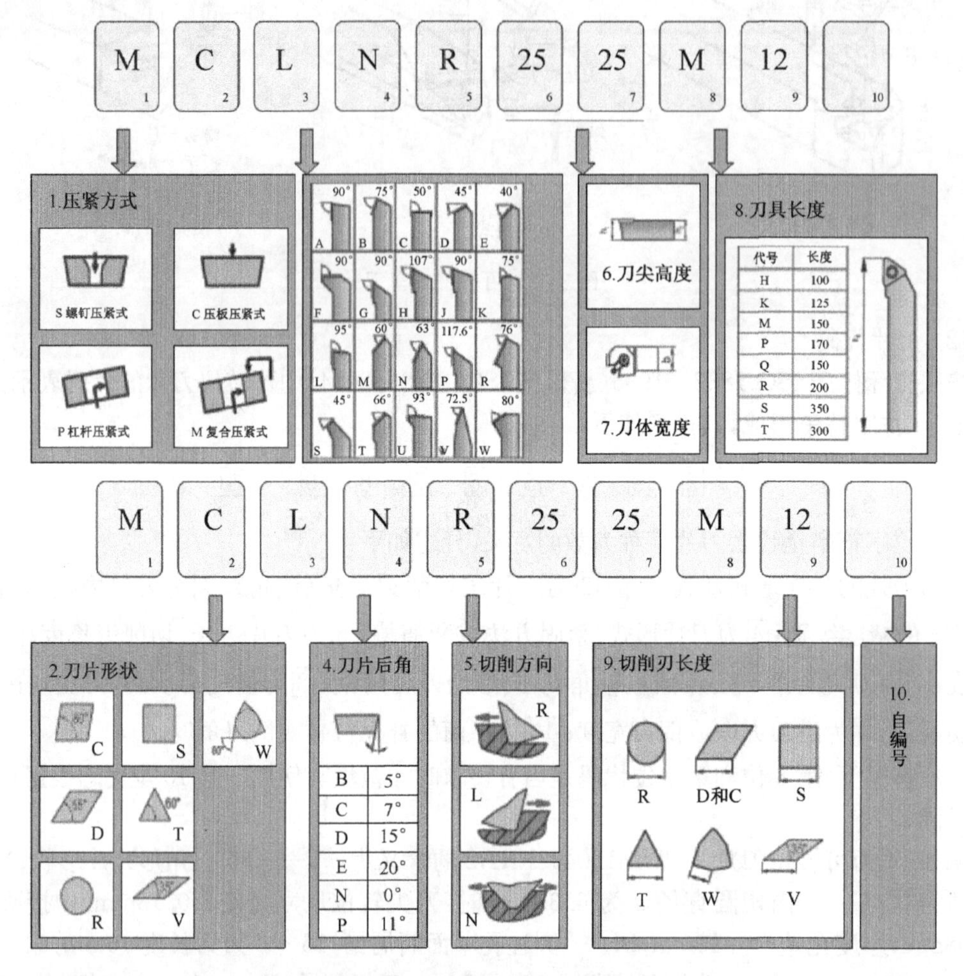

图 3-33　可转位式车刀命名规则

(4) 刀片选择规则

1) 正型(前角)刀片：对于内轮廓加工，小型机床加工，工艺系统刚性较差和工件结构形状较复杂应优先选择正型刀片。负型(前角)刀片：对于外圆加工，金属切除率高和加工条件较差时应优先选择负型刀片。

2) 一般外圆车削常用 80°凸三角形、四方形和 80°菱形刀片；仿形加工常用 55°、35°菱形和圆形刀片；在机床刚性、功率允许的条件下，大余量、粗加工应选择刀尖角较大的刀片，反之选择刀尖角较小的刀片。

3) 前角影响规律：前角每增加 1°切削功率减少 1%；正前角大，刀刃强度下降，切削刃锋利；负前角过大，切削力增加。大正前角用于切削软质材料、易切削材料、被加工材料及机床刚性差时。大负前角用于切削硬材料、需切削刃强度大，以适应断续切削、切削含黑皮表面层的加工条件。

4）后角影响规律：后角大，后刀面磨损小、刀尖强度下降；小后角用于切削硬材料、需切削刃强度高时；大后角切削软材料切削易加工硬化的材料。

5）主偏角的影响规律：进给量相同时，余偏角大，刀片与切屑接触的长度增加，切削厚度变薄，使切削力分散作用在长的刀刃上，刀具耐用度得以提高主偏角小，分力也随之增加，加工细长轴时，易发生挠曲主偏角小，切屑处力性能变差主偏角小，切削厚度变薄，切削宽度增加，将使切屑难以碎断。大主偏角用于切深小的精加工、切削细而长的工件、机床刚性差时；小主偏角用于工件硬度高，切削温度高时、大直径零件的粗加工、机床刚性高时。

6）副偏角的影响规律：副偏角小，切削刃强度增加，但刀尖易发热副偏角小，背向力增加，切削时易产生振动粗加工时副偏角宜小些；而精加工时副偏角则宜大些。

7）刃倾角的影响规律：刃倾角为负时，切屑流向工件；为正时，反向排出刃倾角为负时，切削刃强度增大，但切削背向力也增加，易产生振动。

8）刀尖圆弧半径的影响规律：刀尖圆弧半径大，表面粗糙度下降刀尖圆弧半径大，刀刃强度增加；刀尖圆弧半径过大，切削力增加，易产生振动；刀尖圆弧半径大，刀具前、后面磨损减小；刀尖圆弧半径过大，切屑处理性能恶化；刀尖圆弧小用于切深削的精加工、细长轴、加工机床刚性差时；刀尖圆弧大用于需要刀刃强度高的黑皮切削，断续切削；大直径工件的粗加工、机床刚性好时。

3. 螺纹车刀

螺纹车刀主要有以下三种形式，全牙形刀片、泛螺距刀片、多齿刀片，如图 3-34 所示。螺纹车削刀片材质：钢件，P30；不锈钢，钛合金，铸铁；M20；有色金属，K20；

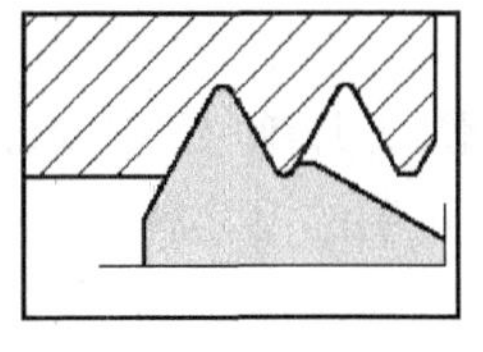
(a) 全牙形刀片

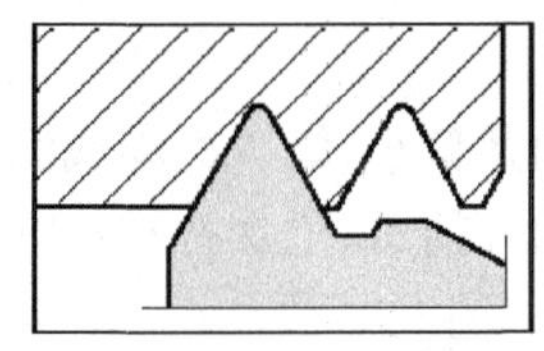
(b) 泛螺距刀片

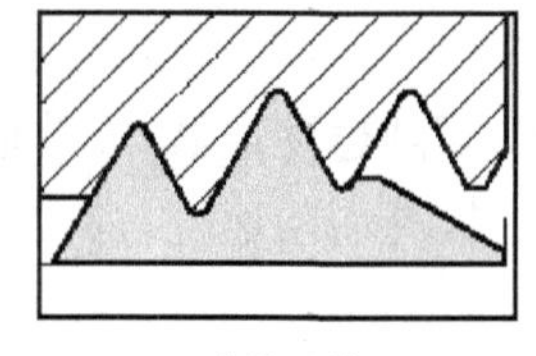
(c) 多齿刀片

图 3-34　螺纹刀具类型

1）全牙形刀片。保证正确的深度，底径，顶径，能保证螺纹的强度。螺纹车完后不需去毛刺。齿顶修整量为 0.03～0.07mm。每一种螺距和牙型需要一种刀片。

2）泛螺距刀片。这类刀片不切削牙尖，因此螺钉的外径，螺母的内径需在螺纹加工前车削到正确的直径。同一刀片可加工牙尖角相同螺距不同的螺纹。刀尖半径是根据最小螺距选择的，因此刀具寿命短。

3）多齿刀片。走刀次数少，因此刀具寿命长，生产效率高。由于切削刃长，负载大，因此要求切削条件必须特别稳定。仅有最常用的牙型和螺距的多齿螺纹刀片。

4. 刀具的几种磨损情况(图 3-35)及措施

(1) 后刀面磨损，沟槽磨损

一般原因：切削速度过高；进给不匹配；刀片牌号不正确；加工硬化材料。

解决方案：降低切削速度；调整进给量和切深(加大进给量)；选择更耐磨的刀片。

(2) 边缘缺损，切削刃出现细小缺口

一般原因：刀片过脆；振动；进给过大或切深过大；断续切削；切屑损坏。

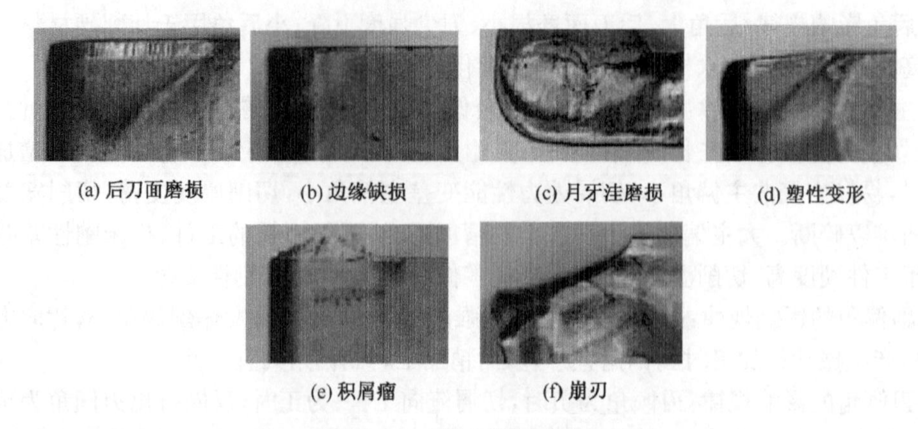

(a) 后刀面磨损 (b) 边缘缺损 (c) 月牙洼磨损 (d) 塑性变形

(e) 积屑瘤 (f) 崩刃

图 3-35 刀具磨损形式

解决方案:选择韧性更好的刀片;刃口带负倒棱刀片;使用带断屑槽的刀片;增加系统刚性;

(3) 前刀面磨损(月牙洼磨损)

一般原因:切削速度或进给过大;刀片前角偏小;刀片不耐磨;冷却不够充分。

解决方案:降低切削速度或进给;选用正前角槽形刀片;选择更耐磨的刀片;增加冷或加大冷却液流量。

(4) 塑性变形

一般原因:切削温度过高且压力过大基体软化;刀片涂层被破坏。

解决方案:降低切削速度;选择更耐磨的刀片;增加冷却。

(5) 积屑瘤

一般原因:切削速度过低;刀片前角偏小;缺少冷却或润滑;刀片牌号不正确。

解决方案:提高切削速度;加大刀片前角;增加冷却;选取正确的刀片牌号。

(6) 崩刃

一般原因:切削力过大;切削不够稳定;刀尖强度差;错误的断屑槽型。

解决方案:降低进给和切深;选择刃性更好的刀片;选取刀尖角大的刀片;选取正确的断屑槽型。

5. 车削刀具选择一般顺序

车削刀具选择一般顺序

1) 接口确定(根据机床选择刀柄,刀方);

2) 功能选择(根据加工工艺要求选择刀具偏角);

3) 可转位刀片:形状、尺寸、刀尖半径、断屑槽型、牌号;

4) 切削参数(根据刀片、质量和效率要求)选择。

而影响选刀的影响因素一般包括:

1) 零件结构和限制:大或小,简单或复杂,长或短,小公差要求,表面质量,装夹可能性等;

2) 所需要的加工工序:内外加工,粗、半精或精加工等;

3) 稳定性和加工条件:刀具装夹与工件件装夹是否可靠,刀具悬伸尺寸,整体系统状况等;

4) 机床条件和选择:可用刀位数,功率,行程,多轴加工等;

5）零件材料：毛坯状况，硬度，材料可加工性，干切还是湿切等；

6）刀具产品系列和库存：可用刀具情况，管理等；

7）加工经济性：加工时间，刀具寿命，可靠性，过程化。

3.3.4 数控铣削刀具

铣刀即为具有圆柱体外形，并在圆周及底部带有切削刃，使其进行旋转运动来切削加工工件的切削刀具。铣刀其实来源于刨刀。因为刨刀上只有一面有刀刃，刨刀在来回走动时，也只有一面有切削作用，那么刨刀回来的时间就完全浪费掉了。再者，刨刀的刀刃很窄，因此其加工的效率很低。人们为了克服这一缺点，就将其进行改进，办法就是将刨刀装在一根轴上，使其快速旋转，让工件慢慢从下面走过，这样就节省了时间，这就是原始的铣刀，也叫做单刃铣刀。经过长期的发展，才有了现在各式各样的铣刀。

广义地讲，用在铣床上面的刀具叫铣刀。铣刀主要用于铣削加工工艺。按加工要求不同和刀体形状铣刀可以分类。

1. 铣刀分类

1）按刀齿的方向：分为直齿铣刀和螺线齿铣刀。

直齿铣刀的刀齿是直的，和铣刀轴线平行。但是现在普通铣刀已经很少再做成直齿的了。因为这种铣刀的全部齿长同时和工件接触，又同时离开工件，并且前一齿已经离开，后面的一齿可能还没有和工件接触，容易产生震动，影响加工精度，也减短铣刀的寿命。螺线齿铣刀有左手和右手的区别，由于刀齿是斜绕在刀身上的，在加工时，前面的齿还没有离开，后面的齿就已经开始切削。这样在加工时就不会发生震动，加工表面也就会光些。

2）按齿背形式：分为尖齿铣刀和铲齿铣刀。

尖齿铣刀这种铣刀容易制造，因此应用也很广。铣刀的刀齿用钝以后是在工具磨床上用砂轮磨刀齿的后刀面，前刀面在制作西倒是已经做好了，不需再磨。铲齿铣刀的后刀面不是平的，而是曲线的。后刀面是在铲齿车床上做出来的。铲齿铣刀用钝以后，只需磨前刀面，而不需磨后刀面。这种铣刀的特点就是在磨前刀面时不影响刀齿的形状。

3）按结构：分为整体式、焊接式、镶齿式、可转位式。

整体式刀体和刀齿是制成一体的。制造比较简便，但是大型的铣刀一般不做成这种的，因为比较浪费材料。焊接式刀齿用硬质合金或其他耐磨刀具材料制成，并钎焊在刀体上。镶齿式铣刀的刀体是普通钢料做成的，而把工具钢的刀片镶到刀身上去。大型的铣刀多半采用这种方法。用镶齿法制造铣刀可以节省工具钢材料，同时万一有一个刀齿用坏，还可以拆下来重新换一个好的，不必牺牲整个铣刀。但是小尺寸的铣刀因为地位有限，不能利用镶齿的方法。可转位式铣刀是将能转位使用的多边形刀片用机械方法夹固在刀杆或刀体上的铣刀。

4）按用途：分为圆柱铣刀、面铣刀、盘铣刀、锯片铣刀、立铣刀、键槽铣刀、模具铣刀、角度铣刀、成形铣刀等。

2. 铣刀基本几何参数

立铣刀的形状如图 3-36 所示，由刀刃部、安装在机床上的刀柄以及连接刀刃与刀柄的颈部三部分组成。

外径：立铣刀的切削刃的直径；

刃长：刀刃的长度；

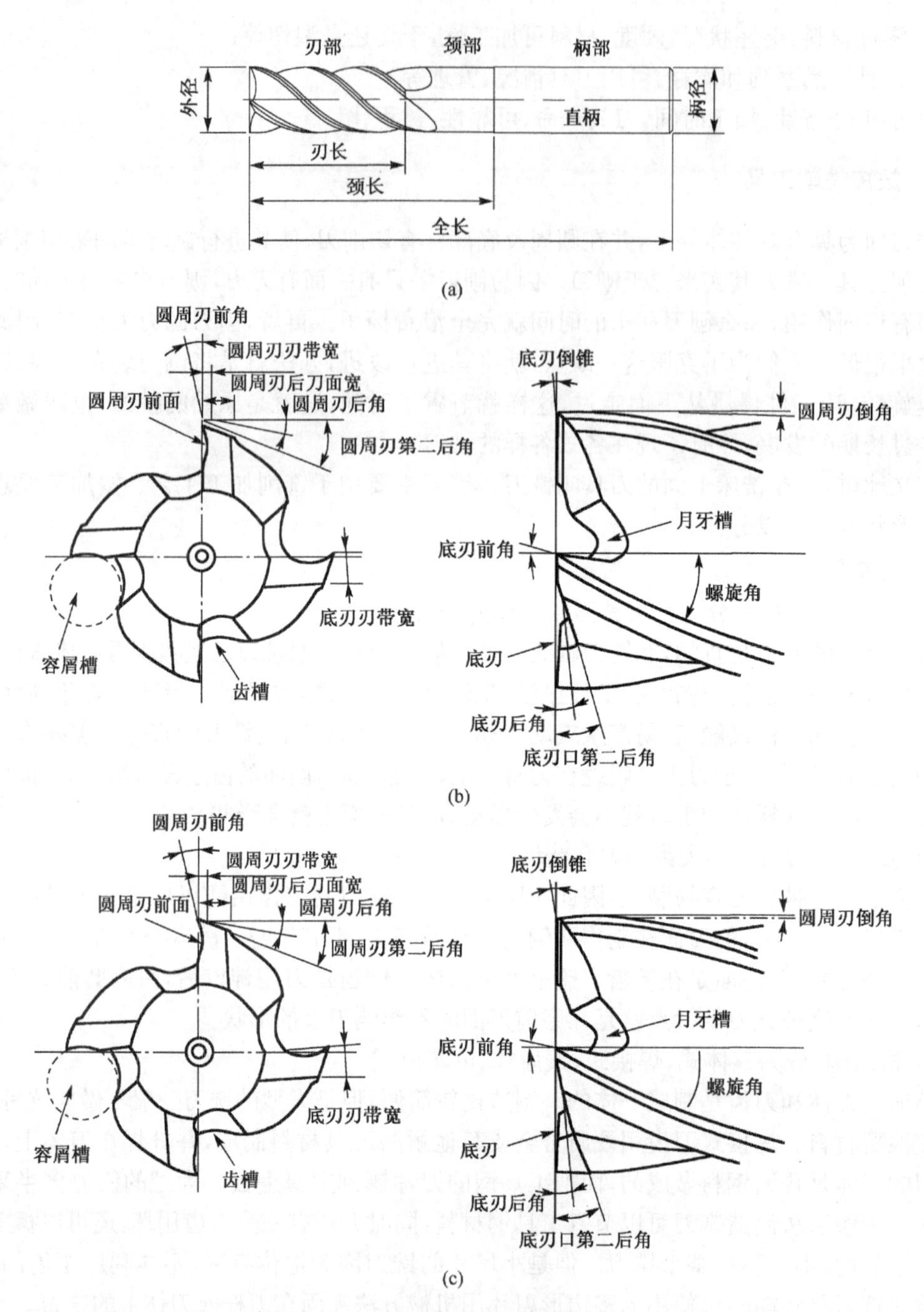

图 3-36　铣刀结构参数

颈长：颈部的长度；

刀柄长：刀柄部的长度；

全长：平行与中心轴测量，包括刀刃，颈部，刀柄的总长度；

刃数：切削刃的数量，有 1、2、3、4…，一般情况下采用 2、3、4、5、6、8；

圆周刃前角：圆周刃的前刀面与刀尖与中心的连线形成的角度，它是影响立铣刀切削性能的重要因素；

圆周刃后角：称为圆周刃第一后角，是与圆周刃前角同样重要的要素；

圆周刃第二后角：圆周刃的第二后角立铣刀切削时保证工件与立铣刀之间有充分的间隙；

圆周第一刃刃带宽：圆周刃后角具有的宽度；

圆周总刃带宽：带有圆周刃后角与圆周刃第二后角的总宽度；

容屑槽：容纳切屑的地方，也叫排屑槽。如果切屑槽小的话，切削中会被切屑塞满；

底刃：指刀具端面的切削刃；

底刃前角：底刃前刀面与轴线的夹角；

底刃后角：指在底刃上的第一后角；

底刃第二后角：指在底刃上的第二后角；

底刃后角宽：底刃后角具有的宽度；

底刃容屑槽：在底刃上的容屑槽；

螺旋角：螺旋切削刃与轴线的夹角；

圆周刃倒锥：立铣刀从刀尖到刀柄侧的直径略微减小，像这样带有向后的锥度称为倒锥；

底刃倒锥：在底刃面，从刀尖向中心有微微的中凹，这个角度为底刃间隙角(底刃倒锥)。

铣刀几何角度的选择原则：

1) 螺旋角选择。铣刀的螺旋角越大，工件与刀刃的接触线越长，施加到单位长度的刀刃上的负荷就会越小，从而对刀具的寿命越有利。但是，螺旋角增大，切削抵抗的轴方向分力也增大，使得刀具容易从刀柄中脱落。所以，用大螺旋角的刀具加工时，要求强力刚性好的刀柄。0°的螺旋角叫直刃，它的接触线最短。螺旋角选择同时还与被加工材料有关，不锈钢的热传导率低。对刀尖的影响大的难削材的切削、使用大螺旋角的立铣刀对刀具的寿命是有利的。高硬度的被削材，随着硬度的增加，切削抵抗将加大，大螺旋角的立铣刀对刀具寿命有利。

2) 刃数的选择。刃数由立铣刀的切削方式来选择。比如，切削宽同刀径相同的槽切削，需要大容量的排屑槽。通常，采用2刃的刀具，而切削宽小的侧面切削，则选择刀具刚性优先的多刃立铣刀。刃数增加，刚性与加工效率(刀具寿命)可以提高，但同时，切屑的排出将变弱。不过，切削条件的合适选择可以克服排屑的弱点，多刃化是未来发展的方向。

3) 刃长的选择。刃部的长度越短，刀具的刚性和切削性能越好。因为立铣刀的刃长增在以后，刀具的刚度将下降，从而影响到被加工面的垂直度和表面质量。所以在实际加工中，如果必须使用长刃立铣刀时，应降低有关的切削参数(例如加大芯径，加强刚性等)。因此，选择立铣刀时，应尽可能地选用符合加工要求的短刃型。

4) 楔角的选择。圆周刃的前角过大时，虽然切削刃比较锋利，但刃口的强度小，在加工中易出现振动、卷刃和崩刃。圆周刃前角过小时，切削刃的锋利度不好，切削阻力较大，排屑差，前面易磨损。从被切削材料方面来考虑，当加工硬质材料时，为了防止卷刃、崩刃，一般采用小楔角；当加工软质材料、由加工硬化性材料及刃性大易粘刀的材料时，为使刃口锋利，切削性能好，采用大楔角的效果比较好。

3. 数控常用刀柄系统-锥柄形式

用于连接机床和切削用刀具的数控工具系统，具有卡具的功能和量具的精度，直接关系到刀具是否得到正确使用，切削是否达到理想效果的关键因素所在。常用刀柄工具系统包括：

1) 加工中心用7:24锥柄刀柄系统(图3-37(a))：包括BT、SK、CAT、DIN等各种标准；NT在早期数控铣床上用得较多。7:24工具锥柄的刀柄系统占所有加工中心刀柄的80%以上。

2) 加工中心用1∶10锥柄HSK空心短圆锥高速模块式工具系统(图3-37(b));HSK工具系统能够提高系统的刚性和稳定性以及在高速加工时的产品精度,并缩短刀具更换的时间,在高速加工中发挥很重要的作用。

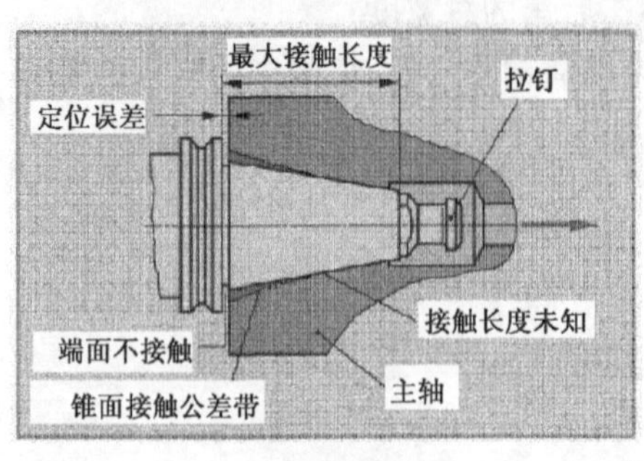

(a) 7:24工具系统

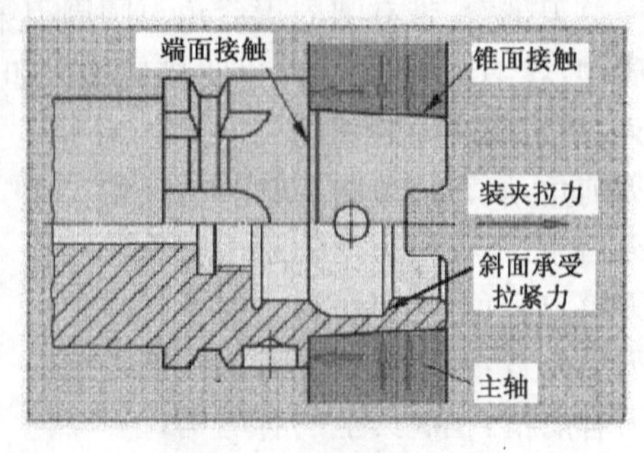

(b) HSK空心短圆锥工具系统

图3-37　刀柄工具系统

表3-7为大锥度7∶24 DIN69871和空心短锥DIN69893性能特点对比。

表3-7　刀柄工具系统性能对比

大锥度7∶24 DIN 69871	空心短锥 DIN 69893
相对稳定性较低(会晃动) 轴向精度低 有限的径向精度 不适合于高转速 重量较大,换刀较慢 应用广泛	高的静态及动态稳定性 高的轴向及径向精度 非常适合在高转速下使用,定心准确 重量轻,易于换刀

(1) 7∶24刀柄结构特点及应用

7∶24刀柄不自锁,可以实现快速装卸刀具;刀柄的锥体在拉杆轴向拉力的作用下,紧紧地与主轴的内锥面接触;7∶24锥度的刀柄在制造时只要将锥角加工到高精度即可保证连接的精度,所以成本相应比较低,而且使用可靠。其缺点是单独的锥面定位。7∶24锥度刀柄连接锥度较大,锥柄较长,锥体表面同时要起两个重要作用,即刀柄相对于主轴的精确定位以及实现刀柄夹紧。在高速旋转时,由于离心力的作用,主轴前端锥孔会发生膨胀,膨胀量的大小随着旋转半径与转速的增大而增大,但是与之配合的7∶24锥度刀柄由于是实心的所以膨胀量较小,因此总的锥度连接刚度会降低,在拉杆拉力的作用下,刀柄的轴向位移也会发生改变。每次换刀后刀柄的径向尺寸都会发生改变,存在着重复定位精度不稳定的问题。

功能:主要用于钻头、铣刀、丝锥等直柄刀具及工具的装夹。

弹簧夹套的精度(图3-38):卡簧弹性变形量1mm;夹持范围:$\phi0.5\sim\phi32$;在$4D$处跳动在$20\mu m$以内为A级(普通级);在$4D$处跳动在$10\mu m$以内为AA级(精密级);在$4D$处跳动在$5\mu m$以内为超级精密级。

具体刀柄类型如下:

1) 钻夹头刀柄(图3-39)。

功能:主要用于夹紧直柄钻头,也可用于直柄铣刀、铰刀、丝锥的装夹。

优缺点:夹持范围广,单款可夹持多种不同柄径的钻头,但由于夹紧力较小,夹紧精度低,所以常用于直径在$\phi16$以下的普通钻头夹紧。

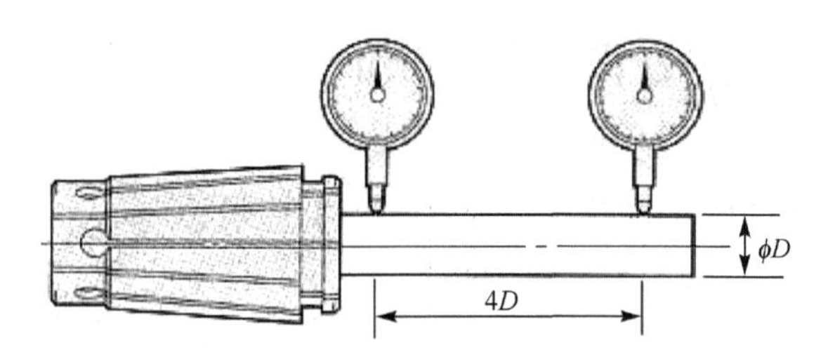

图 3-38　弹簧夹套精度等级

注意:夹紧时要用专用扳手夹紧,在加工时如受力过大,很容易造成三爪断裂。

2) 强力型刀柄(图 3-40)。

功能:用于铣刀、铰刀等直柄刀具及工具的夹紧。

优缺点:夹紧力比较大,夹紧精度较好,更换不同的筒夹来夹持不同柄径的铣刀、铰刀等。在加工过程中,强力型刀柄前端直径要比弹簧夹头刀柄大,容易产生干涉。

精度:卡簧夹紧变形小,所夹持的刀具柄径公差在 h6。

注意:使用时务必将刀柄内孔及卡簧擦干净,切勿将油渍留于刀柄中。夹紧时不应使用加长棍,野蛮锁紧,以免损坏刀柄;在加工过程中不要用柴油直接冲在刀柄上,这样很容易损坏刀柄。

图 3-39　直接式钻夹头刀柄

图 3-40　直筒式强力铣刀和夹头

3) 侧固式刀柄(图 3-41)。

功能:适合装夹快速钻、铣刀、粗镗刀等削平刀柄刀具的装夹。

优缺点:侧固式刀柄是夹持力度大,其结构简单,相对装夹原理也很简单。但通用性不好,每一种刀柄只能装同柄径的刀具。

安装方法:将刀具置入刀柄内,将削平平面对准锁紧螺钉。

4) 平面铣刀柄(图 3-42)。

功能:主要用于套式平面铣刀盘的装夹,采用中间心轴和两边定位键定位,端面内六角螺丝锁紧。

图 3-41　侧固式刀柄

图 3-42　平面铣刀柄

注意：平面铣刀柄分为公制和英制，选取时应了解铣刀盘内孔孔径。在加工条件允许的情况下，为提高刚性应尽量选取短一点。

5）莫式刀柄（图 3-43）。

分类：莫氏铣刀刀柄（MTB）和莫式钻头刀柄（MTA）。

功能：MTA 适合于安装莫氏有扁尾的钻头，铰刀及非标刀具。MTB 适合天安装莫式无扁尾的铣刀各非标刀具。为了满足模具深型腔加工，MTB 刀柄有加长型和超长型。

注意：使用前务必将锥孔内清洗干净，保证无油脂。否则会影响摩擦力，导致刀具的"夹紧力"的下降。刀具不使用时应当及时将刀具卸下来，长时间处于拉紧状态可能会导致刀具无法拆卸的结果。

6）丝攻刀柄（图 3-44）。

功能：用于加工螺纹时的装夹，伸缩攻牙刀柄通过内部的保护机构可使前后收缩 5mm，在丝锥过载停转时起到保护作用。

图 3-43　莫式刀柄

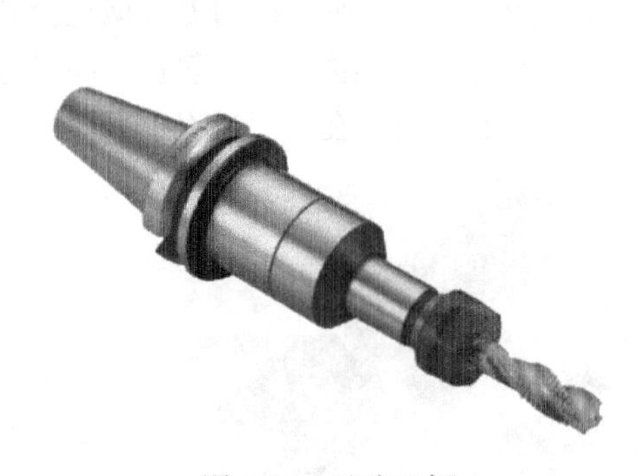

图 3-44　丝攻刀柄

注意：使用 ER 刚性攻牙筒夹。选择 ER 刚性攻牙筒夹时必须确认好丝锥柄径和方头的心寸。也可以告知客户使用丝锥是什么标准。锁紧时要用开口扳手夹住刀柄，使用另一只扳手锁紧螺帽。不能野蛮锁紧。

（2）HSK 空心短圆锥结构特点及应用

能够提高系统的刚性和稳定性以及在高速加工时的产品精度，并缩短刀具更换的时间；支持高速机械加工的运用；刀柄供应商正在不断改进 HSK 工具系统，使其适应机床主轴转速达到 60000r/min；HSK 工具系统正在被广泛用于航空航天、汽车、精密模具等制造工业之中。

具体刀柄类型如下：

1）加热刀柄（图 3-45）。

优点：动平衡好，适合于高速加工。重复定位精度高，一般在 0.002mm 以内。夹紧力大，支承好。径向跳动小，可达到 0.002～0.005mm，抗污能力好。在加工中防干涉能力好。

缺点：可换性差，每种规格刀柄只适安装一种柄径的刀具。

注意：需配置一套加热设备。

2）油路刀柄（图 3-46）。

功能：在没有中心出水的机床，通过刀柄内部机构将外部冷却转为中心内冷。（在没有中心出水机床上使用快速钻，为了能使铁屑能出来，就要将外冷转成内冷。）

注意：安装前要确认刀柄中心到进油孔的距离。

(a) 加热刀柄　　(b) 电磁诱导加热器

图 3-45 加热刀柄

(a) 侧固式油路刀柄和刀套

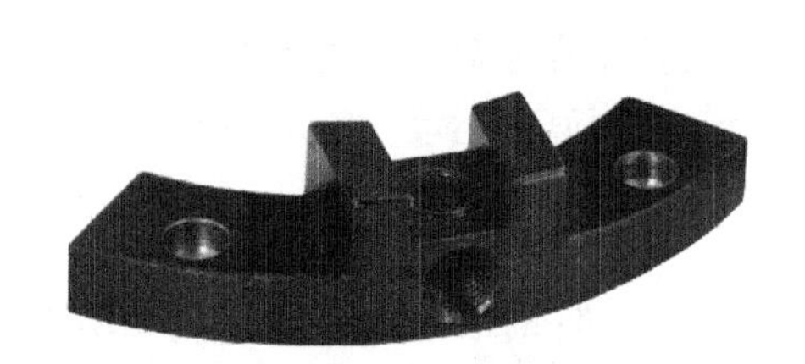

(b) 油路刀柄定位块

图 3-46 油路刀柄

3) 角度头(图 3-47)。

功能:为了能在三轴的加工中心实现第四轴的加工。

工作原理:是通过机床主轴带动角度头内的齿轮运转传递力矩,从而实现角度转换。

注意:安装原理跟油路刀柄一样。使用时应注意,当机床正转时,角度头是反转的;机床反转时,角度头是正转的。

4) 无极变速加速器(图 3-48)。

工作原理:通过电主轴箱控制加速器转动,可实现高速旋转,不需要主轴旋转。

优点:可长时间工作,精度高,操作简单,并可在不同的加工中心或钻床、铣床使用。加工后的表面粗糙度比倍数器好很多,刀也不容易磨损,并且可侧面加工。

注意:加工中机床主轴不能转动。

图 3-47 90°角度头

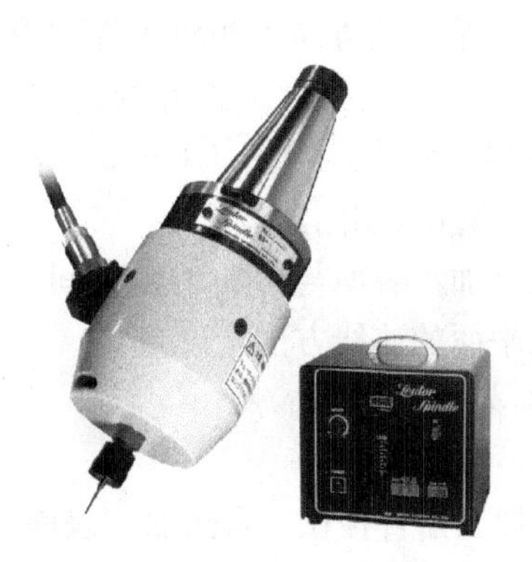

图 3-48 无极变速加速器

3.4 数控加工切削参数选择

3.4.1 数控加工切削参数

对于高效率的金属切削机床加工来说,被加工材料、切削刀具、切削用量是三大要素。这些条件决定着加工时间、刀具寿命和加工质量。经济、有效的加工方式,要求必须合理地选择切削条件。编程人员在确定切削用量时,要根据被加工工件材料、硬度、切削状态、背吃刀量、进给量,刀具耐用度,最后选择合适的切削速度。

1. 车削加工切削参数(图 3-49)

(1) 车削速度 v_c

指切削刃上选定点相对于工件的主运动的瞬时速度,其方向即主运动的方向,切线方向。各点不同,取最大值,其主运动为旋转运动(如车、钻、铣、镗、磨等)。

$$v_c = \frac{n\pi d_w}{1000} \mathrm{m/s}$$

式中,d_w 为刀具或工件的最大回转直径,mm;n 为主运动转速,r/s。

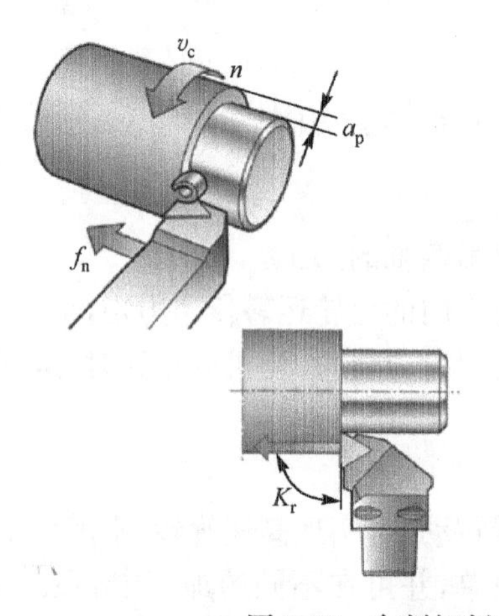

图 3-49 车削切削参数

(2) 进给量 f 或进给速度 v_f

f:刀具在进给运动方向上相对工件的位移量。单位:mm/r。

v_f:切削刃上选定点相对于工件的进给运动瞬时线速度,mm/s。对于多刃刀具(如铣刀等,齿数为 z),常用每齿进给量 f_z(mm/z)表示。则 v_f、f_z 与 f 的关系为:$v_f = n_f = n_z f_z$。

(3) 背吃刀量 a_p(切削深度)

是工件上已加工表面与待加工表面间的垂直距离。单位:mm。在与主运动和进给运动方向所组成的平面的法线方向上度量。

车外圆时:$a_p = (d_w - d_m)/2$

钻孔时:$a_p = d_w/2$

式中,d_w 为待加工面直径;d_m 为已加工表面直径。

2. 铣削加工切削参数(图3-50)

(1) 铣削速度 v_c

主运动的线速度即为铣削速度，也就是铣刀刀刃上离中心最远的一点1min内在被加工表面所走过的长度，用符号 v_c 表示，单位为m/min。在实际工作中，应先选好合适的铣削速度，然后根据铣刀直径计算出转速。它们的相互关系为

$$n = \frac{1000v_c}{\pi d}$$

式中，v_c 为铣削速度，m/min；d 为铣刀直径，mm；n 为转速，r/min。

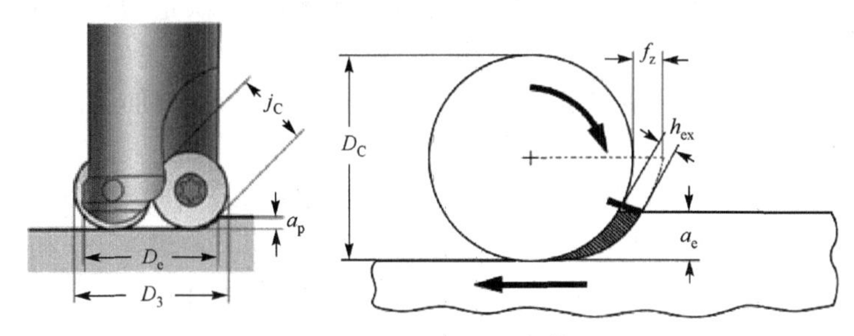

图3-50　铣削切削参数

(2) 进给量

进给量是指刀具在进给运动方向上相对于工件的位移量。根据具体情况的需要，在铣削过程中有三种表示方法和度量方式。

1) 每齿进给量 f_z。铣刀转过一个刀齿的时间内，在进给运动方向上工件相对于铣刀所移动的距离为每齿进给量，单位为mm/z。

2) 每转进给量 f。铣刀转过一整周的时间内，在进给运动方向上工件相对于铣刀所移动的距离为每转进给量，单位为mm/r。

3) 进给速度 v_f。铣刀转过1min的时间内，在进给运动方向上工件相对于铣刀所移动的距离为进给速度，单位为mm/min。

三种进给量之间的关系为：$v_f = f_n = f_z zn$

(3) 铣削深度

铣削深度是指通过切削刃基点并垂直于工件平面的方向上测量的吃刀量，又称为背吃刀量，用符号 a_p 表示。对于铣削而言，是沿铣刀轴线方向测量的刀具切入工件的深度。

(4) 铣削宽度

铣削宽度是指在平行于工件平面并垂直于切削刃基点的进给运动方向上测量的吃刀量，又称为侧吃刀量，用符号 a_c 表示。对于铣削而言，侧吃刀量是沿垂直于铣刀轴线方向测量的工件被切削部分的尺寸。

3.4.2　切削参数选择方法

1. 切削用量的选择原则

合理选择切削用量的原则是：在保证加工质量和刀具耐用度的前提下，充分发挥机床性能和刀具切削性能，使切削效率高，加工成本低。

粗加工时，一般以提高生产率为主，但也应考虑经济性和加工成本，通常选择较大的背吃刀量和进给量，采用较低的切削速度；

半精加工和精加工时，应在保证加工质量的前提下，兼顾切削效率、经济性和加工成本，通常选择较小的背吃刀量和进给量，并选用切削性能高的刀具材料和合理的几何参数，以尽可能提高切削速度。

2. 车削用量的选择

数控车削加工中的切削用量包括背吃刀量 a_p、主轴转速 n 或切削速度 v_c（用于恒线速度切削）、进给速度 v_f 或进给量 f。这些参数均应在机床给定的允许范围内选取。

1) 背吃刀量的选择。粗加工时，除留下精加工余量外，一次走刀尽可能切除全部余量。也可分多次走刀。精加工的加工余量一般较小，可一次切除。在中等功率机床上，粗加工的背吃刀量可达 8～10mm；半精加工的背吃刀量取 0.5～5mm；精加工的背吃刀量取 0.2～1.5mm。

2) 进给速度（进给量）的确定。粗加工时，由于对工件的表面质量没有太高的要求，这时主要根据机床进给机构的强度和刚性、刀杆的强度和刚性、刀具材料、刀杆和工件尺寸以及已选定的背吃刀量等因素来选取进给速度。精加工时，则按表面粗糙度要求、刀具及工件材料等因素来选取进给速度。

进给速度 v_f 可以按公式 $v_f = f \times n$ 计算，式中 f 表示每转进给量，粗车时一般取 0.3～0.8mm/r；精车时常取 0.1～0.3mm/r；切断时常取 0.05～0.2mm/r。

3) 切削速度的确定。切削速度 v_c 可根据已经选定的背吃刀量、进给量及刀具耐用度进行选取。实际加工过程中，也可根据生产实践经验和查表的方法来选取（表 3-8）。

表 3-8　数控车削用量推荐表

工件材料	加工方式	背吃刀量/mm	切削速度/(m/min)	进给量/(mm/r)	刀具材料
碳素钢 σ_b>600MPa	粗加工	5～7	60～80	0.2～0.4	YT类
	粗加工	2～3	80～120	0.2～0.4	
	精加工	0.2～0.3	120～150	0.1～0.2	
	车螺纹		70～100	导程	
	钻中心孔		500～800r/min		W18Cr4V
	钻孔		～30	0.1～0.2	
	切断(宽度<5mm)	70～110	0.1～0.2		YT类
合金钢 σ_b=1470MPa	粗加工	2～3	50～80	0.2～0.4	YT类
	精加工	0.1～0.15	60～100	0.1～0.2	
	切断(宽度<5mm)		40～70	0.1～0.2	
铸铁 200HBS 以下	粗加工	2～3	50～70	0.2～0.4	YG类
	精加工	0.1～0.15	70～100	0.1～0.2	
	切断(宽度<5mm)		50～70	0.1～0.2	
铝	粗加工	2～3	600～1000	0.2～0.4	YG类
	精加工	0.2～0.3	800～1200	0.1～0.2	
	切断(宽度<5mm)		600～1000	0.1～0.2	
黄铜	粗加工	2～4	400～500	0.2～0.4	YG类
	精加工	0.1～0.15	450～600	0.1～0.2	
	切断(宽度<5mm)		400～500	0.1～0.2	

3. 铣削削用量的选择

在铣削过程中，如果能在一定的时间内切除较多的金属，就有较高的生产率。显然，增大背吃刀量、铣削速度和进给量，都能增加金属切除量。但是，影响刀具寿命最显著的因素是铣削速度，其次是进给量，而背吃刀量对刀具影响最小。为了保证合理的刀具寿命，应当优先采用较大的背吃刀量，其次选择较大的进给量，最后才是根据刀具的寿命要求选择合适的铣削速度。

1) 选择背吃刀量。在铣削加工中，一般根据工件切削层的尺寸来选择铣刀。例如，用面铣刀铣削平面时，铣刀直径一般应大于切削层宽度。若用圆柱铣刀铣削平面时，铣刀长度一般应大于切削层宽度。当加工余量不大时，应尽量一次进给铣去全部加工余量。只有当工件的加工精度要求较高时，才分粗铣和精铣两步进行。

2) 选择进给量(表 3-9)。应视粗、精加工要求分别选择进给量。

表 3-9　铣刀的进给量　　(单位：mm/z)

工件材料	圆柱铣刀	面铣刀	立铣刀	杆铣刀	成形铣刀	高速钢嵌齿铣刀	硬质合金嵌齿铣刀
铸铁	0.2	0.2	0.07	0.05	0.04	0.3	0.1
软(中硬)钢	0.2	0.2	0.07	0.05	0.04	0.3	0.09
硬钢	0.15	0.15	0.06	0.04	0.03	0.2	0.08
镍铬钢	0.1	0.1	0.05	0.02	0.02	0.15	0.06
高镍铬钢	0.1	0.1	0.04	0.02	0.02	0.1	0.05
可锻铸铁	0.2	0.15	0.07	0.05	0.04	0.3	0.09
铸铁	0.15	0.1	0.07	0.05	0.04	0.2	0.08
青铜	0.15	0.15	0.07	0.05	0.04	0.3	0.1
黄铜	0.2	0.2	0.07	0.05	0.04	0.3	0.21
铝	0.1	0.1	0.07	0.05	0.04	0.2	0.1
Al-Si 合金	0.1	0.1	0.07	0.05	0.04	0.18	0.08
Mg-Al-Zn 合金	0.1	0.1	0.07	0.04	0.03	0.15	0.08
Al-Cu-Mg 合金 Al-Cu-Si 合金	0.15	0.1	0.07	0.05	0.04	0.2	0.1

粗加工时，影响进给量的主要因素是切削力。进给量主要根据铣床进给机构的强度、刀柄刚度、刀齿强度以及机床—夹具—工件系统的刚度来确定。在强度和刚度许可的情况下，进给量应尽量选取得大一些。精加工时，影响进给量的主要因素是表面粗糙度。为了减小工艺系统的振动，降低已加工表面的残留面积的高度，一般应选择较小的进给量。

3)选择进给速度(表 3-10)。在背吃刀量 a_p 与每齿进给量 f_z 确定后，可在保证合理的铣刀寿命的前提下确定铣削速度 v_c。

表 3-10　铣刀的切削速度　　(单位：m/min)

工件材料	铣刀材料					
	碳素钢	高速钢	超高速钢	Stellite	YT	YG
铝	75～150	150～300		240～460		300～600
黄铜	12～25	20～50		45～75		100～180
青铜(硬)	10～20	20～40		30～50		60～130

续表

工件材料	铣刀材料					
	碳素钢	高速钢	超高速钢	Stellite	YT	YG
青铜(最硬)		10～15	15～20			40～60
铸铁(软)	10～12	15～25	18～35	28～40		75～100
铸铁(硬)		10～15	10～20	18～28		45～60
铸铁(冷硬)			10～15	12～28		30～60
可锻铸铁	10～15	20～30	25～40	35～45		75～110
铜(软)	10～14	18～28	20～30		45～75	
铜(中)	10～15	15～25	18～28		40～60	
铜(硬)		10～15	12～20		30～45	

① 粗铣时，确定铣削速度必须考虑到机床的允许功率。如果超过允许功率，则应适当降低铣削速度。

② 精铣时，一方面应考虑合理的铣削速度，以抑制积屑瘤的产生，提高表面的质量；另一方面，由于刀尖磨损往往会影响加工精度，因此应选择耐磨性较好的刀具材料，并应尽可能使之在最佳的铣削速度范围内。

3.5 叶片类零件数控加工工艺

3.5.1 叶片加工结构特点

1. 叶片结构特点

叶片一般由叶身、榫根、橼板三个部分组成。叶身一般是直纹面或复杂的自由曲面。直纹面又可以分为可展和不可展。可展直纹面和具有平坦方向的自由曲面可利用常规的机械加工手段进行加工，自由曲面和不可展的则需要多坐标机床来进行加工，相对来说加工方法较为复杂。叶身又可分为叶尖、叶身中段和叶根。靠近榫头较厚的部分称为叶根，另一端则被叫做叶尖，较薄。在叶身中段，有的叶片还带有阻尼台，因此叶片还可以分为带阻尼台(图 3-51(a))和不带阻尼台的叶片(图 3-51(b))。带阻尼台的叶片一般是因为叶片较长，阻尼台的主要作用是加强叶片本身的强度。

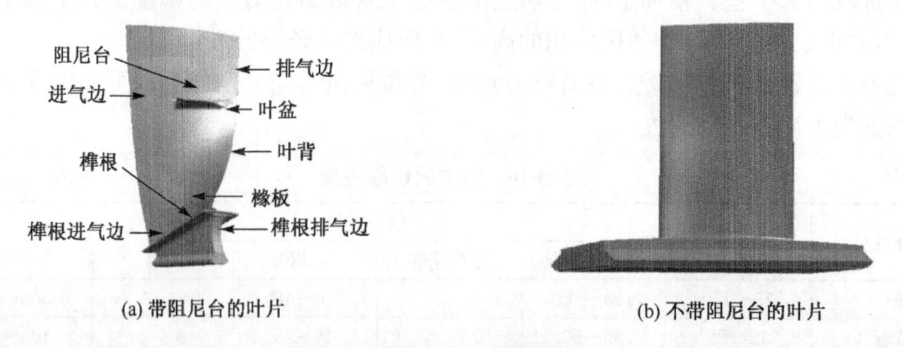

(a) 带阻尼台的叶片　(b) 不带阻尼台的叶片

图 3-51　叶片示意图

叶片材料多为钛合金材料，此材料比强度高，弹性模量小，变形不易消除。叶片类零件多属于复杂薄壁零件，种类繁多，而且大部分叶片型面是由几何精度要求较高的自由曲面组成，结构元素和加工元素复杂，导致数控加工工艺复杂、编程难度明显增大。

2. 叶片加工特点

航空发动机的叶片材料为耐高温的钛合金材料，需用五轴联动加工中心，五轴高速铣等加工叶片形面。叶根榫头的加工需用拉床和缓进给强力磨床，并希望缓进给强力磨床具有换砂轮功能和滚轮修砂轮装置，还需要有在线测量、程序调整和自动补偿功能。

叶片形面用电解加工可大大提高加工效率，还需用数控六轴砂带抛光设备抛光。希望有叶片形面检测设备。

大型宽弦空心风扇叶片采用宽弦、空心、带阻尼凸台结构，风扇叶尖速度高达457m/s，选用重量更轻的钛合金或树脂基材料，制造这类叶片需要五坐标叶片铣床、自动抛光机、组合封焊和扩散连接及超塑成形设备等。

叶片有很多冷却用的小孔，用电脉冲打孔比用激光打孔好(激光打孔有硬化层)，但现在，电加工打孔机床没有打孔深浅的显示，操作困难。希望能解决这个问题，能显示打孔的深浅。而耐1100°C高温的镍基单晶涡轮叶片具有很好的高温强度和综合性能，叶片上有许多直径为ϕ0.3～0.4mm的冷却气膜孔，制作这类叶片，需要定向/单晶熔铸炉、陶瓷型芯焙烧炉、制芯机、磨削中心、数控缓进给磨床以及叶片制孔的电液束流设备和小孔加工单元等装置。

3.5.2　叶片数控加工工艺规划

叶片数控加工工艺路线，包括从毛坯投入到成品入库所经过的各工序的先后顺序安排、工艺方法及设备型号的选定。

1. 工艺路线编制依据

工艺路线编制的主要依据是叶片生产批量、叶片材料和毛坯种类、设计技术要求，以及工厂现有技术装备条件和技术投资能力，如表3-11所示。

表3-11　叶片数控加工工艺路线编制依据

编制依据	因素	对工艺路线的影响
生产批量	小批量	选用低效率低水平工艺装备的加工工艺
	中批量	选用较高效率，较高水平工艺装备的加工工艺，采用先进工艺、先进设备
	大批量	选用高效率、工艺装备复杂的加工工艺，或建自动生产线，大量采用先进工艺、先进设备
叶片材料与毛坯种类	材料加工性能	选定相适应的加工方法
	毛坯种类及加工余量	影响加工方法的选定、加工工序的多少及工序顺序
	毛坯热处理状态	影响加工方法的选定及是否需要中间热处理
设计图及技术要求	几何形状及复杂程度	选用相应加工方法与设备型号
	精度、粗糙度、形位公差	决定选用设备的精度、工序顺序
	热表处理、特种工艺、特种检验	决定选用相应工艺方法和进行相应工序的时机
工厂技术装备条件及技术投资能力	现有装备条件和负荷情况	影响工艺方法的选定
	技术投资能力	决定是否超出现有技术装备，选用先进加工工艺

在叶片工艺路线编制中，工序先后次序的安排除依据表3-10外，还必须遵循叶片零件独有的规律和特点，如叶片数控铣加工基准的建立和转换规律，叶片加工特种工艺、特种检验必须在特定时机进行，叶片精加工面和最终检验尽量安排在后面等。

2. 工艺路线与工艺规程的编制程序

叶片数控加工工艺路线、工艺规程编制按表3-12所列程序进行。

表3-12　工艺路线、工艺规程编制程序

序号	程序内容	简要说明
1	分析叶片零件图、技术要求及有关技术文件	1) 叶片用途、工作条件、装配要求； 2) 叶片材料，材料特性，毛坯种类； 3) 叶片结构特点，结构数学模型及结构要求； 4) 主要技术要求，尺寸精度，形位公差及粗糙度
2	毛坯选择	1) 按设计图规定的毛坯种类； 2) 设计图未作规定时，对待选的不同毛坯种类进行技术经济分析。工艺路线拟定后，进行工艺成本预测，最终选定毛坯种类； 3) 与毛坯制造单位协商，确定价格余量、毛坯基准，并会签毛坯图
3	拟定工艺路线	1) 划分加工阶段，确定加工基准、加工方法，选择加工机床，排出各工序的先后顺序； 2) 对新工艺进行必要的试验和调研； 3) 进行工艺成本预算，选定最佳工艺路线方案(包括最终确定毛坯种类)
4	工序设计	1) 绘制工序加工图，对复杂叶片绘制详细的加工阶段图； 2) 确定工序加工基准、加工余量、加工尺寸、加工精度、粗糙度和形位公差； 3) 进行尺寸链计算； 4) 确定工艺装备； 5) 拟定工序技术要求
5	编制工艺文件	1) 绘制工艺规程及必要的工艺说明书； 2) 编写工装目录、消耗材料目录； 3) 提出新增技术装备清单； 4) 提出工装设计制造派工单

3.5.3　叶片数控加工关键工艺

叶片数控加工技术是以锻造毛坯为基础，经过粗、半精、精加工等多道加工工序，以数控铣削方式将叶型加工至最终尺寸。与传统抛光工艺相比，叶片数控加工技术要实现叶身曲面“无余量”数控加工，对数控加工工艺技术和编程技术有更高的要求，首先必须解决叶片的精确定位和变形控制等工艺难题。

1. 叶片精确定位

叶片的精确定位是提高叶片数控加工质量、缩短研制周期、降低制造成本的关键环节，合理的定位方案对于保证叶片尺寸精度和轮廓精度至为重要。榫头是叶片精度最高的部分，是叶片的安装基准，也被选作叶片的加工基准。对叶片类薄壁件，只用榫根一端悬臂梁式定位，不能保证切削过程零件的刚性要求，难以满足叶片精度要求，为此在叶尖增加辅助工艺定位基准——叶尖工艺台和定位工艺孔，并与榫根一起构成定位基准。采用以上定位方案具有以下优点：

1）两定位基准之间跨距长，定位精度高；

2）增加叶尖辅助定位基准，可以提高定位系统刚性；

3）过定位有利于保证数控加工精度。

2. 叶片变形控制

叶片数控加工变形主要由工件、刀具和机床组成的工艺系统产生，叶片零件加工时，薄壁部分极易产生变形。钛合金薄壁叶片加工主要的误差来源是叶片加工变形，产生的原因有两个：内应力的释放和切削残余应力的产生。消除加工变形主要从热处理、数控切削工艺等环节采取措施，将综合变形量控制在设计精度内。

钛合金应力热处理工艺方法有多种，要根据零件工作条件和材料机械性能选择。钛合金在退火态使用，为了避免钛合金热处理过程与空气中的氢元素发生氧化作用，产生"氢脆"现象，在真空炉中去应力退火的同时并用氩气保护叶片。

消除加工变形有两种方案，机械力校正或切削消除变形。由于钛合金弹性模量小，机械力校正回弹大，且外力作用难以控制，所以机械力校正法不适合钛合金叶片，故采取金属切削来消除钛合金叶片变形。应用高速铣削能够有效地降低切削温度，提高加工效率，减少叶片的弹塑性变形，有效地改变切削成形机理，减小变形。叶片粗加工后在进排气边向叶盆侧收敛，使叶盆侧精加工余量增大，叶背侧余量减小，故粗加工时在叶背必须留有足够的加工余量，保证叶片变形后的加工余量能完全包络理论叶型曲面。

合理的数控加工工艺也可减小变形，将数控加工过程分为粗、半精和精加工三个工艺过程，使加工变形产生后逐步释放，以避免变形积累。

3. 叶片刀路规划

目前大多数工厂采用的是叶片翻面的加工路径，即先铣削叶片的一面，然后翻面装夹，再铣削另一面。此方法只需要三坐标数控机床即可实现，但是由于需要多次翻面以保证加工精度及质量，还需单独的橼头修改工序，加工效率很低。

直纹面叶片可以选择侧铣的加工方法，大部分水轮机叶轮叶片的曲面就是直纹面。对于这类叶片，先采用棒铣刀以轮毂面为导向面和检查面，棒铣侧面线与直纹面贴近，以此控制刀位点与刀具轴线，然后铣削出整个叶片型面。但该加工方法局限性较大，此刀具路径只适用于直纹面和具有平坦方向的自由曲面。现在比较高效、高精度的走刀方式是螺旋式走刀方式，当叶片夹持在多坐标机床旋转轴上旋转运动时，刀具沿叶片表面走出螺旋形状的轨迹，加工出叶片。螺旋式走刀采用的是点接触成形方式，这使得刀轨与曲面边界相匹配，从而可以加工出复杂的自由曲面叶片。此走刀方式可以一次就将叶片整体快速加工出来，有着良好的工艺连续性和高效性。

4. 叶片加工的刀具轨迹计算

高质量的数控编程能够缩短加工时间，提高产品质量，而高效的数控加工依赖于优秀的刀具轨迹计算。因此，在数控加工叶片时，刀具的轨迹计算非常重要。针对自由曲面无干涉的刀位轨迹的算法主要有：

1）等距面法。计算简单、可靠，但只能用于球面刀具。

2）多面体法。计算干涉方便，但是曲面离散过程精度不容易控制。

3) 刀具接触点法。空间自由曲面数控编程中应用广泛,适用于非球面刀,但是在计算每一刀位点时,没有针对刀具的几何形状作出修正,计算复杂。

曲面加工刀具轨迹的计算主要包括切触点轨迹的计算和刀位点的计算,整个过程可以简略地表示为:按导动规则约束待加工曲面生成切触点曲线,由切触点曲线按某种刀具偏执算法生成刀具轨迹曲线。在用球形刀加工较为光顺的曲面时,可以直接根据曲面计算得到等距面,这时将切触点曲线定义和刀具偏置计算融合在等距面构造中,导动轨迹约束等距面的离散,即生成刀位点轨迹。

第 4 章　数控加工程序编制基础

4.1　数控编程基本知识

4.1.1　数控机床坐标系和运动方向的规定

统一规定数控机床坐标轴名称及其运动的正负方向，可以简化程序编制的方法，并使编制的程序对同类型机床有互换性。在数控机床中，机床直线运动的坐标轴 X、Y、Z 按照国际 ISO 和我国 JB3051—1982 标准，规定成右手直角坐标笛卡尔坐标系。三个回转运动 A、B、C 相应的表示其回转轴线平行于 X、Y、Z 的旋转运动，如图 4-1 所示。

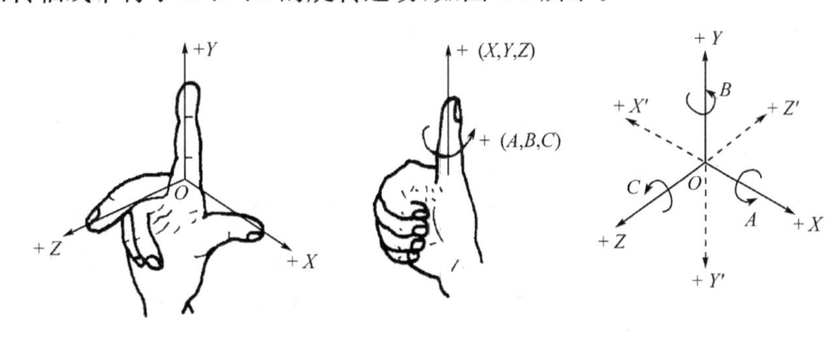

图 4-1　右手直角笛卡尔坐标系

数控编程及数控加工中有机床坐标系、加工坐标系和工作(造型)坐标系，它们三者之间既有联系又有区别，均符合右手规则。

机床各坐标轴的运动方向根据以下规则确定：

1. 机床坐标系

ISO 对数控机床的坐标轴及运动方向均有一定的规定，图 4-2 描述了只有两个移动坐标的数控车床及三坐标立式和卧式数控镗铣床(或加工中心)的坐标轴及其运动方向。数控机床本身的坐标系一般由制造商设定。原点定义在机床安装调试过程中设置，使用过程不再做更改。通常规定平行于机床主轴(传递切削动力)的运动坐标为主方向，定义为 Z 轴，其正方向定义为从工作台到刀具夹持的方向，即刀具远离工作台的运动方向。平行于工件装夹平面且运动范围最长的水平方向为 X 轴，它平行于主要的切削方向，且以此方向为正方向。Y 轴方向根据 Z 和 X 由右手直角笛卡尔定则确定。

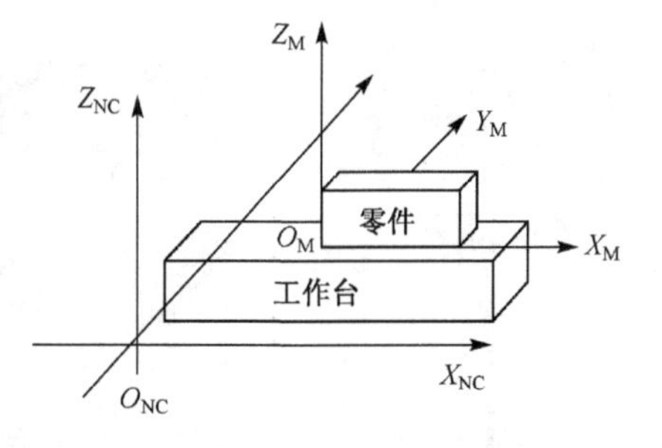

图 4-2　零件加工坐标系

旋转坐标轴 A、B、C 相应地在 X、Y、Z 坐标轴的正方向上，按右手法则确定正方向。

有些数控机床具有附加直线轴和附加旋转轴，ISO 规定，第二类直线轴定义为 U、V 和 W，第二类旋转轴定义为 D 和 E，第三类直线轴定义为 P、Q 和 R。具体定义方法可参考相应的机床操作手册。

零件的数控切削加工通过刀具和工件间的相对运动来实现，可以是机床工作台运动或者是刀具运动，编程者可以把零件视为静止不动的，刀具相对零件运动完成切削加工。应该注意的是，刀具在运动的同时，本身也在做旋转运动，刀具的旋转动作是构成切削的必要运动，但是刀具的旋转并不构成运动坐标。一般的刀具是右旋刀具，在加工过程中，主轴的旋转方向为顺时针。

2. 加工坐标系($X_M Y_M Z_M$)

一般而言，加工坐标系就是数控编程过程选定的计算刀具位置的坐标系，也称为编程坐标系。如图 4-2 所示，加工坐标系的坐标方向必须与机床坐标系相同，其原点与机床原点一般不重合。

零件装夹在机床工作台上之后，零件加工坐标系原点 O_M 在机床坐标系 XYZ 中的坐标位置便确定。加工坐标系与机床坐标不重合，它们之间的偏移数值记入机床的原点偏置指令。例如 G54～G59，通过数控加工程序调用原点指令可以自动实现两坐标间的转换。当程序中不调用原点偏置时，大部分数控系统默认 G52。

3. 工作坐标系($X_W Y_W Z_W$)

工作坐标系是指设计人员在利用计算机 CAD 软件建模时设定的坐标系，其方向和原点根据工作方便来设定，无任何限制，是建模中间过程使用的坐标系。工作坐标系与加工坐标系和编程坐标系没有必然的联系，而在编程计算和检查加工程序时，尽量使工作坐标系和编程坐标系重合。

4.1.2 数控加工坐标系的找正

数控加工坐标系的找正指的是将工件加工坐标系的坐标方向与机床坐标系的坐标方向找平行，同时将加工坐标系原点 O_M 坐标记入机床原点偏置指令的过程。数控加工坐标系的找正过程分为两个步骤：①加工坐标系方向的找平；②加工坐标系原点的找正。现以图 4-2 所示工件为例说明数控加工坐标系的找正过程。

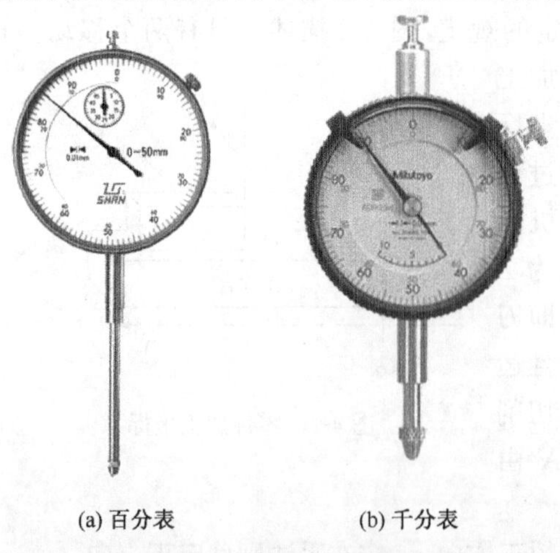

(a) 百分表　　(b) 千分表

图 4-3　百分表和千分表

1. 加工坐标系方向的找平

首先，按照图 4-2 所示，采用工装夹具等将工件固定在数控机床工作台面上。将靠近操作者一侧的零件面与机床 X 轴方向拉平行，一般采用百分表或千分表进行拉直，如图 4-3 所示分别为百分表和千分表。当 X 轴方向确定后，Y 轴方向自然就确定了。

2. 加工坐标系原点的找正

(1) 寻边器辅助找正方法

寻边器(Touch Point Sensor 或 Optical Edge

Finder)多随数控机床附赠,也可单独购买,如图 4-4 所示。寻边器是一种在数控加工中为了精确定被加工工件位置的检测工具。

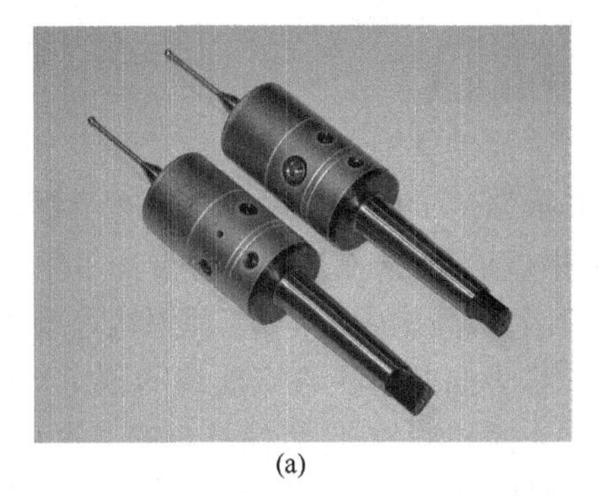
(a)

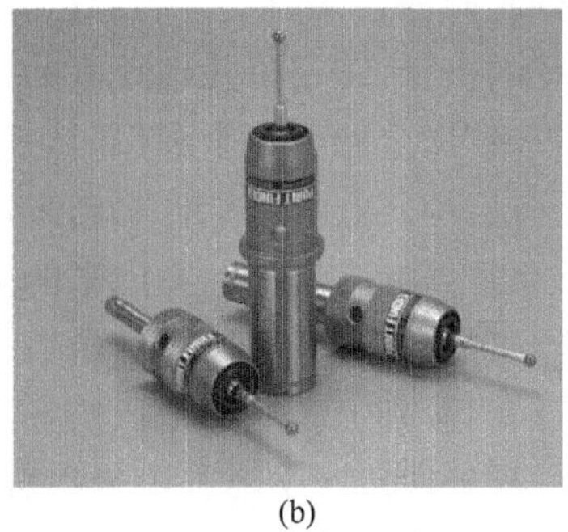
(b)

图 4-4　寻边器

寻边器的工作原理是首先在 X 轴上选定一边为零,如图 4-2 所示 YOZ 平面,再选对面另一边得出数值 L,取其数值的一半 $L/2$ 为 X 轴中点,此即为分中找正方法。如果需要以一边为零,则向 X 轴负方向移动距离 $L/2$ 即可。然后按同样方法找出 Y 轴原点,这样工件在 XOY 平面的加工中心就得到了确定。

寻边器有不同的类型,如光电式、防磁式、回转式、陶瓷式、偏置式等。

(2) 百分表辅助找正方法

将一个标准槽宽的标准件贴放在零件 XOZ 平面上,例如图 4-5 所示标准件,槽宽 10mm。将装有百分表的刀柄固定在机床主轴上,然后将百分表指针移动到标准槽内,旋转主轴,让百分表指针分别压在槽的左右两侧,观察压力最大时百分表的读数变化,如果一边压力大,一边压力小,则表明主轴不在槽的中心,而在靠近压力大的一侧。此时,在 X 方向移动主轴,移动方向朝向百分表压力小的一侧,同时旋转主轴观察百分表读数,直到百分表压在左右两侧达最大压力时的读数相同时结束,记下压力最大时的百分表读数 A。此时主轴刚好在槽的中间,即当百分比压力达到读数为 A 时,主轴中心距离百分表指针压力面的距离为 5mm。

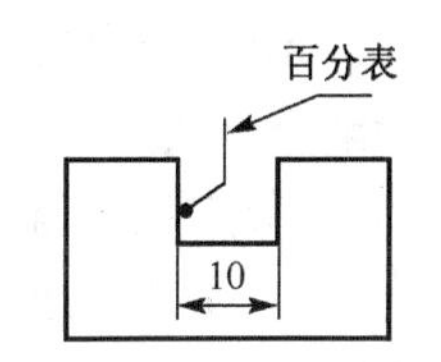

图 4-5　标准对刀槽示意图

将标准件移走,然后将百分表移动到 XOZ 平面附近,旋转主轴使百分表指针压在零件 XOZ 平面上,并保证为压力最大,沿 Y 向前后移动主轴直到百分表读数达到前面的读数 A 为止,此时表明主轴中心距离 XOZ 平面为 5mm。将当前主轴位置的 Y 向在数控系统内设定为 $Y=-5$,则找正好了一个平面。同理可找正 YOZ 平面,确定 $X=-5$ 的一点。此时 $X=0$ 和 $Y=0$的原点就在图 4-2 所示零件的图示位置。

在工件 Z 方向上,$Z=0$ 的 XOY 平面需要根据刀具长度来确定。

在找正精度要求很高的情况下,例如 0.005mm 以内,可以采用千分表进行加工坐标系的找正。

4.1.3　数控加工中的常用术语

1. 插补

大多数零件的轮廓形状,一般都由直线、圆弧等简单的几何元素构成,并且一般情况下我们仅知道构成零件轮廓几何元素的起点和终点坐标等数据。而数控系统控制刀具运动的方式完全不同于用直尺画直线或用圆规画圆。因此，欲在数控机床上加工出符合要求的零件轮廓，仅知道构成零件轮廓的各几何元素的起点和终点等是不够的，还需要在已知元素的起点和终点之间进行数据的密化，确定该几何元素的一些中间点。

例如，在数控铣床上加工一个圆弧时，知道圆弧的起点和终点，要使刀具的运动轨迹是圆弧，就需要把圆弧上中间点的坐标计算出来，并根据这个计算结果向相应的坐标发出运动脉冲信号，通过伺服系统控制刀具按计算出来的坐标点运动，从而加工出符合图纸轨迹的零件。通常把这种根据给定的数学模型，如线性函数、圆函数、高次函数等，在理想轨迹或轮廓上的已知点间进行数据点密化，确定一些中间点的方法，称为插补。在给定曲线的预定部分实现插补，该插补部分叫做插补段。定义插补段的参数称为插补参数，计算插补点的运算称为插补运算。实现插补运算的装置称为插补器，数控装置具有插补运算的功能，所以在某种意义上讲它也是一个插补器。有了插补器，编程时只需给出插补参数，中间点的坐标由插补器自动计算，进行插补。

下面以逐点比较法为例，对直线和圆弧插补原理作简单介绍。

为了加工如图 4-6 所示的直线轮廓 OA，如上所述，需要给出 O、A 点之间的一些中间点的坐标，并借此坐标信息按一定比例向 X 轴和 Y 轴分配进给脉冲，控制刀具的运动，这就是直线插补。

从图 4-6 上可以看出，刀具不是完全严格地走 OA 直线，而是一步一步地走阶梯折线(这是因为机床运动部件仅能沿各坐标轴移动及数控系统只能分别向各坐标轴发送进给脉冲的缘故)，渐渐逼近要加工的直线 OA。很显然，只要进给脉冲当量足够小，就可以使折线与直线的最大偏差不超过加工精度允许的范围，这折线就可以近似的认为是直线 OA。要得到不同斜率的直线，只需适当改变向 X、Y 轴分配进给脉冲的比例即可。

为了加工如图 4-7 所示圆弧轮廓 $\overset{\frown}{AB}$，需要给出 A、B 间一些中间点的坐标，并借此坐标信息按一定比例向 X、Y 轴分配进给脉冲，控制刀具的运动，这就是圆弧插补。

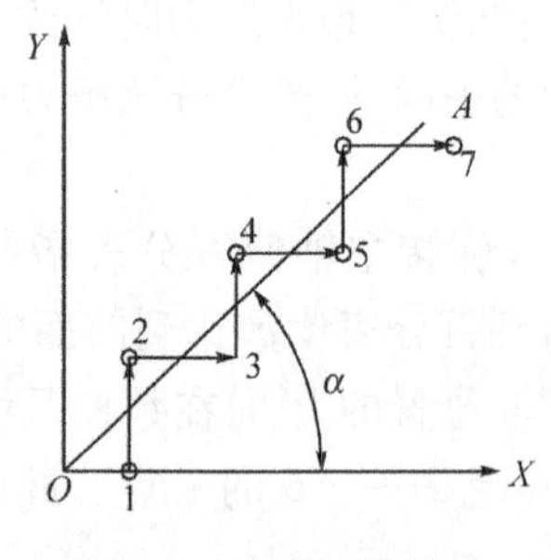

图 4-6　直线插补原理

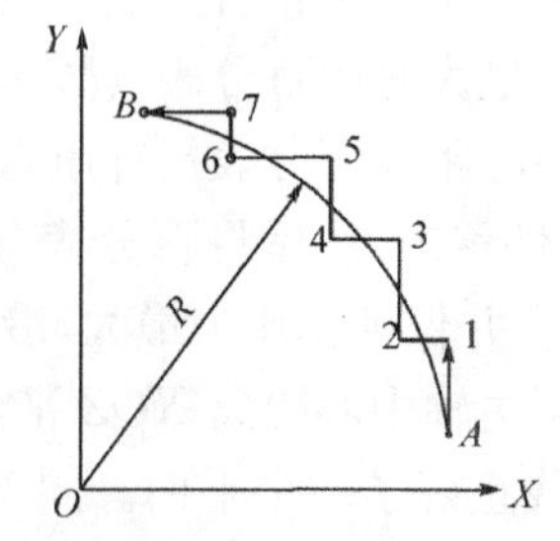

图 4-7　圆弧插补原理

同直线插补一样，圆弧插补时，刀具运动轨迹也不是完全严格地走圆弧 $\overset{\frown}{AB}$，而是走阶梯折线，步步逼近要加工的圆弧。只要折线与圆弧的最大偏差不超过加工精度允许的范围，这折线就可近似地认为是圆弧 $\overset{\frown}{AB}$。

现代数控机床的各类数控系统一般都具备直线和圆弧插补的功能。

2. 刀具补偿功能

数控机床具备补偿功能，既可以降低对刀具制造、安装的要求，又可以简化程序编制。因此，现代数控机床都具备刀具补偿功能。刀具补偿一般包括刀具半径补偿（Cutter Radius Compensation）和刀具长度补偿（Cutter Length Compensation）。前者使刀具垂直于走刀平面偏移一个刀具长度修正值；后者可以使刀具在走刀平面内相对编程轨迹偏移一个刀具半径修正值，二者均是在二维加工条件下的刀具补偿。

（1）刀具长度补偿

在目前使用的计算机数控（Computer Numerical Control，CNC）系统中，一般都具备刀具长度补偿功能。

在数控编程中，刀具长度一般是无需考虑的。程序中假定机床主轴相对工件运动，在加工之前，采用刀具测量仪测量刀具基准点（刀尖或者刀心）到刀具长度基准点的长度，并将刀具长度数据输入到数控系统的刀具数据寄存器中（刀库或者刀具补偿参数），在数控加工程序中使用该刀具时，数控系统自动计算，使刀具基准点沿程序要求的轨迹运动。

用钻头、镗刀等刀具加工孔，用铣刀加工腔槽等时，往往需要控制刀具的轴向位置，为此当刀具实际长度尺寸与编程设定长度尺寸不一致时，刀具沿轴向的位移量就应增加或减少一定量，这就是刀具长度补偿。如图 4-8 所示，图中 L 为程序给定的刀具长度，H 为实际的刀具长度，Δ 为补偿量。

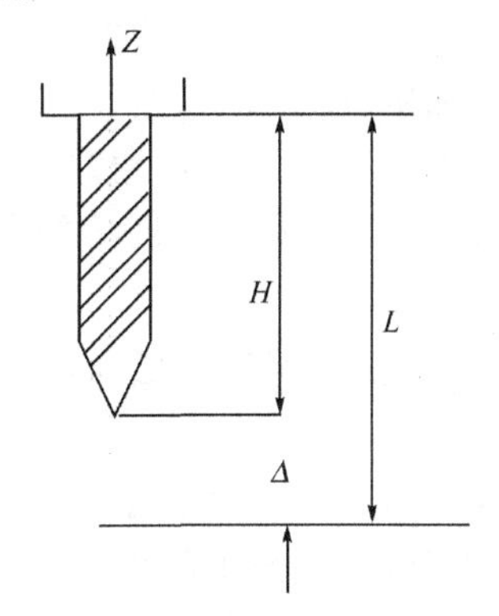

(a) 程序给定位移量大于实际位移量

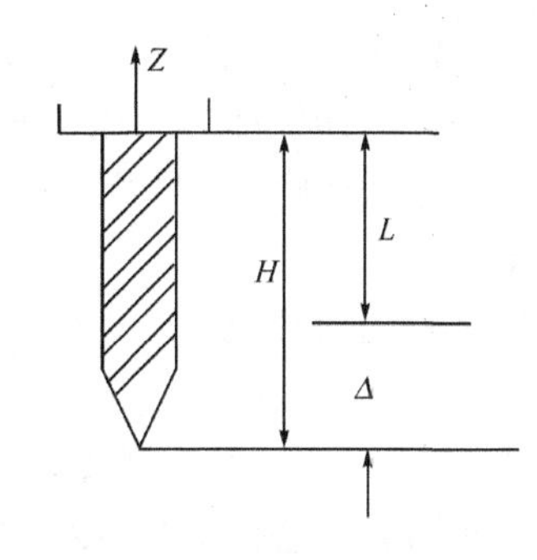

(b) 程序给定位移量小于实际位移量

图 4-8　刀具长度补偿

（2）二维刀具半径补偿

在轮廓加工过程中，由于刀具半径的原因，刀具中心的运动轨迹并不与零件的实际轮廓重合，而是沿着零件轮廓形状偏移一定的距离，如图 4-9 所示。加工内轮廓时，刀具中心向内偏移零件的内轮廓表面一个刀具半径值；加工外轮廓时，刀具中心则向外偏移零件的外轮廓表面一个刀具半径值，这种偏移称为刀具半径补偿。

刀具半径补偿对使用圆柱铣刀的数控加工程序编制大大简化。若数控装置具备刀具半径补偿功能，编程时采用零件的理论轮廓数据，数控系统根据刀具半径补偿值，自动偏移一个距离，就可以加工出轮廓形状。数控装置具备刀具半径补偿功能，加工图 4-9(a)所示内轮廓时只需按图中实线所示零件轮廓 A、B、C、D、E、F 点编程，同时在程序中给出刀具半径补偿指令。数控装置便能根据刀具半径补偿值 r 自动计算出刀具中心运动轨迹，运行时控制刀具中心偏移工件轮廓一个 r 距离，计算出的刀具中心轨迹如图中虚线所示，方能加工出符合要求的零件轮廓。刀具半径的补偿值 r，可用手动数据输入方式（Manual Data Input，MDI）输入数控系统，也可在刀具半径补偿语句中设定。

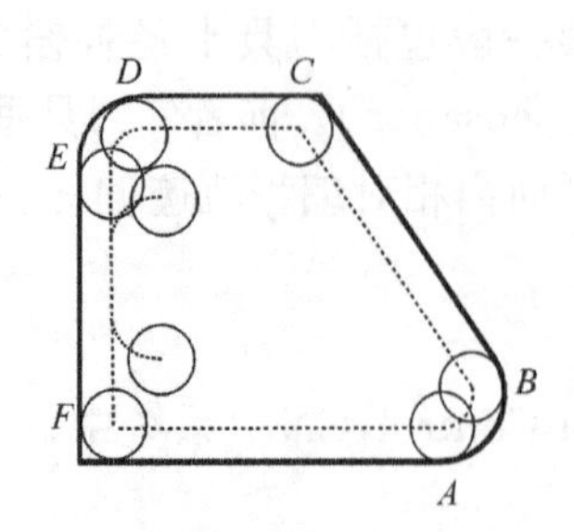

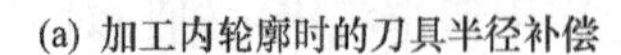
(a) 加工内轮廓时的刀具半径补偿

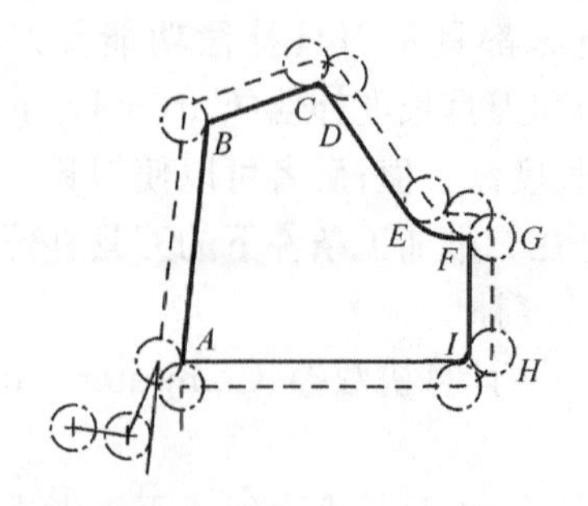

(b) 加工外轮廓时的刀具半径补偿

图 4-9　轮廓加工的刀具半径补偿

没有刀具半径补偿的数控系统，对于不同的刀具半径，需要编制不同的数控加工程序，采用刀具中心点编程的方法，其轨迹的计算有时相当复杂，特别当刀具磨损、重磨及更换新刀具导致刀具半径变化时，还必须重新计算。这不仅十分繁琐，而且不易保证精度。

数控装置的刀具半径补偿功能具有许多优越性，可体现在：

1）可减少编程人员工作量。免除刀具中心运动轨迹的人工计算，简化程序的编制。

2）可提高程序使用自由度。采用改变输入数控系统的刀具半径补偿值大小的方法，可利用同一加工程序适应不同的工作情况，能实现分层切削和粗、精加工。

3）可部分解决刀具磨损引起的问题。使用刀具半径补偿方式编程，通过改变刀具半径补偿值的方法弥补铣刀制造精度的不足及刀具直径的磨损，放大返修刀具磨损的允许误差，就可以加工出理论外形。

4）可使用不同半径的刀具执行同一个程序。仅需改变刀具半径补偿值，可加工出相同的零件轮廓。

5）可提高零件的加工精度。可根据实测误差大小，用改变刀具半径补偿值的正、负号的方法满足加工精度要求，而不需要重新生成加工程序。例如，冲裁模中的凸凹模等需要配合的工件。

刀具半径补偿有左偏刀和右偏刀两种方式，如图 4-10 所示，沿着刀具运动方向看，刀具在加工轮廓的左边称为左偏刀，反之称为右偏刀。

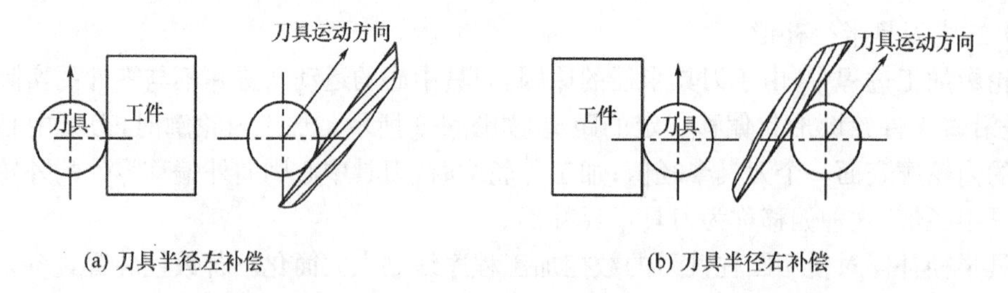

(a) 刀具半径左补偿　　(b) 刀具半径右补偿

图 4-10　刀具半径补偿

上面介绍的是刀具的二维半径补偿，在现代数控系统中，有的已经具备三维刀具半径补偿，在此不做深入介绍。

(3) 绝对坐标与增量坐标

程序中刀具位置数据以绝对坐标原点为基准计量的坐标体系称为绝对坐标。运动轨迹终点坐标以其起点为基准计量的坐标系称为增量坐标，亦称相对坐标。

由于数控系统一般都具备绝对和增量两种坐标系统，所以编程时主要应根据工件的加工精度和编程方便(即按图纸尺寸标注方式)选用合适的坐标系。在大多数的计算机辅助数控编程软件中，数控编程时都采用绝对坐标。

4.2 数控程序常用功能字及格式

4.2.1 数控加工程序的结构形式

所谓数控加工程序，就是用数控机床输入信息规定的自动控制语言和格式来表示的一套可使数控机床实现对零件自动加工的指令。它是机床数控系统的应用软件。加工程序中包含的工艺及技术信息包括：工艺过程、工艺参数、刀具位移与方向，其他辅助动作(换刀、换向、冷却、启停等)及各动作运动顺序等。

数控机床的程序控制指令格式虽然在国际上有严格的规定，但是实际上并没有完全统一，由于各个国家和厂商采用的指令格式不尽相同，需要参照具体的控制机指令格式约定，本书只做通用的说明。

程序段是一个完整的机床控制信息，表示机床的一种操作，一个完整的加工程序由若干程序段组成，一个程序段由以下一些指令排列组成：

NΔΔΔGΔΔX±ΔΔΔY±ΔΔΔZ±ΔΔΔ 其他坐标 ABCIJKPQR 辅助功能 F S T M CR

以上各功能地址的含义是：

N——程序段编号，为了方便检索。编号可以不连续；

G——准备功能字，用来描述机床的动作类型，如 G01 表示直线插补，G02 表示顺时针圆弧插补，G03 表示逆时针圆弧插补，G90 表示绝对坐标编程，G91 表示相对坐标编程等；

XYZABC——运动坐标，XYZ 表示直线运动，ABC 代表绕相应轴的旋转；

IJK——位移信息，表示圆弧圆心坐标值；

PQR——刀具沿 *XYZ* 坐标方向的校正量；

F——进给功能指令，规定刀具进给速度；

S——速度功能指令，规定主轴旋转速度；

T——刀具功能指令，指定选用刀具编号；

M——辅助功能字，控制机床的辅助动作，如 M00 表示无条件停止，M01 表示选择性停止，M03 代表主轴顺时针旋转，M06 表示自动换刀，M08 表示打开冷却液，M30 代表程序结束；

CR——程序段结束标志，有些系统规定可以省略。

对于特定的数控机床，其程序结构有相应的结构要求，如程序开头要特殊的符号作为标志，程序结尾有结束的指令约定等。

4.2.2 数控程序常用功能字

在数控加工程序中，描述数控机床的运动方式，加工种类，主轴的开、停、换向，冷却液的开、关，刀具的更换，运动部件的夹紧与松开等常用的指令称为工艺指令。工艺指令包括准备性工艺指令(G 指令)和辅助性工艺指令(M 指令)两类，它们是程序的基础。

1. 准备功能G指令

又称G指令或G功能，由字母G及其后的二位或三位数字组成。常用的从G00到G99共100种，很多现代数控系统的准备功能已经扩大至G150。G指令的主要作用是指定数控机床运动方式，为数控系统的插补运算做好准备。各种G指令的定义见表4-1。

表4-1 ISO标准对准备功能G指令的规定

代码	功能	说明	代码	功能	说明
G00	点定位		G57	*XY*平面直线位移	
G01	直线插补		G58	*XZ*平面直线位移	
G02	顺时针圆弧插补		G59	*YZ*平面直线位移	
G03	逆时针圆弧插补		G60	准确定位(精)	按规定公差定位
G04	暂停	执行本段程序前暂停一段时间	G61	准确定位(中)	按规定公差定位
G05	不指定		G62	快速定位(粗)	按规定之较大公差定位
G06	抛物线插补		G63	攻丝	
G07	不指定		G64～G67	不指定	
G08	自动加速		G68	内角刀具偏置	
G09	自动减速		G69	外角刀具偏置	
G10～G16	不指定		G70～G79	不指定	
G17	选择*XY*平面		G80	取消固定循环	取消G81～G89的固定循环
G18	选择*ZX*平面		G81	钻孔循环	
G19	选择*YZ*平面		G82	钻或扩孔循环	
G20～G32	不指定		G83	钻深孔循环	
G33	切削等螺距螺纹		G84	攻丝循环	
G34	切削增螺距螺纹		G85	镗孔循环1	
G35	切削减螺距螺纹		G86	镗孔循环2	
G36～G39	不指定		G87	镗孔循环3	
G40	取消刀具补偿		G88	镗孔循环4	
G41	刀具补偿-左侧	按运动方向看，刀具在工件左侧	G89	镗孔循环5	
G42	刀具补偿-右侧	按运动方向看，刀具在工件右侧	G90	绝对值输入方式	
G43	正补偿	刀补值加给定坐标值	G91	增量值输入方式	
G44	负补偿	刀补值从给定坐标值中减去	G92	预置寄存	修改尺寸字而不产生运动
G45	用于刀具补偿		G93	按时间倒数给定进给速度	
G46～G52	用于刀具补偿		G94	进给速度(mm/min)	
G53	直线位移功能取消		G95	进给速度(mm/r(主轴))	
G54	*X*轴直线位移		G96	主轴恒线速度	(m/min)
G55	*Y*轴直线位移		G97	主轴转速(r/min)	取消G96的指定
G56	*Z*轴直线位移		G98～G99	不指定	

现对常用的 G 指令说明如下：

1) G90、G91——绝对坐标及增量坐标编程指令。G90 表示程序段的坐标字为绝对坐标，G91 表示程序段的坐标字为增量坐标。这是一组模态指令，缺省为 G90。

2) G00——快速点定位。命令刀具以点位控制方式移动到下一个目标位置(点)，编程书写格式为

G00 X—Y—Z

其中，X、Y、Z 为目标点增量或绝对坐标。

G00 的定位过程：从程序段执行开始，加速到指定的速度(其值由个体数控系统和机床决定，程序段中不能用 X、Y、Z 指定 F 指令)，然后按此速度移动，最后减速到达。在确认到达终点状态后，执行下一个程序段。

在 G00 状态下，不同数控机床的不同坐标轴的运动情况可能不同。如有的系统是按机床设定速度先令某轴移动到位后再令另一轴移动到位；有的系统则是令各轴一齐移动，此时若 *X*、*Y*、*Z* 坐标不相等，则各轴到达目标点的时间就不同，刀具运动轨迹为一空间折线；有的系统则是令各轴以不同的速度(各轴移动速度比等于各轴移动距离比)移动，同时到达目标点，刀具运动轨迹为一直线，这种方式是目前多轴联动数控机床普遍采用的运动方式。因此，编程前应了解机床数控系统的 G00 指令各坐标轴运动的情况，避免刀具与工件或夹具碰撞。

3) G01——直线插补。命令刀具按任意斜率的直线运动，切削由直线形成的表面或用直线逼近的轮廓曲线。编程格式为

G01 X—Y—Z—F—

其中，X、Y、Z 为直线终点增量或绝对坐标；F 为沿插补方向的进给速度。

编程举例：设刀具当前位置在原点(0,0)，要求按规定运动方式，经 *A*(10,25)点至 *B*(50,30)点。

① 绝对坐标编程：

```
N002    G90    G00    X10   Y25
N003    G01    X50    Y30   F150
……
```

② 增量坐标编程：

```
N002    G91    G00    X10   Y25
N003           G01    X40   Y5     F150
……
```

4) G02、G03——圆弧插补。使机床在各坐标平面内执行圆弧运动，切削圆弧轮廓。G02 为顺时针圆弧插补指令，G03 为逆时针圆弧插补指令。沿着垂直于圆弧所在平面的坐标轴向其负向看，刀具相对工件的转动方向为顺时针方向，就是顺时针圆弧插补 G02，相反则为逆时针圆弧插补 G03。

编程格式为

G02(G03)X—Y—I—J—F—　(设在 *XY* 平面上)

5) G04——暂停(延迟)指令。根据给定的暂停时间停止进给。在上一程序段的进给速度为零后开始执行暂停，暂停以后执行程序的下一程序段。

对于某一数控系统，到底采用什么地址码指定暂停时间，采用什么时间单位，该系统的编程说明书中有具体规定，不可乱用。

"暂停"是从工艺要求出发提出的,因而在下面几种情况下,需要使用暂停指令。

① 对不通孔作深度控制时,在刀具进给到规定深度后,用暂停指令使刀具转一圈以上,然后退刀,可使孔底平整。

② 镗孔完毕后要退刀时,为避免在已加工孔壁上留下退刀螺旋状刀痕而影响表面质量,应用暂停指令,让主轴完全停止转动后再退刀。

③ 横向车槽到位后,用暂停指令,让主轴转过一转以后再退刀,使槽底平整。

④ 在车床上倒角或打顶尖孔时,刀具进给到位后,用暂停指令使工件旋转一转以上再退刀,可使倒角表面或顶尖孔锥面平整。

⑤ 用丝锥攻丝时,如果刀具夹头带有自动正反转机构,可用暂停指令,以暂停时间代替指定进给距离。待攻丝完毕,丝锥退出工件后,再恢复机床的动作命令。

6) G17、G18、G19——坐标平面选择指令。用以选择圆弧插补、刀具补偿的平面。G17、G18、G19 分别指定零件 *XOY*、*ZOX*、*YOZ* 平面,相应的刀轴方向分别指向 *Z*、*Y*、*X* 轴。这些指令在进行圆弧插补、二维刀具半径补偿时必须使用。这是一组模态指令,缺省为 G17。

7) G40、G41、G42——刀具半径补偿指令。G40 是刀具半径补偿注销指令;G41 是左偏(边)刀具半径补偿指令,即沿着刀具运动方向看,刀具偏在工件轮廓左边的刀具半径补偿,见图 4-9(a);G42 是右偏刀具半径补偿指令,即沿着刀具运动方向看,刀具偏在工件轮廓右边的刀具半径补偿,见图 4-9(b)。数控装置大都具备刀具半径补偿功能。这是一组模态指令,缺省为 G40。

刀具半径补偿的运动轨迹可分为三种情况:刀具半径补偿形成的切入程序段、零件轮廓切削程序段和刀具半径补偿注销程序段。

切入程序段用来建立刀具半径补偿和使刀具接近工件的程序段。该程序段用 G00 或 G01 指令编程,其格式为

G00(或 G01)G41(或 G42)X—Y—

在图 4-11(a)、(b)中,若 *A* 点是起刀点,*B* 点是建立刀具半径补偿的终点,又是零件轮廓切削程序段的起点,故又叫做刀具半径补偿开始切削点。上面程序段格式中的 X、Y 即为 *B* 点坐标。无刀具半径补偿,刀具沿 *AB* 方向移动至 *B* 点。有刀具半径补偿,刀具在从 *A* 点到 *B* 点的运动过程中逐渐形成刀具半径补偿(其补偿方向由 G41、G42 指令规定)。当从 *A* 点到 *B* 点的程序段完成后,因有刀具偏置指令 G41,刀具中心实际移到了 *C* 点,偏移 *B* 点恰好一个刀具补偿半径 *r*。*C* 点在过 *B* 点的工件轮廓的法线上,$\overrightarrow{BC}$ 称为偏移矢量。图 4-11(a)、(b)分别表示了当工件轮廓是直线和圆弧时的刀补方法。

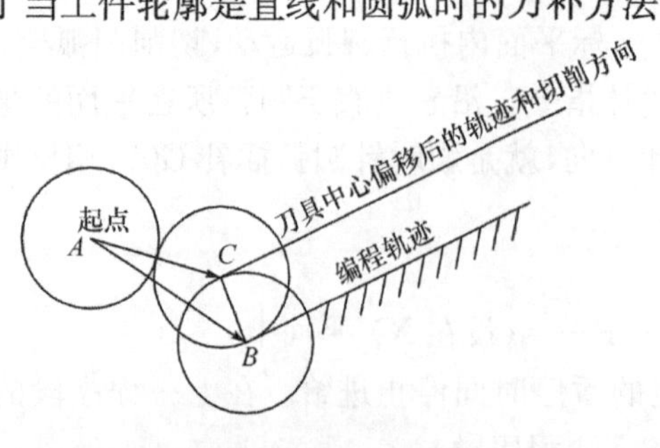

(a) 工件轮廓是直线的刀补方法

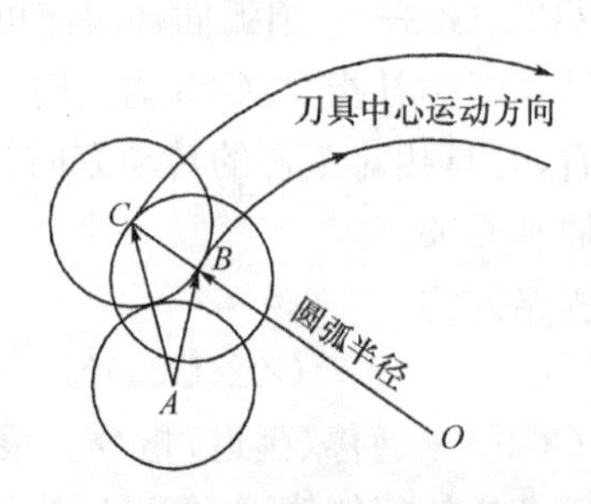

(b) 工件轮廓是圆弧的刀补方法

图 4-11 工件轮廓的刀补方法

在零件轮廓切削程序段中，刀具始终处于零件轮廓的相应一侧（由G41、G42规定），到轮廓距离为刀具补偿半径r。

零件加工完毕取消刀具半径补偿，也需要一个程序段，这就是刀具半径补偿注销程序段。该程序段也用G00或G01指令编程，其格式为：

G00（或G01）G40（或H00，即不做刀具长度补偿）X—Y—

请注意，建立刀具半径补偿的起刀点和撤销刀补点都应在工件外，并保证在建立刀补和撤销刀补过程中不发生碰刀。

8）G43、G44、G49——刀具长度补偿指令。刀具长度补偿指令一般是指刀具轴向补偿，见图4-8。数控装置具备刀具长度补偿功能，编程时可不考虑刀具的实际长度，而按假定的刀具长度编程，加工前把刀具实际长度与假定长度之差输入数控装置，数控系统便可控制刀具沿其轴向运动至需要的位置。G43为刀具长度正向补偿，G44为刀具长度负向补偿，G49为取消刀具长度补偿。刀具的实际位移量按下式计算：

实际位移量＝程序给定位移量±补偿量

常见的编程格式为

G43 H—

但是，有些数控系统在刀具编号寄存器中可以给定刀具长度补偿量，使用中直接调用相关刀具编号，自动完成长度补偿，而不再使用刀具长度补偿指令。

9）固定循环（Canned Cycle）指令。数控加工中，一般一个动作就要编写一个程序段。但那些加工过程典型化的动作循环。例如，在数控机床上钻孔、镗孔的快速引进、工作进给和快速退回动作循环；攻丝的快速引进、工作进给、主轴反转、进给速度退回，主轴正转动作循环；数控车削的快速趋近、工作进给、慢速退刀、快速返回动作循环等。为了简化编程，减少程序段数量和提高编程质量，数控装置制造厂家把这些典型的固定的操作预先编好程序存于存储器中，可用包含G指令的一个程序段调用，称为固定循环（如车螺纹），只需要在调用固定循环程序段中加入“循环次数”和刀具每次的推进量就可以了。

在G功能中，常用G80～G90作固定循环指令。在一些车床中，也常用G33～G35、G70～G79作固定循环指令。

固定循环指令的一般工作模式如图4-12所示，其中：

①刀具移动到一个某一高度的工作平面，然后沿X、Y平面平动到指定初始坐标点；

②刀具快速移动到参考平面R，该平面距离零件面一个安全距离；

③刀具根据需要执行钻孔、镗孔、攻丝运动；

④刀具运动到孔的底部，执行暂停等操作；

⑤刀具返回到参考平面R；

⑥刀具返回到初始坐标点。

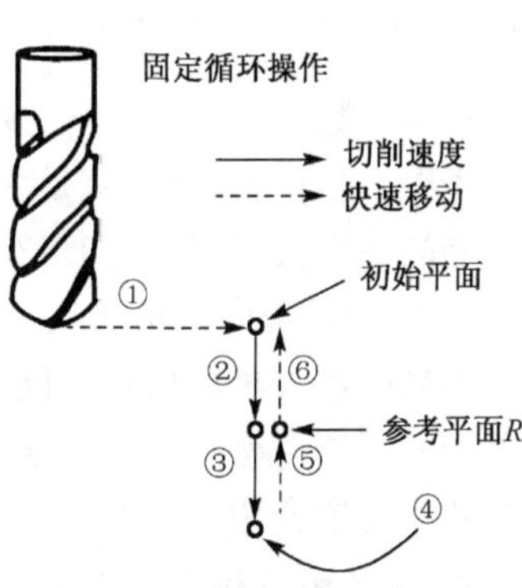

图4-12 固定循环指令示意图

2. 辅助功能M指令（Miscellaneous Codes）

这是一类数控装置的插补运算开关，而仅为加工过程中操作机床需要规定的工作性指令。例如，主轴的启停、换向、滑座或其他部件的夹紧与放松，冷却液的开关，刀具的更换，转台的转位、夹紧等，所以又称它为数控机床的辅助性开关功能。

我国的 JB3208—83 标准规定：M 指令由地址 M 及其后的二位数字组成，从 M00～M99 共 100 种，常用指令是：

1) M00——程序停止指令。在完成编有 M00 指令的程序段中的其他指令后，主轴停转、进给停止、冷却液关闭、程序停止执行，以便进行某一固定的手动操作，如手动变速、换刀等。此后，需重新启动才能继续执行以下程序。

2) M01——计划(选择性)停止指令。作用与 M00 相似。不同的是，需操作人员预先按下面板上的任选停止按钮确认这个指令，在执行完含 M01 指令后，按执行键才能继续执行以后的程序。

计划停止指令常用于加工过程中关键尺寸的抽样检查以及需要准时停机的场合。在加工过程中进行关键尺寸的抽样检查时，M01 常和“跳步”指令(在 ISO 标准中用“/”表示)结合使用。

3) M03、M04、M05——分别为主轴正转、反转、停转指令。

前面介绍，主轴按照右旋螺纹进入工件的旋转方向称为主轴正转，即沿着刀具向零件面方向观察为顺时针方向，相反则称主轴反转。M05 主轴停转在该程序段其他指令执行完后才停止，一般在主轴启、停的同时，开关冷却液及制动。

4) M06——自动换刀指令。常用于自动换刀和显示待换刀具号。

5) M07——2 号冷却液开(雾状冷却液开)指令。

6) M08——1 号冷却液开(急流水状冷却液开)指令。

7) M09——关闭冷却液指令。

8) M10、M11——夹紧、放开指令。用于机床滑座、工件、主轴等的夹紧或松开。

9) M13——主轴正转(顺时针方向)，同时开启冷却液。

10) M14——主轴停转，并关闭冷却液。

11) M19——主轴按照指定的角度定向停止。

12) M30——主轴停转，并关闭冷却液，程序结束。

13) M99——从子程序或宏程序返回。

4.2.3 常见程序段格式简介

在编制数控程序时，首先要根据机床的脉冲当量确定坐标值，然后根据其程序段格式编制数控程序。所谓程序段，就是为了完成某一动作要求所需的功能“字”的组合。“字”是表示某一功能的一组代码符号，如 X2500 为一个字，表示 X 方向尺寸为 2500；F20 为一个字，表示进给速度为 20。程序段格式只是一个程序段中各字的排列顺序及其表示格式。

不同的数控机床根据功能的多少、数控装置的复杂程度、编程是否直观等不同要求而规定了不同的程序段格式。如果输入的格式不符合，数控装置就会报警出错。下面对常见的程序段格式作简单介绍。

1. 固定顺序程序段格式

早期由于数控系统简单，规定了一种称之为固定顺序的程序段格式，例如：

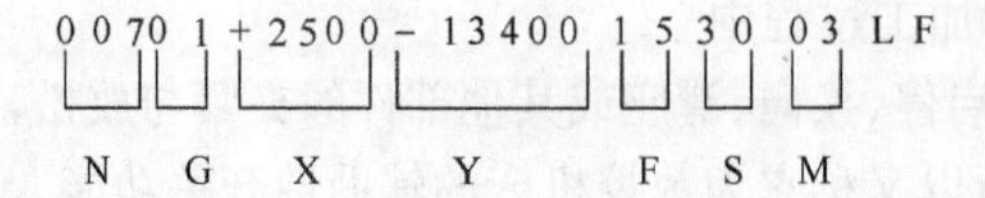

以这种格式编制的程序，各字均无地址码，字的顺序即为地址的顺序，各字的顺序及字符行数是固定的(不管某一字需要与否)，即使与上一字没有改变，也要重写而不能省去。一个字的位数较少时，要在前面用“0”补足规定的位数。所以各程序段所占穿孔带的长度为一定。这种格式的控制系统简单，但是编程不直观，另外穿孔带较长，应用少。

2. 使用分隔符号的程序段格式

这种格式和上述格式基本相同，各字按规定顺序排列，区别在于各字之间用分隔符号(Tab 或 TH)隔开，以表示地址的顺序，根据出现了几个分隔符来判定下面是哪一个数据字，不需要的字或与上一程序段相同的字可以省略，但分隔符号必须保留。

如上例可以写成：

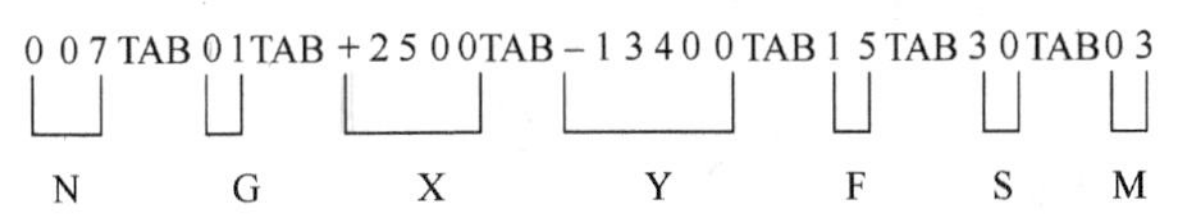

此种格式比前一种格式好，常用于功能不多的数控系统装置，如线切割机床和某些数控铣床，但这种格式的程序不太直观。

3. 字地址程序段格式

这是目前国内外广泛采用的程序段格式。以字地址程序格式表示的程序，每个字之前都标有地址码用以识别地址，即字母和数字组合成的功能字，因此对不需要的字或者与上段程序相同的字都可以省略。一个程序段内的各字也可以不按顺序排列。采用这种格式虽然增加了地址读入电路，但是编程直观灵活、便于检查，而且可以缩短穿孔带，广泛用于车、铣等数控机床。

现在的数控铣床、数控加工中心中大多采用这种程序段格式。如上例可写成：

```
N07 G01 X2500 Y—13400 F15 S30 M03
```

4.2.4　数控程序输入方式

数控机床的信息输入有两种方式：一是手动输入，二是自动输入。因此，与之对应的信息载体的控制介质有两种：一类是控制台手动输入的键盘、波导开关、手动数据输入(MDI)等；另一类为自动输入的穿孔带、穿孔卡、磁带、磁盘、CF 卡、RS232 接口、网卡接口等。都是将代表各种不同功能的指令代码输入数控装置，经过转换与处理，来控制机床的各种操作。

在现在的数控设备上，大多具备手动输入和自动输入两种方式。手动输入可以用键盘和 MDI 方式。自动方式一般用磁盘、CF 卡、RS232 接口、网卡接口，而穿孔带、穿孔卡、磁带基本上已经被淘汰，而磁盘也仅在一些老旧设备中使用，在不久的将来，磁盘必然要被淘汰，因为计算机早已经淘汰了读取磁盘的软驱。一般数控设备都具有两种以上的输入途径。

4.3　数控编程的工艺及数学处理

4.3.1　数控编程的内容与步骤

用普通机床加工零件，事先需要根据生产计划和零件图纸的要求编制工艺规程，其中包括确定工艺路线、选择加工机床、设计零件装夹方式、计算工序尺寸和规定切削用量等。应用数控加工时，大体也要经历这些步骤。这时的工作流程可以简略的用图 4-13 表示。图中虚线框内反映了零件的程序编制过程。其中包括三个主要阶段：

1）工艺处理。即分析图纸、CAD 实体造型、选择零件加工方案、设计装夹方式、确定走刀路线等。

2）程序编制。按照数控机床的指令格式编制加工程序，以机床可接受的方式存储于控制介质中。

3）程序输入。将数控加工程序输入至数控机床中存储，待加工使用。

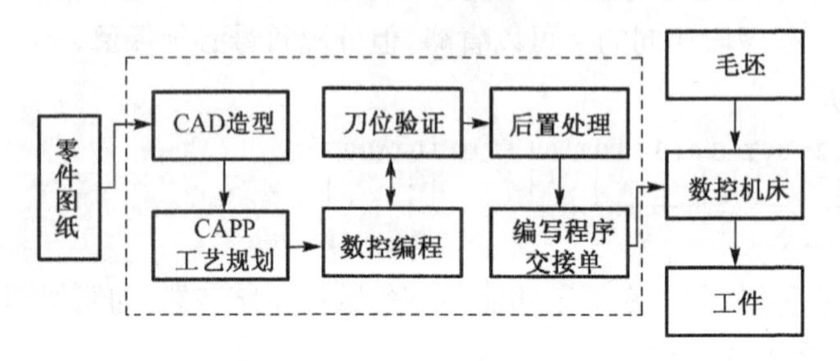

图 4-13 数控加工工作流程

上述工作如果主要由人工完成，称为手工编程；如果由计算机完成，称为自动编程。手工编程的工作量大，计算烦琐，容易出错，但是程序加工效率高。对于精度要求高的平面轮廓零件，尽量使用手工编程，对于复杂型面零件，应该尽量使用计算机自动编程。

4.3.2 数控编程的工艺处理

数控编程的第一步工作是细致分析零件图，明确加工内容和技术要求，然后着手拟定零件的加工方案和选择合适的数控机床。一种零件往往有多种可能的加工方案。例如，框、肋类零件有变斜角的外形轮廓，如果单纯从技术上考虑，最理想的加工方案是选用四坐标或五坐标铣床。不但生产效率高，而且加工质量好，但是这类设备的开支大，生产费用高，一般中小厂甚至无力购置，因此还应考虑其他可能的变通方案。

数控编程人员在拿到工作任务之后，需要系统地分析工件应该采用何种加工方式，使用何种机床、何种刀具等问题，具体应该提前考虑解决的工艺问题包括以下 8 个方面。

1. 细致分析零件图，明确加工内容和技术要求

在加工之前，要分析以下内容：

1）加工部位。加工部位可能是孔、二维轮廓、回转面、直纹面、自由曲面等，不同的加工部位、装夹方式和数控机床的选择都不尽相同。清楚区分需要加工的部位，并确定需要采用的加工方法是数控加工中的第一步。

2）精度要求。零件图中会给出零件的尺寸公差、对称度、同心度等形位公差、表面粗糙度等要求，不同的精度要求，决定了不同的加工方案，也影响到数控机床的选择。高精度的尺寸要求，就需要更高精度的数控机床进行加工，加工成本自然就会相应增加。因此，设计部分给出的加工精度要合理，而不是越高越好。

3）加工基准。要求加工基准能够找正，并且方便找正，否则必须采取特殊的工艺措施。加工基准与夹具设计方案紧密相关，直接影响到夹具的设计。例如，在模具加工中，上模和下模的加工基准要设定在装配状态时的同一侧，或者分别采用分中方式进行加工。分中的优点

是不用考虑上、下模具加工坐标系找正时带来的基准不同而引起的加工找正误差，加工找正误差可能导致上下两个模具无法根据指定的精度要求上下对齐。

4）毛坯状态。毛坯可能采用铸件、锻件、焊接件等，材料可能采用 45＃钢、结构钢、不锈钢、钛合金、高温合金等。不同的材料和毛坯状态，其切削性能大相径庭，差别很大。采用的刀具材料也要根据零件的材料类别来确定。例如，铸铁、石墨工件的加工，因加工容易产生粉末，可能导致机床导轨故障，因此，要选择适合加工铸铁、石墨等的机床进行该类零件的加工。

2. 制定加工方案，选择加工机床类型

一个零件往往有多种加工方法，根据零件的要求和实际情况选择加工零件的机床类型。如果多种加工都能满足精度要求时，要选择性价比（效率/价格）高的机床进行数控加工。在实际应用中，为节约加工成本，能够采用三坐标数控机床加工的工件，尽量不要采用四坐标或五坐标数控机床；能够采用四坐标数控机床加工的工件，尽量不要采用五坐标数控机床。因为五坐标数控机床的工时费远大于四坐标和三坐标数控机床，而四坐标数控机床的工时费也要大于三坐标数控机床。如图 4-14 所示变斜角面，实际是一种直纹面，可选择的加工方法有三坐标行切、四坐标直纹面侧铣、五坐标直纹面侧铣和慢走丝线切割。其中，三坐标数控加工方法精度最低，五坐标数控加工和慢走丝线切割加工方法精度最高，但是慢走丝线切割效率最低。

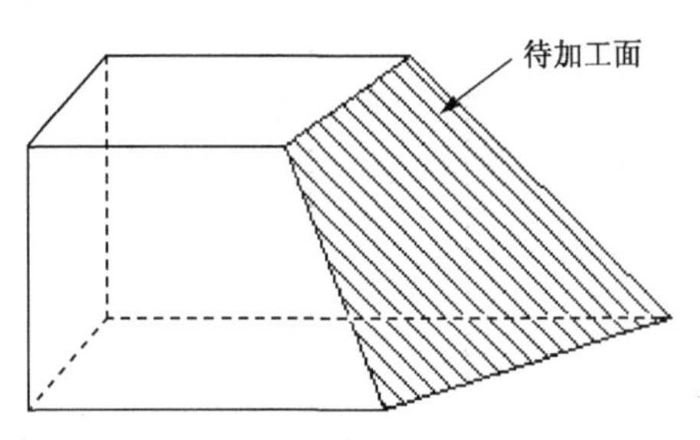

图 4-14　变斜角面加工示意图

3. 确定零件的装夹方法并选择夹具

数控加工中，为了尽量减少辅助时间，一般使用夹具来加快零件的定位和夹紧过程。夹具的主要作用就是将工件精确固定在工作台上，以进行加工。夹具的结构大多比较简单，使用中要保证加工零件时的开敞性和稳定性。夹具本身应该便于在机床上安装，便于协调零件和机床坐标系的尺寸关系。常见的夹具可分为三类：

1）组合夹具。可根据被加工零件的特点由通用元件拼装组合出不同类型的夹具，具有很大的优越性，生产准备周期短，标准件可以反复使用，经济效果好。

2）真空或磁力平台装夹。例如加工飞机整体壁板类零件常用真空平台装夹，零件与工作台间抽真空，形成压紧力。它的优点是装夹快，工件夹持均匀，加工部位开敞性好。

3）专用夹具。加工某种零件而特制的夹具。

为提高工件在不同工序之间周转时的装夹定位精度，目前比较流行的一种辅助工装称为快换工装。快换工装的特点是不同工序的夹具都可以安装在一种统一接口的托盘中。在机床、测量机等不同工位，夹具通过统一接口安装在托盘中，可以避免重复找正工作，大大提高了加工效率。

4. 确定加工坐标系

加工坐标系原点是数控加工中刀具运动的基准点。程序中刀具的坐标计算从这一点开始，所以也称为程序原点，它可以在零件上、夹具上或机床上，但必须与零件的定位基准有已知的准确关系。程序原点应尽量选择在零件的设计基准或工艺基准上，数控加工坐标系的确定过程即所谓的找正。

加工坐标系确定原则：①原点设置便于数控编程的数学处理，可以简化程序；②在加工时方便操作者找正、对刀；③容易进行程序及操作的正确性检查。

5. 选择走刀路线

走刀路线是指数控加工过程中刀位点相对于被加工工件的运动轨迹，合理的走刀路线，可以保证数控加工获得高的加工精度、表面质量，而且加工过程中的空行程少，走刀路线短，得到最高的加工效率。

确定走刀路线的原则是：①保证零件的加工精度和粗糙度；②方便数值计算，减少编程工作量；③避免程序冗长，减少程序段数；④提高切削效率，缩短走刀路线，减少空程；⑤尽量避免刀具在加工中向下切削；⑥刀具轨迹变化尽量做到平缓；⑦精加工最好采用顺铣；⑧易于增加零件刚性。

此处提到了顺铣的概念，与之相对应的概念是逆铣。对主轴顺时针转动的机床而言，顺铣和逆铣可见图 4-15。

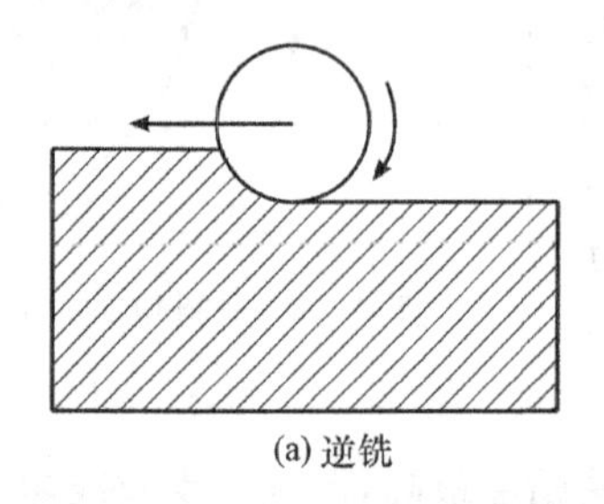

(a) 逆铣

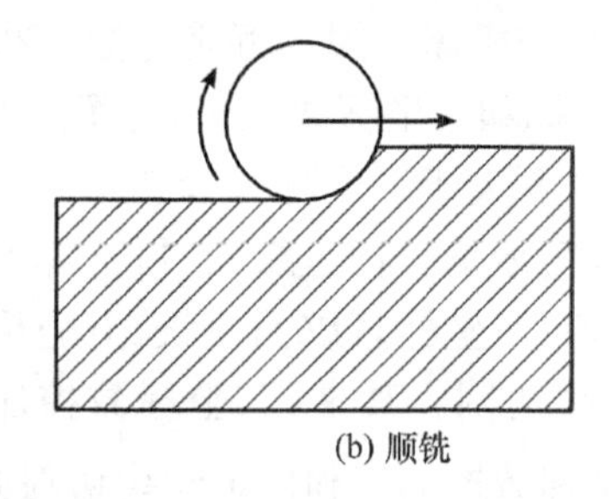

(b) 顺铣

图 4-15　逆铣和顺铣

顺铣(Down Milling)，刀具的切削方向和刀具的前进方向相反，从其英文字面解释即为刀具切削刃从毛坯表面向下切入零件。对于右旋刀具来讲，沿着刀具的前进方向看，刀具在被加工轮廓的左侧称之为顺铣。顺铣加工容易造成让刀，出现加工不到位的现象。

逆铣(Up Milling)，刀具的切削方向和刀具的前进方向相同，从其英文字面解释即为刀具切削刃从刀具切削过的工件表面向上切出零件。对于右旋刀具来讲，沿着刀具的前进方向看，刀具在被加工轮廓的右侧称之为顺铣。逆铣加工容易造成啃切，出现加工过切现象。

此外，影响走刀路线选择的主要因素有：①被加工工件的材料、余量、刚度、加工精度要求、表面粗糙度要求；②机床的类型、刚度、精度；③夹具的结构、刚度等；④刀具的状态、刚度、耐用度等。

6. 选择刀具

与一般机械加工相比，数控加工对刀具提出了更高的要求。不仅要刚度好、精度高，而且要尺寸稳定、使用寿命长。这就需要选用优质高速钢和硬质合金刀具材料并且优选刀具参数，图 4-16 是平底刀和球头刀的参数定义。铣削平面零件的周边轮廓一般采用平底立铣刀，刀具半径 R 应小于零件内轮廓的最小曲率半径，切削深度取(1/6～1/4)R，以保证刀具有足够的加工刚度。

数控加工型面和变斜角轮廓外形时常用球头刀、环形刀、鼓形刀和锥形刀等，如图 4-17 所示。加工曲面时球头刀的应用最普遍，球头刀使用时应该注意，越接近球头刀的底部，切削条件越差；用环形刀可以部分替代球头刀来加工曲面。鼓形刀和锥形刀都可用来加工变斜角零件。鼓形刀的缺点是刃磨困难、切削条件差，而且不适宜于加工内凹区面。锥形刀刃磨容易而且刚性较好，切削条件好，加工效率高，在加工叶轮通道或者叶片交线清根时尤其适合，而且工件表面粗糙度也较好，在加工变斜角零件时可以通过程序控制角度的变化。

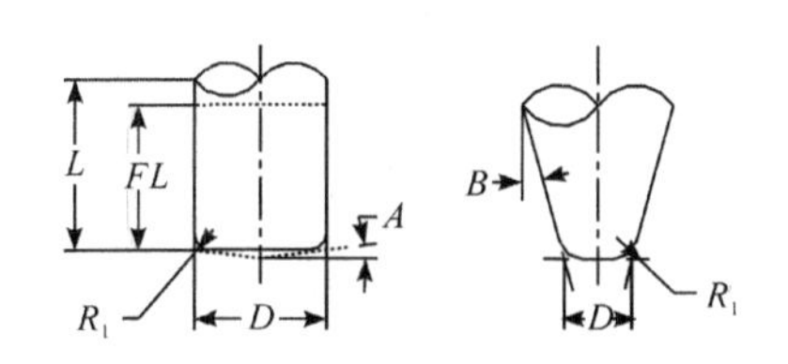

D	刀具直径
R_1	底角半径
L	刀具长度
B	刀具锥度半角
A	底刃斜角
FL	切削刃长

图 4-16 数控加工刀具参数

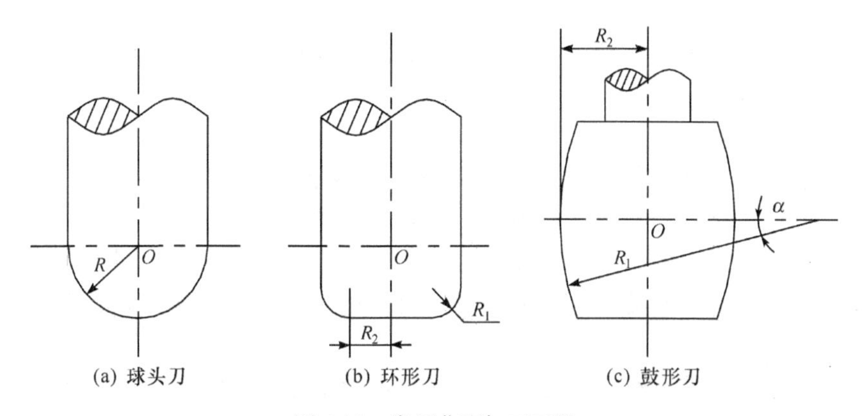

(a) 球头刀 (b) 环形刀 (c) 鼓形刀

图 4-17 常用曲面加工刀具

7. 确定加工用量

数控编程切削用量包括切削深度、切削宽度、进给速度、主轴转速等。对于粗加工、精加工、钻孔、攻丝、尖角部位等，需要选用不同的切削用量，事先在程序中编入。

1) 切削深度是指刀具切入工件的深度，一般用 a_p 表示。主要根据机床、工件和刀具的刚度决定。如果条件许可，最好一次切净余量，提高加工效率。为了改善表面粗糙度和加工精度，也可以留少量余量，例如0.2～0.5毫米，最后精取余量。若切削宽度和深度越大，则切削力、残余应力、振动越大，加工表面粗糙度越高，精度越低。

2) 切削宽度是指加工时每相邻两切削行之间的距离，即端铣时工件被切部分宽度，又称为行距，一般用 a_e 表示。粗加工切削宽度由刀具、机床、零件的刚性决定；精加工可根据零件的粗糙度确定。要降低表面粗糙度，可缩小行距，但加工效率降低。因此在保证行距不变的前提下，应选择较大半径的刀具，可明显降低残留高度，见图 4-18。

3) 主轴转速的确定要根据切削材料、切削力的大小，配合刀具厂家提供的切削参数来查表计算。

主轴转速与刀具切削线速度有关。刀具切削线速度可根据刀具厂商提供的切削数据表查询，它与刀具材料、被切削材料、切削深度、切削宽度、冷却状态等有关。主轴转速 n（单位：r/min）与刀具切削线速度 v_c（单位：m/min）有如下关系：

$$n=1000v_c/\pi D_c$$

其中，D_c 为工件或刀具直径（单位：mm）。

4) 进给速度（单位：mm/min）是指刀具每分钟移动的距离，也称为进给量，程序中一般采

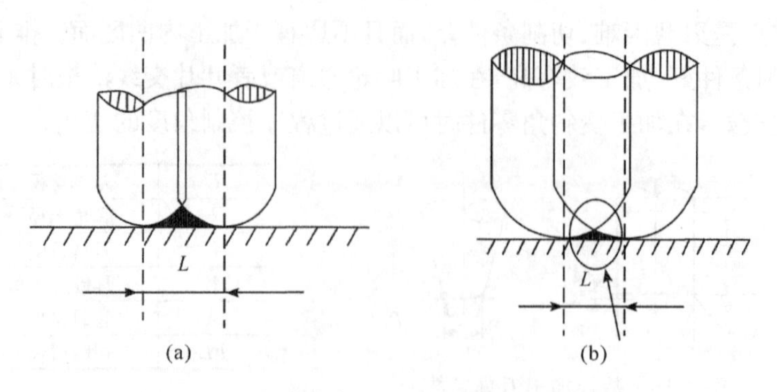

图 4-18　切削宽度与刀具半径、残留高度的关系

用 F 表示。应根据零件的加工精度和表面粗糙度要求以及刀具和工件材料选择。进给速度 v_f 可根据下式进行计算。

$$v_f = n \cdot z_n \cdot f_z$$

其中，n 为主轴转速，z_n 为刀具齿数，f_z 为每齿进给量(单位：mm/齿)。

一般数控机床进给速度可通过控制旋钮调节，调节范围一般在程序给定进给速度的 50%～150%。例如，编程给定进给为 200mm/min，则可调节的加工进给速度范围是 100～300mm/min，编程时只需在程序段中给出设定的速度，具体的进给量在加工时由操作人员随时修正，有较大的灵活性。

有些数控机床采用另一种进给速度指标，称作进给率，用 FRN 表示。对于直线插补

$$\mathrm{FRN} = \frac{v_f}{L}(1/\mathrm{min})$$

对于圆弧插补

$$\mathrm{FRN} = \frac{v_f}{R}(1/\mathrm{min})$$

式中，v_f 为刀具的进给速度；L 为程序段中起点到终点的距离(单位：mm)；R 为程序段中插补圆弧的半径(单位：mm)。

规定进给率，实际上相当于规定一个程序段的执行时间，即

$$T = \frac{1}{\mathrm{FRN}}(\mathrm{min})$$

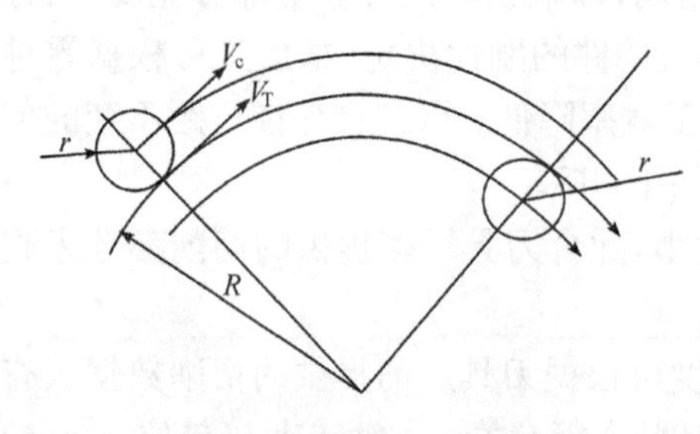

图 4-19　圆弧加工进给速度

程序中在选择进给量或进给率时需要注意零件加工中的某些特殊情况。例如当加工圆弧段时，切削点的实际进给速度并不等于编程值。从图 4-19 中可知，当刀具中心的进给速度为 V_c，零件轮廓的圆弧半径为 R，刀具半径为 r 时，加工外圆弧的切削点实际进给速度为

$$V_T = \frac{R}{R+r}V_c$$

即实际速度小于编程值。而在加工内圆弧时

$$V_T = \frac{R}{R-r}V_c$$

进给速度在特殊情况会与编程的速度不同:① 当加工内圆弧且圆弧半径 R 接近刀具半径 r 时,切削点的实际进给速度将变得非常大,有可能引起损伤刀具或工件的严重后果;② 加工外圆弧时的转角速度指令可能引起速度巨变;③ 多坐标机床的直线与转角在同一程序段中时实际进给速度会与编程速度差距巨大。

如果是四坐标或五坐标数控加工,则程序中可能存在角度坐标,角度坐标的进给速度单位为:度/min。若数控程序中既含有线性坐标又含有角度坐标,则进给速度 F 只按线性移动坐标计算,而转动坐标按"线性变化规律"做从动。而有些数控机床的进给速度按线性和角度坐标一起计算,可以通过其内置的 G 指令进行控制。下面以进给速度只按线性移动坐标计算,而转动坐标按"线性变化规律"做从动为例说明已知进给速度 F,各分坐标轴的进给速度计算方法如下:

$$\begin{cases} L = \sqrt{\Delta X^2 + \Delta Y^2 + \Delta Z^2} \\ T = \dfrac{\Delta X}{v_{\mathrm{f}_X}} = \dfrac{\Delta Y}{v_{\mathrm{f}_Y}} = \dfrac{\Delta Z}{v_{\mathrm{f}_Z}} = \dfrac{L}{v_{\mathrm{f}}} \\ v_{\mathrm{f}_i} = \dfrac{\Delta i}{L} v_{\mathrm{f}} (i \in \{X,Y,Z,A,B,C\}) \end{cases}$$

其中,L 为前后两行数控程序坐标点之间的距离,T 为该段程序的加工时间。

8. 程序编制中的误差组成

程序编制中的误差主要由于下述三部分组成:

1) 逼近误差。这是用近似计算方法逼近零件轮廓时产生的误差,也称一次逼近误差。生产中经常需要仿制已有零件的备件而又无法考证零件外形的准确数学表达式,这个过程一般称为逆向工程。这时只能实测一组离散点的坐标值,用样条曲线或曲面拟合后编程。近似方程所表示的形状与原始零件之间有误差。一般情况下很难确定这个误差的真实大小。

2) 插补误差。这是用直线或圆弧段逼近零件轮廓曲线所产生的误差。减小这一误差的最简单方法是加密插补点,但这会增加程序段数量,增加程序长度和计算时间。

3) 圆整化误差。这是将工件尺寸换算成机床的脉冲当量时由于圆整化所产生的误差。数控机床的最小位移量是一个脉冲当量,小于一个脉冲的数据只能用四舍五入的办法处理。这一误差的最大值是脉冲当量的一半。

在点位数控加工中,编程误差只包含一项圆整化误差;而在轮廓加工中,编程误差主要由插补误差组成。零件图上给出的公差,允许分配给编程误差的只能占一小部分。还有其他很多误差,如控制系统误差、拖动系统误差、零件定位误差、对刀误差、刀具磨损误差、工件变形误差等,其中拖动系统误差和定位误差常常是加工误差的主要来源,因此编程误差一般应控制在零件公差的 10%～20%以内。

4.3.3　二维轮廓编程的数学处理

数学处理阶段的中心内容是根据零件图纸和选定的走刀路线、编程误差等计算出各个刀位点的坐标数据。

这里扼要说明二维轮廓的刀位点计算。

铣切图 4-20 中的零件轮廓时,必须向数控机床输入各个程序段的起点、终点和圆心位置。这就需要运用解析几何和矢量代数的方法求解直线和直线的交点、直线与圆弧的切点等,得出

图 4-20 中的 P_1、P_2、P_3、P_4、P_5、P_6、O_1、O_2 各点的坐标。解析几何中的求交，一般采用联立求解代数方程的方法。已知平面直线方程的通式是

$$Ax + By + C = 0$$

平面内圆的方程利用圆心位置(x_c , y_c)和半径 R 的表达式是

$$(x - x_c)^2 + (y - y_c)^2 = R^2$$

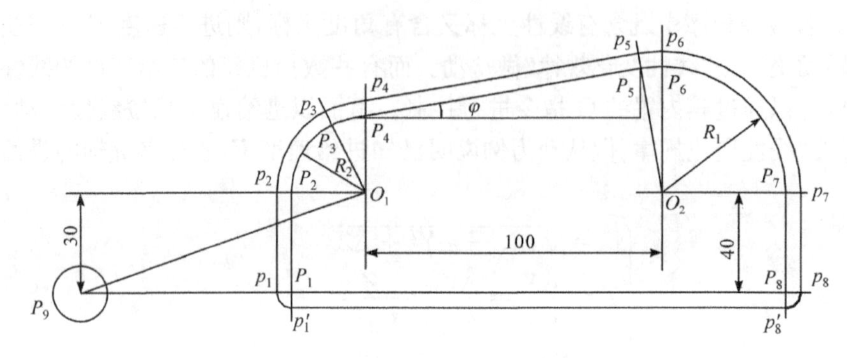

图 4-20 一种典型的二维轮廓

对于图 4-20 中的 P_3 点和 P_5 点，相当于求两个圆的公切点。两个二次方程联立，一般情况下会有四组解，对应于图 4-21(a)中的四种公切线。为了求得 P_3、P_5 两点的位置，通常的程序处理步骤是首先解出全部四组根，然后进一步判断，从中选取需要的一组解。但是，如果对直线、圆、以至于曲线都赋以方向性，在很多情况下解都是唯一的。例如图 4-21(b)中，假设 O_1 和 O_2 圆都是顺时针走向，则按照皮带轮法则，从 O_1 到 O_2 的公切线只能是 L_1，而从 O_2 到 O_1 的公切线只能是 L_2。图 4-21(c)表示了其他两种情况。下面是利用这种定向关系求解分切点的算法，步骤上比较简单。

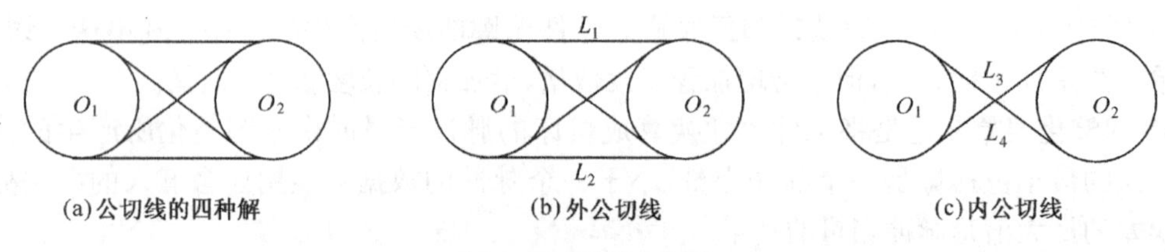

(a)公切线的四种解 (b)外公切线 (c)内公切线

图 4-21 圆的公切线

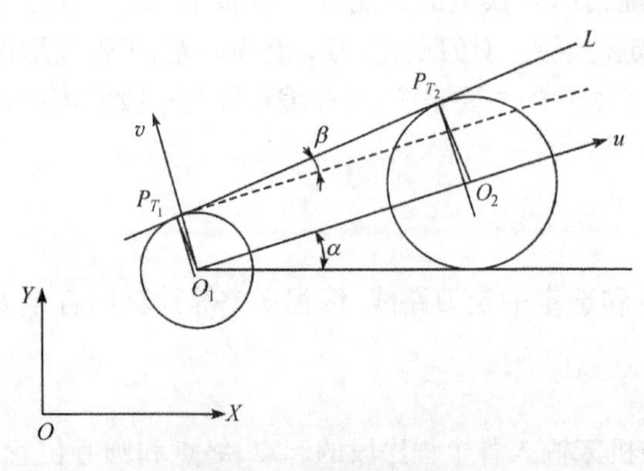

图 4-22 求解圆的公切线

如图 4-22 所示，已知 O_1 和 O_2 圆的中心距是 H，

$$H = \sqrt{(x_{02} - x_{01})^2 + (y_{02} - y_{01})^2}$$

$$\sin\beta = \frac{R_1 - R_2}{H}, \quad \cos\beta = \sqrt{1 - \sin^2\beta}$$

上式中圆的半径带正负号，规定顺时针圆的半径为正，逆时针圆的半径为负。

在 u-v 局部坐标系内，切点 P_{T_1} 位置是

$$u_T = R_1\sin\beta, \quad v_T = R_1\cos\beta$$

转入总体坐标系后，切点 P_{T_1} 的坐标为

$$X_{P_{T_1}} = X_{O_1} + u_T\cos\alpha - v_T\sin\alpha,$$

$$Y_{P_{T_1}} = Y_{O_1} + u_t \sin\alpha + v_T \cos\alpha$$

切点 P_{T_2} 的坐标可以用类似的算法求得。

当配备了现代的 CAD/CAM 系统后，上面这些数学处理将会由系统通过交互的方式解决，计算变得很直观而且简单。

4.3.4　切削参数的数学计算

数控铣削加工中有一些常用术语，总结如表 4-2 所示，部分切削参数的物理意义见图 4-23 所示。

表 4-2　数控铣削加工中常用术语

术语	单位	术语	单位
D_c＝切削直径	mm	h_m＝平均切削厚度	mm
l_m＝加工长度	mm	z_c＝有效齿数	个
D_{ap}＝给定深度时的最大切削直径	mm	k_{c1}＝单位切削力	N/mm^2
a_p＝切削深度（背吃刀量）	mm	n＝主轴转速	Rev/min
a_e＝切削宽度（侧吃刀量）	mm	P_c＝切削功率	kW
v_c＝切削速度	m/min	η_{mt}＝切削效率	
Q＝金属切削率	cm^3/min	κ_r＝主切削角	角度
T_c＝加工时间	min	V_{c0}＝切削速度常数	
z_n＝刀齿数		C_{cv}＝切削速度修正系数	
f_z＝每齿进给量	mm	m_c＝单位切削厚度上切削力的增加量	
f_n＝每转进给量	mm	i_c＝内切圆	
v_f＝工作台进给（进给速度）	mm/min	h_{ex}＝最大切削厚度	mm

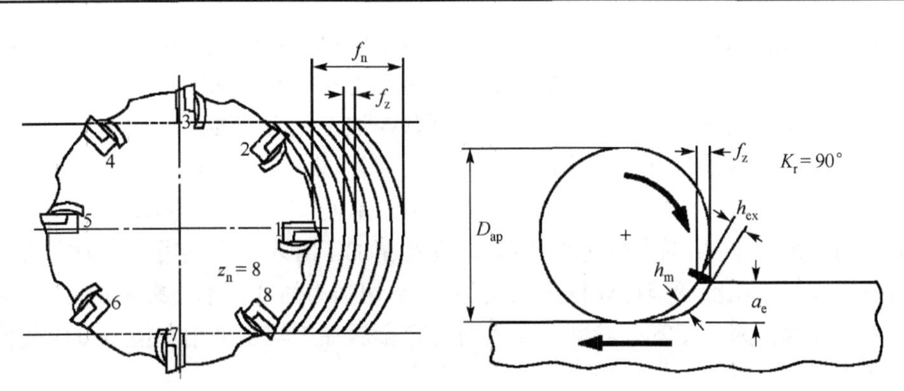

图 4-23　切削参数物理意义示意图

数控铣削加工中常用的数学公式总结如下：

切削速度(m/min)
$$v_c = \frac{\pi \times D_c \times n}{1000}$$

主轴转速(rev/min)
$$n = \frac{v_c \times 1000}{\pi \times D_c}$$

工作台进给(进给速度)(mm/min)
$$v_f = f_z \times n \times z_n$$

每齿进给量(mm) $f_z = \frac{v_f}{n \times z_n}$

每转进给量(mm) $f_n = \frac{v_f}{n}$

切除率(cm^3) $p_c = \frac{a_p \times a_e \times v_t \times k_c}{60 \times 10^6 \times \eta}(cm^3)$， $a_e/D_c \geqslant 0.1$

理论切削力(N/mm^2) $k_c = k_{c1} \times h_m^{m_e}$

当 $a_e/D_c \leqslant 0.1$ 时，平均切削厚度(侧铣和面铣)

$$h_m = f_z \sqrt{\frac{a_e}{D_c}}$$

当 $a_e/D_c \geqslant 0.1$ 时，平均切削厚度

$$h_m = \frac{\sin k_t \times 180 \times a_e \times f_z}{\pi \times D_c \times \arcsin\left(\frac{a_e}{D_c}\right)}$$

加工时间(min) $T_C = \frac{l_m}{v_t}$

净功率(kW) $p_c - \frac{a_p \times a_e \times v_t \times k_c}{60 \times 10^6 \times \eta}$

4.4 简单二维轮廓加工数控编程

4.4.1 二维轮廓加工注意事项

如前所述，对具体零件而言，在工艺数控加工工艺确定后，首先应该考虑走刀路线，即刀具刀位点相对工件运动的轨迹及方向。合理的走刀路线是获得高的加工精度、表面质量的保证，尤其是在对尺寸及表面质量要求较高的二维轮廓数控加工尤为重要。

用普通机床加工零件时，很少采用左偏刀(G41 刀补)来进行切削加工，因为采用左偏刀加工时，切削力变化较大，在丝杠传动结构上没有采取消除间隙的措施，容易产生打刀等现象，而在精加工时切削余量小，切削力变化小，所以只有在精加工时才考虑使用左偏刀方式。而数控机床传动系统大多采用滚珠螺母丝杠副来消除间隙，切削力的冲击不会影响加工效率和精度，所以可以采用左偏刀来加工零件轮廓。尤其对有色金属加工较多采用左偏刀可以获得很高的表面粗糙度水平。

数控加工零件轮廓对刀具的刚度和耐用度要求比较严格。因为刀具刚度差和质量低，不仅影响生产率和加工精度，也易在工件轮廓上留下接刀痕迹，影响表面质量。在刀具的选择中还应充分考虑刀具的安装和调整方便。

此外，刀具的选择应该和零件轮廓形状相符合，如加工内凹的轮廓时，刀具半径必须小于零件内凹圆弧的半径，这样才能够保证刀具在加工圆弧转角时完全切削出要求的轮廓形状。对于外凸的圆弧和形状，对刀具半径没有特殊的要求。

在数控铣床上加工零件，为获得较低的表面粗糙度和较高的加工精度，还应注意以下三点：

1) 合理设计切入、切出程序段。对于平面轮廓，一般是利用立铣刀周刃进行切削的，为了

避免在轮廓的切入和切出处留下刀痕，刀具应沿零件轮廓的延长线的切向切入和切出。若受结构、尺寸等限制，平面轮廓内形不允许沿其切向切入切出时，则应沿零件轮廓的法向切入和切出，而切入、切出点要尽可能选用零件轮廓相邻两几何元素的交点。

2) 避免在切削过程中进给停顿，否则会在轮廓表面留下刀痕。若在被加工表面范围内垂直下刀和抬刀也会划伤表面。例如，用立铣刀周齿铣削平面轮廓就应避免在铣削表面范围内沿刀具轴线直接进刀和抬刀，而是以圆弧方式进退刀，使之离开轮廓一段距离后再将刀具抬起。

3) 采用多次走刀和顺铣加工。因为在相同的切削条件下，顺铣能获得较低的表面粗糙度，多次走刀可以消除刀具加工过程中的变形引起的轮廓加工误差。

4.4.2　二维轮廓加工程序格式

国际上著名的数控系统有 Fanuc、Siemens、Heidenharn，国内著名的数控系统有广州数控，华中数控、凯恩帝等。Fanuc、Siemens 数控系统以及国内的数控系统都采用了 G 代码格式编程。目前，欧洲五轴数控加工中心制造商经常会采用 Heidenharn 数控系统，例如 ITNC-530 型号，其编程格式不再使用 G 代码方式，其编程格式发生了很大变化。现代的数控系统大部分都采用绝对坐标编程，绝对坐标编程比相对坐标编程要简单得多，不再需要烦琐的数值计算，仅需要计算出各个刀位点的绝对坐标即可。目前的主流数控系统脉冲当量多数是 0.001mm，有些甚至可以达到 0.0001mm。而有些老旧的数控系统，例如 Fanuc-220A 采用的是相对坐标编程。下面的介绍中，主要介绍脉冲当量为 0.001mm 的绝对坐标编程格式，而相对坐标编程仅介绍脉冲当量为 0.005mm 的 Fanuc-220A 的编程格式，仅供参考。

1. 直线编程格式

(1) 相对坐标编程

Fanuc-220A 的相对坐标编程格式如下：

```
NΔΔΔ  G01 X(Xe-Xs)  Y(Ye-Ys)CR
```

其中，(Xe，Ye)为终点坐标；(Xs，Ys)为起点坐标；CR 表示一行程序结束，可以省略。上述格式表述的意义是：终点相对于起点的增量。但是要求将坐标增量末位圆整化成 0 或 5，然后乘 1000。

对图 4-24 所示坐标点，从 P_1 到 P_2，其编程代码如下：

```
N10 G1 X11345 Y5705
```

(2) 绝对坐标编程

1) 采用 G 代码格式的数控系统，其绝对坐标编程格式基本一致，如下所示：

```
NΔΔΔ  G01 X(Xe)  Y(Ye)
```

对图 4-24 所示坐标点，从 P_1 到 P_2，其编程代码如下：

```
N10 G1 X31.347 Y20.703
```

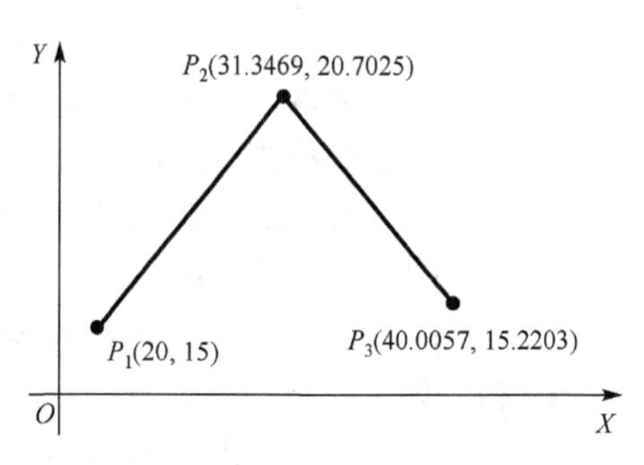

图 4-24　连续两条直线段及其坐标

2) Heidenharn ITNC-530 数控系统的直线绝对坐标编程格式如下所示：

```
ΔΔΔ  L X(Xe)  Y(Ye)
```

其中，ΔΔΔ 代表行号；L 代替了 G01，表示直线，可理解为英文单词 Line 的缩写。

对图 4-24 所示坐标点，从 P_1 到 P_2，其编程代码如下：

```
10 L X31.347 Y20.703
```

2. 圆弧编程格式

(1) 相对坐标编程

Fanuc-220A 系统的圆弧编程格式如下：

```
NΔΔΔ  G02/G03  X(Xe-Xs)  Y(Ye-Ys)  I(Xc-Xs)  J(Yc-Ys)
```

其中，(Xc，Yc)为圆心坐标。上述格式的意义：终点相对于起点的增量和圆心相对于起点的增量，坐标增量末位圆整化成 0 或 5，圆整化后乘 1000。

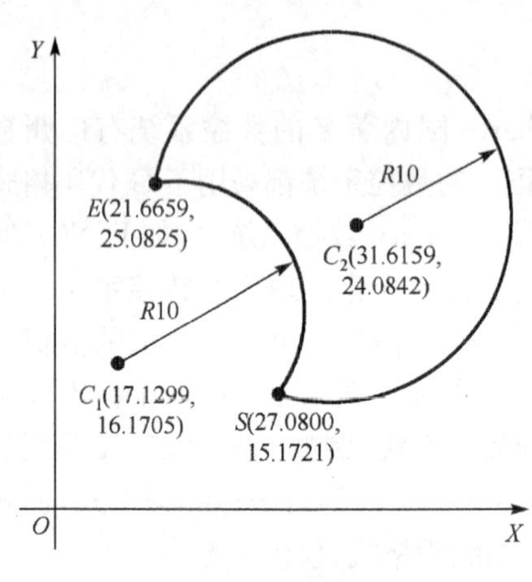

图 4-25　圆弧及其坐标点

对图 4-25 所示圆弧，从 S 点到 E 点，有两种情况，分别是一个亏弧和一个盈弧。其中亏弧编程格式如下：

```
N10 G3 X-5415 Y9910 I-9950 J1000 CR
```

盈弧编程格式如下：

```
N10 G3 X-5415 Y9910 I4535 J8910 CR
```

(2) 绝对坐标编程

现代数控系统的圆弧表达方式根据数控系统各自的要求略有不同。

1) 采用终点坐标和圆弧半径表示的编程格式。

这一类数控系统的典型代表如 Fanuc-OI 系列数控系统，其格式如下：

```
NΔΔΔ  G02/G03  X(Xe)  Y(Ye)  R(±r)
```

其中，r 代表圆弧半径数值；当圆弧圆心角<180°时，圆弧半径 R 为正；当圆弧圆心角≥180°时，圆弧半径 R 为负。

对于图 4-25 所示圆弧，从 S 点到 E 点，其中亏弧编程格式如下：

```
N10 G3 X21.666 Y25.083 R+10
```

盈弧编程格式如下：

```
N10 G3 X21.666 Y25.083 R-10
```

2) 采用终点坐标和圆心相对于起点坐标增量的编程格式。

这一类数控系统的典型代表如 Siemens-840D 系列数控系统，其格式如下：

```
NΔΔΔ  G02/G03  X(Xe)  Y(Ye)  I(Xc-Xs)  J(Yc-Ys)
```

对于图 4-25 所示圆弧，从 S 点到 E 点，其中亏弧编程格式如下：

```
N10 G3 X21.666 Y25.083 I-9.950 J0.998
```

盈弧编程格式如下：

```
N10 G3 X21.666 Y25.083 I4.536 J8.912
```

3) 综合应用上述两种方式的编程格式。

Philips-532 系统是我国较早引进的 MAHO 机床采用的数控系统，其编程格式综合了上述两种方式。

当圆弧圆心角≤180°时，其编程格式为

```
NΔΔΔ  G02/G03  X(Xe)  Y(Ye)  R(+r)
```

当圆弧圆心角>180°时，其编程格式为

NΔΔΔ G02/G03 X(Xe) Y(Ye) I(Xc-Xs) J(Yc-Ys)

对图 4-25 所示圆弧，从 S 点到 E 点，其中亏弧编程格式如下：

N10 G3 X21.666 Y25.083 R+10

盈弧编程格式如下：

N10 G3 X21.666 Y25.083 I4.536 J8.912

4）Heidenharn 数控系统的圆弧绝对坐标编程格式。

这一类数控系统的典型代表是五轴数控加工中心常采用的 ITNC-530 系统，其编程格式如下所示：

ΔΔΔ CR X(Xe) Y(Ye) R(±r) DR(±)（逆）

其中，当圆弧圆心角<180°时，圆弧半径 R 为正；当圆弧圆心角≥180°时，圆弧半径 R 为负；逆时针圆弧，DR 为正；顺时针圆弧，DR 为负；CR 可理解为英文单词 Circle 的缩写，DR 可理解为英文单词 Direction 的缩写。

对图 4-25 所示圆弧，从 S 点到 E 点，其中亏弧编程格式如下：

10 CR X21.666 Y25.083 R+10 DR+

盈弧编程格式如下：

10 CR X21.666 Y25.083 R-10 DR+

4.4.3 二维轮廓加工数控编程实例

下面以图 4-26 为例，结合几种常用的数控系统介绍二维轮廓数控加工程序编制。

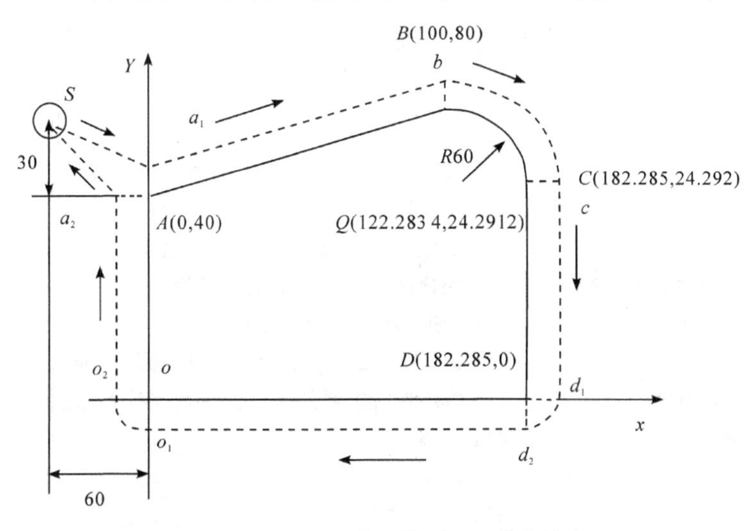

图 4-26 *XOY* 平面内的单圆弧二维外轮廓 1

1. FANUC-220A 控制系统

脉冲当量 0.005mm，S 为起刀点，左偏，相对坐标编程。该系统目前很少见到，此处例子仅供参考。

N1 G17 G91 G01 G41 X60000 Y-30000 I100000 J40000 F2 S500 HO1 M03 CR　H01，机床地址字，存储刀具半径

```
N2 G01  X100000  Y40000 CR                         走AB段
N3 G02 X82285 Y-55710 I22285 J-55710 CR            BC段圆弧
N4 G01 Y -24290 CR                                 走CD段
N5 G39 I -100000  CR                               尖角过渡
N6 G01 X-182285 CR                                 走DO段
N7 G39 J40000  CR                                  尖角过渡
N8 G01 Y40000  CR                                  走OA
N9 G40 G01 X-60000 Y30000 M30 CR                   取消刀补,退回S,主轴停转,关冷却液
```

FANUC-220A数控系统编程要点提示:

1) 脉冲当量0.005mm/脉冲,末位按照四舍五入圆整化成0或5;

2) 圆整后的坐标数值以1/1000mm表示;

3) 相对坐标编程G91;

4) 后段程序为直线时,刀具半径偏置方向用IJK表示,以本段程序终点为起点,后段直线确定偏置矢量IJK,在表示圆弧时IJK表示圆心相对于起点的变化量;

5) G39为尖角过渡指令,IJK后值正负仅表示方向,与大小无关;也是以本段程序终点为起点,后段直线确定,正负与坐标轴方向一致。

2. FANUC-OI系列数控系统编程

VMC-850数控铣床是国内常见的一种数控机床,多装配了FANUC-OI-MB或FANUC-OI-MC系列数控系统,也有些装配了Siemens、广州数控或华中数控系统。下面以FANUC-OI-MB为例介绍其编程方法。其脉冲当量为0.001mm,*S*为起刀点,采用左偏刀补绝对坐标编程,程序如下:

```
%PM                               主程序格式要求
N2000                             程序序号
N01 T10 M6                        选择刀具,自动换刀,10号刀具
N02 G90 G17 M03 S1000             选择加工平面,主轴转速,刀具顺时针旋转
N03 G56                           调用加工坐标系原点,采用G56坐标系
N04 G43 H02                       刀具长度补偿。H02为数控系统地址字,存储刀长补偿值
N05 G0 X-60 Y70 Z100 M08          刀具快速移动到起点,打开冷却液
N06 G1 Z10 F3000                  刀具快速移动下降接近工件
N07 G1 Z-3 F500                   刀具以切削进给速度移动至工件表面下3mm
N08 G41 X0 Y40 D20                刀具左补偿,加工到点A。D20为数控系统地址字,存储半径补偿值
N09 X100 Y80                      加工到B点
N10 G2 X182.285 Y24.292 R60       加工圆弧BC
N11 G1 Y0                         加工直线CD
N12 G1 X0                         加工到O点
N13 G1 Y40                        加工到A
N14 G40                           取消半径补偿
N15 G1 Z10 F2000                  刀具退回Z10平面
N16 G0 X-60 Y70 Z100              快速退刀至起始位置
N17 M30                           主轴停止,关闭冷却液,程序结束
%                                 程序结束标志
```

3. Siemens-840D 数控系统编程

国外进口的五轴数控加工中心很多都装配了 Siemens-840D 系统，例如瑞典机床 SAJO-10000P，其脉冲当量 0.001mm ，*S* 为起刀点，采用左偏刀补，绝对坐标编程，程序如下：

程序	说明
%_N_PART4_MPF	主程序格式要求
;$PATH= /_N_WKS_DIR/_N_T_WPD	_N_WKS_DIR 为机床主目录，_N_T_WPD 中的 T 实际是用户新建的目录，放置在机床中。只能有 2 级目录
T= "FR5"	指定需要用到的刀具名称，数控系统可对刀库进行管理，系统中可定义刀具名称，指定刀具半径大小和刀具长度
TC (TOOL CHANGE)	自动换刀
S1000 M13	启动主轴，打开冷却液
G17 G56	指定加工平面，调用加工坐标系原点
G90	(可省)，绝对坐标编程
N10 G0 X-60 Y70 Z100 A0 B0	刀具最大速度走到起刀点，工作台和主轴都转到 0°
N11 G1 Z10 F8000	刀具快速下降到 Z= 10 平面
N12 G1 Z-3 F2000	刀具慢速下降到 Z= - 3 平面
N13 G41 X0 Y40 F100	刀具左偏，刀体与 A 点相切
N14 X100 Y80	加工 AB 直线段
N15 G2 X182.285 Y24.292 I22.283 J-55.709	加工 BC 圆弧段
N16 G1 Y0	加工 CD 直线段
N17 G1 X0	加工 DO 直线段
N18 G1 Y45	加工 OA 直线段
N19 G40	取消刀补
N20 G1 Z10 F3000	刀具快速提升到 Z= 10 平面
N21 G0 X-60 Y70 Z100	刀具最大速度退回到起刀点
N22 M30	主轴停转，关冷却液，程序结束

4. Philips-532 数控系统编程

我国较早引进的 MAHO 机床采用了该系统，例如卧式四轴数控加工中心 MAHO-600E，其脉冲当量 0.001mm，对图 4-27 以 *S* 为起刀点，采用右偏刀补，绝对坐标编程，程序如下：

程序	说明
%PM	主程序格式要求
N10000 (CZ5218,WLK,FR6)	程序号，括号内为程序注释
N01 T16 M66	手动换刀，刀号 16，主轴转速 800
N02 G18	指定加工平面 ZOX
N03 G51	机床原点
N04 G56	调用加工坐标系原点
N05 G0 X30 Y100 Z-30 B0 S800 M13	刀具快速移动到起点，工作台转到 0°，启动主轴，打开冷却液
N06 G01 Y10 F2000	刀具快速下降到 Y= 10 平面
N07 G01 Y-10 F300	刀具以切削进给速度至工件表面下 10mm
N08 G43 Z0	轮廓靠刀指令(系统特有)
N09 G42	右偏刀方式刀补
N10 G1 X-182.285 Z0　F100	加工 OA

```
N11 G1 Z24.292                 加工直线 AB
N12 G3 X-100 Z80 R60           加工圆弧 BC
N13 G1 X0 Z40                  加工 CD
N14 G1 Z0                      加工 DO
N15 G40                        取消刀补
N16 Y10 F300                   抬刀
N17 G0 X30 Y100 Z-30           退刀至起始位置
N18 M30                        程序结束
```

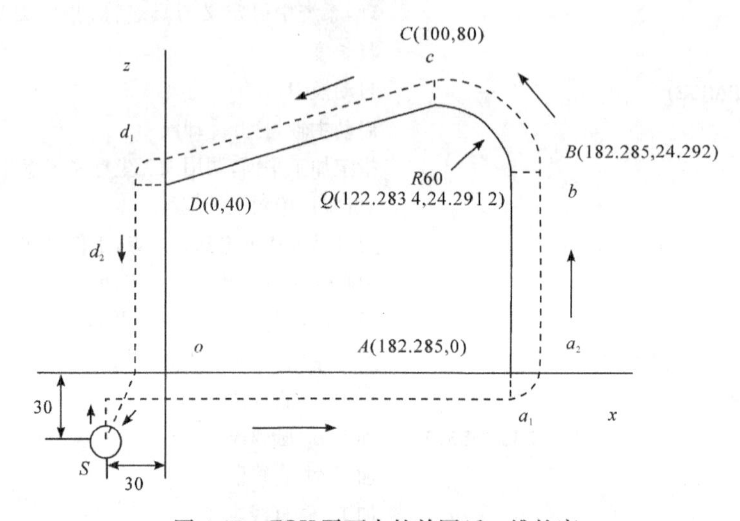

图 4-27　*ZOX* 平面内的单圆弧二维轮廓

5. Heidenharn ITNC-530 数控系统编程

国外进口的五轴数控加工中心除了装配 Siemens-840D 系统之外，更多的装配了 Heidenharn 数控系统，例如 MIKRON UCP1350 数控机床，其脉冲当量 0.001mm，对图 4-28 以 *S* 为起刀点，采用左偏刀补，绝对坐标编程，程序如下：

```
0 BEGIN PGM TEMPLET MM                程序头，程序开始，TEMPLET 为程序名，MM 为单位
1 TOOL CALL"FR5 " Z S1000             自动换刀，指定刀轴方向和主轴转速
2 M13                                 开启冷却液
3 CYCL DEF 247 DATVM SETTING Q339= 2  调用加工坐标系原点，2 号原点
4 L Z+ 250 R0 FMAX                    以最快速度移动到指定高度，无刀具补偿
5 L X-20 Y60 R0 FMAX                  以最快速度移动到起始点，无刀具补偿
6 L Z10 R0 FMAX                       以最快速度接近工件，无刀具补偿
7 L Z-5 R0 F1000                      下降到工件对刀面以下 5mm，无刀具补偿
8 APPR   LCT   X0 Y40 R5 RL F100      靠近工件，以直线圆弧方式切向进刀，刀具左偏
9 L X100 80                           走直线，加工 AB
10 CR  X182.283 Y24.291 R+ 60 DR-     走圆弧，顺时针，加工 BC
11 L Y0                               走直线，加工 CD
12 L X95                              走直线，加工 DE
13 L X97 Y10                          走直线，加工 EF
14 CR X52.413 Y0 R-25 DR+             走圆弧，逆时针，加工 FG
15 L X0                               走直线，加工 GO
```

```
16 L Y40                             走直线,加工 OA
17 DEP   LT   LEN20   F1000          离开工件,直线切向退刀,退刀距离 20
18 Z+ 250 R0 FMAX                    离开工件,直线切向退刀,退刀距离 20
19 M30                               主轴停转,关冷却液
20 END PGM TEMPLET MM                程序尾,程序结束
```

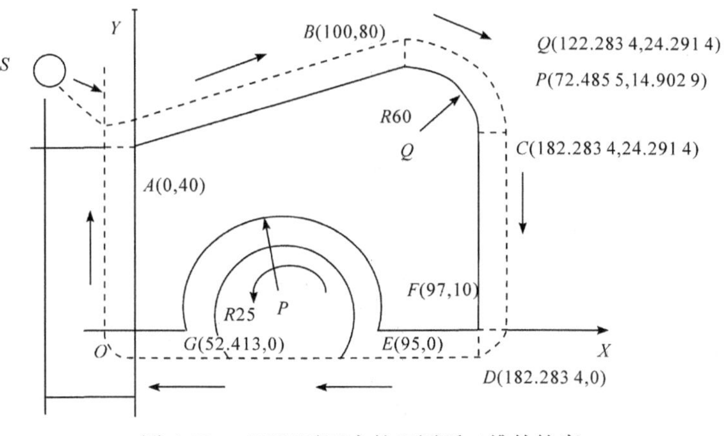

图 4-28　*XOY* 平面内的双圆弧二维外轮廓

6. 华中数控 HNC-21/22 世纪星系列数控系统

华中数控是华中科技大学开发的一种国产数控系统。HNC-21/22 世纪星系列数控系统最大控制轴数为 4 轴,同时控制轴数为 3 轴。脉冲当量为 0.001mm。对图 4-29 以 *S* 为起刀点,采用右偏刀补,绝对坐标编程,程序如下:

```
% 0003                               零件程序名
N01 G90 G17 M03 M07 S600             切削液打开,主轴启动
N02 G54                              使用 G54 加工坐标系
N03 G43 H02                          刀具长度补偿。H02 为数控系统地址字,存储刀长补偿值
N04 G00 X-30.0 Y-30.0 Z100           快速至点 S 上方
N05 G01 Z10 F6000                    快速接近零件
N06 Z-5 F500                         缓慢下降到零件表面下 5mm 处
N07 G42 G01 Y0 D01                   右偏刀,靠近 X 轴方向,以便直线切入零件进刀,
                                     刀具半径补偿值在 D01 数控系统地址字内
N08 X182.285                         直线插补 O→A
N09 Y24.292                          直线插补 A→B
N10 G03 X100.0 Y80.0 I-60.000 J0     圆弧插补 B→C
N11 G01 X0 Y40.0                     直线插补 C→D
N12 Y-3                              直线插补 D→O,并延长 3mm 切出
N13 G40                              注销刀具半径补偿
N14 G01 Z10 F300                     抬刀
N15 G0 X-30.0 Y-30.0 Z100.0 M05 M09  回 S 点,切削液关闭,主轴停止,Z 轴抬刀
N16 M30                              程序结束
```

华中数控系统对圆弧的处理方式既可以采用半径方式也可以采用圆心相对于起点的距离以 I,J,K 方式表示。当圆弧圆心角小于 180°时,R 为正值,否则 R 为负值。

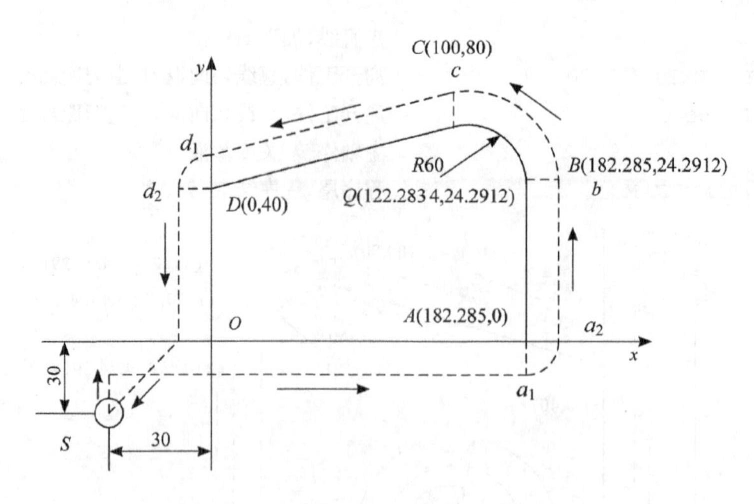

图 4-29　*XOY* 平面内的单圆弧二维外轮廓 2

7. 广州数控 GSK980MD 数控系统

广州数控是广州数控设备有限公司开发的一种国产数控系统。GSK980MD 是 GSK980MC 的升级产品，采用了 32 位高性能 CPU 和超大规模可编程器件 FPGA，运用实时多任务控制技术和硬件插补技术，实现 μm 级精度运动控制和 PLC 逻辑控制。同时控制轴数为 3 轴。脉冲当量为 0.001mm。对图 4-29 以 *S* 为起刀点，采用右偏刀补，绝对坐标编程，程序如下：

```
O0001                               零件程序名
N01 G90 G17 M03 M08 S600            切削液打开，主轴启动
N02 G55                             使用 G55 加工坐标系
N03 G43 H02                         刀具长度补偿。H02 为数控系统地址字，存储刀长补偿值
N04 G00 X-30.0 Y-30.0 Z100          快速至点 S 上方
N05 G01 Z10 F6000                   快速接近零件
N06 Z-5 F500                        缓慢下降到零件表面下 5mm 处
N07 G42 G01 Y0 D02                  右偏刀，靠近 X 轴方向，以便直线切入零件进刀，刀具半径
                                    补偿值在 D01 数控系统地址字内
N08 X182.285                        直线插补 O→A
N09 Y24.292                         直线插补 A→B
N10 G03 X100.0 Y80.0 R60            圆弧插补 B→C，小于 180°圆弧 R 后为正值，大于 180°圆弧
                                    R 为负值。等于 180°圆弧 R 正负都可
N11 G01 X0 Y40.0                    直线插补 C→D
N12 Y-3                             直线插补 D→O，并延长 3mm 切出
N13 G40                             注销刀具半径补偿
N14 G01 Z10 F300                    抬刀
N15 G0 X-30.0 Y-30.0 Z100.0 M05 M09 回 S 点，切削液关闭，主轴停止，Z 轴抬刀
N16 M30                             程序结束
```

广州数控系统对圆弧的处理方式既可以采用半径方式也可以采用圆心相对于起点的距离以 I，J，K 方式表示。建议使用 R 表示。当使用 I、J、K 编程时，为了保证圆弧运动的始点和终点与指定值一致，系统会根据选择平面重新计算 R 来运动。

4.4.4　孔加工数控编程实例

数控系统专门定义了钻孔、镗孔、铰孔、攻丝等固定循环指令，每个指令中有固定的工艺参数可供调用，以定义刀具的进退刀形式、用量等，固定循环一经定义便可重复使用，直到被下一个固定循环替代。

如图 4-30 所示的零件，有两个盲孔需要加工，加工坐标系设置如图中所示，要加工的三个孔尺寸为 ϕ6H7 位置(30,60)、(60,50)，深度 10；ϕ6.2H7 位置(60,30)，深度 10。

从图纸技术要求来看，孔的精度为 7 级，可以在数控镗铣设备上，以镗削或者铰削作为最终的机械加工方法，所以孔的加工基本工序为：中心钻钻底孔—钻孔—镗削。

根据加工工艺顺序，选择刀具为中心钻、钻头、镗刀。

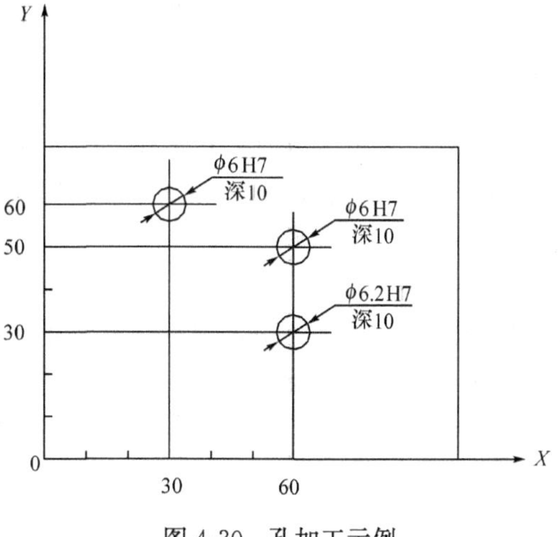

图 4-30　孔加工示例

则上述孔的加工程序如下(Fanuc-OI 系列数控系统)：

```
% PM                                      数控系统约定的程序开始标志
N2000(SGBC-SCW, ZT5, 2005.5.15)           程序编号(程序名称,刀具信息,编程日期)
N01 T1 M6                                 选择刀具,中心钻,自动换刀,1 号刀具
N02 G90 G17 M03 S500                      绝对坐标系,XY 平面,开启主轴,转速 500
N03 G56                                   调用加工坐标系原点,采用 G56 坐标系
N04 G43 H01                               刀具长度补偿,采用 H01 寄存器
N06 G0 X0 Y0 Z100 M08                     快速移动到起始点,开启冷却液
N07 G99 G81 X30 Y60 Z-4 R1 F20            中心钻点 1 孔,然后返回 R 点
N08 X60 Y50                               定位,点 2 孔,然后返回 R 点
N09 G98 X60 Y30                           定位,点 3 孔,然后返回初始位置平面

N10 T2 M6 S800                            自动换刀, 2 号刀具钻头
N11 G43 H02                               刀具长度补偿,采用 H02 寄存器
N12 G99 G83 X30 Y60 Z-13 R1 Q2 F20        深孔钻,定位,钻 1 孔,然后返回 R 点,每次钻深 2mm
N13 X60 Y50                               定位,钻 2 孔,然后返回 R 点
N14 G98 X60 Y30                           定位,钻 3 孔,然后返回初始位置平面

N15 T3 M6 S800                            自动换刀, 3 号刀具,镗刀,直径 6
N16 G43 H03                               刀具长度补偿,采用 H03 寄存器
N17 G99 G76 X30 Y60 Z-11 R1 Q0.1 P1000 F30  定位,精镗 1 孔,然后返回 R 点,Z 为从 R 点到孔底的
                                            距离
N18 G98 X60 Y50                           定位,镗 2 孔,然后返回初始位置平面

N19 T4 M6 S800                            自动换刀, 3 号刀具,镗刀,直径 6.2
N20 G43 H04                               刀具长度补偿,采用 H04 寄存器
N21 G98 G85 X60 Y30 Z-10 R1 F30           定位,粗镗 3 孔,然后返回初始位置平面
```

```
N22 G80 G0 X0 Y0 Z100        取消固定循环,并返回到初始点
N23 M30                      程序结束,主轴停转,关闭冷却液
%                            数控系统约定的结束标志
```

以上是钻孔、镗孔固定循环的使用方法,在加工特殊结构、不同精度孔可采用不同的编程方法,在深孔加工时,可以采用变参数编制可供调用的钻孔子程序或者主程序,实现特殊的加工要求。

G99 表示加工后返回到安全面 R 点,指定的 R 点离零件顶平面 1mm。G81 为钻孔循环指令,中间过程不抬刀。G83 为排屑钻深孔循环指令,每次切削深度由 Q 指令制定,为 2mm,钻 2mm 后抬刀到 R 平面。G76 为精镗孔指令,Z 是从 R 点到孔底的距离,R 仍然是安全平面,Q 为镗孔完毕时镗刀尖在孔底的偏移量,P 为在孔底的暂停时间(单位:毫秒)。G98 表示加工后返回到初始点。G85 为粗镗孔循环,也可用于绞孔。G80 表示取消固定循环。

精镗孔时,一定要注意镗刀刀尖在刀库中的方位,方位不对可能造成工件损伤,具体操作可参考相关数控系统的操作说明书,在没有搞清楚之前不要使用。

4.5 数控车床的程序编制

数控车床是目前应用较广的数控机床,主要用于回转体零件的车、镗、钻、铰、攻丝等加工。一般能自动完成内外圆柱面、圆锥面、球面、圆柱螺纹、圆锥螺纹、槽及端面等工序的切削加工。现代数控车床都具备 X、Y 两轴的联动功能、刀具位置和刀具圆弧半径的补偿功能,以及加工固定循环功能。工件在数控车床上的装夹方式与普通车床相似,只是为了提高生产率而多采用液压、气动和电动卡盘等机动夹紧装置。

4.5.1 数控车削编程特点

1) 在一个程序段中,考虑到方便和精度要求,可采用绝对坐标方式或增量坐标方式或混合方式编程。

2) 直径方向,以绝对坐标方式编程时,X 用直径值表示;以增量坐标方式编程时,用径向实际位移量的两倍编程,且刀具向工件轴线靠近时取负,相反则取正。

3) 应用固定循环功能,刀具补偿功能、圆弧半径直接指定等先进功能编程,使程序编制简化,工作量减少,质量提高。

4.5.2 数控车床的程序编制

1. 编程坐标系

编程坐标系可以任意设定,但一般取 Z 轴与主轴轴线重合,正方向是远离卡盘的方向;X 轴常选在工件内端面或外端面上且与 Z 轴垂直相交,正方向是刀架离开主轴轴线的方向。X 轴同 Z 轴的交点为编程坐标系的原点即编程零点。

工作坐标系一经设定,程序中所有坐标都必须根据这个坐标系进行确定。

2. 数控车床的重要功能

数控车床除具备点位直线控制功能和轮廓功能外,往往还具备了下面一些功能。

（1）倒角功能

大部分车削零件需要倒角，倒角中大部分又是45°直线倒角或与两面相切的圆弧倒角(见图 4-31)，用通常方法编程，凡倒角处要增加一条程序段，对于圆弧倒角还要指定圆心位置。使用倒角功能，便可以简化程序。

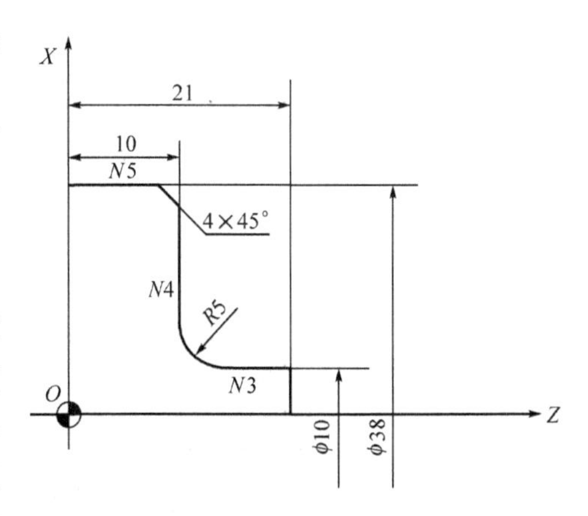

图 4-31　倒角功能

（2）用半径编程的圆弧插补

圆弧插补时，圆弧曲率的指定除用地址 I、K 给出圆心位置的方法外，具有圆弧半径直接指定功能的机床还可以用圆弧半径直接指定。而不必知道圆心的位置，由于零件图上一般都给出圆弧半径，所以用圆弧半径直接指定功能便可以减少计算工作量。半径指令字的地址多为 R，也有用 L 及其他英文字母的。用圆弧半径 *R* 直接指定圆弧半径时的编程格式为

XOY 平面　G02(或 G03)X—Y—R—F—

ZOX 平面　G02(或 G03)X—Z—R—F—

YOZ 平面　G02(或 G03)X—Z—R—F—

（3）车削固定循环功能

车削毛坯多为棒料和铸锻件，一般余量都较大，需要多次走刀切削。因此，在数控车床的数控装置中，总是设置各种形式的固定循环功能，以简化程序的编制。但应注意的是，由于各种数控车床的数控系统不尽相同，所以，这些循环的指令代码及程序段格式也不尽相同，编程时务必按照机床使用说明书的规定进行，下面介绍一些常用的循环指令。

车削固定循环分为简单固定循环和复合固定循环。

1）简单固定循环。

简单固定循环主要有：

① 矩形切削固定循环 G77(如图 4-32(a) 所示)；

② 锥度切削固定循环 G77(如图 4-32 (b) 所示)；

③ 直螺纹切削固定循环 G78(如图 4-32 (c) 所示)。

2）复合固定循环。

又称复合循环功能或复合循环，利用复合固定循环，只要编出最终走刀路线，给出每次切除的余量深度或切除全部余量的走刀次数，机床便能自动地循环切削直到把工件加工到符合要求为止。所以，复合循环是简化或缩短某些加工程序的重要功能。各类数控系统复合固定循环有具体概念。

① 直径粗车循环 G71。适用于圆柱形毛料粗车外圆和用圆筒毛坯料粗车内圆 (见图 4-33(a))。

② 端面粗车循环 G72。适用于圆形毛坯的端面方向粗车(见图 4-33(b))。

③ 仿形粗车循环 G73。适用于毛坯轮廓形状与零件轮廓开头已基本接近的粗车(见图 4-33(c))。

④ 精车循环 G70 用 G71、G72、G73。指令进行粗车后，用 G70 可作精车循环切削。

⑤ 螺纹车削循环 G76。这是螺纹粗、精车合用复合固定循环。

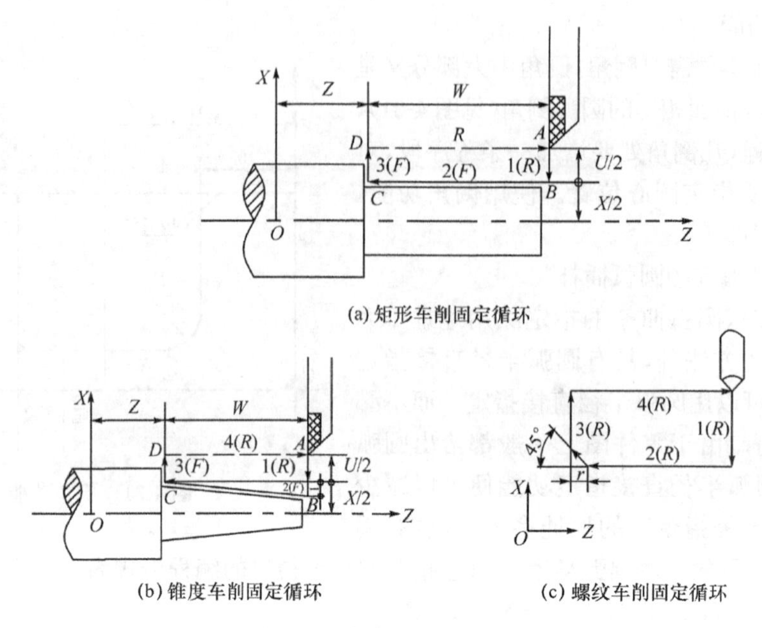

(a) 矩形车削固定循环

(b) 锥度车削固定循环　　　　(c) 螺纹车削固定循环

图 4-32　简单车削固定循环

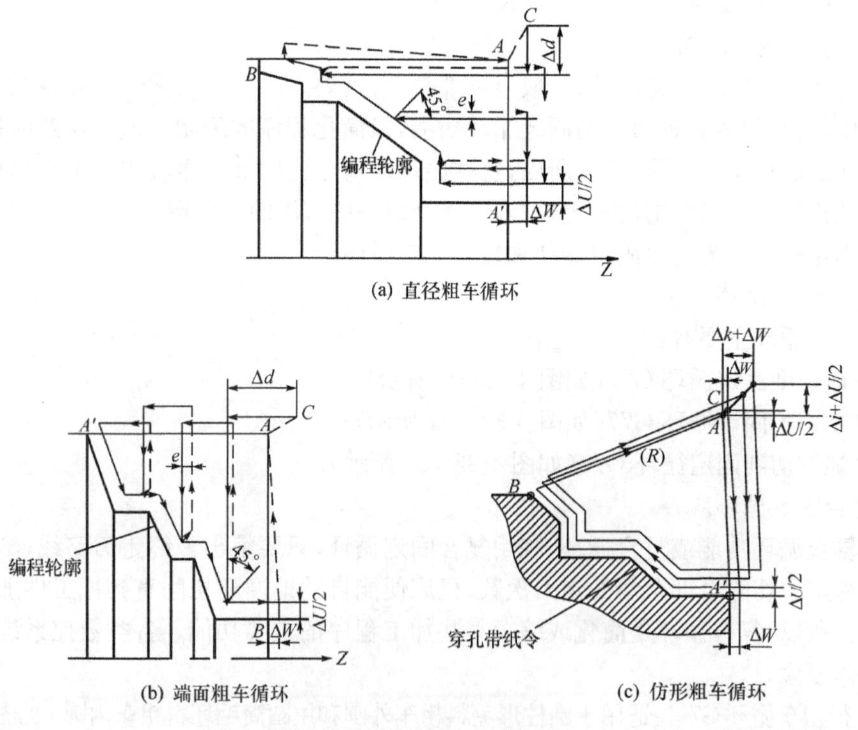

(a) 直径粗车循环

(b) 端面粗车循环　　　　(c) 仿形粗车循环

图 4-33　车削复合固定循环

4.5.3　数控车床加工程序举例

如图 4-34 所示图纸形状，对其进行外圆弧加工。机床型号为上海重型机床厂生产的 ckq61125，数控系统为 siemens。

车加工刀具半径：$R1.5$，原点设置在零件前端面。其程序如下：

G90	绝对坐标
G0 Z500	快速点定位
T4D1	刀号
M03 S100	主轴正转，转速 100
G0 X815 Z1.5	快速点定位，快速接近工件
G95	每转进给
G1 X724.809 F0.5	G1 直线插补，每转进给 0.5
G2 X249.303 Z-138.226 R272.14	G2 顺时针圆弧插补，圆弧半径 R272.14，圆弧终点进行了延长
G0 Z500	退刀
M02	程序结束
M05	主轴停转

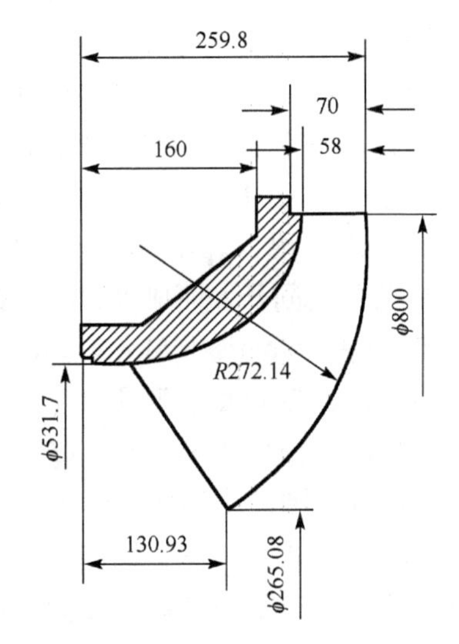

图 4-34　车床加工程序举例编程图纸

第5章 计算机辅助数控编程

5.1 计算机辅助数控编程概述

5.1.1 数控编程发展历程

1. APT语言编程

数控加工时，简单二维零件可用手工方法完成NC编程。但复杂曲面需要多轴联动加工，手工编程难以胜任，必须借助于计算机来编程，即为自动编程。

在图形显示器发明以前，编程员需要根据工件设计要求，用自动编程语言编写该工件加工的源程序，将源程序输入计算机中，计算机在自动编程系统软件的支持下，经计算生成其刀位轨迹，再经后置处理，自动生成加工程序。在自动编程语言中最有代表性的是自动编程工具(Automatically Programmed Tools，APT)语言。在20世纪50年代中期，APT语言最早由美国麻省理工学院组织美国各个飞机公司共同开发而成，后几经修改、充实、不断完善，从APTII到APTⅣ，到雕塑曲面自动编程工具(Automatically Programmed Tools Sculptured Surfaces，APTSS)。在APT的基础上，世界各国各自开发了带有一定特色和专业性更强的APT衍生语言，例如美国IBM公司的ADAPT，德国的EXAPT1、EXAPT2、EXAPT3、MINIAPT，日本日立公司的HAPT，富士通的FAPT，法国的IFAPT，雷诺汽车厂的SURFAPT，意大利的MODAPT等均有自己的特点。我国也发展了一些实用的自动编程语言如SKC-1、SKC-2和ZCX以及QHAPT、HZAPT、MAPT等。并制定了部颁标准JB3112-82数控机床自动编程用输入语言。

APT语言是由一套规定好的基本符号、字母和数字组成，并用一定的语法和词法进行规定，这些符号及规定接近自然语言，用于描述被加工零件的形状、尺寸大小、几何元素间的相互关系及走刀路线、工艺参数等。APT语言的语句组成包括以下四个部分：①几何图形定义语句；②运动语句；③辅助语句；④后置处理语句。

与手工编程方法相比较，APT编程语言具有突出的优点：

1) APT语言接近英语的自然语言，容易为车间工艺人员接受，编程人员不必学习数学方法和计算机编程技巧。

2) 软件资源丰富，在多年广泛应用中积累了大量的实践经验，适用范围极其宽广，包括点位加工，2坐标以及3、4、5坐标加工，绘制模线，线切割等，积累的后置处理程序有数百种之多。

3) 程序成熟，经过充分的考验，诊断能力强，用户容易检查。

当然，APT语言编程也有其缺点，例如内容庞大，要求在大型计算机上运行，占用内外空间多(现不再是制约因素)，源程序的编写、编辑、修改等不如交互式图形显示编辑系统方便直观。因此，发展到今天，APT语言编程已经成为历史。

2. 现代数控编程

随着计算机技术，图形显示技术，计算机图形学理论，计算机辅助几何造型等技术的进步，数控编程方法发生了很大的变化，现在数控编程主要依靠大型的 CAD/CAM 软件实现，也就是 CAD/CAM 软件数控编程，在本教材内称为计算机辅助数控编程。计算机辅助数控编程在有些教材或书中被称为图像编程，也有称为图形编程的。虽然说 APT 语言编程也是计算机辅助编程，但是因为 APT 语言已经成为历史，下面的内容将重点介绍现代的数控编程方法。

计算机辅助数控编程即根据计算机图形显示器上显示的零件设计三维模型，在 CAM 编程软件系统支持下自动生成零件数控加工程序的编程过程。它的具体过程为：采用有人机交互功能的图形显示器，通过三维造型 CAD 软件将被加工零件的图形显示在图形显示器上，在相应 CAM 编程软件的支持下，编程者通过输入必要的工艺参数，用光标指点被加工部位，CAM 编程软件系统就自动计算刀具加工路径，模拟加工状态，并显示路径及刀具形状，以便检查走刀轨迹。

其特点是用户不需要编写任何源程序，省去了调试源程序的烦琐工作，这是其优于 APT 语言编程的特点之一。由于计算机辅助数控编程刀具轨迹通过图形显示器立即显示出来，直观、形象地模拟了刀具路径与被加工零件之间关系，错误易于发现纠正，使试切次数减少，产品的合格率大大提高。由于 CAD/CAM 软件可以处理复杂特征与曲面的建模和数控编程，相比以前的手工编程和 APT 语言编程，效率和可靠性得到了很大的提高。并且采用 CAD/CAM 软件系统进行数控编程，成功实现了设计制造的一体化。

运用交互式图形进行零件数控编程是计算机辅助设计与计算机辅助制造一体化的必然要求。

5.1.2　数控编程过程

用 CAD/CAM 系统生成数控加工(NC)程序步骤可见图 5-1 所示，具体过程如下。

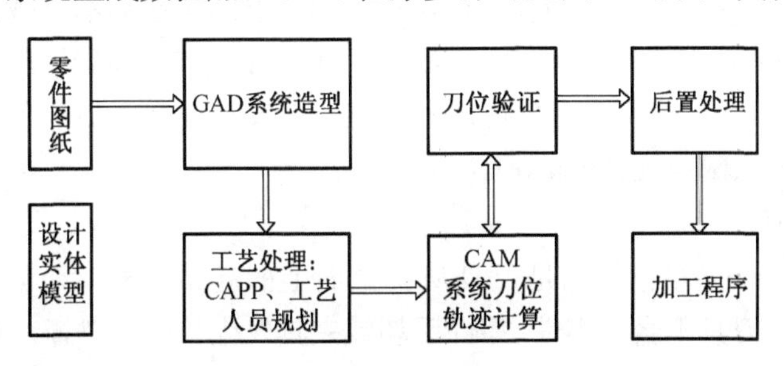

图 5-1　计算机辅助数控编程过程图

1. 零件的几何实体定义

现代零件的几何实体定义都需要借助电子计算机和 CAD 软件实现。零件的几何实体一般在设计中就被建立，若基于网络，资源共享，即可实现零件设计、生产的异地化。否则必须由数控编程人员或工艺人员采用 CAD 软件根据设计图纸重新建立零件的几何实体。在计算机辅助数控编程中，工艺人员或编程人员还需要根据情况，建立辅助面、辅助线等编程过程中应用到的几何元素。

2. 零件的工艺处理

零件的加工制造往往不是单一工序，因此工艺人员需要对零件进行工艺处理。目前，工艺人员可以借助计算机辅助工艺规划(CAPP)软件进行工艺规划。工艺规划的内容包括:制定加工方案,选择机床类型,确定加工用量等内容。

3. 刀具轨迹生成

使用CAM软件生成刀具轨迹的方法,取决于加工类型(车、铣、仿型铣等)和零件的复杂程度。交互式方法允许编程者以步进的方式生成刀具轨迹,并借助于图形显示器形象地进行校验。编程人员需要根据图纸要求确定所选NC设备的类型、刀具规格、装夹方式、找正方法、余量大小、容差值、进刀方式、走刀路线、转速、进给率等工艺参数。

4. 刀具轨迹验证

刀具轨迹是否正确,需要进行验证。刀具轨迹验证的方法有刀具轨迹仿真、机床运动仿真和物理仿真。仿真加工过程从刀具的起始位置开始,按照编程者所确定的刀具路线运动,对加工过程是否干涉、过切等进行检验。

5. 后置处理

使用CAM软件生成的刀具轨迹,只有通过后置处理才能转变成供数控系统和数控机床使用的NC程序。有些后置处理程序由CAM软件厂商针对机床进行了开发和定制处理,有些后置处理程序需要用户自己根据情况单独开发。

5.1.3 数控加工刀具轨迹的构成

一般而言,数控加工刀具轨迹指的是刀具的路径信息。在数控加工中,刀具和被加工零件的几何位置关系可分为接触和非接触两大类。但是在数控编程中,需要考虑在不同的位置指定不同的进给速度,以便于提高加工效率和加工质量。如图5-2所示为一种典型的数控加工刀具轨迹构成示意图。从图5-2中可以看出,刀具轨迹分为如下7段:

1. 安全面以上段落

安全面指的是刀具在该平面之上,刀具在任何方向上的运动都不会碰到任何障碍物,也就是无障碍平面(Clearance Plance)。在安全面之上,也可以指定刀具从哪一个点开始运动,加工结束后返回到哪一个点,这两个点也可以不指定。在安全面之上的部分,进给速度可以设定为机床可承受的最大极限速度,例如G0。

2. 快速接近段落

快速接近(Approach)段落指的是刀具从安全面上的起始点开始下降到离零件较近地方的过程。这个过程中刀具不会与零件、零件毛坯或夹具发生接触或碰撞。退一步讲,即使该段落中刀具发生碰撞,也只是因为编程人员考虑不周,刀具与夹具等外物发生碰撞,而不会与零件发生碰撞。该部分的进给速度可以设定的较大一些,但是还是要尽量避免G0这样的机床运动最高速度,具体设定的进给速度值还要考虑机床本身的运动特性,不能超过机床达不到的运动速度。

3. 进刀切入段落

进刀切入(Engage)段落指的是刀具从离零件毛坯很近的位置开始逐渐切入零件毛坯的过程。这个过程中刀具正式开始负载,刀具负载从0过渡到正常切削时的负载。进刀切入段落的进给速度值可以设定为正常切削段落的速度值,为避免突然受力对刀具造成不利影响,进刀切入段落的进给速度取值可适当减小,即低于正常切削段落的进给速度值。

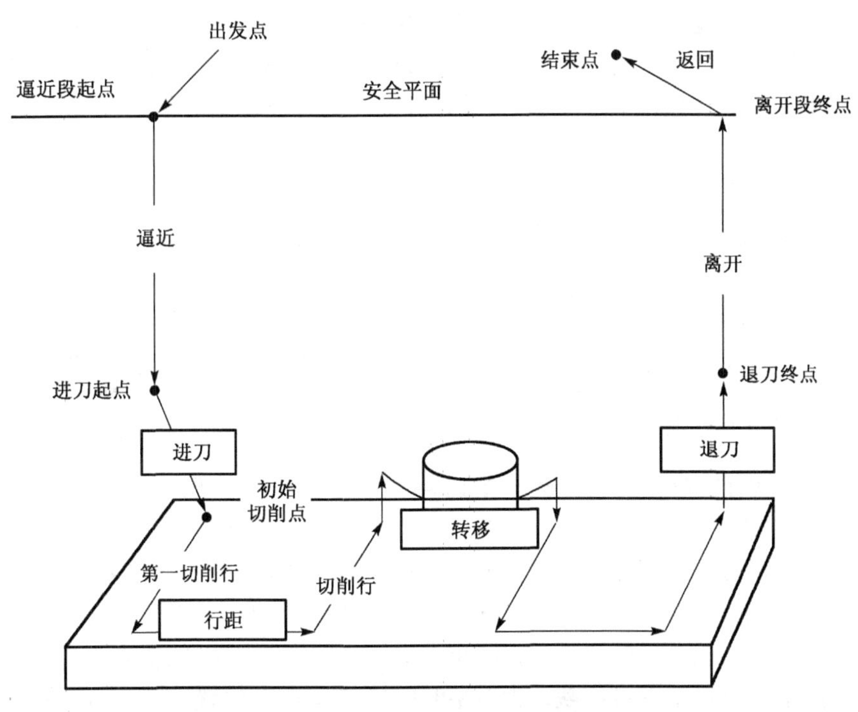

图 5-2　数控加工刀具轨迹的构成示意图

4. 正常切削段落

正常切削段落指的是刀具稳定铣削的整个过程。有时候第一行切削刀具轨迹的切削量较大，第一行切削行的进给速度取值也可适当减小，避免因载荷过大造成刀具折断。正常切削段落的进给速度取值需要综合考虑机床功率、刀具直径、刀具切削齿数、每齿切削量、刀具切削额定线速度（与加工材料有关）、刀具切削深度等因素进行计算确定。此外，在之字形行切（Zig-zag）走刀方式下，还存在行间横越（Step Over）问题。行间横越指的是在前一切削行结束点以接近或等于 90°角度拐弯运行到下一切削行起始点的过程。行间横越时刀具切削量可能会突然增大到满刃切削，阻力很大，这时行间横越切削进给速度可以适当降低，避免因受力过大造成刀具折断现象。

5. 岛屿避让段落

岛屿避让段落指的是在加工区域内某个位置存在一个凸起的特征实体，可以称为岛屿（Island），刀具在切削时必须避开岛屿，否则将加工出错。正常的刀具轨迹在遇到岛屿时，需要先抬刀，然后刀具从岛屿上方快速通过，最后再下降到加工工件表面进行正常切削。该过程刀具轨迹即为岛屿避让段落。刀具的抬刀和落刀过程可遵循之前后进刀和最后的退刀过程。而刀具横越岛屿上方时，可采用单独控制的进给速度。在确认安全的情况下，刀具可以不用抬高到安全平面之上。为保证安全，岛屿避让段落的进给速度可给的稍微低于安全面之上段落的进给速度，当然在确保无碰撞干涉的情况下，也可以采用 G0 进给速度。

6. 退刀离开段落

退刀离开段落指的是刀具在加工到最后一行结束点时刀具离开零件的过程。正常情况下，退刀离开段落中，刀具不再处于切削状态，即负载为零。但是，也有一些例外情况，在退刀离开过程中，刀具有可能与工件的其他部位发生接触，如果退刀离开进给速度过大，有可能造成刀具折断或啃伤工件，这种情况在圆弧退刀过程中很可能发生。同时，退刀离开段落长度较短，进给速度低时不会严重影响加工效率。因此，退刀离开段落的进给速度最好不要太大，最好是接近正常切削速度。

7. 快速离开段落

快速离开段落指的是刀具在加工完最后一行并退刀离开工件之后，以较高的速度返回到指定安全高度的过程。指定的安全高度多为安全面高度。快速离开段落最好是沿刀轴方向直接高速离开工件，避免走斜线。因为沿刀轴方向离开零件，一般情况下不会发生碰撞干涉。例外的情况是当使用 T 形刀具时，退刀距离不够的情况下直接沿刀轴方向离开可能会发生干涉。

5.1.4　数控编程相关要素

在使用 CAM 软件进行编程时，至少有 10 项主要相关参数需要进行设定。

(1) 加工坐标系

在进行数控编程之前，首先应该确定加工坐标系的位置，如图 5-3(a)所示为 NX7.5 中加工坐标系的定义对话框。数控加工程序代码中的坐标值都处于加工坐标系环境下。如果加工坐标系设置不正确，可能会导致加工找正困难。加工坐标系位置必须明确。如果忽略了加工坐标系的设定，加工坐标系有可能默认为造型时的绝对坐标系位置，编程人员不注意时，直接生成的加工程序可能会造成工件报废。

在加工坐标系环境下，有些 CAM 软件还可以设置零件几何、毛坯几何和检查几何，如图 5-3(b)所示。设置零件几何、毛坯几何和检查几何时，可以利用编程软件环境下的刀具轨迹几何仿真验证进行加工刀具轨迹的合理性检查，检查加工程序是否过切，是否存在碰撞干涉。

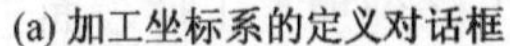
(a) 加工坐标系的定义对话框

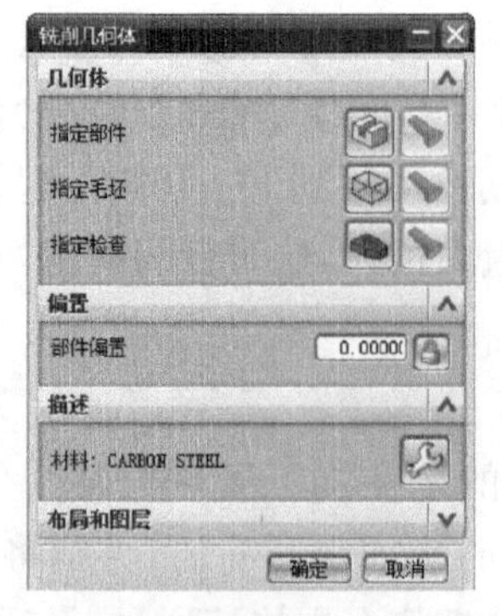

(b) 加工几何体的定义对话框

图 5-3　NX7.5 中有关加工坐标系的定义对话框

一个工件可以设置多个加工坐标系。例如需要翻面加工的零件，至少需要两个坐标系。不管工件需要设定几个坐标系，加工坐标系原点位置应该保持不变，以避免找正时带来的找正误差。

(2) 刀具参数

所有的数控加工程序都需要对应一个具体的加工刀具。CAD/CAM 系统基本上都提供了刀具库功能，编程者可从库中选出所需刀具，也可按照所需参数和尺寸定义新的刀具。所用刀具尺寸和参数要根据工件加工部位和工件大小进行选择。不同类型的刀具定义参数也不尽相同。以直柄端铣刀为例，需要定义的最重要的参数包括：直径、圆角半径、长度，其次还可以定义锥度角、切削齿数、切削刃长。如图 5-4 所示，为 NX 7.5 中常用的定义直柄端铣刀的对话框，图中刀具为 NX7.5 中刀库中定义的直径 10mm 的直柄端铣刀，图中右侧是刀具的预览图，上部为刀柄结构示意图。

(3) 刀轴方向

刀轴方向指的是在工件加工过程中刀具的轴线方向，即从刀具切削刃的底平面指向机床主轴的方向。在立式三坐标加工中，刀轴方向垂直于工作台面，在卧式三坐标加工中，刀轴方向垂直于加工坐标系的某一个平面。如果三坐标数控加工中心的主轴方向为坐标系的 Z 轴，那么在三坐标加工中刀轴方向必然垂直于 XOY 平面。在四坐标和五坐标加工中，刀轴方向的确定需要在编程过程中确定，需要注意的是刀轴方向的选取一定要注意刀具与工件和夹具的干涉碰撞问题。数控编程中，刀轴方向的设定还必须符合所选机床的旋转坐标运动范围，否则会出现超程现象。

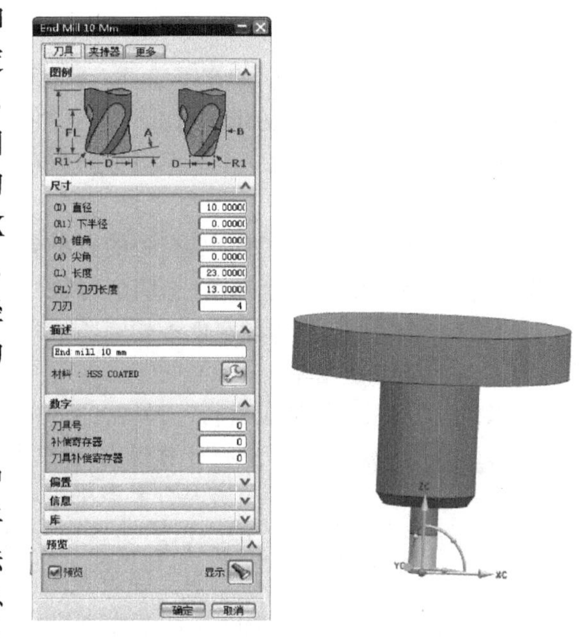

图 5-4　NX7.5 中刀具定义对话框及示例

(4) 加工余量

加工余量指的是在加工表面上留出一定厚度的加工余量或轮廓方向上的加工余量，即加工程序预留给下一道工序或最终加工表面的加工量。数控加工编程中多是根据加工工艺来设定工件的粗、精加工加工余量。如图 5-5 所示为 NX7.5 中加工余量的设定对话框。

(5) 加工公差

加工公差需要根据零件要求的精度来设定。在曲线和曲面加工中，采用直线段逼近时的刀具轨迹必然造成加工误差。加工公差用来控制加工误差的大小，根据弦高误差来计算。图 5-5 为 NX7.5 中加工公差的设定对话框。图 5-6 所示为曲面加工中内外公差示意图。外公差指的是最大欠切误差，内公差指的是最大过切误差。

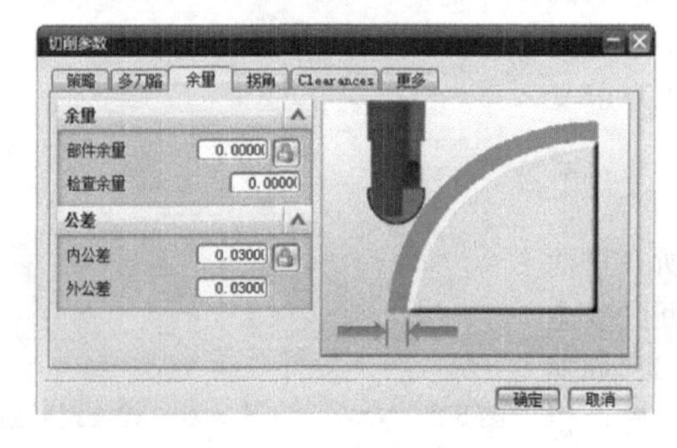

图 5-5　NX7.5 中加工余量和公差设定对话框

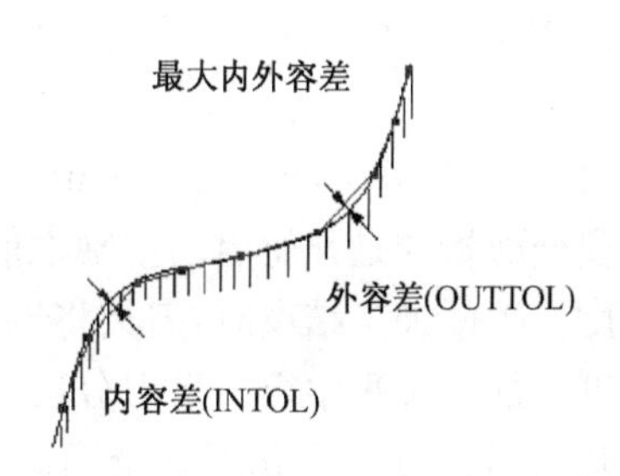

图 5-6　内外公差示意图

(6) 走刀方式

走刀方式,也叫切削模式,规定了刀具沿什么样的路线进行加工。数控加工中往往需要根据不同的工件结构采用不同的走刀方式。常见的走刀方式有之字形(Zigzag,也叫往复走刀方式),单向(One Way,或 Parallel Lines),回字形(Follow Periphery),螺旋线(Spiral)等。

(7) 行距(Path Interval)

行距指的是切削行之间的距离,行距的大小会影响到加工工件表面的粗糙度。行距可根据相邻行之间的距离、等残留高度、总切削行数、刀具直径的百分比等方法进行设定或计算。在不同的驱动方法中,行距的设定也不相同,需要根据具体情况来进行设置。

(8) 主轴转速和进给率

主轴转速需要根据被加工材料、刀具材料、刀具直径、刀具每齿切削量和刀具额定线速度进行计算得出,计算方法见第四章。进给速度的设定必须合理,应该综合考虑机床功率、刀具直径、刀具切削齿数、每齿切削量、主轴转速、刀具切削深度、刀具切削位置等因素进行计算确定,也可根据经验数据设定或从切削参数库中选取合理的速度值。图 5-7 所示为 NX7.5 中主轴转速和进给速度设定对话框,进给速度的设定对应了数控加工刀具轨迹构成的 7 个段落。

图 5-7 NX7.5 中主轴转速和进给速度设定对话框

(9) 进退刀方式

进退刀方式规定了刀具切入和切出工件的走刀路线,防止进刀/退刀过程中出现碰撞、过切而采用的进刀/退刀刀具轨迹,一般为直线(或圆弧)或离开工件毛坯的空处进退刀。从工艺角度来看,常见的进退刀方式有:① 沿刀轴方向进退刀;② 按给定矢量方向进退刀;③ 按圆弧切线方向进退刀;④ 按切线方向进退刀;⑤ 按螺旋线方式进退刀。

进刀方式的选择原则是尽量避免刀具直接落在工件或毛坯表面,最好采用圆弧和切线方向进刀。在加工型腔类零件时,最好采用螺旋线方式进刀。在确保刀具不会直接落在工件毛坯表面时,可采用刀轴方向进刀。退刀方向相对来说可以根据情况灵活处理,只要能够避免与夹具或工件其他部分发生碰撞干涉,采用哪一种退刀方式都可以,最简单的方法就是沿刀轴方向直接退刀。

从走刀路线来看,进退刀方式也可分为线性、圆弧和螺旋三种方式。图 5-8 所示为 NX7.5 中进退刀方式设定对话框。图 5-9 所示为一段进退刀定义示例。

图 5-8 NX7.5 中进退刀方式设定对话框

(10) 安全面(Clearance Plane)

安全面指的是开始启动主轴之前,刀具所在平面的高度。工件加工结束时,刀具将迅速抬起回到安全面高度。加工过程中需要抬刀分段切削加工时(如遇到岛屿),刀具也先抬起到安全面高度。安全面一定要处于工件毛坯和夹具上表面之上，处于靠近主轴的位置。图 5-10 所示为 NX7.5 中安全平面设定对话框，从图中示例可以看出安全面所处的大致位置。安全面的设定最好不要离工件太高，避免造成过多的空行程，影响加工效率。因此，安全面的设定只要保证刀具不会发生碰撞即可。但是，为安全起见，安全面至少要距离工件毛坯和夹具 20mm 以上为佳。初始下刀点和最终返回点可以适当增大距离，保证后续的加工程序启动时刀具在一个相对安全的位置。

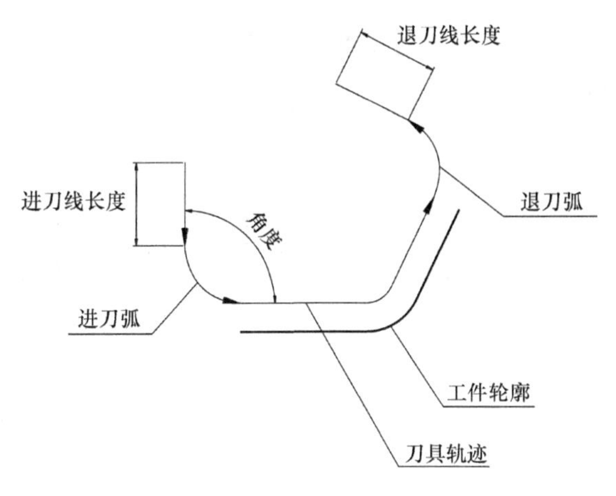

图 5-9　进刀/退刀线长度、进刀/退刀弧和角度的基本定义

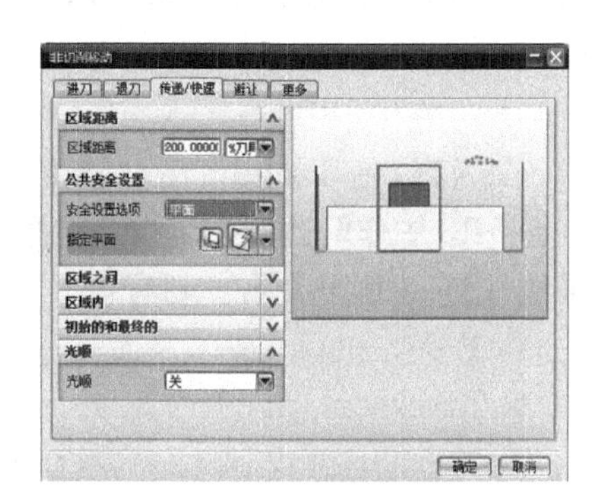

图 5-10　NX7.5 中安全平面设定对话框

5.2　APT 语言编程概述

5.2.1　几何定义语句

几何图形定义语句用来说明零件轮廓的几何形状、进刀点位置和进刀方向等，为后面描述走刀路线做准备。其一般格式为：

[几何元素标志符]=[几何元素专用字]/[元素定义方式]

等号左边是用户为各个几何元素所起的名字，便于以后应用；等号右边是 APT 的专用字和给定的参数。下面仅介绍两类常用的 APT 几何定义语句：

1. 基本元素定义

1）标量可以通过算术赋值语句或算术表达式给出。

2）点可以直接给出三个坐标，或用其他已知几何元素的交点。如前一种情况的点定义可以写作：

```
PT= POINT/4,5,6
```

图 5-11 中直线和圆相交有两个交点，根据对比交点的坐标值，进一步用修饰字 XLARGE、XSMALL、YLARGE、YSMALL 区分所需要点的情况，即

```
PT1= POINT/XSMALL,INTOF,L1,CIR1
PT2= POINT/XLARGE,INTOF,L1,CIR1
```

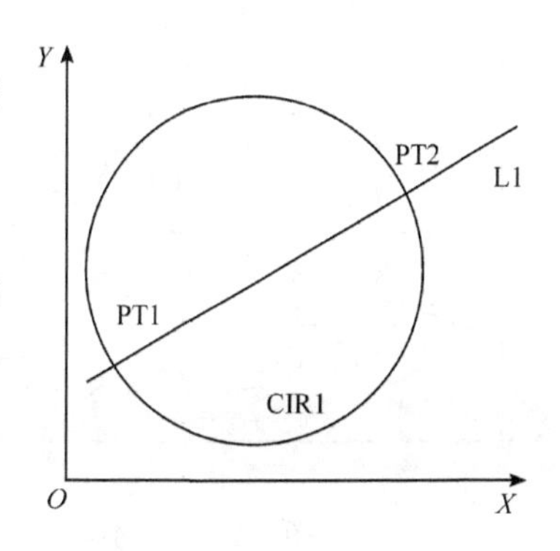

图 5-11　直线与圆相交点定义

其中，INTOF 是 Intersection of 的缩写。

3）矢量可以给出三个分量、两个点或用已知表面上一点的法矢来表示。

2. 解析曲线和曲面定义

1）直线。

例如两点连线可以写作：

```
LN1= LINE/X1,Y1,X2,Y2  或  LN2= LINE/PT1,PT2
```

图 5-12 为过一点向圆作切线，取已知点和圆心的连线作为基准线。当定义的直线在基准线的右侧线时使用修饰字 RIGHT；反之用修饰字 LEFT。例如：

```
L1= LINE/P1,LEFT,TANTO,C1
L3= LINE/P2,RIGHT,TANTO,C1
```

其中，TANTO 是 Tangent to 的缩写。

图 5-13 中作两圆的公切线。同样取第一个圆的圆心 $C1$ 到第二个圆的圆心 $C2$ 连接作为基准线，用它来区分左右。则有：

```
L1= LINE/RIGHT,TANTO,C1,RIGHT,TANTO,C2
L2= LINE/LEFT,TANTO,C1,LEFT,TANTO,C2
L3= LINE/RIGHT,TANTO,C2,LEFT,TANTO,C1
L4= LINE/RIGHT,TANTO,C2,LEFT,TANTO,C1
```

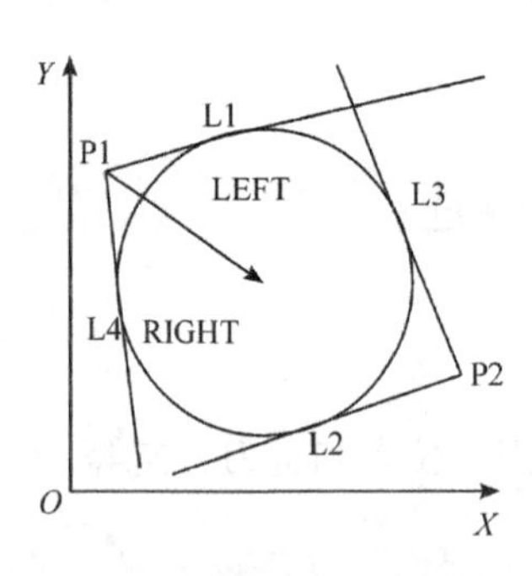

图 5-12 与圆相切的直线定义

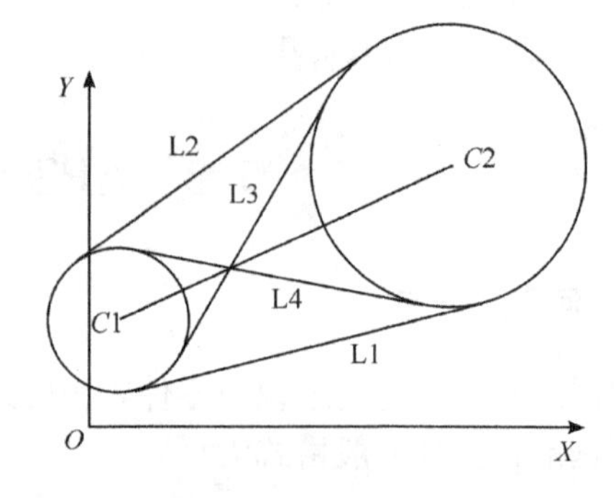

图 5-13 公切线定义

2）圆可以用三点、圆心及半径或用其他几何元素定义，例如：

```
C0= CIRCLE/CENTER,P1,RADIUS,2
```

图 5-14 为直线 LIN 与圆 CIR 相交后的内外相切圆，共有八种解，需要用内切(IN)、外切(OUT)以及圆心坐标位置进一步加以区分。例如：

```
C1= CIRCLE/YLARGE, LIN, XSMALL, OUT,
    CIR,RADIUS,1
C3 = CIRCLE/YSMALL, LIN, XSMALL, IN,
     CIR,RADIUS,1
```

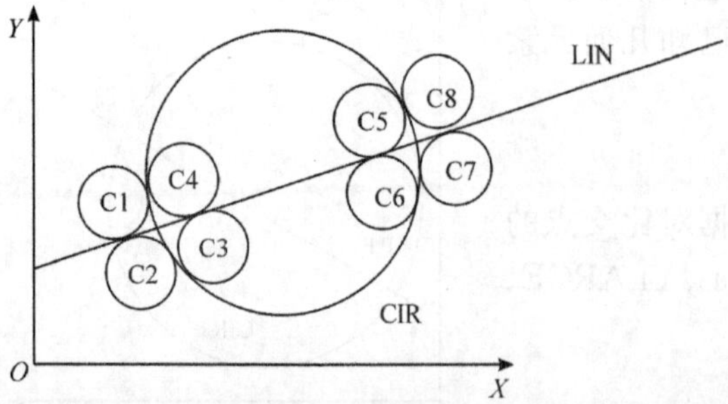

图 5-14 多约束圆定义

3）平面可以用平面方程 $ax+by+cz=d$ 的四个系数表示，例如：

```
PL1= PLANE/a,b,c,d
```

也可以指定不共线的三点；或过已知点平行于已知平面；与已知平面保持给定距离；过已知点并垂直于已知矢量；过已知点并与给定的圆柱或圆锥相切；给定与某一坐标平面的交线及夹角等方法定义平面。例如：

```
PL2= PLANE/PT1,PARALLEL,PLANE2      过点 PT1 与 PLANE2 平行平面平行的平面
PL3= PLANE/PT1,PT2,PT3              用不共线三点定义一个平面
```

除此之外，还有圆柱 CYLINDER、圆锥 CONE、球面 SPHERE、一般二次曲面 QUADRIC 等的定义，可参阅相应版本 APT 的使用手册。

5.2.2　轮廓控制方式

轮廓控制是指对刀具的运动进行连续控制。要完成这种连续控制，需要明确指定刀具相对于工件的关系，因此 APT 系统中定义了三个控制面，如图 5-15 所示。这三个控制面在现代数控编程中仍然适用。

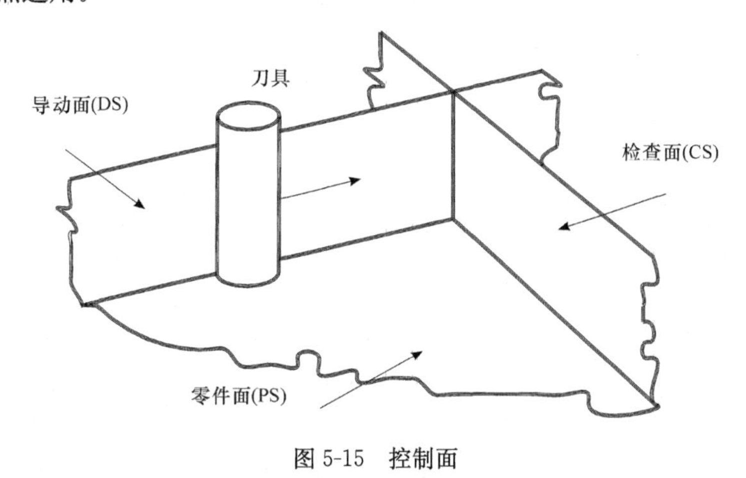

图 5-15　控制面

1) 零件面 PS(Part Surface)，是待加工的表面，在一连串的走刀运动中始终保持不变，零件面可能是也可能不是工件的实际表面。PS>0 时，留有加工余量；PS=0 时，恰好是工件实际表面；PS<0 时，负余量，均为一等距偏置面关系。

2) 导动面 DS(Drive Surface)，用来引导刀具运动，在走刀过程中发生变化。

3) 检查面 CS(Check Surface)，用来确定每次走刀的刀具终止位置。

实际上，导动面和检查面也不一定是真正意义的面，它们也可以是点、线、圆等几何元素。因此，准确地应称为导动元和检查元。图 5-16 和图 5-17 为导动元、检查元定义实例。

刀具和检查面 CS 的关系修饰字有：走到（TO）、走上（ON）、走过（PAST）和走切（TANTO）及切于零件表面(PASTAN)，如图 5-16 所示。

当刀具运动至一个检查面时指令格式为

```
TO(ON,PAST),CS
```

表示刀具以最短的路径运动至检查面，若当前刀具位置恰好落在检查面上，或者检查面是圆而刀具恰好通过圆心，则必须使用相关语句定义运动方向，如图 5-17 所示。

刀具相对导动面 DS 的位置用修饰字：TLLFT(左偏)、TLRGT(右偏)和 TLON(中立)确定，如图 5-18 所示。

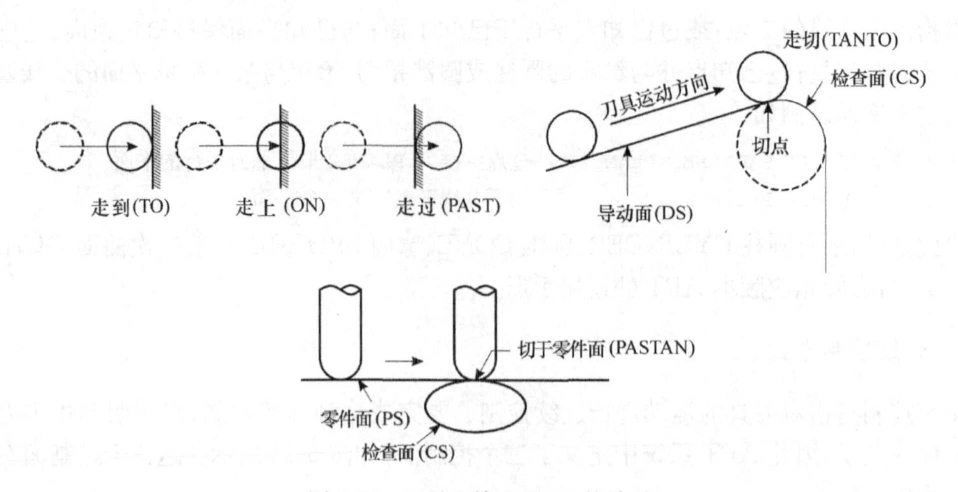

图 5-16　刀具和检查面 CS 的关系

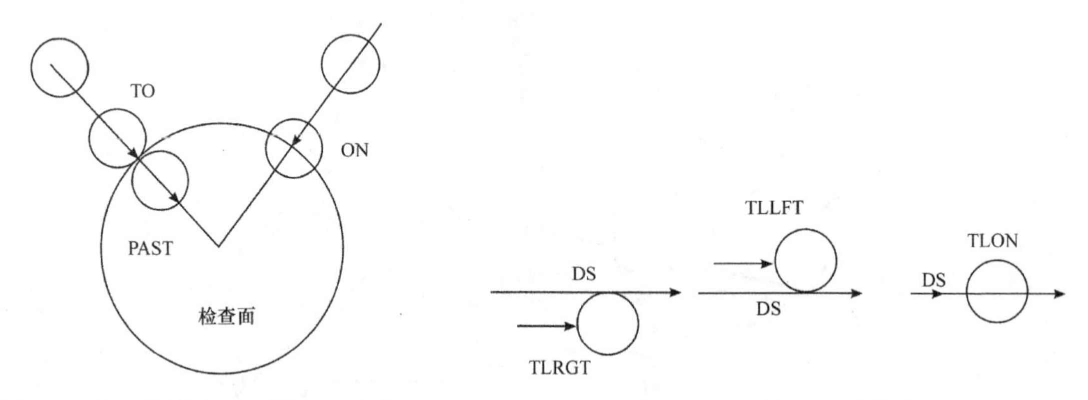

图 5-17　检查面是圆而刀具恰好通过圆心　　　　图 5-18　刀具和 DS 的关系

注意：偏离方向的确定是顺着刀具前进的方向看，刀具右切导动面时称为右偏，TLRGT；反之称为左偏，TLLFT；刀具轴线落在导动面上为 TLON。

刀具和 PS 的关系用来说明刀具相对于零件面的偏置关系的修饰字有 TLOFPS 和 TLONPS，前者表示刀具不切伤零件面，后者表示刀位点落在零件面上，如图 5-19 所示。即由刀具前进方向看，刀心偏离 PS 则用 OF(OFF)，反之，即刀心在 PS 上则用 ON。

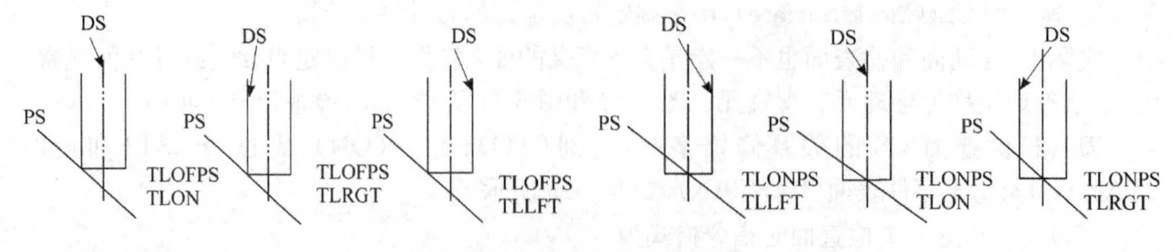

图 5-19　刀具和 PS 的关系

5.2.3　刀具运动语句

刀具运动语句用来描述刀具运动轨迹，其运动方式的确定，与上节所述的工件三控制面 PS、DS、CS 密切相关。

1. *初始运动语句*

初始运动语句将刀具从远离加工表面的位置引导到两个或三个控制面的容差带之内。刀具的周边与 DS 和 CS 面相切，刀尖与 PS 面接触，语句的一般形式是：

```
GO/ TO(ON,PAST),DS,TO(ON,PAST),PS,TO(ON,PAST),CS
```

其中，最后一项检查面 CS 有时可以省略不写。这时刀具将沿最短距离到前面两个控制面所限定的位置，如图 5-20(a)所示。

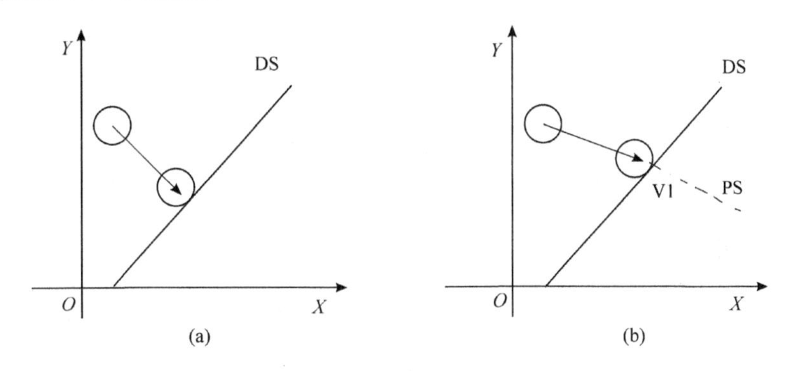

图 5-20　刀具沿最短距离或按指定路径运动

如果只指定 DS、PS 两个面而又不允许刀具沿最短路线前进，可以用下列语句通过已知点或已知矢量来规定刀具的前进方向：

```
INDRP/POINT1
INDIRV/VECTOR1
```

图 5-20(b)给出执行下述语句的结果：

```
INDIRV/V1
GO/TO,DS,TO,PS
```

2. *轮廓加工语句*

轮廓加工语句使刀具沿着两个控制面运动到第三个控制面。语句中只给出导动面和检查面。导动面之前方向指示符指出刀具从上次走刀运动转入本次走刀运动时的前进方向，如向前、向左、向右、向后等。语句的格式为：

$$\left\{\begin{matrix}\text{TLLFT}\\ \text{TLRGT}\\ \text{TLON}\end{matrix}\right\},\left\{\begin{matrix}\text{GOUP}\\ \text{GOFWD}\\ \text{GOLFT}\\ \text{GORGT}\\ \text{GOBACK}\\ \text{GODOWN}\end{matrix}\right\}/\text{DS},\left\{\begin{matrix}\text{TO}\\ \text{ON}\\ \text{PAST}\\ \text{TANTO}\\ \text{PSTAN}\end{matrix}\right\},\text{CS}$$

如图 5-21 表示方向指示符的选用方式。

图 5-22 所示轮廓的加工指令为

```
GOFWD/C1,PAST,L1
TLLFT,GORGT/L1,PAST,C2
        GORGT/C2,TO,L2
TLRGT,GORGT/L2,……
```

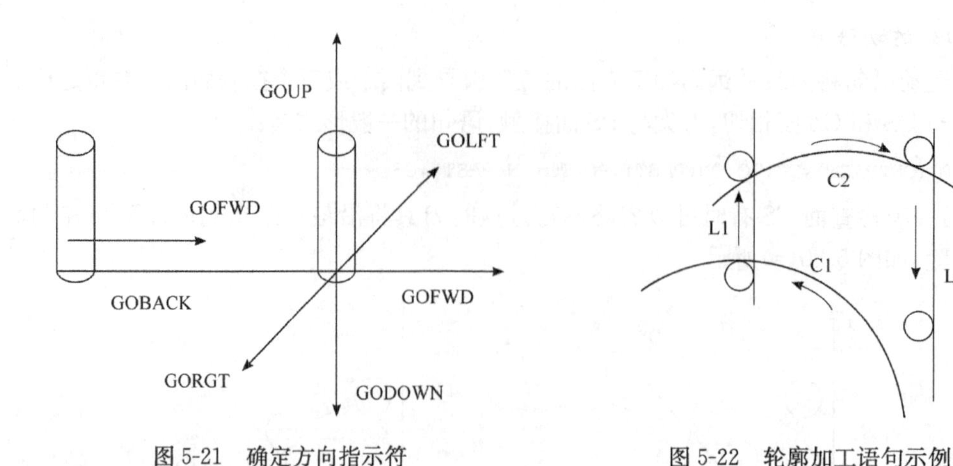

图 5-21 确定方向指示符　　　　图 5-22 轮廓加工语句示例

5.2.4 其他控制语句及应用举例

除了上述介绍的几何定义语句和刀具运动语句外，APT 源程序中还包含：

1. 辅助语句

这些语句用于标志零件、刀具和一些公差等。如给定平底刀、球形刀、环形刀、鼓形刀、锥形刀的几何参数；指定加工容差的分布形式，允许以外切或内接直线段逼近零件表面，各个控制面可以分别指定不同的容差；规定刀轴方向，刀具轴线可以固定不变、垂直于控制面或平行于直纹面母线，也可以与控制面法线方向成一角度。必要时还可以指定加工余量，分别在导动面、零件面和检查面上均匀地留下或切去一层材料。

2. 后置处理语句

这些语句用于某一特定的机床和控制系统以控制机床的主轴启动和转速、进给速度、冷却液、暂停、停车以及机床的其他功能。

3. 其他语句

用来处理坐标变换、刀位变换、条件转移、循环控制、宏指令等。

总之，APT 系统的功能极广，版本繁多，这里只简要说明源程序的大体结构和各类语句的一般形式。至于更详细、准确的规定，必须参考具体版本的使用说明。

APT 处理程序大多用 FORTRAN 语言编写，分成几个主要处理阶段。首先是源语句的翻译、整理，将几何元素的名字和定义参数转换成统一格式，将 APT 专用词代换成内部码。然后进入数学处理，根据走刀路线的要求计算出刀位点坐标，形成刀位数据文件。源程序以及各个中间处理阶段的结果可以打印输出，便于用户检查和追踪错误。最后进入后置处理，根据用户指定的机床型号，将通用的刀位数据转换成机床控制机所能接受的 NC 代码。

4. APT 编程应用举例

通过图 5-23 中的简单实例说明 APT 源程序的书写格式如下：

PARTNO TEMPLATE	初始语句，说明加工对象是样板，写在 PARTNO 后面的标题名，便于检索
REMARK KS-002	注释语句，说明零件图号
REMARK WANG 15-FEB-2001	和编程员姓名、日期
$$	双元符表示一行语句结束，后面的字符起注释作用，不解释执行

```
MACHIN/F240,2                   后置处理语句,说明机床控制系统的型别和系列号
CLPRNT                          说明需要打印刀位数据清单
OUTTOL/0.002                    指定用直线段逼近零件轮廓
INTOL/0.002                     的内外容许误差
CUTTER/10                       说明选用平头立铣刀,直径为 10mm
$$ DEFINITION                   以下为几何定义语句
LN1= LINE/20,20,20,70
LN2= LINE/(POINT/20,70),ATANGL,75,LN1
LN3= LINE/(POINT/40,20),ATANGL,45
LN4= LINE/20,20,40,20
CIR= CIRCLE/YSMALL,LN2,YLARGE,LN3,RADIUS,10
XYPL= PLANE/0,0,1,0
SETPT= POINT/-10,- 10,10
$$ MOTION                       以下开始运动语句
FROM/SETPT                      指定起刀点
FEDRAT/F01                      选用 F01 快速前进
GODLTA/20,20,- 5                刀具走增量
SPINDL/ON                       启动主轴旋转
COOLNT/ON                       送冷却液
FEDRAT/F02                      指定切入速度
GO/TO,LN1,TO,XYPL,TO,LN4        初始运动指令
FEDRAT/F03                      指定正常切削速度
TLLFT,GOLFT/LN1,PAST,LN2        以下说明走刀路线
GORGT/LN2,TANTO,CIR
GOFWD/CIR,TANTO,LN3
GOFWD/LN3,PAST,LN4
GORGT/LN4,PAST,LN1
FEDRAT/F02
GODLTA/0,0,10
SPINDL/OFF
COOLNT/OFF
GOTO/SETPT
END                             机床停止
PRINT/3,ALL                     打印程序中所有几
                                何元素的定义参数
FINI                            零件源程序结束
```

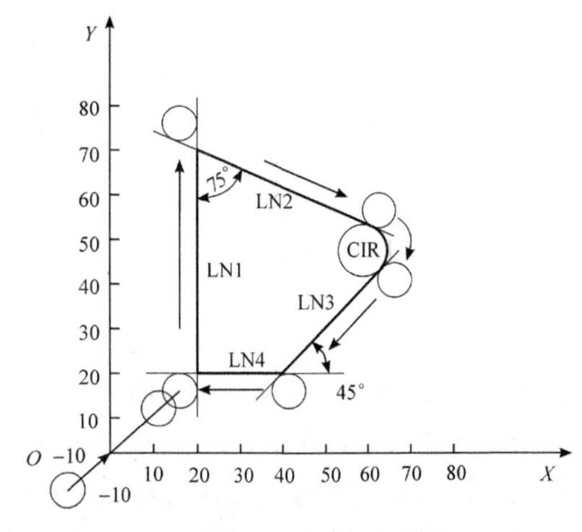

图 5-23　APT 编程例图

5.2.5　宏指令语句简介

宏指令(MACRO)类似于 FORTRAN 和其他计算机编程语言中的子程序,用于一个程序中需多次重复某些运动指令序列的场合。使用宏指令子程序的目的是要减少程序中总的语句条数,使编程员的工作更加容易,减少所花费的时间。

(1) 宏指令子程序定义格式

符号＝MACRO/参数定义

符号:命名规则为六个字符以内,且至少有一个是英文字母,组成宏指令名。

参数定义:用来标识子程序中的某些变量,每次调用子程序时这些变量值都要改变。

(2) 宏指令定义结束语句

TERMAC

TERMAC 语句表示宏指令定义的结束。

(3) 宏指令调用语句

CALL

宏指令用 CALL 语句调用,格式为

CALL/符号,参数说明

符号:被调用宏指令名称。

参数说明:标出在宏指令子程序执行中所使用的特定参数值。

例 5-1　加工如图 5-24 所示零件的三个孔。

```
P1= POINT/1.0,2.0,0
P2= POINT/2.0,1.5,0
P3= POINT/1.0,1.0,0
P0= POINT/-1.0,3.0,0
DRILL= MACRO/PX   宏指令定义
GOTO/PX
GODLTA/0,0,-1.0
GODLTA/0,0,+ 1.0
TERMAC            宏指令结束
FROM/P0
CALL/DRILL,PX= P1
CALL/DRILL,PX= P2
CALL/DRILL,PX= P3
GOTO/P0
```

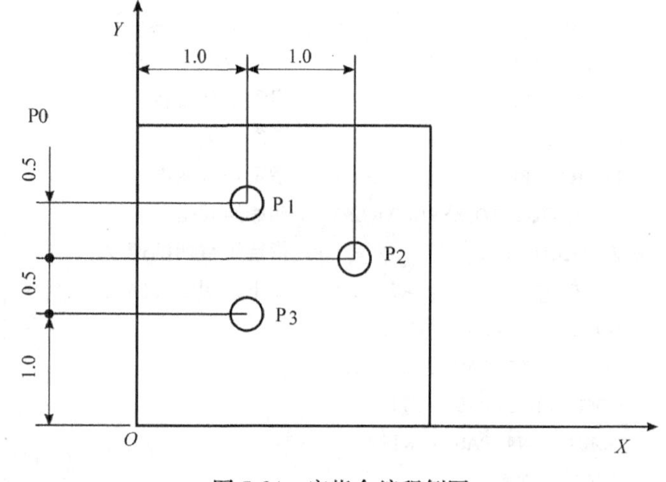

图 5-24　宏指令编程例图

在这个例子中,主程序中的运动语句条数已从 11 减少到 5(如果包括 MACRO 子程序语句,则语句条数从 11 减少到 10)。读者可以想象,如果要钻削大量的孔,宏指令功能对于编程工作的意义就显得十分重大。由于在子程序中一个 CALL 语句可以代替三个运动语句,因此,所需要 APT 语句的数目可节省到 66.67%。

5.3　二维轮廓数控加工编程

5.3.1　二维轮廓数控加工特点及应用

1. 二维轮廓数控加工特点

二维轮廓数控加工在数控加工中所占的比重很大,数控编程的工作量也很大,也是多坐标数控编程的基础。二维轮廓通常是指垂直于刀轴平面上的二维曲线轮廓,一般为 *XOY* 平面上的曲线轮廓。二维轮廓数控加工中主要是垂直于刀轴平面上的二坐标加工,刀轴轴向运动时，机床只做单坐标运动。因此，二维轮廓数控加工可以采用两轴半数控机床进行加工以节约加工成本。

两轴半数控机床指的是机床只能实现某一个加工平面内的二坐标联动加工和主轴方向的直线运动。加工平面根据机床结构和机床坐标系的出厂设置确定。例如立式数控机床，加工平面就是工作台平面，即 *XOY* 平面；而卧式数控机床，加工平面不在工作台平面内，而是在垂直于主轴方向的平面内，一般而言卧式机床的主轴方向定义为 *Z* 轴，加工平面仍然是 *XOY* 平面。两轴半数控机床一般不能实现三坐标联动，如果可以实现三坐标联动，就变成了三轴联动数控机床。目前，两轴半数控机床基本上已经被淘汰，可用的主要是三轴联动数控机床。

2. 二维轮廓数控加工的应用范围

一般来说，二维轮廓数控加工方法可加工大部分规则形状非曲面类零件。二维轮廓数控加工主要应用在以下几个方面：

(1) 外形轮廓(Profile)

平面上的外形轮廓分为内轮廓(Internal Profile)和外轮廓(External Profile)。内轮廓实际上是二维型腔的精加工轮廓。轮廓精加工刀具中心轨迹为轮廓线的等距线，此种加工方法往往称为周铣，如图 5-25 所示。

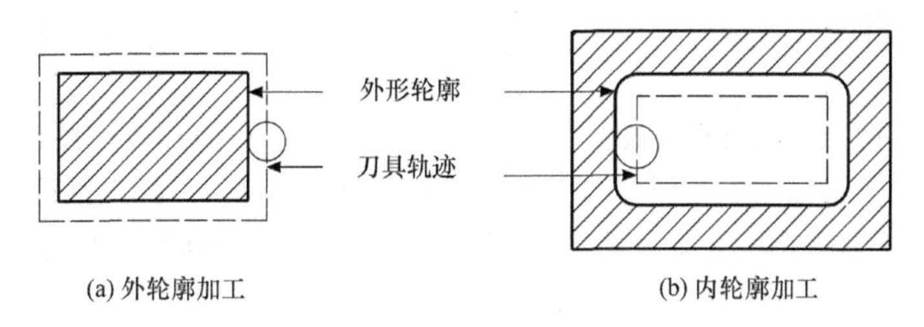

(a) 外轮廓加工　　(b) 内轮廓加工

图 5-25　外形轮廓及其数控加工刀具中心轨迹

计算外轮廓线的等距线，就存在尖点过渡的选取方式，通常有尖角过渡和圆角过渡两种方式，如图 5-26 所示。

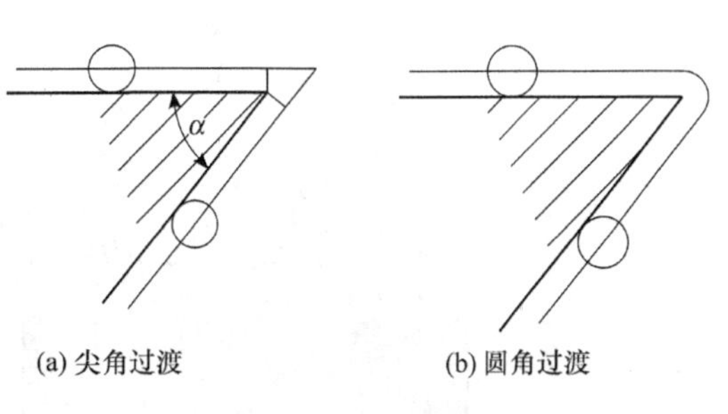

(a) 尖角过渡　　(b) 圆角过渡

图 5-26　尖角过渡方式

尖角过渡方式时刀具在尖点空切处容易退刀、进刀，容易保证尖角，但如图 5-26(a)中所示，α 角较小时，必然造成很长距离的空切，不利于提高加工效率；而圆角过渡方式可以使刀位轨迹距离最短，但刀具外侧面绕尖点切削，有时难以保证尖角。这两种方式各有所长，因此要根据需加工零件的具体要求灵活运用。但是，从工程和工艺角度来讲，工件尖角都应该做倒角处理。因此，可以说圆角过渡方式最好。

(2) 二维型腔(2D Pocket)

二维型腔分为简单型腔和带岛型腔，其数控加工方式主要有环切法(Contour Parallel)和行切法(Parallel Lines)两种切削加工方式，也是最常用的两种切削方式，如图 5-27(a)、(b)、(c)和(d)所示。

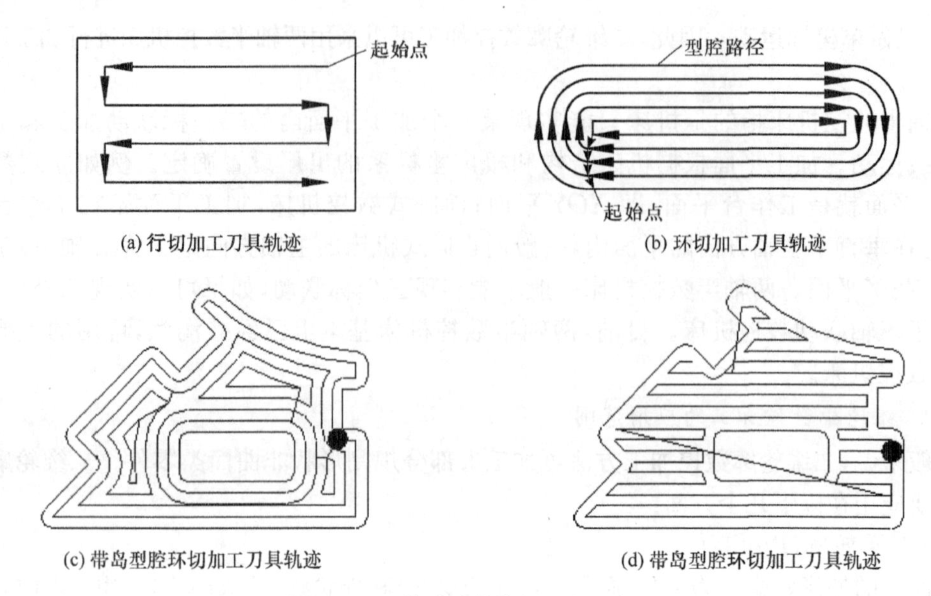

图 5-27　二维型腔数控加工刀具轨迹

在航空领域，存在大量的二维轮廓和二维型腔铝合金零件，这些零件大部分都可以采用直柄端铣刀进行二维轮廓加工。

(3) 孔(Hole)

孔的加工包括钻孔(Drilling)、铰孔(Reaming)、镗孔(Boring)和攻螺纹(Tapping)等操作，要求的几何信息仅为平面上的二维坐标点，至于孔的大小一般由刀具来保证(大直径孔的铣削加工除外)。孔加工常采用固定循环指令进行加工，如图 5-28 所示为常见的钻孔类型。

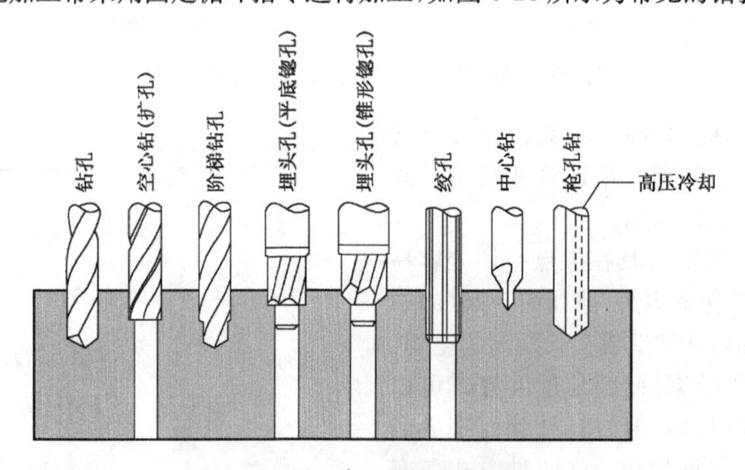

图 5-28　常见的钻孔类型

(4) 二维字符(2D Character)

平面上的刻字加工也是一类典型的二坐标加工，按设计要求输入字符后，采用雕刻加工所设计的字符，其刀具轨迹一般就是字符轮廓轨迹，如图 5-29 所示。字符的线条宽度一般由雕刻刀刀尖直径来保证。字符加工可采用专用的雕刻机进行加工，有些数控机床也可进行字符加工。

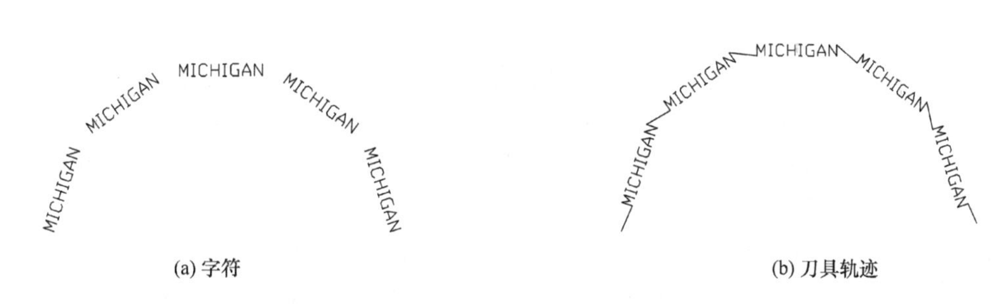

(a) 字符　　(b) 刀具轨迹

图 5-29　字符及其数控雕刻加工刀具轨迹

5.3.2　二维外形轮廓刀具轨迹生成

二维外形轮廓的刀具轨迹生成方法主要采用的是轮廓线的等距偏置算法。二维轮廓线必须在同一平面内才能够进行等距偏置计算。如果轮廓线不在同一平面内，必须将其投影在一个垂直于刀轴方向的平面内进行等距偏置计算。在数控编程软件中，等距偏置算法中对尖角的处理都是采用圆角方式进行过渡的。

一个平面内的轮廓线有些资料中称为平面轮廓环。平面轮廓环的处理是二坐标联动刀具轨迹生成的基础。从几何学上看，环是由一系列有向线段，例如直线、圆弧、样条等，组成的首尾相接的闭环，环中不能有悬边，不能有分支。作为几何模型的基本拓扑信息之一，环为面的边界，面是环所包围的区域，环的方向是确定区域所在侧的依据。在二维平面外轮廓和型腔数控编程和三轴数控编程中，都用到了环的概念。虽然说几何学上的环是封闭的环，但是在实际加工中，二维平面轮廓可以是封闭的闭环，也可以是开口的开环。在现在的 CAM 软件编程中，环的处理工作全部交给了软件。

在计算机辅助数控编程中，二维轮廓线的拾取必须按照顺序进行。

(1) 开环

如果一个二维轮廓只有一条线，用鼠标拾取线的时候，拾取点靠近哪个端点，加工方向就以哪个端点为起始点。如果一个二维轮廓拥有多条线段，那么线段的拾取顺序就是加工方向。当然，通过改变顺铣和逆铣加工方式可以改变二维轮廓的加工方向。在拾取线段时，还必须指出加工时工件材料在该线段的左侧还是右侧。如图 5-30(a)所示为 NX7.5 中二维轮廓加工中开环的拾取对话框。图中定义的材料侧为右，指的是沿线段的拾取方向看，线段右侧为工件，刀具不能出现在线段的右侧。

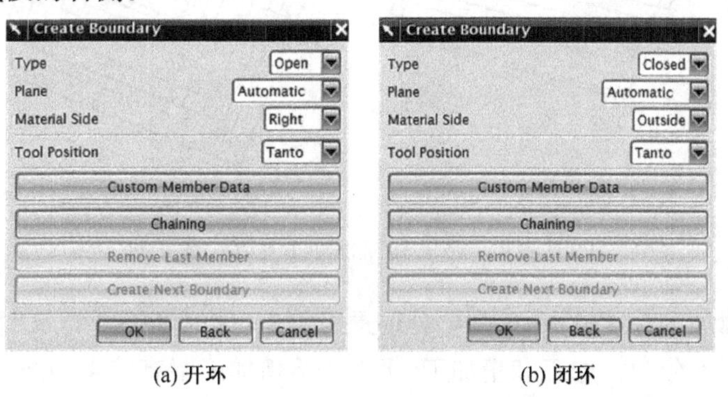

(a) 开环　　(b) 闭环

图 5-30　NX7.5 中二维轮廓加工中轮廓边界拾取对话框

(2) 闭环

对于一个闭环而言,二维轮廓线的拾取仍然要按照先后顺序进行,第一条线的起点作为默认的起始点位置。闭环也可以采用拾取面的方式进行选取,通过软件智能提取面的边界线作为加工用的闭环边界。闭环的选取过程中,必须指定闭环内是工件还是闭环外是工件。如图 5-30(b)所示,材料侧为内部,指定是工件在闭环边界的内部,刀具将沿闭环轮廓外侧进行加工。反之,如果材料侧为外部,刀具将沿封闭轮廓内侧进行加工,加工结果是一个型腔。

在二维轮廓数控编程中,除了需要指定轮廓边界外,还需要指定加工底平面。底平面是刀具中心点可移动到的最低位置。工件的加工余量指的是刀具距离轮廓线的理论距离,而不是刀具距离底平面的距离。刀具距离底平面的距离需要单独指定。工件加工余量和底平面加工余量根据工件的粗、精加工工艺安排进行设定。图 5-31 所示为 NX7.5 中二维外轮廓的刀具轨迹。

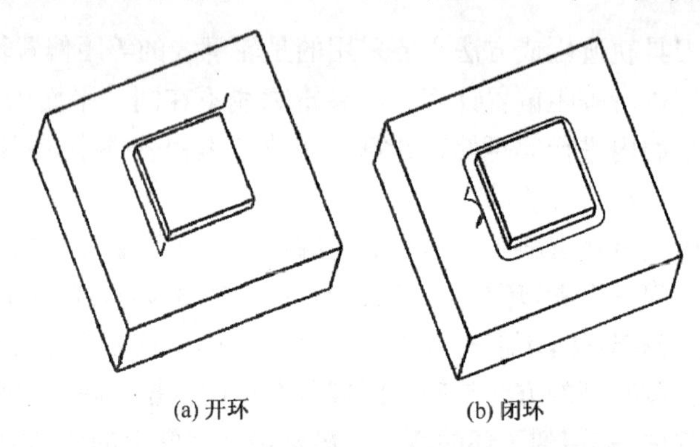

(a) 开环　　(b) 闭环

图 5-31　NX7.5 中二维外轮廓刀具轨迹示例

此外,平面加工比二维轮廓加工相对简单。平面加工也可以归类到二维轮廓的闭环加工中。平面往往是开敞性的,加工中刀具轨迹会延伸到平面轮廓边界的外侧。如果平面中间有岛屿,那么岛屿的边界处理实际上就是二维轮廓闭环边界的处理问题。图 5-32 所示为 NX7.5 中平面加工的刀具轨迹。

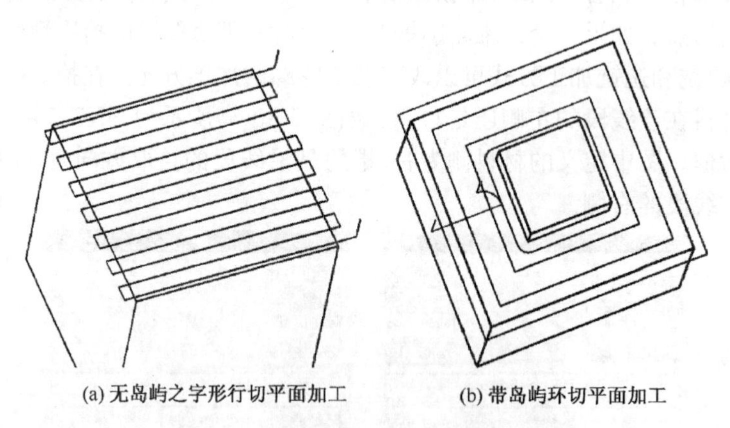

(a) 无岛屿之字形行切平面加工　　(b) 带岛屿环切平面加工

图 5-32　NX7.5 中平面加工刀具轨迹示例

当二维外轮廓加工深度较深时,则要分层进行加工,这时还需要定义每一层的加工深度。二维轮廓的加工还可分为粗加工和精加工,粗加工给精加工留有较少的加工余量,以便保证精加工的加工质量。精加工加工余量需要根据工件的加工误差要求进行控制。

5.3.3 二维型腔刀具轨迹生成

二维型腔指的是型腔侧壁垂直于型腔底平面的一种结构。二维型腔的精加工可以归类到二维外形轮廓加工中,因此二维型腔的加工仅考虑粗加工过程。

二维型腔是指以二维平面轮廓为边界的平底直壁凹腔,其典型特征是型腔壁垂直于型腔底平面。严格意义上的二维型腔是一种四周封闭的结构,但是也有一些工件结构可能有一侧或相邻的两侧是开放的结构,这类结构同样可以采用二维型腔的加工方法进行加工。因此,二维平面轮廓可以是封闭的闭环,也可以是非封闭的开环。二维型腔加工的一般过程是:沿轮廓边界留出精加工余量,先用平底端铣刀用环切或行切法走刀进行粗加工,铣去型腔的多余材料,最后沿型腔底平面和轮廓边界走刀精加工,端铣型腔底面和边界外形。二维型腔加工刀具轨迹的生成基础同样是组环和环的等距偏置算法。

当型腔较深时,往往需要分层进行粗加工,这时还需要定义每一加工层的深度以及型腔的实际深度,以便计算需要分多少层进行粗加工。加工层深需要根据刀具切削参数进行确定。

1. 行切

行切加工方法的刀具轨迹计算比较简单,其基本过程是:首先确定走刀路线的角度(走刀路线的角度需要在 *XOY* 平面内才能确定,一般是与 *X* 轴的夹角),然后根据刀具半径及加工要求确定走刀步距,接着根据平面型腔边界轮廓外形(包括岛屿的外形)、刀具半径和精加工余量计算各切削行的刀具轨迹,最后将各行刀具轨迹线段有序连接起来,连接的方式可以是单向(Zig,或 One Way),也可以是双向(Zigzag),一般根据工艺要求而定。单向连接因换向需要抬刀(到安全面高度),遇到岛屿时也需要抬刀。

行切法加工时,如果是单向走刀,加工方式不是顺铣就是逆铣,加工过程中顺铣或逆铣方式不再变化。如果是双向走刀,也就是之字形走刀方式,加工程序必然是一行顺铣一行逆铣。精加工时常采用单向走刀,粗加工中常采用双向走刀。

2. 环切

环切法加工一般是沿型腔边界走等距线,刀具轨迹的计算相对比较复杂,其优点是刀具的切削方式不变,不是顺铣就是逆铣。环切法加工分为由内至外环切(Outward)和由外至内环切(Inward),如图 5-33 所示。

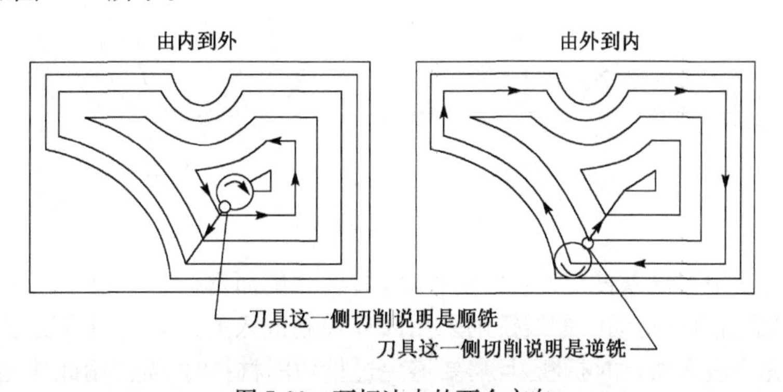

图 5-33 环切法中的两个方向

平面型腔的环切法加工刀具轨迹的计算在一定意义上可以归结为平面二维轮廓线的等距线计算。如果轮廓线由直线和圆弧组成,等距线的计算比较容易,为避免干涉碰撞,刀具轨迹计算时还要在等距线的基础上进行裁剪与编辑。对于包合自由曲线的二维轮廓曲线,等距线的计算相对复杂一些。对于含有岛屿的二维轮廓线的等距线计算及刀具轨迹计算更为复杂,因为在对等距线进行裁剪和编辑时要考虑等距线的自交和互交,即需要对等距环进行自交处理和互交处理。目前应用较为广泛的一种等距线计算方法是直接偏置法。

这种算法可以处理边界为任意曲线的轮廓线,其不足之处是必须对各段偏置线的连接处进行处理,去掉偏置过程中产生的多余环,进行大量的有效性测试以避免干涉,算法效率不高,而且在某些情况下多余环的判断处理是相当困难的。沿零件轮廓环切(Follow Periphery)就是以这一算法为基础的。

现代比较先进的环切加工刀具轨迹计算方法是将待加工区域分成若干个子区域,每个子区域均可用大刀具进行粗切加工;最后用小刀具进行精切加工成形。Voronoi 图是一种有效的环切加工子区域划分方法,其核心思想是每个子区域内的所有点距轮廓线的某一段(直线或圆弧)轮廓边最近,当子区域划分结束后,在每个子区域内构造对应轮廓边的等距线,可以保证作出的等距线相互正确衔接,避免了不同等距线之间的求交、干涉检查和裁剪处理等。沿零件环切(Follow Part)就是以这一算法为基础的。

3. 摆线

摆线又称为普通旋轮线,一个半径为 r 的轮子沿着一条水平线滚动,轮子上的一点 P 所经过的轨迹线就是摆线,其定义方程如下:

$$\begin{cases} x = r\omega t - R\sin(\omega t) \\ y = r - R\cos(\omega t) \end{cases} \tag{5-1}$$

其中,r 为轮子半径;R 为 P 点到轮子圆心的距离;ω 为角速度;t 为时间。

当 P 点在轮子边缘,即 $r=R$ 时,P 点的运动轨迹如图 5-34(a)所示。当 P 点到圆心的距离 R 不变,轮子缩小为一点,但仍然保持原来 X 方向上的直线运动速度时,P 点的运动轨迹如图 5-34(b)所示。实际上,如果轮子缩小为一点时,理论上将不可能保持原来 X 方向上的直线运动速度,摆线轨迹实际上变成了一个圆。摆线加工方法实际上也将摆线简化成了圆,如图 5-35 所示。

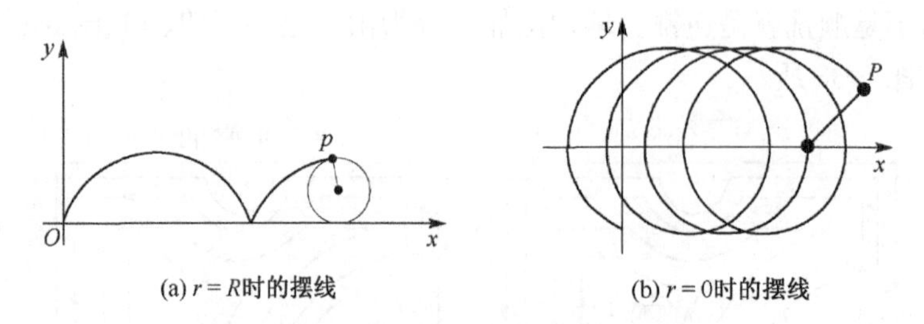

(a) $r=R$时的摆线　　(b) $r=0$时的摆线

图 5-34　摆线图形

常规切削方法中刀具以直线刀轨向前移动,其各个侧面都被材料包围。在之前的行切和环切中,刀具都是沿直线运动。摆线铣削采用回环控制嵌入的刀具。当需要限制过大的步距以防止刀具在完全嵌入切口时折断,且需要避免过量切削材料时,需使用此功能。在进刀过程中的岛和部件之间、形成锐角的内拐角以及狭窄区域中,几乎总是会得到内嵌区域。摆线切削可消除这些区域。刀以小的回环切削模式来加工材料。也就是说,刀在以回环切削模式移动的同时,也在旋转。

向外摆线切削是首选模式，因为向外摆线是顺铣加工，它将圆形回环和流畅的跟随移动有效地组合在一起，如图 5-35 所示。向外摆线切削的切削方向设置为向外，这种切削模式适合进行高速粗加工。这种模式包括摆线铣削、拐角倒圆和其他拐角及嵌入区域处理，以确保达到指定的步距，可用于型腔、平面铣削操作。

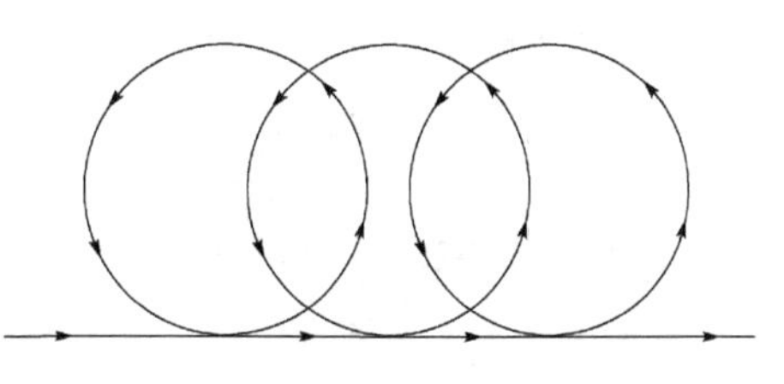

图 5-35　简化的摆线加工轨迹示意图

摆线宽度是在刀轨中心线处测量的摆线圆的直径，也就是图 5-35 中圆环的直径。摆线向前步长是摆线圆沿刀轨相互间隔的距离值，也就是图 5-35 中连续两个圆环中心之间的距离。

一般数控编程软件都可以实现可变摆线宽度算法，以便加工槽和尖角。实际应用时指定一个最小摆线宽度，软件根据需要逐步减小实际摆线宽度以避免过切。

在典型的腔体加工例程中，刀具首次进入封闭型腔或沟槽时，就被完全嵌入进去了。刀具在拐角处承受的载荷也将超出预期的。金属切削率的峰值会导致刀具过早损坏。这迫使机械师减小加工参数，进而导致生产力丧失。

恒定的金属切削率是高效加工的一个非常重要的准则。经过优化的摆线刀轨可确保在整个刀轨中保持预期的金属切削率。

4. 应用

目前，行切、环切和摆线刀具轨迹切削模式在现在的 CAM 软件中具有成熟的算法。编程人员需要做的工作仅仅是选择何种切削模式。在数控编程中，编程人员依然需要像进行二维轮廓编程时一样，进行部件边界和底平面的选取，其边界选取方法可见图 5-30。如图 5-36 所示，分别为 NX7.5 生成的行切，环切和摆线切削的刀具轨迹。

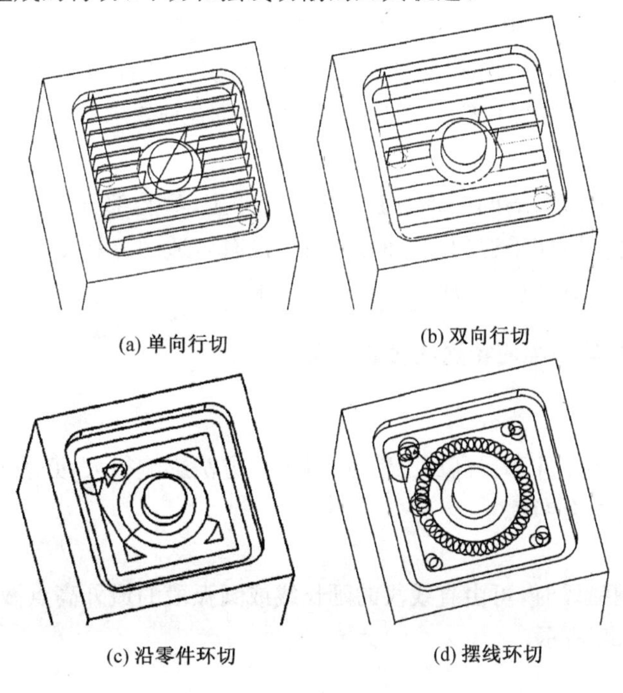

(a) 单向行切　(b) 双向行切

(c) 沿零件环切　(d) 摆线环切

图 5-36　NX7.5 中二维型腔刀具轨迹示例

当二维型腔较深时，则要分层进行加工，这时还需要定义每一层的加工深度。但是一般情况下，加工深度只需要指定初始加工深度，最终加工深度，中间各层加工深度。中间各层加工深度可根据型腔的加工深度和加工层数由编程软件自动计算得出。当然，加工深度也可由编程人员指定一个固定数值来进行确定。切削深度的计算需要综合考虑刀具、材料、切削行宽等因素，否则可能会造成刀具折断或切削效率偏低等问题。

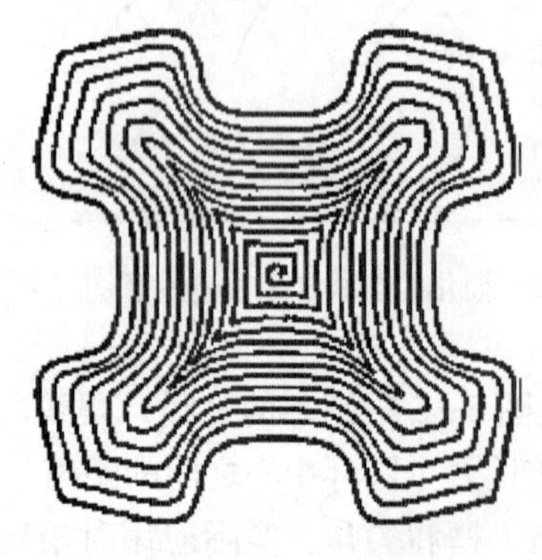

图 5-37　螺旋加工刀具轨迹

此外，也有采用螺旋线方式的二维型腔刀具轨迹，如图 5-37 所示，该方法只在学术论文研究中出现过，目前主要的商品化编程软件中还没有螺旋加工二维型腔的刀具轨迹规划方法。

5.3.4　二维字符刀具轨迹生成

二维字符由凹字符和凸字符之分。

1. 凹字符

凹字符可分为线条型字符和具有一定线条宽度的字符。

在数控加工领域，二维字符的刻字工作中主要包括 26 个英文字母和数字，主要用于工件的标志，这是一类线条型凹字符。因为二维字符的数量不多，且主要由直线和圆弧构成，指令简单，目前主要采用雕刻机完成。雕刻机包含了 26 个英文字母和数字的字库，可方便地完成二维字符的加工。刀具轨迹就是字符轮廓轨迹，字符的线条宽度由雕刻刀刀尖直径来保证。

对于具有一定线条宽度的凹字符来说，例如一些大的汉字和罗马字符，可以采用外形轮廓铣削加工方式生成刀具轨迹，刀尖直径小于线条宽度；如果线条特别宽，可以采用二维型腔铣削加工方式生成刀具轨迹。例如需要刻下较大的汉字，汉字的每个笔画都需要单独加工，每个笔画的加工类似于一个二维型腔的加工方式。此外，刻字的精度往往要求不高，也很容易实施。

2. 凸字符

凸字符的加工可按带岛屿的型腔加工方法进行加工，型腔部分实际上就是需要去除的材料部分，例如图章。此外，如果遇到较小的凸字符，没有合适的刀具加工小的型腔，可采用先制作凹字符电极的方法，采用电火花加工方式进行成形。

5.3.5　二维图像 NC 编程中应特别注意的问题

1. 进退刀方式

能否加工出合格的零件和提高加工效率，进退刀方法影响很大，必须根据毛坯和最终加工零件之间的情况进行综合考虑。

(1) 加工外轮廓

如有直线段或圆弧段时，可由直线段的延长线或圆弧段的最外高点做引线由空处切入，并由空处退刀，如图 5-38 所示。

(2) 加工内轮廓

一定要圆弧进刀，其辅助圆弧半径一定要大于所给刀补半径值。也可从最高点切线空处

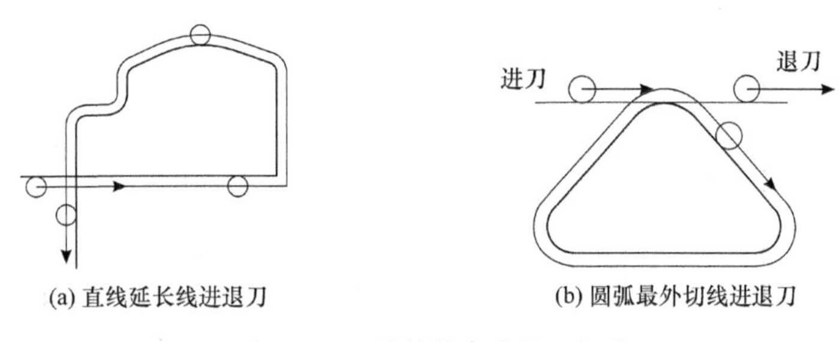

图 5-38　二维外轮廓进退刀方式

进刀，否则易造成零件啃切，如图 5-39 所示。尤其是加工内腔槽时，一定要注意下刀过程。若刀具底部有刃能够切削，可慢速下降切削到要求高度，否则必须先用钻头钻出切入刀位孔。

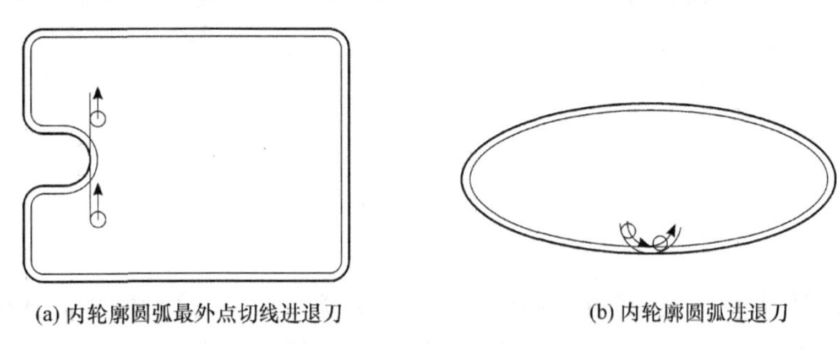

图 5-39　二维内轮廓进退刀方式

2. 走刀路线

加工外轮廓时，一般要分粗精加工，即多刀加工。在尖角拐角处，走刀速度不能太快，以免啃伤零件。另外还要注意加工时分层，防止让刀，使加工轮廓形成锥度，如图 5-40 所示。

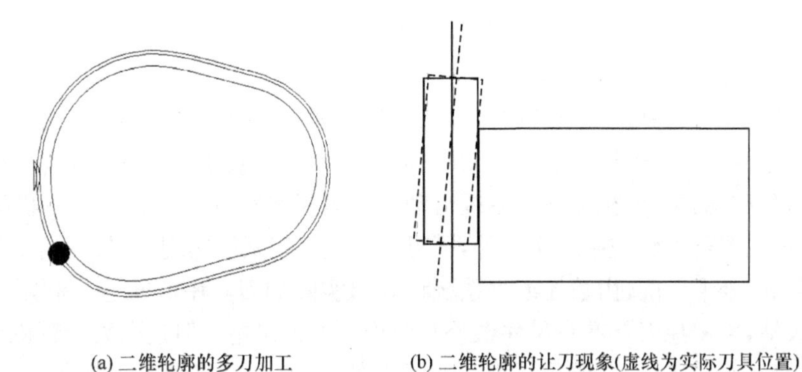

图 5-40　二维轮廓的让刀现象

加工内轮廓，可用环切、行切或摆线方式加工。但用到行切方式时，必须先将内轮廓加工到尺寸后再进行行切，如图 5-41(a)所示，否则换行时容易啃伤零件；而环切时通常为由里向外加工，无论是对加工零件刚性的影响还是加工精度的影响均为最小，如图 5-41(b)所示。注意带岛屿二维内轮廓换行时也存在下刀点和安全面问题，如图 5-41(c)所示。

无论内、外轮廓，当要求的转角半径较小时，通常是用大的刀具将大部分余量去掉，再换小刀具将所需转角加工到位，如图 5-42 所示。

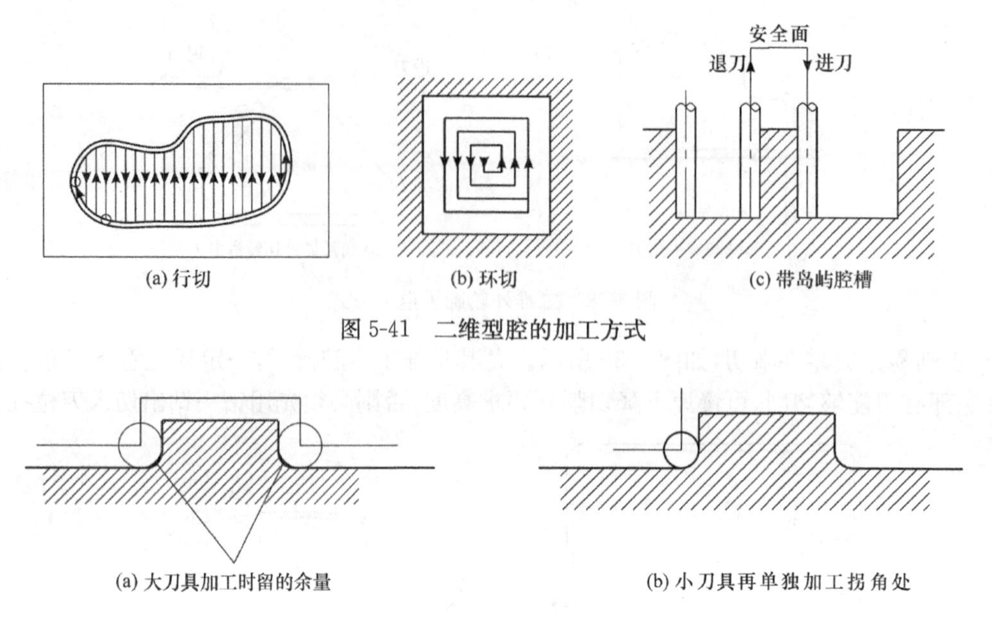

(a) 行切　(b) 环切　(c) 带岛屿腔槽

图 5-41　二维型腔的加工方式

(a) 大刀具加工时留的余量　(b) 小刀具再单独加工拐角处

图 5-42　二维轮廓转角处加工方式

但对二维轮廓，若非盲孔，尽可能选用二维线切割方式加工，这种加工方式的最大优点是不受刀具半径限制。若是盲孔时，仍要求加工较小(若小于可选用的最小刀具半径值)圆角时，就必须同时选用电火花辅助加工工艺方法，方可保证零件要求。另外，还要注意走刀方向，对主轴顺时针转动的机床而言，逆铣中排屑处与待加工表面一致，会使刀具受力突变或加大，导致刀具啃切于零件面或使加工面粗糙度水平不高；顺铣中排屑处为已加工面处，刀具不受排屑引起的附加力影响，不会造成啃切零件，使加工面粗糙度水平较高。对有些材料和加工机床，不同的铣削方向，还会影响零件的加工效率。

3. *二维轮廓数控加工刀具半径补偿*

刀具半径补偿为将刀具中心轨迹向待加工零件轮廓指定的一侧偏移一个刀具半径值。手工编程时，一般根据零件的外形轮廓采用 G41 或 G42 实现刀具半径补偿，刀具半径存放在一个刀具半径补偿寄存器中，由机床数控系统自动实现刀具半径补偿。采用计算机辅助数控编程刀具半径补偿除了可由数控系统实现外，还可由数控编程系统实现，即根据给定的刀具半径值和待加工零件的外形轮廓，由数控编程系统计算出实际的刀具中心轨迹。利用刀补方法编程加工，操作灵活，可避免刀具本身尺寸误差及磨损带来的误差。但是因为计算机辅助数控编程的刀具轨迹是刀心轨迹，如果要采用刀具半径补偿，就必须对后置处理后的 G 代码进行修改，该操作必须非常小心，注意刀具的实际位置，经仿真无误后方可使用，避免出错。

5.4　三坐标数控编程

5.4.1　三坐标加工的特点和应用

对大多由直线、圆弧、离散点所组成的二维轮廓而言，其刀位轨迹计算、编程较为简单，应用范围有一定的限制，而绝大多数需要进行数控加工的零件为空间曲面，需用两轴以上的机床联动方可实现,而三坐标加工可以加工 80%左右的曲面零件,前提是三坐标加工中的刀具可以移动到被加工面的任何位置。三坐标加工中,一个显著的特点是刀轴方向是固定的,要么是竖直方向,要么是水平方向,分别对应的是立式三坐标加工机床和卧式三坐标加工机床。另一个特点是机床可以实现三个方向的联动加工,即 X、Y 和 Z 三个方向的同步运动,从而可实现曲线和曲面加工。

三坐标加工的应用领域较为广泛,可用于以下零件或特征的加工:① 点位加工;② 空间曲线槽加工;③ 曲面区域加工;④ 组合曲面加工;⑤ 曲面交线区域加工;⑥ 曲面间过渡区域加工;⑦ 裁剪(Trimmed)曲面加工;⑧ 复杂多曲面加工;⑨ 曲面型腔(Cavity)加工。

5.4.2　三坐标加工中的术语

图 5-43 所示为一个典型的环形刀三坐标加工自由曲面的示意图。

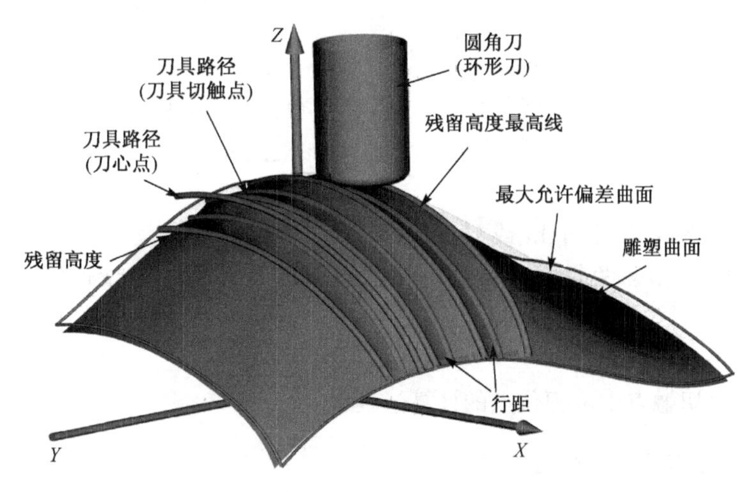

图 5-43　三坐标数控加工示意图及常用术语

(1) 切触点(Cutting Contact Point)

切触点指刀具在加工过程中与被加工零件曲面的理论接触点。对于曲面加工,不论采用什么刀具,从几何学的角度来看,刀具与加工曲面的接触关系均为点接触。图 5-44 给出了几种不同刀具在不同加工方式下的切触点。

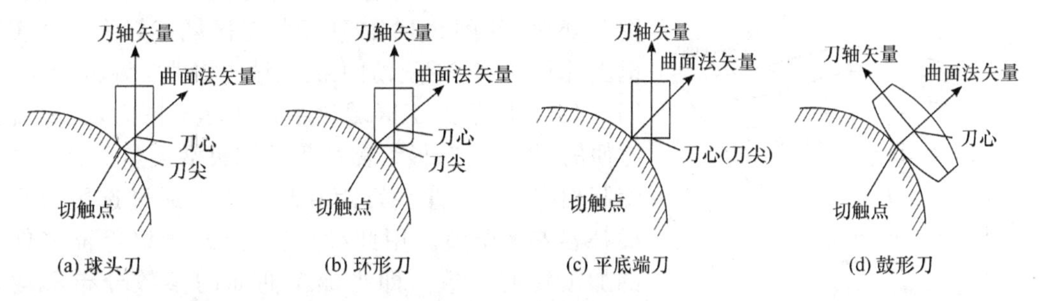

图 5-44　切触点

(2) 切触点曲线(Cutting Contact Curve)

切触点曲线指刀具在加工过程中由切触点构成的曲线。切触点曲线是生成刀具轨迹的基本要素，既可以显式地定义在加工曲面上，如曲面的等参数线、两曲面的交线等，也可以隐式定义，使其满足一些约束条件，如约束刀具沿导动线运动。而导动线的投影可以定义刀具在加工曲面上的切触点，还可以定义刀具中心轨迹，切触点曲线由刀具中心轨迹隐式定义。这就是说，切触点曲线可以是曲面上实在的曲线，也可以是对切触点的约束条件所隐含的“虚拟”曲线。

(3) 刀位点数据(Cutter Location Data，CL Data)

指准确确定刀具在加工过程中每一位置所需的数据。一般来说，刀具在工件坐标系中的准确位置可以用刀具中心点和刀轴矢量来进行描述，其中刀具中心点可以是刀心点，也可以是刀尖点，视具体情况而定，如图 5-44 所示。

(4) 刀具轨迹(Tool Paths)曲线

刀具轨迹曲线指在加工过程中由刀位点构成的曲线，即曲线上的每一点包含一个刀轴矢量。刀具轨迹曲线一般由切触点曲线定义刀具偏置计算得到，计算结果存放于刀位文件(CL Data file)之中。

(5) 导动规则 (Drive Methods)

导动规则指曲面上切触点曲线的生成方法(如参数线法、截平面法)及一些有关加工精度的参数，如步长、行距、两切削行间的残留高度、曲面加工的盈余容差(Outer Tolerance)和过切容差(Inner Tolerance)等。

(6) 残留高度(Scallop Height 或 Cusp Height)

残留高度指的是相邻两行刀具轨迹加工后留下的零件面相对于理论设计曲面的最大高度。

(7) 刀具偏置(Tool Offset)

刀具偏置指由切触点生成刀位点的计算过程。

5.4.3　三坐标加工刀具轨迹生成方法

1. *等参数方法*(ISO-Pramatric Tool Path Method)

曲面参数线加工方法是多坐标数控加工中生成刀具轨迹的主要方法，特点是切削行沿曲面的参数线分布，即切削行沿 u 线或 v 线分布，适用于网格比较规整的参数曲面的加工。参数域内一点与零件面的对应关系可见图 5-45。

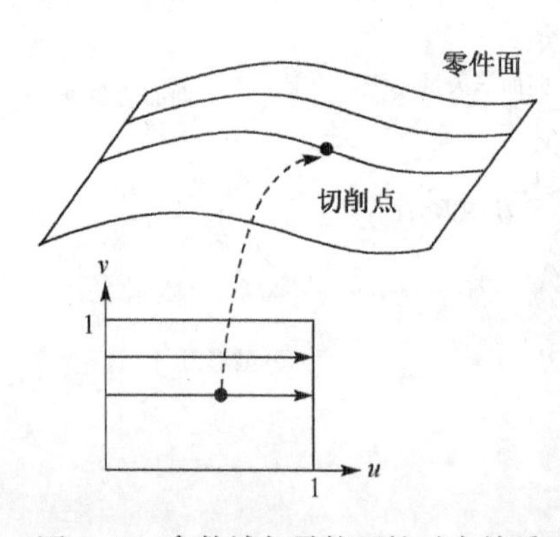

图 5-45　参数域与零件面的对应关系

通过调整 U、V 参数大小，可控制加工区域范围，如图 5-46 所示，图 5-46(a)所示加工区域正好为零件实际范围，图 5-46(b)所示加工的区域比零件实际范围小，而图 5-46(c)所示加工区域比零件实际范围大，这样就很方便的根据毛坯、最终需加工范围灵活调整 U、V 参数，编制相应加工程序。行距和步距也可通过选用刀具和插补容差来调整。用此种加工方法，难以保证零件面的加工精度一致。即当加工曲面的参数分布不均匀时，若沿参数线切削，其刀位轨迹不均匀，加工效率不高，如图 5-47(a)所示，利用后续的投影线环切法，即可解决此问题，如图 5-47(b)所示。

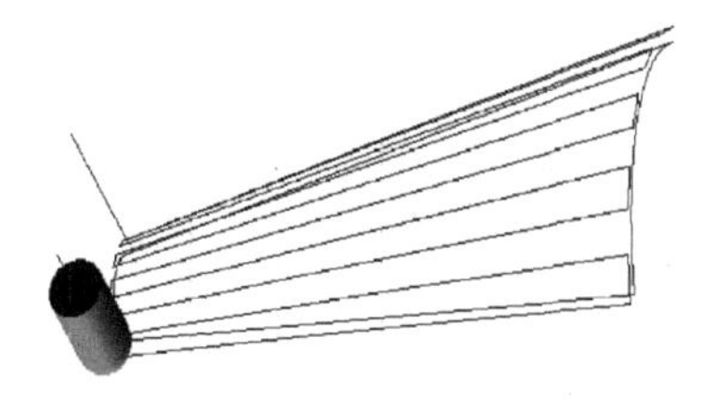

(a) 参数$U=1$，$V=1$的刀位轨迹

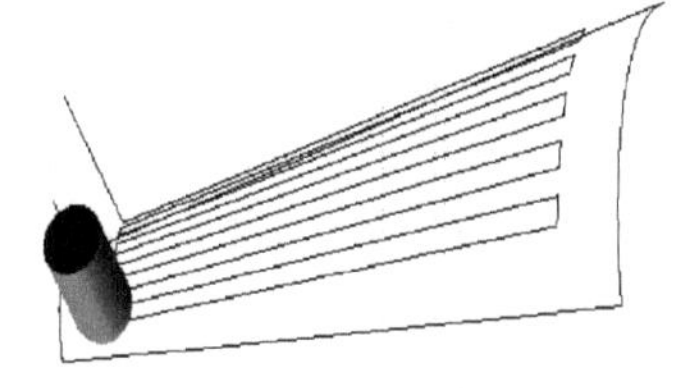

(b) 参数$U<1$，$V<1$的刀位轨迹

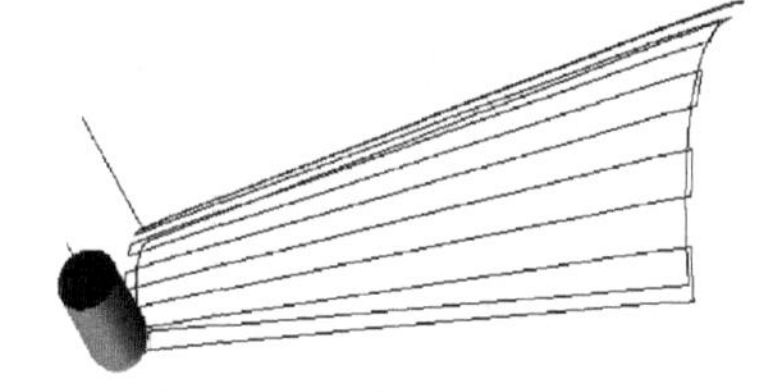

(c) 参数$U>1$，$V>1$的刀位轨迹

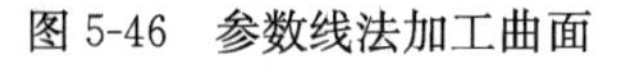

图 5-46　参数线法加工曲面

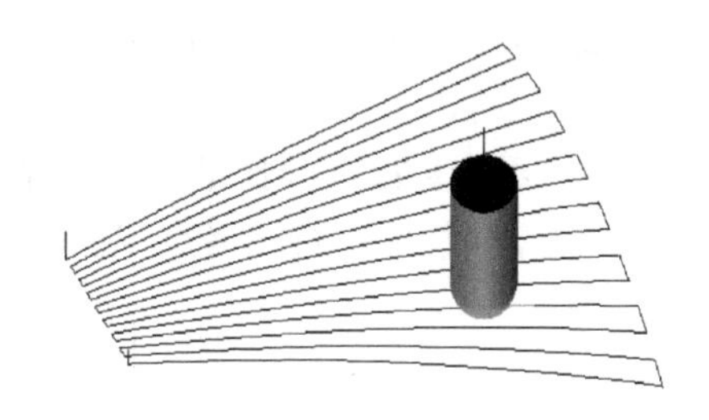

(a) 沿参数线方向加工的不均匀刀位轨迹

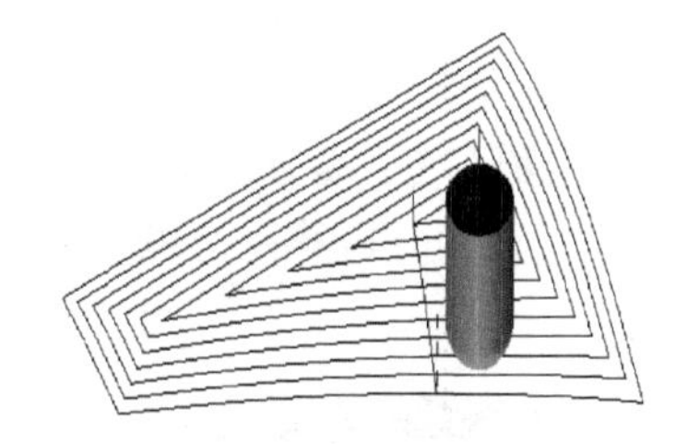

(b) 投影线环切法的均匀刀位轨迹

图 5-47　用不同方法加工参数分布不均匀曲面的特点

等参数刀具轨迹的生成可分为三个步骤：

1）根据第一行第一个切触点计算当前刀位点。

2）根据当前刀位点计算同一切削行内的下一个刀位点。

3）计算下一行的第一个刀位点。然后以此类推计算所有切削行的刀位点。

假设一个环形刀刀具半径为 R_2，刀具圆角半径为 R_1，加工内容差为 τ_i，加工外容差为 τ_o。三坐标加工示意图如图 5-48 所示，其中 r_{CL}为刀位点，r_{CC}为切触点，三坐标的刀位点计算公式如式(5-2)和式(5-3)所示。注意此公式没有考虑加工余量。

当 $\boldsymbol{a} \cdot \boldsymbol{n} \neq 1$ 时，

$$\boldsymbol{r}_{CL} = \boldsymbol{r}_{CC} + R_1 \cdot \boldsymbol{n} + (R_2 - R_1) \cdot \frac{\boldsymbol{n} - (\boldsymbol{a} \cdot \boldsymbol{n}) \cdot \boldsymbol{a}}{\sqrt{1 - (\boldsymbol{a} \cdot \boldsymbol{n})^2}} \tag{5-2}$$

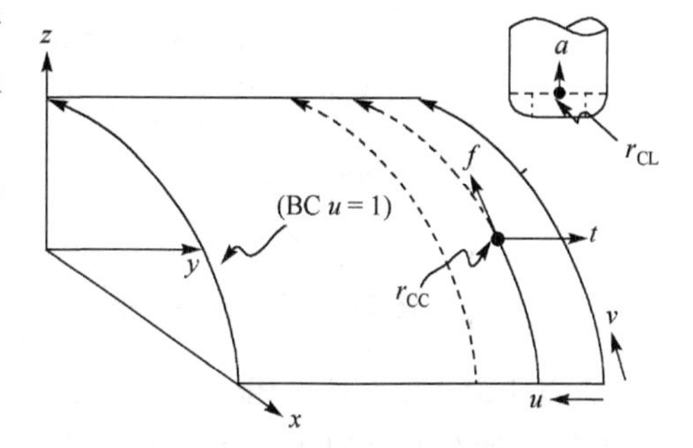

图 5-48　环形刀三坐标加工曲面示意图

当 $\boldsymbol{a} \cdot \boldsymbol{n} = 1$ 时，

$$\boldsymbol{r}_{CL} = \boldsymbol{r}_{CC} + R_1 \cdot \boldsymbol{a} \pm (R_2 - R_1) \cdot f \tag{5-3}$$

其中，$\boldsymbol{a}$ 为刀轴矢量，在三坐标加工中 $\boldsymbol{a}=(0,0,1)$；$\boldsymbol{f}$ 为切触点沿进给方向的单位切矢，$\boldsymbol{n}$ 为当前曲面上切触点的单位法矢。$\boldsymbol{t}=\boldsymbol{f}\times\boldsymbol{n}$。在式(5-3)中，从坡底部向坡顶部方向进行向上铣的过程中采用“－”，从坡顶部向坡底部进行向下铣的过程采用“＋”。

在计算步长和行距时，首先需要分别计算出切触点处沿进给方向 $\boldsymbol{f}$ 和沿 $\boldsymbol{t}$ 方向的曲率半径 R_f和 R_t，凸曲面为正，凹曲面为负。然后分别计算出所用环形刀在切触点处沿进给方向 $\boldsymbol{f}$ 和沿 $\boldsymbol{t}$ 方向的有效半径 p_f和 p_t。则进给方向的步长计算可采用式(5-4)和式(5-5)：

$$\lambda_{CC} = 2R_f \cdot \{1 - [(R_f + p_f - \tau_i)/(R_f + p_f)]^2\}^{1/2} \tag{5-4}$$

$$\lambda_{CL} = 2\{2\tau_i \cdot (R_f + p_f) - (\tau_i)^2\}^{1/2} \tag{5-5}$$

行距的计算可采用式(5-6)：

$$\omega_{CC} = \frac{|R_t| \sqrt{4(R_t + p_t)^2 (R_t + \eta)^2 - [R_t^{\ 2} + 2R_t p_t + (R_t + \eta)^2]^2}}{(R_t + p_t)(R_t + \eta)} \tag{5-6}$$

其中，η 是加工后的残留高度，也叫坡峰高度。

刀位点之间的行距计算可用简化的式(5-7)计算：

$$\omega_{CL} = \frac{\sqrt{4(R_t + p_t)^2 (R_t + \eta)^2 - [R_t^{\ 2} + 2R_t p_t + (R_t + \eta)^2]^2}}{(R_t + \eta)} \tag{5-7}$$

在三坐标加工中，如果需要采用等参数方法进行加工，可将驱动方法(Drive Method)选择为“曲面区域”驱动，选择曲面驱动后，曲面区域参数范围也可以由用户指定，如图 5-49 左图所示为 NX7.5 中曲面区域驱动方法对话框，右侧图为曲面区域参数百分比的设置对话框，从上至下依次为：第一行的起点，第一行的终点，最后一行的起点，最后一行的终点，起始切削行，终止切削行。

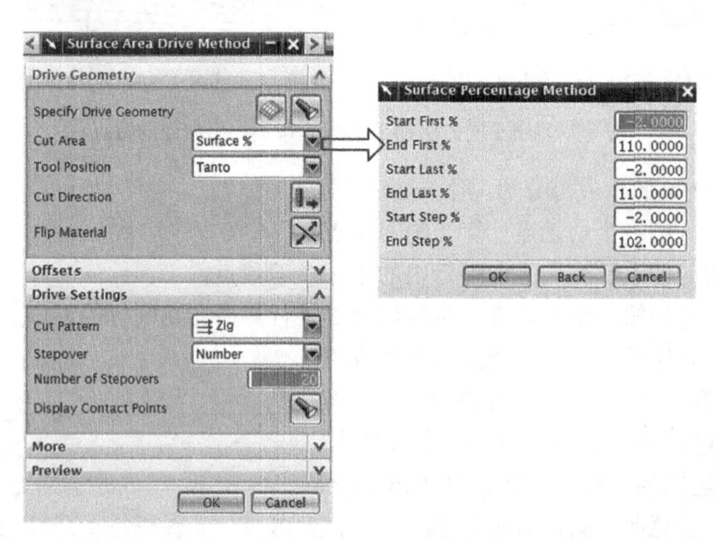

图 5-49 NX7.5 中固定轴加工时的曲面区域驱动方法及设置对话框

2. *截平面方法*(Iso—Planar or Cartesian Tool Path Method)

截平面法的基本思想是指一组截平面去截取加工表面，截出一系列交线，如果刀具与加工表面的切触点沿这些交线运动，完成曲面加工。

通常这组截平面为一族与刀轴平行的平行等距面，平行截面与 X 轴的夹角可以为任意角度。截平面法一般采用球头刀加工。其刀心实际是在加工表面的等距面上运动，此等距面的距离(ΔH)为

$$\Delta H = R + P_s \tag{5-8}$$

其中，R 为球头刀具半径，P_s 为零件面所留余量，当 $P_s>0$，留有正余量，即未加工到位；当 $P_s=0$，即刚好加工到理论形面；当 $P_s<0$，留有负余量，即零件加工后比理论形面小。

当然，因为得到了刀具切触点，无论是环形刀还是球头刀，此处都可采用式(5-2)和式(5-3)进行刀位点的计算。

若采用“ZIG-ZAG”的“之”字走刀方式，截平面图像编程刀位轨迹如图 5-50 所示。

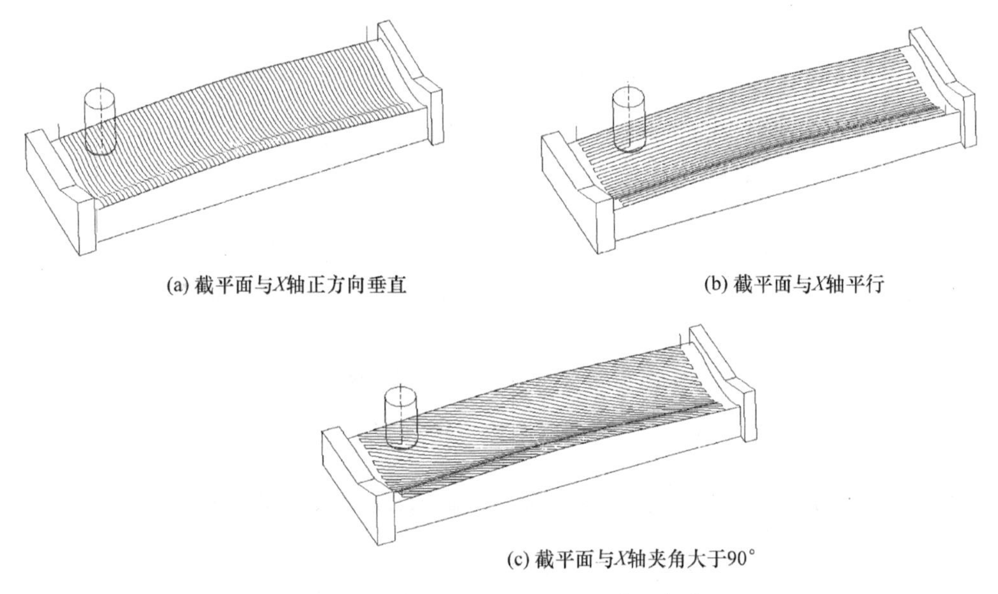

(a) 截平面与X轴正方向垂直

(b) 截平面与X轴平行

(c) 截平面与X轴夹角大于90°

图 5-50　截平面法的“Zig-Zag”走刀方式

若采用“Zig”的螺旋线走刀方式，加工刀位轨迹始终沿一个方向运动，这对利用球头刀或平底刀进行去余量粗加工，避免角速度为零的底刃中心参加切削，对提高加工效率大为有利。其截平面不是平行平面，其选取原则为粗加工轮廓线向垂直于刀轴的平面投影，内缩一刀具半径与精加工余量之和，然后根据通道投影宽度、刀具大小、走刀方向，提取 U 或 V 方向的参数线，以保证刀具处于爬坡切削状态，如图 5-51 所示。

图 5-51　去余量螺旋线走刀

若控制截面线及其运动方向，即可编制诸如开槽或去交线的粗加工或清根精加工，如图 5-52 所示。

实际上，截平面方法是根据 APT 编程方法延伸出来的一种刀具轨迹生成方法。在 APT 编程方面中，可以采用导动面与零件面求交线的方法计算刀具轨迹。在计算刀位点时，刀具与零件面和导动面为相切关系。将第一个导动面沿某个法矢方向进行等距偏置，分别与零件面求交线，就可生成一系列的刀具轨迹路径。在截平面方法中，导动面变成了平面，而且可以直接将一系列的截平面与零件面的交线作为切触点轨迹。

在 CAM 软件中，截平面方法的实现是通过垂直于刀轴平面的边界平面作为规划刀具轨迹的边界几何。在计算刀具轨迹时，默认的初始刀具轨迹平行于 X 轴。在边界平面内根据行距要求计算出切削行数，然后将所有的切削行投影到零件面上，以投影线作为切触点轨迹，考虑切削加工误差要求，计算刀位点和步长。图 5-53 所示为 NX7.5 中固定轴加工时的边界驱动方法对话框及边界选取方法，其中右侧图的边界选取方法中，单击 curves/edges，弹出的对话框与二维轮廓加工中的轮廓选取对话框是一样的，见图 5-30。

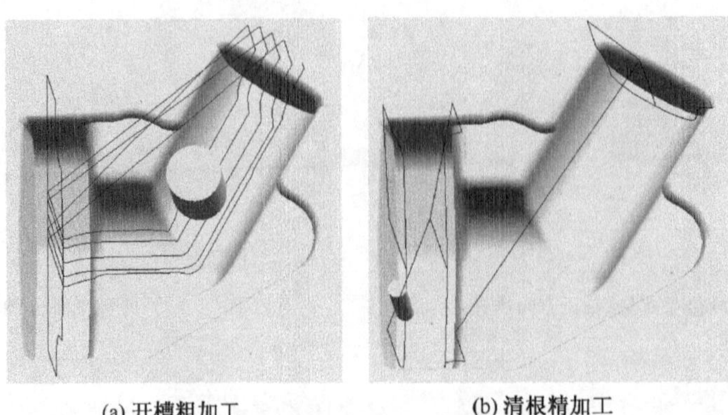

(a) 开槽粗加工　　(b) 清根精加工

图 5-52　开槽粗加工和交线清根精加工

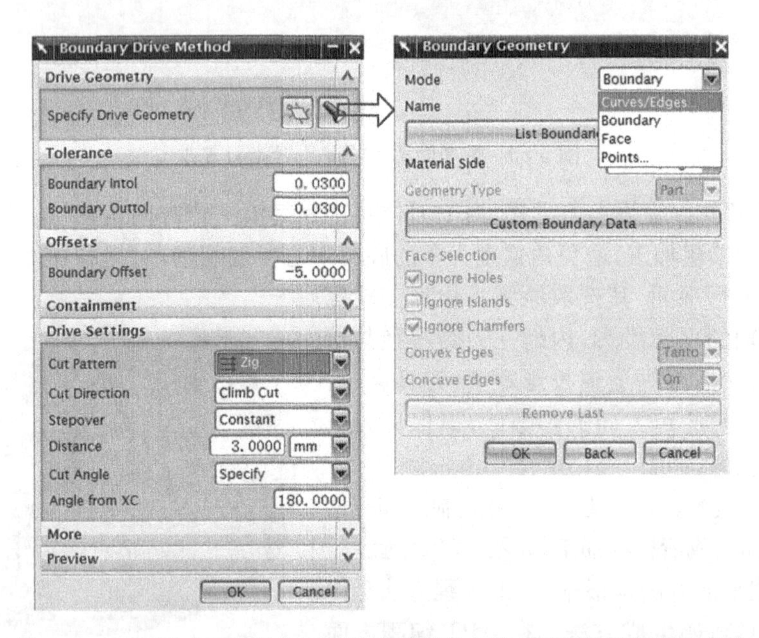

图 5-53　NX7.5 中固定轴加工时的边界驱动方法对话框及边界选取方法

3. 投影法(Projection Method)

投影法加工的基本思想是使刀具沿一组事先定义好的导动曲线(或轨迹)运动,同时跟踪待加工表面的形状。导动曲线在待加工表面上的投影一般为切触点轨迹,也可以是刀尖点轨迹。切触点轨迹适合于曲面特征的加工。由于待加工表面上每一点的法矢方向均不相同,因此限制切触点轨迹不能保证刀尖点轨迹落在投影方向上,所以限制刀尖点容易控制刀具的准确位置,可以保证刀具在一些临界位置和其他曲面不发生干涉,见图 5-54。

图 5-55 描述了投影导动曲线的定义依加工对象而定,图 5-55(a)所示的投影线法可将零件完全加工到位,而图 5-55(b)所示的投影线法在左侧就没有将零件加工到位。对于曲面上要求精确成形的轮廓线,如曲面上的花纹、文字和图形,可以事先将轮廓线投影到工作平面上作为导动曲线。多个嵌套的内环与一个外环曲线作为导动曲线可用于限定曲面上的加工区域。

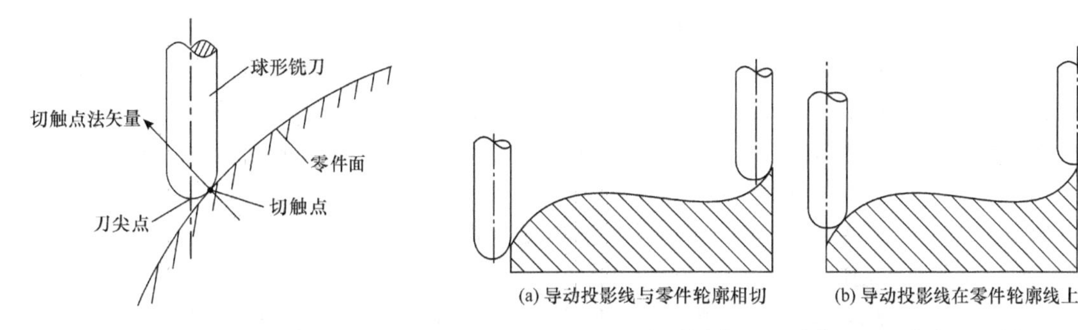

(a) 导动投影线与零件轮廓相切　(b) 导动投影线在零件轮廓线上

图 5-54　刀尖点、切触点与零件面之间的关系

图 5-55　投影法加工导动曲面对刀位点的限制

投影法加工以其灵活且易于控制等特点在三坐标 NC 编程中获得了广泛的应用，常用来处理用其他方法难以取得满意效果的组合曲面和曲面型腔的加工。它不受组合曲面曲率半径大小和选用刀具大小的限制。投影线可以是直线或曲线，也可以是零件本身或人为控制轮廓，在有些场合还可用已生成的刀位轨迹作为投影线，以生成较为均匀的刀位轨迹。图 5-56 是用投影法生成三坐标刀位轨迹的几个举例。

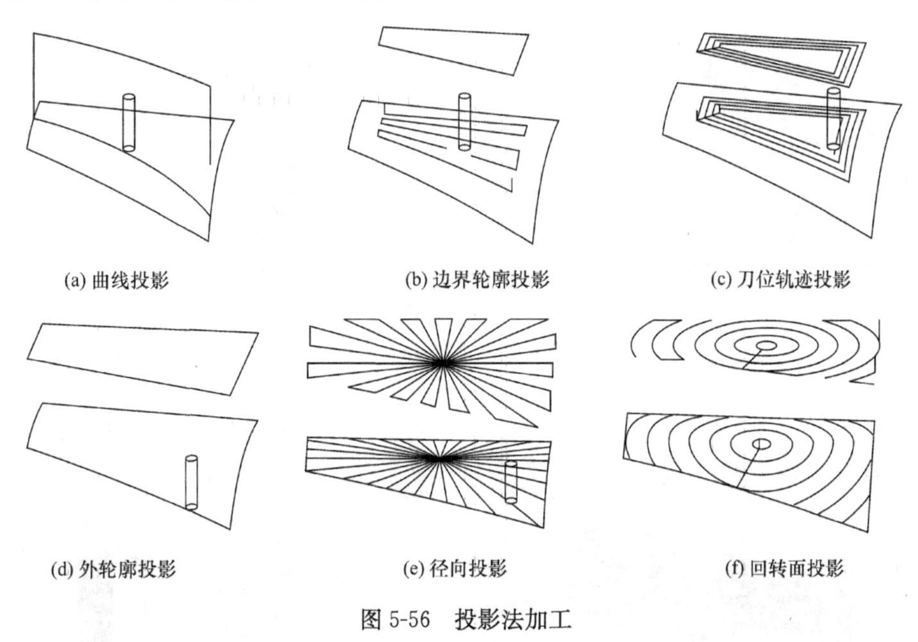

(a) 曲线投影　(b) 边界轮廓投影　(c) 刀位轨迹投影

(d) 外轮廓投影　(e) 径向投影　(f) 回转面投影

图 5-56　投影法加工

实际上，在现有的 CAM 软件中，投影法并不是一种单纯的刀具轨迹驱动方法，而是与其他驱动方法进行了结合。例如前面讲到的等参数方法和截平面方法，都可以应用投影法将规划好的刀具路径投影到零件面上，根据零件面的加工误差和加工余量要求重新计算刀具轨迹。在三坐标加工中，投影方向往往沿刀轴方向进行投影，例如所示为 NX7.5 中固定轴加工时的刀轴投影方向控制方式，驱动方法为边界驱动，即采用截平面方法进行驱动，投影方向为刀轴方向(Tool Axis)(图 5-57)。请注意，三坐标加工中，投影方向并不是必须一定沿着刀轴方向，也可以根据实际情况采用其他矢量方向作为投影方向。

4. 曲面腔槽加工(Cavity Milling)

对于曲面腔槽的加工,可采用平面腔槽的加工方法:首先将腔槽底面与边界曲面和岛屿边界曲面的交线投影到工作平面上,按平面型腔加工方法生成一组刀具轨迹,然后将该刀具轨迹反投影到腔槽曲面上,限制刀尖位置,便可生成加工曲面腔槽型面的刀具轨迹。

当零件面较为平坦时,利用投影线法简单灵活,容易保证零件精度,但若遇到深腔槽,尤其是其侧壁与刀轴方向夹角较小时,利用投影线法编程就会产生新的问题。如图 5-58 所示,在同样行距下,其加工残留高度会随侧壁梯度的加大而急剧增大,而且当刀具急剧向下运动时,需要球头刀担当钻头的钻削功能,而球头刀底刃中心角速度为零,切削功能最差。在实际加工过程中,易损坏刀具,啃伤零件,效率也不高。如图 5-59 所示,就必须采用新的方法,即所谓的腔槽铣。

图 5-57　NX7.5 中固定轴加工时的刀轴投影方向

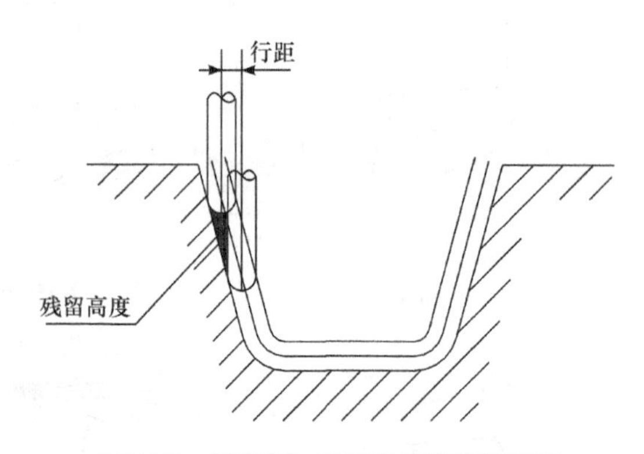

图 5-58　投影法加工深腔槽的残留高度

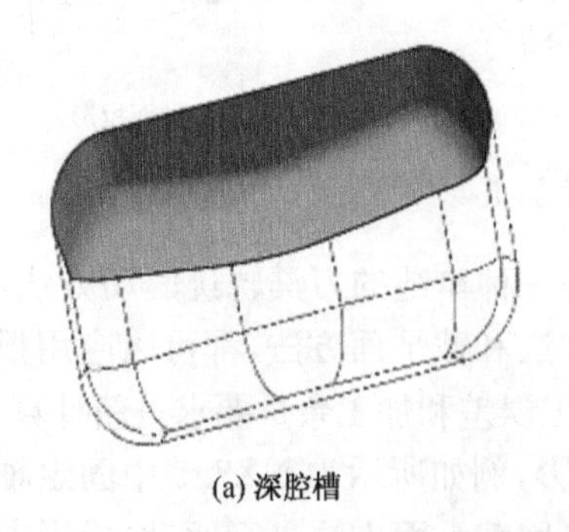

(a) 深腔槽

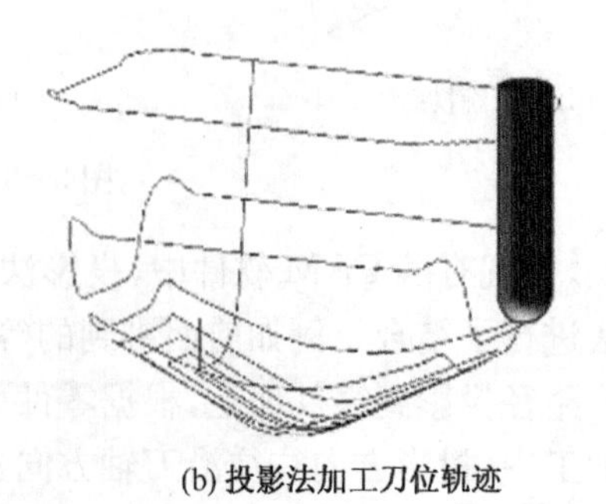

(b) 投影法加工刀位轨迹

图 5-59　深腔槽及其投影法加工刀位轨迹

腔槽铣即其投影方向为一组等距的与刀轴方向垂直的平面与腔槽求交线,让此平面交线向里或向外偏置一刀具半径与余量之和的距离,此即为刀心点坐标。其加工过程由前一等高线转入下一等高线，通过调整平面层间距和步长，很容易满足零件的精度要求，此加工方法在腔槽复杂且多的模具行业应用极为广泛，如图 5-60 所示。

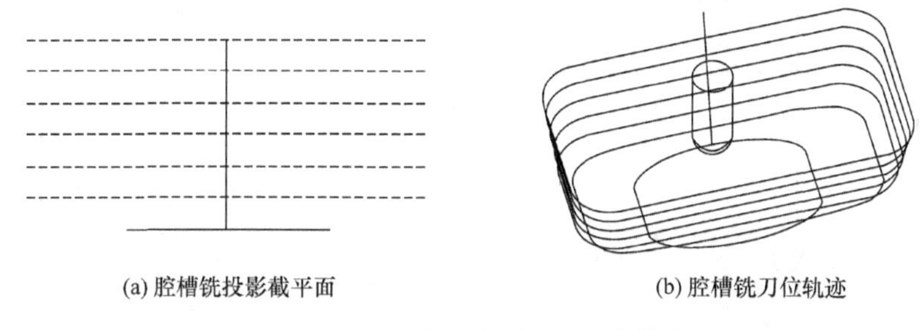

(a) 腔槽铣投影截平面　(b) 腔槽铣刀位轨迹

图 5-60　腔槽铣投影平面及刀位轨迹

由此可见，腔槽铣的基本思想就是以一系列的平行平面与腔槽求交线，然后在二维轮廓内规划刀具轨迹。在 CAM 软件中，腔槽铣是一种固定轴铣削加工方式，在三坐标加工中，刀轴方向是平行于机床 Z 轴的。如图 5-61 所示为 NX7.5 中腔槽铣时的对话框和刀具路径设置对话框。在使用时，除了必须指定的常见参数外，用户还需要指定的关键因素是工件几何、毛坯几何、走刀路线模式、分层方法、进退刀方式。如果有需要避让的几何，还需要指定检查几何。走刀路线模式确定采用行切、环切还是其他方式。分层方法确定了总的切削深度和每一层的切削深度。进退刀方式，尤其是进刀，确定刀具是从预钻孔垂直进刀还是采用螺旋线和斜坡方式进刀。为避免损伤刀具和工件，在腔槽粗铣时一般采用螺旋和斜坡方式进刀。

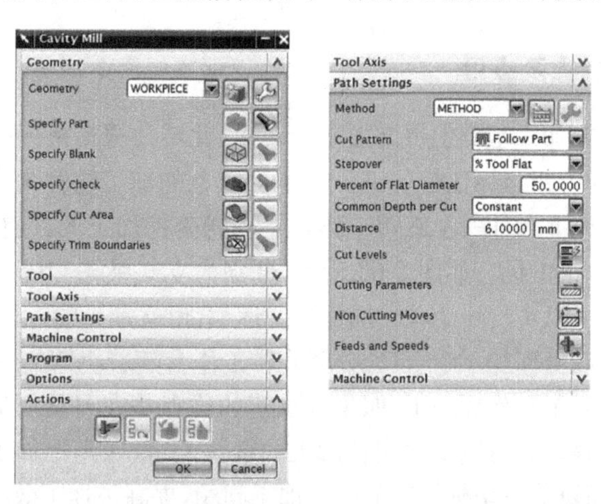

图 5-61　NX7.5 中腔槽铣时的对话框和刀具路径设置对话框

5. *刀具轨迹规划的其他方法*

除了前面介绍的方法外，刀具轨迹规划还有其他一些方法，例如等残留高度法(Iso-Cusps 或 ISO-Scallop Tool Path Method)，构型空间(Configuration Space，C-Space)方法，Z-map 方法等。

等残留高度加工的基本思想是使相邻两行刀具轨迹之间的残留高度相等。在 CAM 软件中，行距的设定也可以通过设定残留高度的方法由软件计算出实际的切削行数，是等残留高度方法的一种应用。如何更精确的计算出残留高度，是目前有关等残留高度算法研究的重点，读者可自行查阅相关资料。

C-Space 方法是根据刀位点所在曲面进行刀具轨迹计算的一种方法，该方法最早应用于机械手的运动规划中。采用 C-Space 方法，可以避免刀具的干涉碰撞问题，也可以平衡切屑载荷，还可以获得光滑运动的刀具路径。一个安全的 C-Space 空间如图 5-62 所示，在这个空间内，指定的运动物体可以移动到任何位置而不会发生碰撞干涉。C-Space 方法在曲面腔槽刀具轨迹规划中有一定的优势。采用 C-Space 方法进行刀具轨迹计算的详细步骤和方法，读者可自行查阅相关资料。

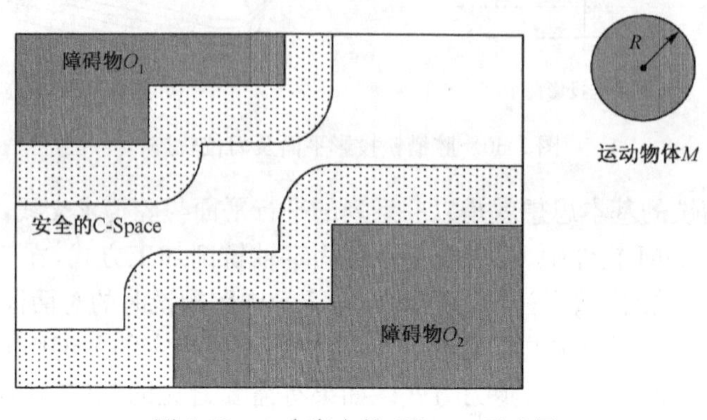

图 5-62 一个安全的 C-Space 示意图

5.5 多坐标数控编程

5.5.1 四坐标加工的特点及应用

在上述的三坐标数控加工基础上再增加一个转角，此转角根据机床的结构可以是工作台旋转或者是主轴头旋转，即为四坐标数控加工。四坐标以上的加工统称为多坐标加工。四坐标机床多是通过在三坐标机床上增加一个旋转工作台实现四坐标加工的，也有通过旋转主轴实现四坐标加工的，但此类机床很少见。如图 5-63 所示，分别为立式结构和卧式结构的四坐标加工中心。四坐标加工中机床可以实现 4 个轴的同步连续运动，也就是 4 轴 4 联动加工，因此四坐标加工也被称为 4 轴加工。四坐标加工中，自动分度旋转工作台随着机床的三个线性运动轴 X、Y、Z 的运动而同步旋转。相对于三坐标加工，四坐标加工的优点是在刀具切削过程中可以实现工件绕某个旋转轴的连续调整。对可以实现回转加工的零件而言，四坐标加工可以实现一次装夹即可完成零件的加工，从而避免三坐标加工的翻面加工问题，提高了加工效率并可减少加工时间。

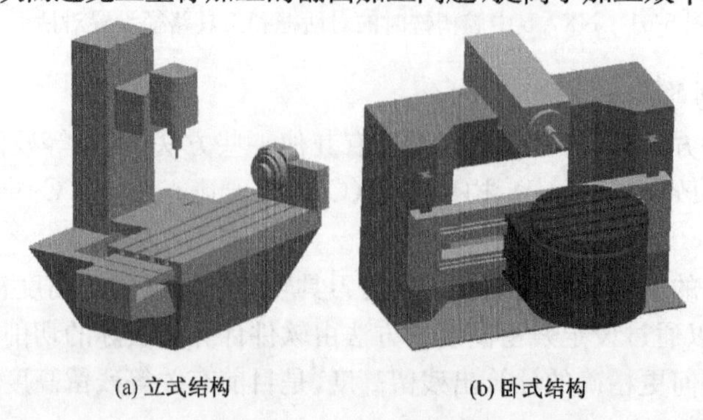

(a) 立式结构　　(b) 卧式结构

图 5-63 四坐标加工中心

在加工需要分度零件或零件型面由始终垂直于某轴的直纹面形成的零件时，常用到四坐标数控编程，如图 5-64 所示的零件。四坐标加工主要应用在以下几个方面：①回转件的孔加工；②叶片类零件加工；③螺杆类零件加工；④ 直纹面类零件加工。

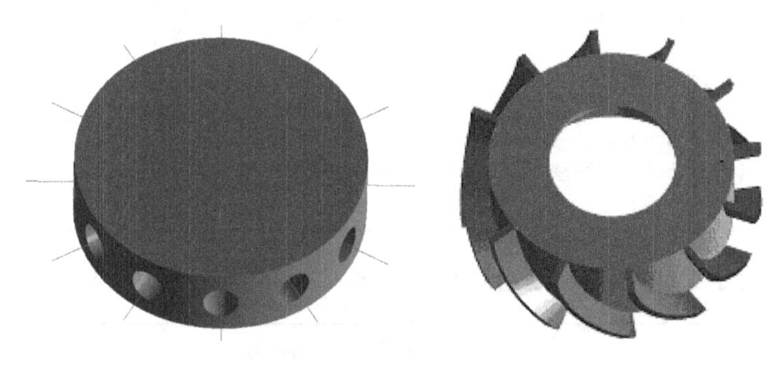

图 5-64　四坐标镗孔件及直纹面转子叶轮

但是，上述列举的 4 种零件也仅有部分零件可采用四坐标加工，原因是四坐标数控加工过程中，其刀轴始终与某一坐标轴垂直，刀位文件中刀轴矢量 $\boldsymbol{i}$、$\boldsymbol{j}$、$\boldsymbol{k}$ 中的一项必须始终为 0，经后置处理后即为刀心的 X、Y、Z 坐标和绕某轴的转角，图 5-65 所示的直纹面转子叶轮的刀位文件和后置结果见表 5-1 和表 5-2，刀位文件中的刀轴矢量 $\boldsymbol{j}=\boldsymbol{0}$，表示刀轴垂直于 Y 轴，其四联动坐标为 X、Y、Z、B。

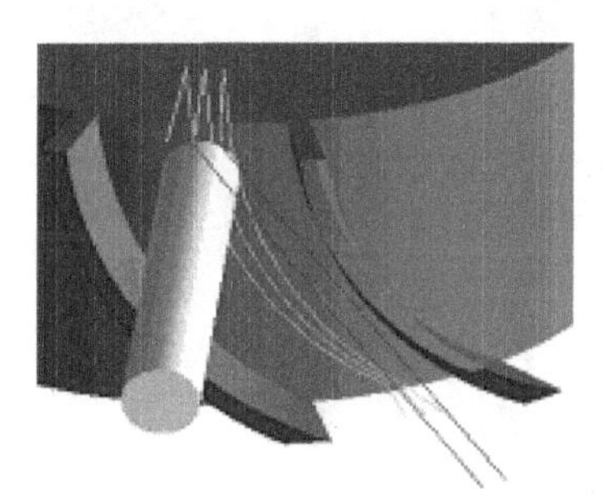

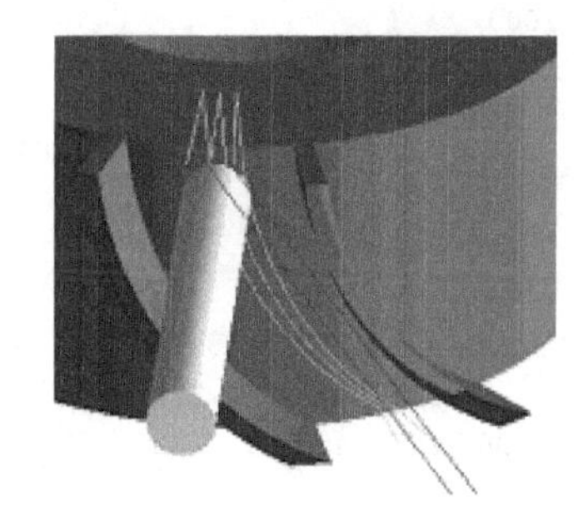

图 5-65　直纹面转子叶轮轮毂及型面刀位轨迹

表 5-1　某转子叶轮的刀位文件

```
TOOL PATH/KC1,TOOL,FR1.5
TLDATA/MILL,3.0000,0.0000,75.0000,0.0000,0.0000
MSYS/0.0000,0.0000,0.0000,0.0000000,0.0000000,1.00000,0.00000,- 1.00000,0.00000
PAINT/PATH
PAINT/COLOR,4
FEDRAT/MMPM,900.0000
GOTO/- 5.9611,2.5000,21.1770,- 0.2709613,0.0000000,0.9625902
PAINT/COLOR,6
FEDRAT/60.0000
GOTO/- 4.1999,2.5000,14.9201
PAINT/COLOR,3
FEDRAT/100.0000
GOTO/- 4.1860,2.3330,14.9240,- 0.2700668,0.0000000,0.9628416
```

续表

```
GOTO/- 4.1722,2.1659,14.9279,- 0.2691727,0.0000000,0.9630919
GOTO/- 4.1583,1.9989,14.9318,- 0.2682792,0.0000000,0.9633412
GOTO/- 4.1445,1.8318,14.9356,- 0.2673866,0.0000000,0.9635893
⋮
GOTO/4.1910,- 14.1053,14.9226,0.2703902,0.0000000,0.9627508
GOTO/4.2571,- 14.2370,14.9039,0.2746528,0.0000000,0.9615435
GOTO/4.3233,- 14.3685,14.8849,0.2789207,0.0000000,0.9603141
GOTO/4.3894,- 14.5000,14.8655,0.2831850,0.0000000,0.9590653
END-OF-PATH
```

表 5-2　某转子叶轮的刀位文件后置结果（MAHO 机床，Philips532 系统）

程序	说明
% PM388000	程序开头及程序号
N388000 (DYL-FR1.5,2001.10.18)	程序号及注释(包括刀位轨迹名、刀具大小和日期)
N1 G17 F80 S600 T3 M66	加工工作平面、进给率、主轴转速、刀具编号、手动换刀
N2 E4= - 1	参数赋值
N3 G149 N1= 58 B7= 94	将 G58 中的 B 角值赋至 94 号参数中
N4 G150 N1= 56 B7= E94	将 94 号参数中的 B 角值赋至 G56 参数中的 B 原点
N6 G56	程序原点记存 G 指令
N7 G98 X-150 Y0 Z-150 I300 J100 K300	机床仿真演示外窗口范围规定 G 指令
N8 G99 X-80 Y-10 Z-80 I160 J40 K160	机床仿真演示内窗口范围规定 G 指令
N10 G1 X-10.129 Y50 Z100 B9.912 M13 F2000	起刀点、主轴顺时转动、开冷却液
N11 G1 Y13.918 F1000	下刀点
N22 X-10.129 Y13.918 Z24.001 B9.912 F300	切入点
N23 X-10.000 Y13.305 Z24.055 B9.961 F100	切削点
N24 X-9.872 Y12.692 Z24.108 B10.011	切削点
.	
..	
N57 X0.144 Y-0.335 Z26.051 B11.223	切削点
N58 X0.403 Y-0.477 Z26.047 B11.228	切削点
N59 X0.618 Y-0.596 Z26.049 B11.233	切削点
N60 Z28 F300	退刀点
N61 Z38 F1000	安全面点
N862 E1= 360	参数赋值
N863 E2= 16	参数赋值
N864 E3= E1:E2	参数赋值
N865 E5= E4* E3	参数赋值
N866 E4= E4-1	参数赋值
N867 G149 N1= 58 B7= 94	将 G58 中的 B 角值赋至 94 号参数中
N868 G150 N1= 56 B7= E94+ E5	将 94 号参数中的 B 角值赋给 G56 参数中的 B 原点
N869 G56	循环后程序原点记存 G 指令
N870 G14 J15 N1= 10 N2= 869	循环指令、循环次数、循环程序起始、终止程序号
N871 G1 Z100 F2000	退刀点
N872 G1 Y50	退刀至安全面
N873 M30	主轴停转、关冷却液、程序结束并跳转到程序头

工作台旋转的四坐标联动数控机床零件装夹找正特别方便，装夹后不需要人工调节，只需把工作台转动相应的角度即可实现。尤其是再采用红外头测量仪，根据测量点的数据，由程序自动控制工作台所需转动的角度，使上述工作更为敏捷和准确。

四坐标加工的刀具轨迹生成方法与三坐标加工的刀具轨迹生成方法是类似的，特别是切触点的计算是完全一样的，不同的仅仅是刀轴方向。因此，前面讲过的等参数方法、截平面方法、投影法等都可以应用到四坐标加工中。在 CAM 软件编程中，例如 NX7.5，其四坐标加工编程对话框与五坐标编程对话框是一样的，不同的是刀轴方向的设置方式稍有区别。图 5-66 所示为 NX7.54 中四坐标加工时可以采用的 4 种不同类型的刀轴设定方式：4-Axis Normal to Part(零件面法矢)，4-Axis Normal to Drive(驱动面法矢)，4-Axis Relative to Part(相对于零件面)，4-Axis Relative to Drive(相对于驱动面)。这四种刀轴设定方式都需要指定一个旋转轴，通过指定矢量的方式来确定。请注意，旋转轴方向一定要和机床的旋转工作台所绕的旋转轴方向平行，也就是说如果机床旋转工作台绕 X 轴旋转，那么在编程时的旋转轴必须沿着加工坐标系的 X 轴方向。刀具将以指定的旋转角绕旋转轴进行旋转，刀轴旋转之前的位置与当前切触点所在零件面或驱动面的法矢有关。

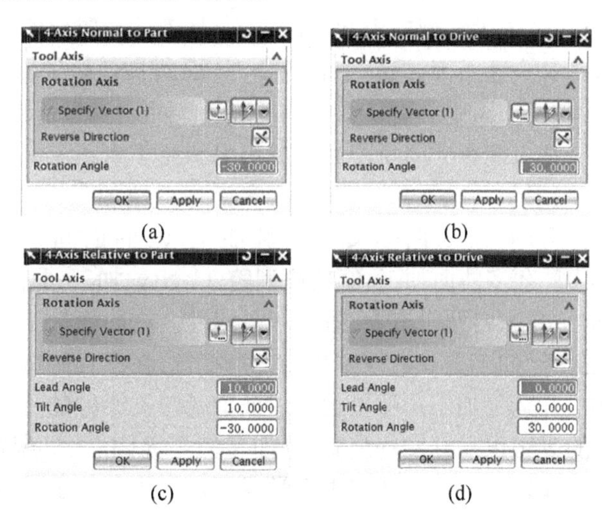

图 5-66　NX7.5 中四坐标加工的刀轴矢量设定对话框

5.5.2　五坐标加工的特点及应用

相对于前面的三坐标加工和四坐标加工，五坐标加工又比四坐标加工增加了一个控制坐标。三坐标仅能实现 X、Y、Z 三个坐标轴的联动，而四坐标加工在三坐标的基础上增加了一个绕 X 轴旋转的 A 坐标或绕 Y 轴旋转的 B 坐标或绕 Z 轴的旋转的 C 坐标。而五坐标加工在三坐标加工的基础上增加了两个坐标，或者是 A、B 坐标，或者是 A、C 坐标，或者是 B、C 坐标。当零件面加工必须考虑刀心三轴联动加刀轴摆动时，常用到五坐标加工。从理论上讲，五坐标数控加工可完成任意型面的加工，但实际上还受刀具、机床等因素的制约。与三坐标加工相比，五坐标加工有很多优势，这包括更快的材料去除率，更高的加工表面质量，减少了手工操作。五坐标数控加工主要应用于某些狭窄通道及在 Z 坐标方向上不单调的某些曲面，有时在不增加辅助夹具的前提下，加工空间斜孔和斜平面，利用五坐标数控编程，可一次装夹完成所要求的加工面，缩短了工期，减少了夹具和装夹误差。

因此综合四坐标和五坐标特点可见采用多坐标加工具有如下几个特点：

1) 减少了基准转换和装夹次数，有利于提高加工质量。

多坐标加工的工序相对集中，提高了工艺的有效性，而且由于零件在整个加工过程中减少了三坐标加工中来回翻面的装夹次数，在很多情况下，采用一至两次装夹即可完成零件的加工，加工精度更容易得到保证。

2）减少了工装夹具数量，有利于减少生产准备周期。

尽管多坐标数控加工中心的单台设备价格昂贵，但由于工艺链的缩短和设备数量的减少，工装夹具数量也随之减少。

3）缩短了生产周期，有利于提高企业产能。

多坐标数控机床的应用可以大大缩短生产周期，而且由于只把加工任务交给一台机床，不仅使生产管理和计划调度简化，而且透明度明显提高。工件越复杂，它相对传统工序分散的生产方法的优势就越明显。同时由于生产周期的缩短，有利于提高产量，满足市场需求。

4）缩短了新产品研发周期，有利于提高产品竞争力。

对于航空航天、汽车、电子等领域的企业，有的新产品零件及成形模具形状很复杂，精度要求也很高，有的新产品要求快速上市，提高企业竞争力，因此具备高柔性、高精度、高集成性和完整加工能力的多坐标数控加工中心可以很好地解决新产品研发过程中复杂零件加工的精度和周期问题，大大缩短研发周期和提高新产品的成功率和竞争力。

五坐标加工主要的应用包括以下几个方面：①多坐标点位加工；②空间曲线槽加工；③曲面区域加工；④组合曲面加工；⑤曲面交线区域加工；⑥曲面间过渡区域加工；⑦裁剪(Trimmed)曲面加工；⑧复杂多曲面加工；⑨曲面型腔(Cavity)加工；⑩曲面通道(Slot)加工。

五坐标加工的需求主要来自两个方面：效率和可达性。在曲面加工中，采用平底刀和环形刀加工都可以获得比三坐标加工更高的效率和加工精度，这在模具制造中得到了广泛的应用。在叶轮类零件的加工中，五坐标加工角度可达性保证了叶轮类零件的可加工性和加工精度。

但是，五坐标加工的应用也受到一些限制，例如碰撞干涉问题、机床超程问题等都限制了五坐标加工的应用效果。时至今日，仍然有很多学者针对五坐标加工的刀具轨迹规划、高性能切削、刀轴控制展开研究。

5.5.3 五坐标加工的刀具轨迹生成方法

五坐标加工走刀路线的规划除了可以沿用三坐标加工中的刀具轨迹生成方法之外，有时还要考虑其他的一些方法进行计算。在三坐标中无法加工到的位置，在考虑干涉检查情况下五坐标就可以做到。例如在 NX7.5 中，在五坐标加工中，常用的驱动方法有曲面方法(Surface Area)、边界方法(Boundary)、曲线或点方法(Curve/Points)、螺旋方法(Spiral)、流线方法(Streamline)、径向切削方法(Radial Cut)等，可用于不同的加工要求。曲面方法、边界方法、曲线或点方法的应用类似于三坐标加工。螺旋方法适用于回转类加工的零件，例如叶片类零件。流线方法适用于加工叶轮等零件的轮毂面或流线面。

五坐标加工的刀位点包含了两种信息：刀具位置点和刀轴矢量。五坐标加工中的刀具位置点的计算和刀轴矢量的计算往往是密不可分的。五坐标加工的刀轴矢量计算方法并不唯一，此处仅举例介绍一下其基本原理。在五坐标加工中，根据曲面的局部几何特征定义五坐标加工刀位点和刀轴方向是很方便的。如图 5-67 所示，一个环形刀与曲面相切于切触点 C。首先在切触点 C 定义一个局部坐标系(Local Coordinate System，LCS)，其三个坐标轴方向为 X_L、Y_L、Z_L。其单位矢量分别为 $\boldsymbol{a}$、$\boldsymbol{v}$，$\boldsymbol{n}$。全局坐标系的单位矢量分别为 $\boldsymbol{i}$、$\boldsymbol{j}$、$\boldsymbol{k}$。X_L 轴的方向始终与刀具切削方向一致，而 Z_L 轴的方向始终与切触点 C 的法矢方向一致。Y_L 轴方向

由 Z_L 和 X_L 的叉积确定。由于五坐标加工的刀具位置和刀具轴线方向都是变化的，因此很多学者按照以下方法确定刀具姿态：刀具首先绕 Y_L 轴旋转一个前倾角 α(Lead Angle)，然后绕 Z_L 轴旋转一个倾斜角 γ(Tilt Angle)，依此定义五坐标刀位点刀轴方向。在计算刀轴方向和刀位点时，首先根据切触点和局部坐标系计算出旋转之前的刀轴矢量和刀位点，然后采用计算机图形学中的旋转矩阵进行坐标旋转，从而确定最终的刀轴矢量和刀位点。

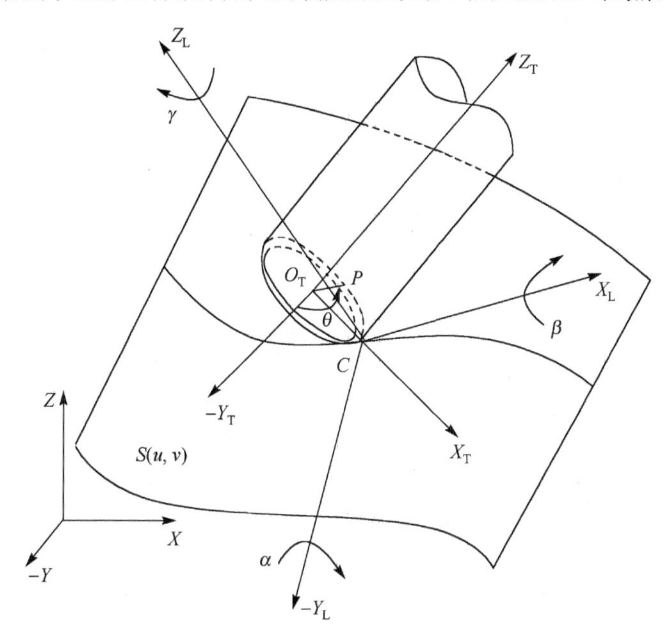

图 5-67　相关坐标系和五坐标加工刀具啮合状态

在使用 CAM 软件进行编程时，刀具位置点和刀轴矢量的计算全部交由软件完成。用户只需要知道如何规划走刀路线及如何控制刀轴方向即可。要实现五坐标加工，最关键的是刀轴矢量的确定，而刀轴矢量的确定也主要由前倾角和倾斜角确定。在 NX7.5 中提供了多种刀轴矢量计算方法，例如 Normal to Part(零件面法矢)、Normal to Drive(驱动面法矢)、Relative to Part(相对于零件面)、Relative to Drive(相对于驱动面)、Swarf Drive(直纹面驱动)等。同时，四坐标加工的刀轴控制方式在五坐标加工中依然适用。下面仅简单介绍一下上述几类刀轴矢量指定方法的基本含义。

(1) Normal to Part 和 Normal to Relative

这两种刀轴控制方式不需要指定前倾角和倾斜角，刀轴方向沿切触点所在零件面或驱动面的法矢方向。

(2) Relative to Part 和 Relative to Drive

这两种刀轴控制方式都需要指定前倾角和倾斜角，刀轴方向以切触点所在零件面或驱动面的法矢方向为基准，根据指定的前倾角和倾斜角进行旋转。四坐标加工时刀轴控制方式与此类似，只是最终的四坐标加工刀轴方向必须与旋转轴保持垂直，而在五坐标加工时，不需要指定旋转轴。

(3) Swarf Drive

这种加工方法指定是直纹面侧铣加工方法，刀轴方向一定要沿着直纹面的准线方向。

因为四坐标加工和五坐标加工都属于多轴加工，且在 NX7.5 中共用一个编程对话框，如图 5-68 所示为 NX7.5 中多轴轮廓加工对话框及两个刀轴设定对话框。

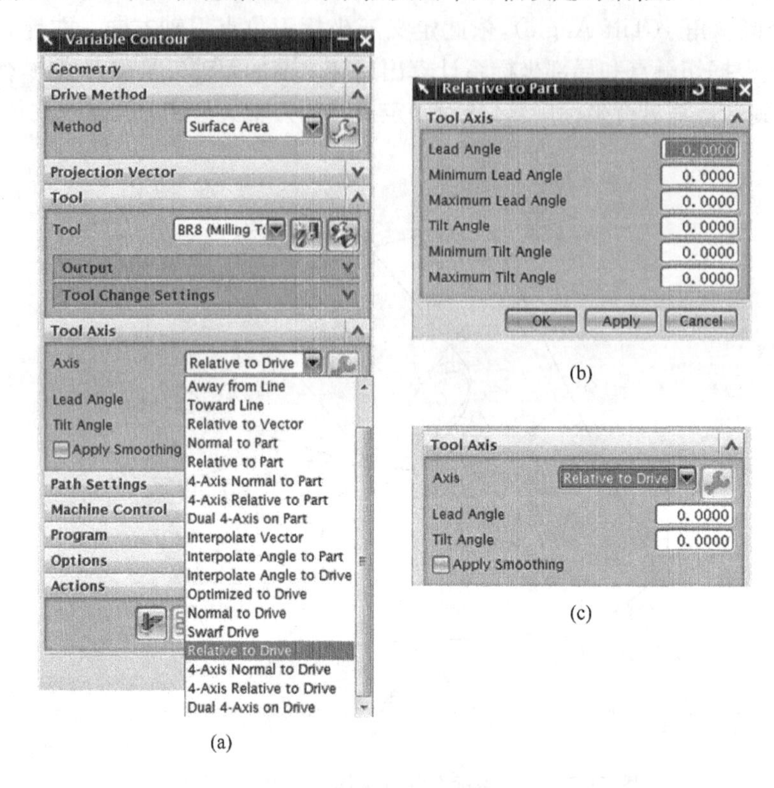

图 5-68　NX7.5 中多轴轮廓加工对话框及两个刀轴设定对话框

5.5.4　五坐标数控编程实例

五坐标数控编程既需要扎实的理论基础，又需要丰富的实践经验，不是短短几个章节就可讲解清楚的，在此略举几例，作为简介。图 5-69 所示为需五坐标数控镗孔件，图 5-70 所示为复杂三元流转子叶轮类零件，对单件要求又高的必须用五坐标数控机床进行加工。

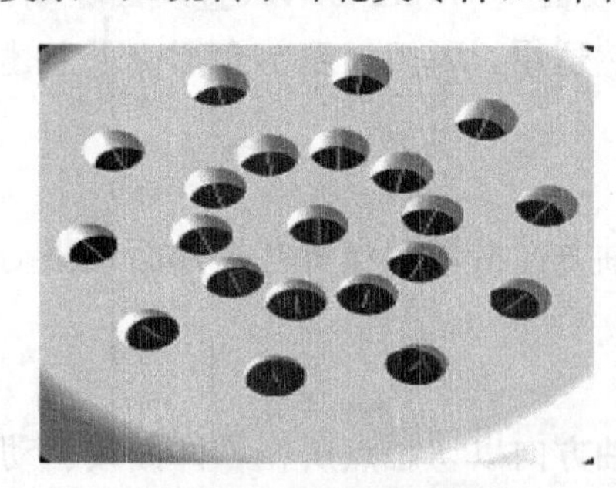

图 5-69　五坐标镗孔件

轮毂通道数控加工一般采用螺旋线走刀分层由上后退向下，如图 5-71 所示，即开槽加工，这样刀具底刃切削效果最差部位不参加加工，可提高加工效率和减少应力产生的变形。

为提高加工效率及防止刀具刚性不足产生让刀，在开槽加工过程中常选用平底端刀或锥度球刀，如图 5-72 所示，以缩短加工时间和提高加工精度。对图 5-70(a)所示的直纹型面转子叶轮的叶型面，利用数控机床的五轴联动，选择刃长合适的刀具，依靠刀具侧刃可一次加工到尺寸，加工轨迹如图 5-73 所示，其型面加工质量较高，加工效率也较高。

而对图 5-70(b)所示的扭曲非直纹型面转子叶轮的叶型面，无法靠刀具侧刃一次加工完成，只能靠球头刀或环型刀行切进行，要想提高型面加工精度，就必须减小行距，则必然延长加工时间，成本增加。而转子类零件从气动性能方面考虑以及加工手段的提高，它的型面类型向扭曲非直纹型面方向发展。

(a) 直纹面转子叶轮

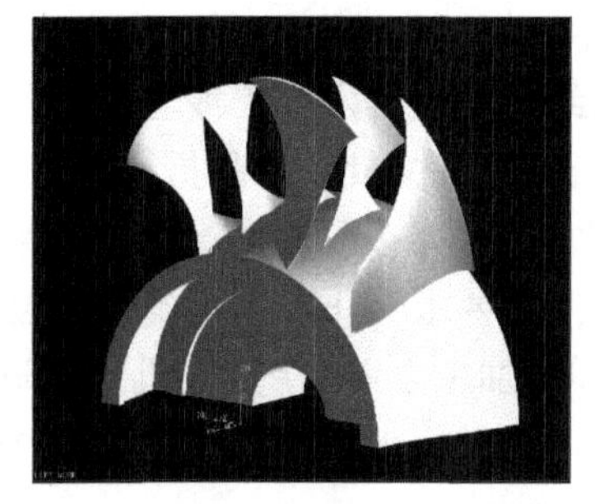
(b) S形扭曲非直纹面转子叶轮

图 5-70　三元流转子叶轮件

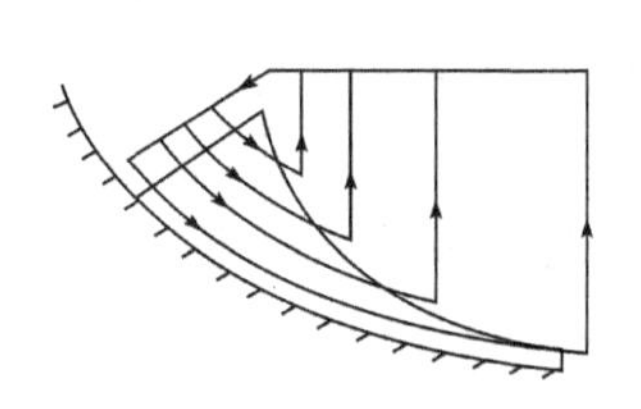
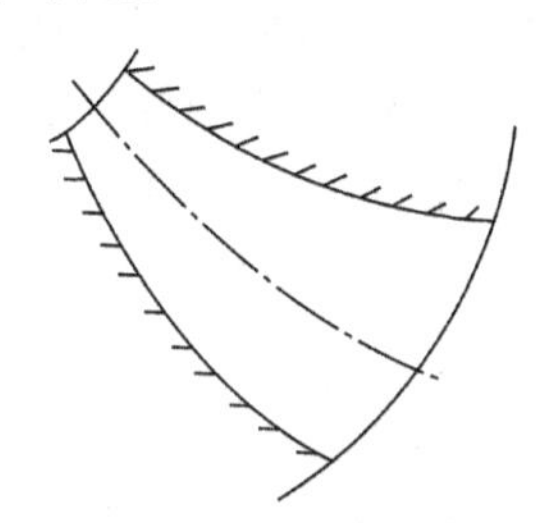

图 5-71　叶轮气流通道的开槽加工

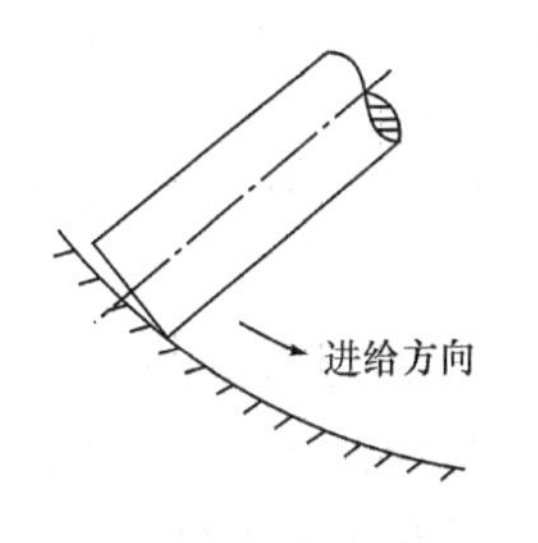

图 5-72　平底或锥度球刀开槽加工

图 5-73　叶轮零件其叶片直纹型面的加工轨迹

五坐标数控编程的刀位文件和表 5-1 类似，但刀轴矢量 $\boldsymbol{i}$、$\boldsymbol{j}$、$\boldsymbol{k}$ 三者同时变化，其刀位文件后置结果为刀心(x、y、z)和另外两角同时变化，实现五坐标联动。

综上所述，高坐标数控机床一定具有低坐标数控机床的功能，但数控机床随坐标数的增加，其设备成本、单位床时费急剧增加，所以在能满足零件精度要求和工期的前提下，应尽可能选用成本低的低坐标数控加工设备。

5.6　刀具轨迹验证与仿真

5.6.1　刀具轨迹验证与仿真简介

随着数控加工编程技术的发展，人们利用计算机辅助数控编程方法基本解决了复杂轮廓曲线、自由曲面的数控加工难题。但是，数控程序的编制过程和工艺过程的设计都具有一定的经验性和差异性，在程序编制过程中难免出错，不同的人编制的程序也不一样。特别是对于一些复杂形状零件的数控编程来说，用计算机CAM软件编程方法生成的数控加工程序在加工过程中是否发生过切，所选择的刀具、走刀路线、进退刀方式、安全平面是否合理，刀具轨迹是否正确，刀具与约束面是否发生干涉与碰撞等，编程人员事先往往难以预料。一旦数控程序存在错误，将可能造成零件报废、刀具折断，严重时可能造成机床的损坏。因此，不论是手工编程还是计算机辅助编程，都必须认真检查数控加工程序，如果发现错误，则需要马上对程序进行修改，直至最终满足要求为止。为了确保数控加工程序能够按照预期要求加工出合格零件，传统的方法是在零件加工之前，在数控机床上进行空走或试切，从而发现程序的问题并进行修改，排除错误之后再进行零件的正式加工，这样不仅浪费工时，也显著增加了生产成本，而且也难以保证安全性。

为了解决上述问题，计算机数控加工过程仿真技术应运而生。研究人员利用计算机图形学的基本原理，在计算机图形显示器上把加工过程中的零件模型、刀具轨迹、刀具外形一起动态地显示出来，用这种方法来模拟零件的加工过程，检查刀位计算是否正确、加工过程是否发生过切，所选择的刀具、进给路线、进退刀方式是否合理，刀具与约束面是否发生干涉或碰撞等。数控加工过程仿真常用的基本原理有刀具扫描体法和八叉树方法。

5.6.2 刀具轨迹验证

刀具轨迹验证的基本思想是：从零件三维造型结果中取出所有加工表面或实体模型，采用“真实”的刀具模型，沿着数控编程生成的刀具轨迹进行动态走刀过程模拟，实质是将整个加工零件与刀具一起进行三维组合消隐，从而判断刀具轨迹上的刀具位置、刀轴方向、刀具与加工表面的相对位置以及进退刀方式是否合理，安全高度是否合适等。如果能够将加工后的加工表面各加工部位的加工余量分别采用不同的颜色表示出来，就可以判断刀具与被加工零件之间是否发生过切、干涉或碰撞等。

刀具轨迹验证的主要作用：①显示刀具轨迹是否光滑连续、是否存在交叉；②判断刀具轨迹前后连接或拼接是否合理；③显示出走刀方向是否合理；④显示出刀具轨迹与加工表面的相对位置是否合理；⑤显示刀轴矢量是否存在突变现象；⑥分析进退刀位置与方式是否合理，是否发生干涉；⑦显示安全高度是否合理，是否存在干涉。

刀具轨迹验证方法是目前比较成熟的方法，应用比较普遍，目前常见的大多数CAM软件都带有此类功能。

刀具轨迹验证方法可分为两种，一种是刀具轨迹显示验证，一种是刀具切削验证。

刀具轨迹显示验证的方法是：当待加工零件的刀具轨迹计算完成后，将刀具轨迹在图形显示器上显示出来，从而判断刀具轨迹是否连续，检查刀位计算是否正确。判断的依据和原则主要包括：刀具轨迹是否光滑连续、是否存在交叉、刀轴矢量是否存在突变、刀具轨迹前后连接或拼接是否合理、走刀方向是否合理、是否存在碰撞等。刀具轨迹的显示往往在CAM软件计算出刀具轨迹时马上就可以观察到，是一般三维CAM软件的基本功能。例如图5-74所示，(a)图可看出加工余量设置不合理，刀具与零件面发生过切；(b)图可以看出安全面设置不合理，存在碰撞现象，而且采用Zigzag行切的刀具轨迹中间存在抬刀，影响加工效率，采用环切加工方法应该更合理。

刀具切削验证的方法是：当待加工零件的刀具轨迹计算完成后，利用所用的刀具和被加工工件模型，进行以工件固定，刀具运动的方式进行切削验证。可检查工件是否过切、欠切，与夹具或零件的非加工部位是否存在干涉或碰撞。可就此修改加工参数重新计算刀具轨迹。该方法的功能在多数 CAM 软件中都有。图 5-75(a)所示为图 5-74(a)所示二维轮廓刀具轨迹的切削验证中间过程；图 5-75(b)所示为图 5-74(a)所示刀具轨迹的切削验证结果，可检查工件加工结果的过切和欠切量。

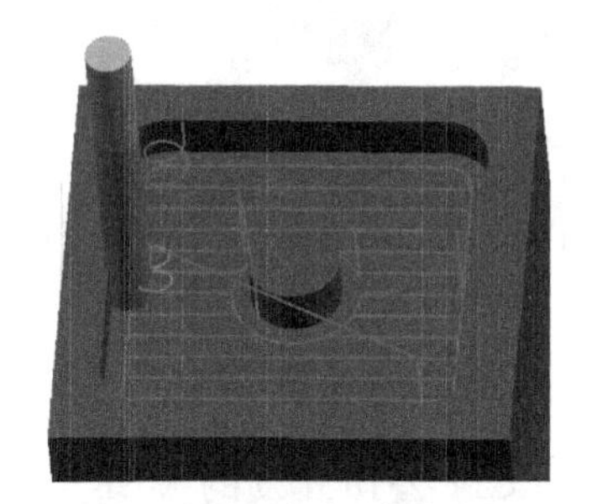

(a) 加工余量不合适引起的过切

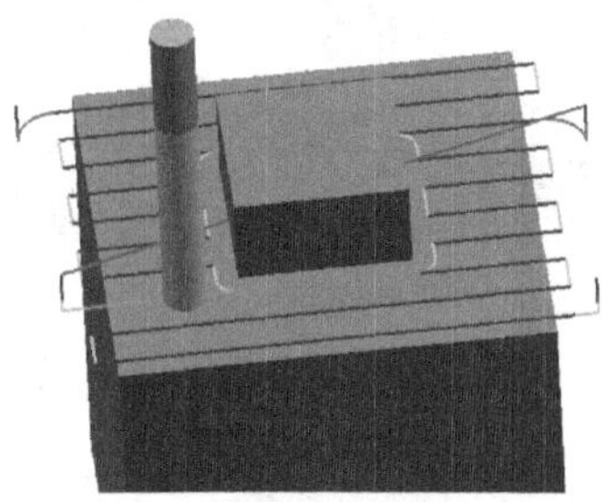

(b) 安全面不够高引起的碰撞

图 5-74　刀位轨迹显示验证观察到的不合理现象

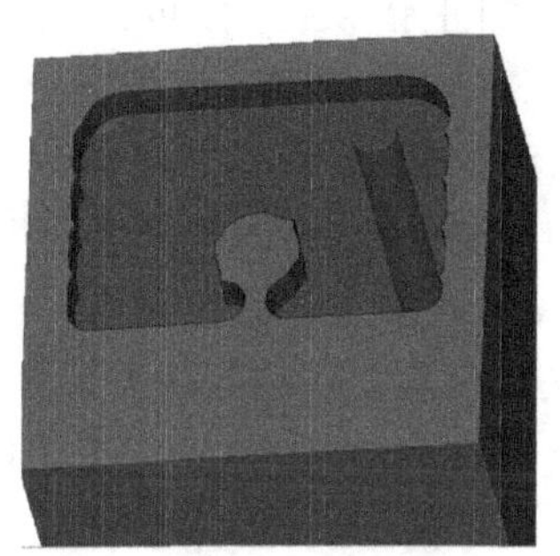

(a) 刀具轨迹验证中间过程

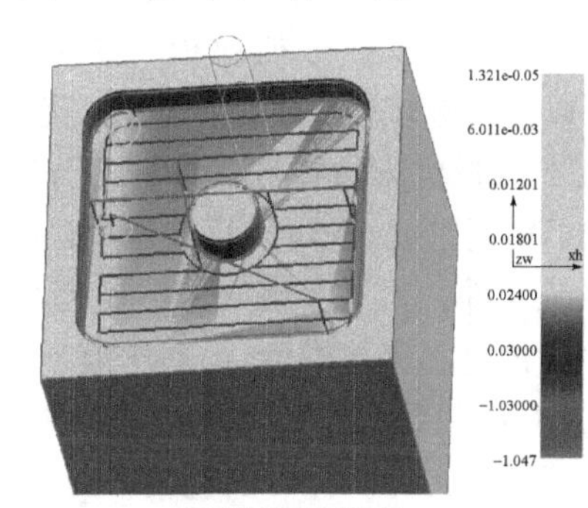

(b) 刀具轨迹验证结果

图 5-75　刀具轨迹切削验证

5.6.3　机床运动仿真

机床运动仿真，即虚拟加工过程仿真，是对数控代码进行仿真，主要用来解决加工过程中，实际加工环境内，工艺系统间的干涉、碰撞问题和运动关系，还可以计算加工时间，预估工时定额等。工艺系统一般由机床、刀具、工件和夹具组成，在加工中心上加工，还有换刀和旋转运动。仿真过程中，刀具与工件、夹具、机床之间的相对位置关系在不断变化，工件从毛坯开始经过若干道工序的加工，在形状和尺寸上均在不断地变化，因此机床运动仿真是在工艺系统各组成部分均已确定的情况下进行的一种虚拟动态仿真。机床运动仿真采用的是后置处理之后的数控程序。

机床运动仿真主要经历了两个阶段。在 20 世纪 70 年代，线框 CAD 系统的诞生使刀具动态显示技术有了突破，毛坯和刀具模型都是以线框显示在计算机图形显示器上，人们可以通过在零件上动态显示刀具加工过程来观察刀具与工件之间的几何关系，对有一定经验的编程员来说，就可以避免很多干涉错误和许多计算不稳定错误。但由于刀具轨迹也要显示在屏幕上，所以这种方法不能很清楚地表示出加工过程的情况。进入 20 世纪 80 年代，实体造型技术给图形仿真技术赋予了新的含义，出现了基于实体的仿真系统。由于实体可以用来表达加工半成品，从而可以建立有效真实的加工模拟和NC程序的验证模型。目前，UG (NX)软件也已经具备了机床运动仿真功能，如图5-76所示为NX7.5中的机床运动仿真效果图。

(a) 运动仿真

(b) 材料切除仿真

图5-76　NX7.5中机床运动仿真举例

机床运动仿真软件中最出名的是美国CGTECH公司开发的VERICUT软件。VERICUT可运行于Windows和UNIX平台，具有强大的三维加工仿真、验证、优化等功能。VERICUT可以模拟CNC加工，用来检测错误、潜在的碰撞以及低效的加工区域。在把程序传入机床之前，VERICUT可以让数控编程人员发现并纠正错误，这样可以避免工件的试切。VERICUT也可以优化数控程序的切削速度，获得更高的加工效率——甚至在高速铣削上。

用VERICUT进行机床仿真是以NC代码为驱动数据，需要有相应的数控系统(.ctl)文件，才能正确读取NC代码。既可以直接调用已有的控制系统文件，也可以根据相应数控系统建立新的控制系统文件。为了实现机床的动态仿真，还需要建立数控机床(.mch)文件，其中包括机床的运动学模型和实体模型，运动学模型定义机床各部件之间的关系和各自的位置，实体模型可以从UG(NX)、CATIA、Pro/E等软件中导入，也可以直接在VERICUT中建立。因为NC代码不像刀具源文件一样可以包含刀具形状、尺寸的描述，因此必须在VERICUT中建立刀具库(.tls)文件，并进行合理的参数设置。另外，还可以建立优化刀具库(.olb)文件，加工仿真时调用优化刀具库文件，能够在不改变原有加工路线的条件下，产生优化的刀具轨迹(.opti)文件，其中包含最佳的切削参数设置，实现最大的加工效率等优化要求。

图5-77所示为VERICUT机床运动仿真效果图(该图片来自CGTECH中文网站)。

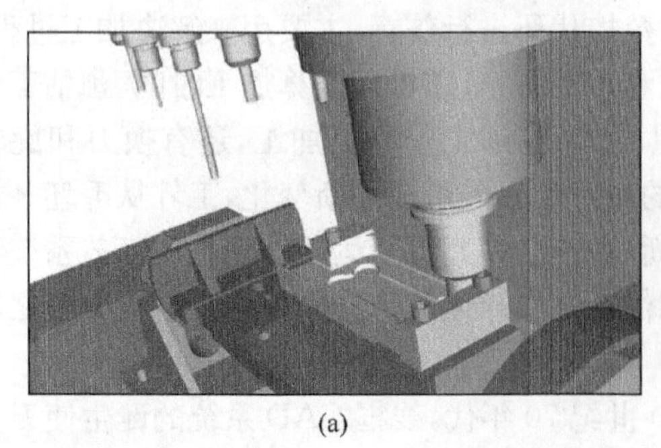

(a)

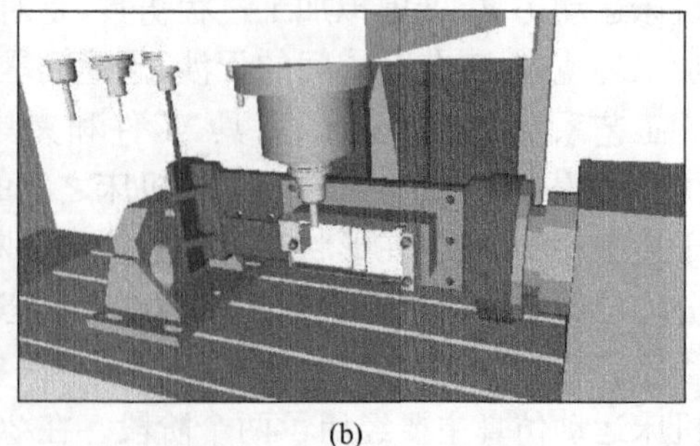

(b)

图5-77　VERICUT机床运动仿真效果图

第 6 章　数控加工程序的后置处理

6.1　基本概念

在数控编程中，将刀位轨迹计算过程称为前置处理。前置处理系统将刀位轨迹计算统一在工件坐标系中进行，经计算产生刀位文件(Cutter Location Source File，CLS)。刀位文件不能直接控制数控机床加工，必须将前置处理系统计算所得的刀位数据转换成指定机床能执行的程序代码，该过程称为后置处理(Post-Processing)。

手工编程方法根据零件的加工要求与所选数控机床的数控指令集直接编写数控程序，并输入到数控机床的控制系统，不用经过后置处理即可控制加工。数控加工中经常面临的复杂零件，特别是曲面类零件，由于数据量庞大和刀位轨迹计算算法复杂等原因，无法采用手工编程方法进行编程，而采用数控加工编程软件系统进行刀位计算，必须面向具体机床进行后置处理。

后置处理是将刀位文件转换为数控机床可用的数控加工程序的过程。数控加工程序中包含的工艺及技术信息包括：切削参数设定、坐标轴位移与方向，其他辅助动作如原点设定、装刀、换刀、冷却、走刀起停及各种固化动作。将刀位文件中包含的所有信息按设备特性进行转换，并增补加工程序所必需的附加指令即构成完整数控加工程序。后置处理过程原则上是解释执行，如图 6-1 所示，每读出刀位文件中的一个完整的记录(行)，便分析该记录的类型是运动指令或非运动指令，根据记录类型确定是否进行指令数据转换，然后进行文本格式转换，生成一个完整的数控程序段，并写到数控程序文件中去，直到刀位文件结束。

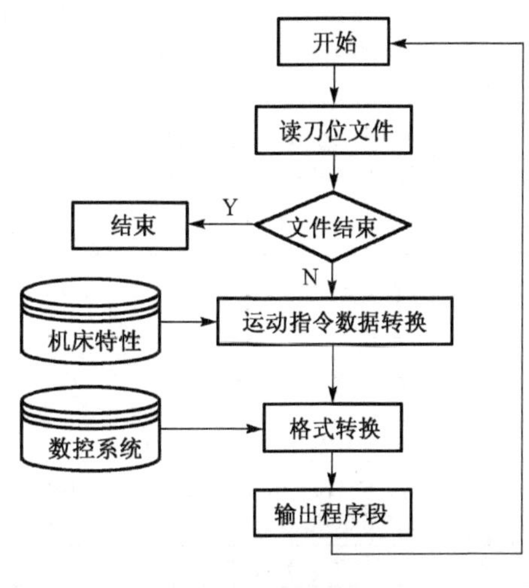

图 6-1　后置处理过程

6.2　后置处理的一般过程

当前常用的 CAM 软件很多，在 CAM 软件中编制零件数控加工的程序，输出刀位文件。所输出的刀位文件作为后置处理软件的输入。图 6-2 是一个垫片，要求按零件外形轮廓进行铣加工，加工设备采用三坐标数控铣床。

采用常用的 CAD 软件 UGII 对垫片外形加工进行数控加工程序编制。首先设定加工坐标系原点位于垫片左下角，并建立坐标系如图中所示，采用平底刀具，直径 8mm。为描述方便，采用刀心编程，不进行刀具半径补偿。在 UG 中建立平面铣过程，选择零件外形作为加工边界，内侧为零件侧，进行加工程序编制，生成的刀位文件见表 6-1。

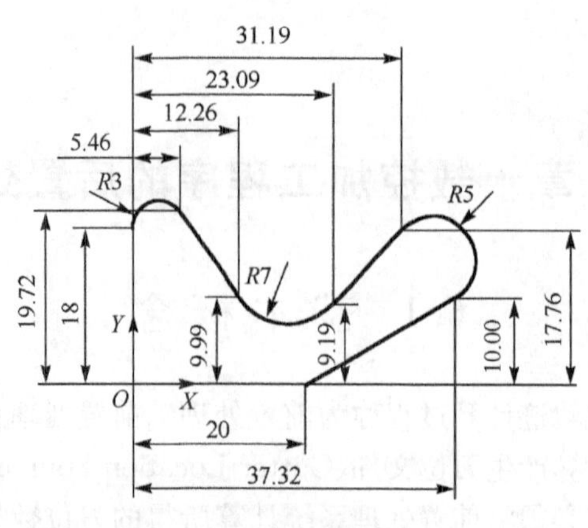

图 6-2　垫片

表 6-1　垫片加工刀位文件

行号	内容	备注
4	TOOL PATH/DPJX,TOOL,FR4	指明刀位文件的加工过程名(Operation)和刀具名
5	TLDATA/MILL,8.0000,0.0000,75.0000,0.0000,0.0000	刀具类型和参数,分别代表刀具直径,底刃半径,刀具长度,侧刃斜度,底刃斜度
6	MSYS/0.0000,0.0000,0.0000,1.0000000,0.0000000,0.0000000,0.0000000,1.0000000,0.0000000	加工坐标系信息,包含一个点位坐标和两个单位矢量。点位坐标指明编程原点在绝对坐标系中的坐标位置,两个单位矢量第一个是编程坐标系的 X 轴在绝对坐标系中的矢量方向,第二个是 Y 轴
7	PAINT/PATH	在 CAM 软件中显示刀位轨迹
8	PAINT/SPEED,10	在 CAM 软件中显示的速度
9	PAINT/COLOR,186	在 CAM 软件中显示的颜色,用颜色来区分程序段
10	FEDRAT/MMPM,8000.0000	进给速度首次设定
11	GOTO/-4.0000,-5.0000,100.0000,0.0000000,0.0000000,1.0000000	直线插补,并给出刀轴方向
12	PAINT/COLOR,211	在 CAM 软件中显示的颜色
13	FEDRAT/6000.0000	指定进给速度
14	GOTO/-4.0000,-5.0000,0.0000	直线插补
15	PAINT/COLOR,42	在 CAM 软件中显示的颜色
16	FEDRAT/300.0000	指定进给速度
17	GOTO/-4.0000,0.0000,0.0000	直线插补
18	PAINT/COLOR,31	在 CAM 软件中显示的颜色
19	GOTO/-4.0000,18.0000,0.0000	直线插补
20	CIRCLE/3.0000,18.0000,0.0000,0.0000000,0.0000000,1.0000000,7.0000,0.0010,0.5000,8.0000,0.0000	圆弧插补,参数包括圆心坐标(3,18,0),圆回转轴的矢量(0,0,1),圆半径(7),圆插补精度(0.001),其他参数
21	GOTO/8.7364,22.0116,0.0000	圆弧插补终点
22	GOTO/15.5415,12.2807,0.0000	直线插补

续表

行号	内容	备注
23	CIRCLE/18. 0000, 14. 0000, 0. 0000, 0. 0000000, 0. 0000000, -1. 0000000,3. 0000,0. 0010,0. 5000,8. 0000,0. 0000	圆弧插补
24	GOTO/20.1807,11.9397,0.0000	圆弧插补终点
25	GOTO/28.2785,20.5109,0.0000	直线插补
26	CIRCLE/34.8205,14.3301,0.0000,0.0000000,0.0000000, 1.0000000,9.0000,0.0010,0.5000,8.0000,0.0000	圆弧插补
27	GOTO/39.3205,6.5359,0.0000	圆弧插补终点
28	GOTO/22.0000,-3.4641,0.0000	直线插补
29	CIRCLE/20.0000,0.0000,0.0000,0.0000000,0.0000000, 1.0000000,4.0000,0.0010,0.5000,8.0000,0.0000	圆弧插补
30	GOTO/20.0000,-4.0000,0.0000	圆弧插补终点
31	GOTO/0.0000,-4.0000,0.0000	直线插补
32	CIRCLE/0.0000,0.0000,0.0000,0.0000000,0.0000000, 1.0000000,4.0000,0.0010,0.5000,8.0000,0.0000	圆弧插补
33	GOTO/-4.0000,0.0000,0.0000	圆弧插补终点
34	PAINT/COLOR,37	直线插补
35	GOTO/-4.0000,0.0000,2.0000	直线插补
36	PAINT/COLOR,211	在 CAM 软件中显示的颜色
37	FEDRAT/8000.0000	指定进给速度
38	GOTO/-4.0000,0.0000,100.0000	直线插补
39	PAINT/SPEED,10	在 CAM 软件中显示的速度
40	PAINT/TOOL,NOMORE	在 CAM 软件中结束显示
41	END-OF-PATH	刀位文件结束

该刀位文件中包含的指令字有 TOOL PATH、TOOL、TLDATA、MSYS、PAINT、GOTO、FEDRAT、CIRCLE 和 END-OF-PATH，子指令有 SPEED、COLOR、MMPM、MILL、PATH，各指令表达的意义和处理方式如表 6-2 所示。

表 6-2　刀位文件常用关键字及处理方法

序号	关键字	参数意义	后置处理方案
1	TOOL PATH	文件开始标志	开始后置处理，输出程序头
2	TOOL	指定刀具名称	读取其后的刀具名字“FR4”
3	TLDATA	刀具详细参数	可作为加工程序注释
4	MILL	刀具类型	铣刀
5	MSYS	加工坐标系在造型文件绝对坐标系中的定义	不做输出
6	PAINT	显示参数	不做输出
7	GOTO	直线插补	输出直线运动指令
8	FEDRAT	进给速度	输出指定的进给速度
9	CIRCLE	圆弧插补	输出圆弧运动指令
10	END-OF-PATH	刀位文件结束标志	输出程序尾，结束后置处理
11	SPEED	在刀位轨迹编辑中刀位轨迹的回放速度	不做输出
12	COLOR	在刀位轨迹编辑中显示刀位轨迹的颜色	不做输出
13	MMPM	进给速度的单位	公制毫米每分钟
14	PATH	在刀位轨迹编辑中开始显示刀位轨迹	不做输出

该刀位文件面向西门子840D系统的后置处理，后置处理软件首先读取刀位文件到第8行GOTO语句处，并从该语句中取得刀轴矢量(0.0000000,0.0000000,1.0000000)，是和Z轴平行的方向，即在G17平面内加工，并结合读入的刀具名称“FR4”，进给速度“8000”，输出成如表6-3所示程序段。

表6-3 后置处理结果

行号	内容	备注
1	% _N_DPJX_MPF	从刀位文件获得加工程序名
2	;$PATH= /_N_WKS_DIR/_N_WORKPIECE_WPD	加工程序存放目录
3	N1 MSG(OPERATION:DPJX)	从刀位文件获得操作名
4	N2 MSG("TOOL:FR4")	从刀位文件获得刀具名
5	N3 T= "FR4"	选定刀具
6	N4 TC	换刀
7	N5 S500 M03 M08	默认给定主轴转速，开主轴和冷却
8	N6 G54G17	默认给定加工坐标系 指定加工平面
9	N7 F8000.000	进给速度初置
10	N8 G1 X-4.000Y-5.000 Z100.000	输出直线插补指令，起刀
11	N9 F6000.000	进给速度变更
12	N10 Z0.000	直线插补，落刀
13	N11 F300.000	进给速度变更
14	N12 Y0.000	直线插补，开始切削
15	N13 Y18.000	直线插补
16	N14 G2 X8.736Y22.012I7.000J0.000K0.000	顺时针圆弧插补
17	N15 G1 X15.542Y12.281	直线插补
18	N16 G3 X20.181Y11.940I2.458J1.719K0.000	逆时针圆弧插补
19	N17 G1 X28.278Y20.511	直线插补
20	N18 G2 X39.320Y6.536I6.542J-6.181K0.000	顺时针圆弧插补
21	N19 G1 X22.000Y-3.464	直线插补
22	N20 G2 X20.000Y-4.000I-2.000J3.464K0.000	顺时针圆弧插补
23	N21 G1 X0.000	直线插补
24	N22 G2 X-4.000Y0.000I0.000J4.000K0.000	顺时针圆弧插补
25	N23 G1Z2.000	直线插补，退刀
26	N24 F8000.000	进给速度变更
27	N25 Z100.000	直线插补，抬刀
28	N30 M30	主轴旋转和冷却液关闭

简单的三坐标固定轴数控加工程序后置处理是后置处理任务中最简单的一类，后置处理过程中不需要对坐标轴数据进行旋转计算，刀位文件中的轴坐标值和机床运动坐标相同，仅在不同的数控系统中对圆弧插补的指令数据按要求输出，如前例中圆弧插补圆心坐标地址字I、J、K需要按刀位文件数据进行计算获得。一般而言三坐标数控加工程序的刀轴方向平行于Z轴或Y轴，若平行于Z轴则加工平面定义为G17，若平行于Y轴加工平面定义为G18，而平行于X轴加工平面为G19的数控加工设备很少见。

当处理固定轴数控加工程序且刀轴和G17、G18、G19指定平面不垂直，或处理变轴数控加工程序时，刀位文件中的刀轴矢量必须进行对应计算处理以获得旋转轴坐标值，其直线轴坐标值也可能需要转换，这就必须进行四轴或五轴数控加工后置处理。

6.3　后置处理算法

后置处理算法主要面向数控程序运动指令的旋转轴数值计算和直线轴跟随旋转轴运动后的刀位点计算。用于后置处理的刀位文件编程坐标系必须和机床坐标系同位，否则无法直接进行后置处理，但也可以先后置处理再进行数控加工程序转换。刀位数据中的刀轴方向矢量一般按单位矢量给定，机床旋转轴在相应角度可使主轴指向刀轴矢量方向，机床旋转轴角度直接由刀轴矢量计算出。当机床旋转轴运动后，刀尖点和工件的相对位置发生了变化，刀位文件中的刀位点无法达到实际加工点，因此需要根据旋转轴运动引起的位置变化规律，计算刀位点运动后的位置，以此作为数控加工程序的直线轴刀位坐标值。

随着机电控制技术的发展，数控机床的结构类型呈现多样化。四坐标机床一般为三直线运动副加工作台旋转；五坐标机床包括三直线轴加两旋转轴的五运动副串联结构和并联机床两大类。并联机床运动副较多，结构各有不同，设计方案很多，均保证至少五自由度，因结构不同求解方式各异。本文所涉及的五坐标加工过程主要应用于五运动副五坐标串联机床，根据旋转轴拓扑结构可分为三大类：双摆工作台式、双摆主轴头式和摆头摆盘式，又由旋转轴和直线轴的关系分为直摆和斜摆两类。各种结构的多坐标数控机床后置处理算法不同，本节针对带回转工作台的四坐标数控机床和各种类型的五坐标数控机床，以数学问题解的形式讨论它们的后置处理计算方法。

6.3.1　四坐标机床后置处理算法

四坐标机床坐标轴包括三直线轴 X、Y、Z 及工作台绕直线轴的旋转轴，常用的旋转轴一般绕 Y 轴或 Z 轴，定义为 B 轴和 C 轴(通常将绕 X、Y、Z 旋转的轴分别定义为 A、B、C)。下面以 B 轴旋转的 MAHO600E 数控加工中心为例，描述四坐标机床后置处理算法，如图 6-3 所示。

已知刀位文件格式为(x_0, y_0, z_0, i, j, k)，其中 $j=0$，编程坐标系为 O_pXYZ，机床主轴指向在 Z 负方向，机床坐标系为 O_mXYZ，工件原点安装在距旋转轴中心(x_a, y_a, z_a)处，坐标系示意如图 6-4 所示，求在编程坐标系下的刀位点坐标值(X, Y, Z, B)。

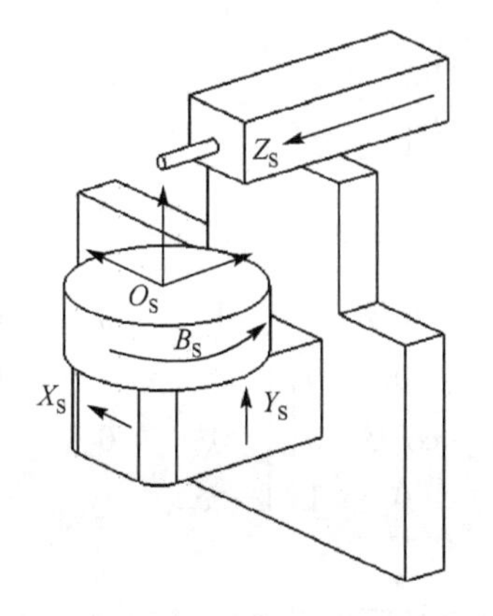

图 6-3　MAHO600E 四坐标数控加工中心结构示意图

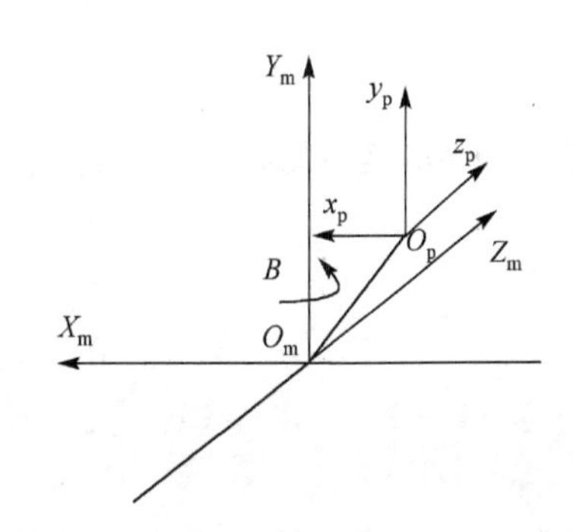

图 6-4　MAHO600E 四坐标数控加工中心角度示意图

按照右手定则，机床刀轴相对工件绕 Y_m 顺时针旋转为 B 角度正方向，实际加工中刀轴不动，工作台绕 Y_m 逆时针旋转为 B 角度正方向，B 角度的大小就是刀位文件中刀轴矢量和 Z_m 的夹角。将刀轴矢量逆时针绕 Y_m 旋转到平行于 Z_m，旋转角度即为 B 角度值，从 Y_m 正方向观察如图 6-5 所示。

按图示，B 角度计算方法如下：

$$\begin{cases} B = \arctan\left|\dfrac{i}{k}\right| & (i \geqslant 0, k > 0) \\ B = 180° - \arctan\left|\dfrac{i}{k}\right| & (i > 0, k \leqslant 0) \\ B = 180° + \arctan\left|\dfrac{i}{k}\right| & (i \leqslant 0, k < 0) \\ B = 360° - \arctan\left|\dfrac{i}{k}\right| & (i < 0, k \leqslant 0) \end{cases} \quad \left(k = 0\text{ 时，取 } \arctan\left|\dfrac{i}{k}\right| = 90°\right) \tag{6-1}$$

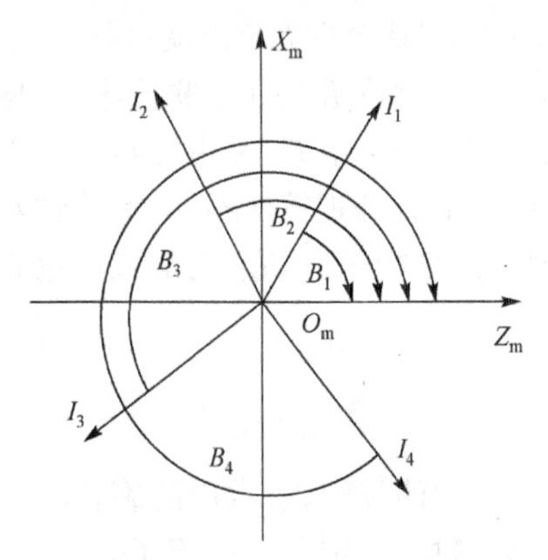

图 6-5　MAHO600E 第四轴旋转角度

工作台旋转后，刀位点随工作台旋转位置发生变化，将刀位点先转换至机床坐标系，反向旋转 B 角度后再转换回编程坐标系。

刀位点从编程坐标系转换到机床坐标系，变换矩阵为

$$\boldsymbol{T}_1 = \begin{bmatrix} 1 & 0 & 0 & 0 \\ 0 & 1 & 0 & 0 \\ 0 & 0 & 1 & 0 \\ x_a & y_a & z_a & 1 \end{bmatrix} \tag{6-2}$$

刀位点绕工作台旋转 $-B$ 角度，变换矩阵为

$$\boldsymbol{T}_2 = \begin{bmatrix} \cos B & 0 & \sin B & 0 \\ 0 & 1 & 0 & 0 \\ -\sin B & 0 & \cos B & 0 \\ 0 & 0 & 0 & 1 \end{bmatrix} \tag{6-3}$$

刀位点从机床坐标系转换回编程坐标系，变换矩阵为

$$\boldsymbol{T}_3 = \begin{bmatrix} 1 & 0 & 0 & 0 \\ 0 & 1 & 0 & 0 \\ 0 & 0 & 1 & 0 \\ -x_a & -y_a & -z_a & 1 \end{bmatrix} \tag{6-4}$$

则在编程坐标系下转换后刀位点为

$$[X\ Y\ Z\ \ 1] = [x\ y\ z\ \ 1] \begin{bmatrix} 1 & 0 & 0 & 0 \\ 0 & 1 & 0 & 0 \\ 0 & 0 & 1 & 0 \\ x_a & y_a & z_a & 1 \end{bmatrix} \begin{bmatrix} \cos B & 0 & \sin B & 0 \\ 0 & 1 & 0 & 0 \\ -\sin B & 0 & \cos B & 0 \\ 0 & 0 & 0 & 1 \end{bmatrix} \begin{bmatrix} 1 & 0 & 0 & 0 \\ 0 & 1 & 0 & 0 \\ 0 & 0 & 1 & 0 \\ -x_a & -y_a & -z_a & 1 \end{bmatrix} \tag{6-5}$$

一般在加工回转类零件时，如整体叶轮、叶盘，零件均有必要安装在工作台中心上，且四坐标回转工作台式机床机械原点一般会设置在工作台中心上，因此式(6-5)中的 x_a、z_a 均为 0，而

安装高度 y_a 的值对刀位点 X 和 Z 值的计算结果无影响，第四轴回转对刀位点 Y 值无影响，因此实际后置处理过程比较简单。

6.3.2 双直摆工作台五坐标机床后置处理算法

双直摆工作台五坐标机床结构为三直线轴 X、Y、Z 及工作台双向旋转，旋转轴可任意组合，如 AB 轴、AC 轴和 BC 轴，具体选择那个组合取决于制造商的对机床的结构设计。以瑞士产 MIKRON UCP800 五坐标数控加工中心为例，机床结构如图 6-6 所示。C 轴的旋转中心和 Z 轴平行，A 轴的旋转中心和 X 轴平行，但 C 轴轴心线和 A 轴轴心线不共面，刀位点计算较为复杂。该机床主轴具备立卧转换功能，旋转轴为工作台绕中心旋转的 C 轴和工作台绕偏心旋转的 A 轴，A 轴中心线距离工作台中心有固定偏距 y_e 和 z_e，机床在卧式状态下主轴指向 Y 负方向。已知刀位文件格式为 (x_0, y_0, z_0, i, j, k)，编程坐标系为 O_pXYZ，机床坐标系为 O_mXYZ，工件原点安装在距工作台 C 轴中心 (x_a, y_a, z_a) 处，求在编程坐标系下的刀位点坐标值 (X, Y, Z, A, C)。

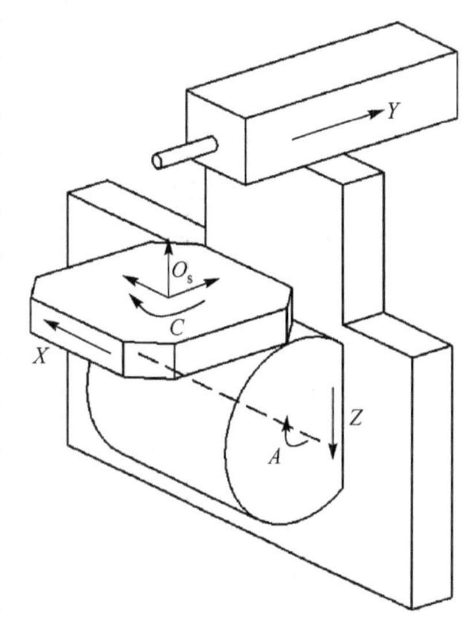

图 6-6　MIKRON UCP800 五坐标数控加工中心结构示意图

机床在立式和卧式状态下的主轴方向分别和 Z 轴及 Y 轴平行，因此在立卧两种状态下加工时 A 角度差 90°。一般将主轴平行于 Z 轴作为初始位置，此时 A 角度的正切值为刀轴 k 分量和垂直于 Z 轴平面内投影的商，计算公式如下：

$$A = \arctan \frac{k}{\sqrt{i^2 + j^2}} \quad (\text{当 } i^2 + j^2 = 0 \text{ 时}, A = \pm 90°, \text{符号与 } k \text{ 相同}) \tag{6-6}$$

当处在卧式加工方式下时，将 A 角度调整 90°，或按照平行于 Y 轴为初始位置重新计算 A 角度。C 角度计算方法和式(6-1)类似，如下：

$$\begin{cases} C = 360° - \arctan\left|\dfrac{i}{j}\right| & (i \geqslant 0, j > 0) \\ C = \arctan\left|\dfrac{i}{j}\right| & (i < 0, j \geqslant 0) \\ C = 180° - \arctan\left|\dfrac{i}{j}\right| & (i \leqslant 0, j < 0) \\ C = 180° + \arctan\left|\dfrac{i}{j}\right| & (i > 0, j \leqslant 0) \end{cases} \quad \left(j = 0 \text{ 时，取 } \arctan\left|\dfrac{i}{j}\right| = 90°\right) \tag{6-7}$$

式(6-7)中，当 $i^2 + j^2 = 0$ 时，C 角度理论上可取任意值，可依实际加工程序前后段 C 角度情况给出合理角度值。

经 AC 角度旋转后，加工刀位点相应旋转，必须给出旋转后的刀位点坐标。先将刀位点绕工作台回转轴反向旋转 C 角，然后将刀位点绕 A 轴中心反向旋转 A 角度，其结构如图 6-7 所示。

刀位点从编程坐标系转换到机床坐标系，变换矩阵为 $\boldsymbol{T}_1$，刀位点绕工作台旋转 $-C$ 角度，变换矩阵为

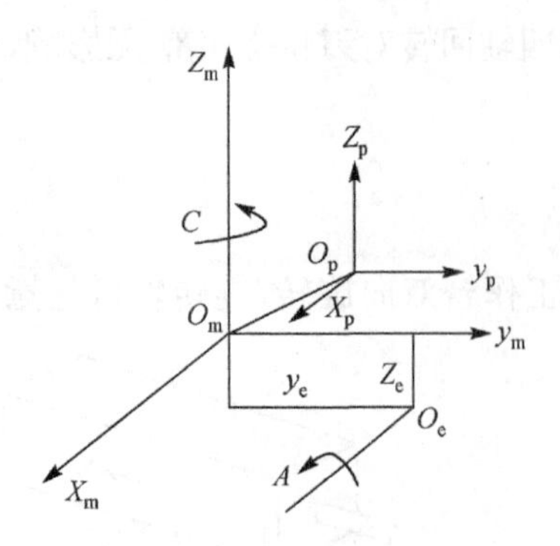

图 6-7　双直摆工作台五坐标机床角度示意图

$$
T_4 = \begin{bmatrix} \cos C & 0 & -\sin C & 0 \\ 0 & 1 & 0 & 0 \\ \sin C & 0 & \cos C & 0 \\ 0 & 0 & 0 & 1 \end{bmatrix} \tag{6-8}
$$

将刀位点合并 A 轴偏移量,变换矩阵为

$$
T_5 = \begin{bmatrix} 1 & 0 & 0 & 0 \\ 0 & 1 & 0 & 0 \\ 0 & 0 & 1 & 0 \\ 0 & -y_e & -z_e & 1 \end{bmatrix} \tag{6-9}
$$

刀位点绕 A 轴旋转$-A$ 角度,变换矩阵为

$$
T_6 = \begin{bmatrix} 1 & 0 & 0 & 0 \\ 0 & \cos A & -\sin A & 0 \\ 0 & \sin A & \cos A & 0 \\ 0 & 0 & 0 & 1 \end{bmatrix} \tag{6-10}
$$

刀位点剔除 A 轴偏移量,变换矩阵为

$$
T_7 = \begin{bmatrix} 1 & 0 & 0 & 0 \\ 0 & 1 & 0 & 0 \\ 0 & 0 & 1 & 0 \\ 0 & y_e & z_e & 1 \end{bmatrix} \tag{6-11}
$$

刀位点机床坐标系转换到编程坐标系,变换矩阵为 T_3,在编程坐标系下转换后刀位点为

$$
[X \quad Y \quad Z \quad 1] = [x_0 \quad y_0 \quad z_0 \quad 1] T_1 T_4 T_5 T_6 T_7 T_3 \tag{6-12}
$$

6.3.3　直摆头加摆盘式五坐标机床后置处理算法

直摆头加摆盘式五坐标机床结构为三直线轴 X、Y、Z,工作台连续旋转轴及主轴头摆头。以瑞典产 SAJO12000P 机床为例,机床结构如图 6-8 所示。旋转轴为工作台绕中心旋转的 B 轴和主轴绕 X 方向旋转的 A 轴,机床卧式状态下主轴在 Z 方向。已知刀位文件格式为(x_0,y_0,z_0,i,j,k),编程坐标系为 O_pXYZ,机床坐标系为 O_mXYZ,工件原点安装在距工作台 C 轴中心(x_a,y_a,z_a)处,刀长加主轴摆长为 l,求在编程坐标系下的刀位点坐标值。

其 A 角度计算方法如下:

$$
A = -\arctan \frac{j}{\sqrt{i^2 + k^2}} \quad (\text{当 } i^2 + k^2 = 0 \text{ 时 } A = \pm 90°,\text{符号与 } j \text{ 相反}) \tag{6-13}
$$

B 角度计算方法与公式(6-1)相同,当 $i^2 + k^2 = 0$ 时,B 角度理论上可取任意值,可依实际加工程序前后段 B 角度情况给出合理角度值。

刀位点随工作台旋转引起的偏移可按公式(6-5)进行转化:

$$
T_8 = \begin{bmatrix} 1 & 0 & 0 & 0 \\ 0 & 1 & 0 & 0 \\ 0 & 0 & 1 & 0 \\ x_a & y_a & z_a & 1 \end{bmatrix} \begin{bmatrix} \cos B & 0 & \sin B & 0 \\ 0 & 1 & 0 & 0 \\ -\sin B & 0 & \cos B & 0 \\ 0 & 0 & 0 & 1 \end{bmatrix} \begin{bmatrix} 1 & 0 & 0 & 0 \\ 0 & 1 & 0 & 0 \\ 0 & 0 & 1 & 0 \\ -x_a & -y_a & -z_a & 1 \end{bmatrix} \tag{6-14}
$$

同时,主轴头摆动引起了刀尖位置的变化,必须给 A 轴摆动中心相应的偏移量抵消掉此位置偏移。如图 6-9 所示,$l=|OO_1|$,摆动 A 角后 O_1 点移动到 O_2 点。

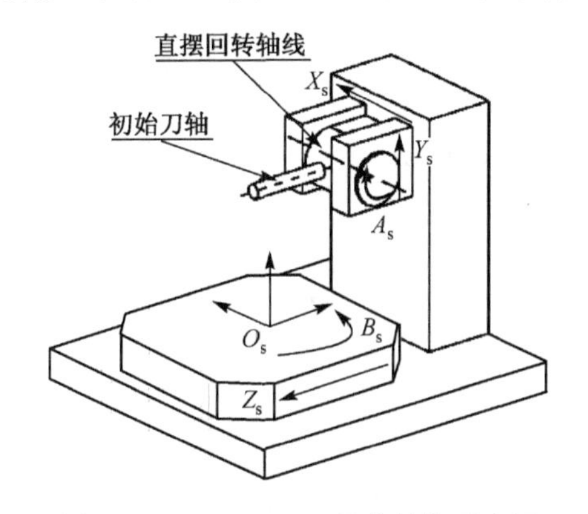

图 6-8　SAJO12000P 机床结构示意图

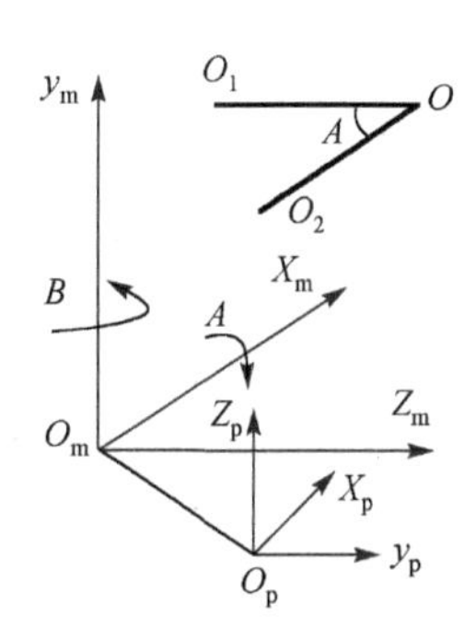

图 6-9　SAJO12000P 角度示意图

主轴旋转 A 角后,刀尖点在 Z 向偏移了 $l(1-\cos A)$,在 Y 向偏移了 $(-l\sin A)$,平衡此偏移的刀位点变换矩阵为

$$T_9=\begin{bmatrix}1&0&0&0\\0&1&0&0\\0&0&1&0\\0&l\sin A&l(\cos A-1)&1\end{bmatrix}\tag{6-15}$$

则在编程坐标系下转换后刀位点为

$$[X\quad Y\quad Z\quad 1]=[x_0\quad y_0\quad z_0\quad 1]\boldsymbol{T}_8\boldsymbol{T}_9\tag{6-16}$$

6.3.4　斜摆头加摆盘式五坐标机床后置处理算法

对斜摆工作台或斜摆主轴头方式的机床,其斜摆轴在摆动中对直摆轴有角度附加,且斜摆轴自身摆动角度计算也较复杂,如德制 DMG 的 P 系列斜摆头五坐标机床,结构示意见图 6-10。如图 6-11 所示,工作台旋转为 C 轴,主轴斜摆为 B 轴,主轴头结构为立式,主轴 OO_1T 绕中心 YOZ 平面第一象限的角平分线方向旋转。

已知刀位文件格式为(x_0,y_0,z_0,i,j,k),编程坐标系为 O_pXYZ,机床坐标系为 O_mXYZ,工件原点安装在距工作台 C 轴中心(x_a,y_a,z_a)处,刀长加主轴的纵向摆长为 $l_1=|O_1T|$,横向摆长 $l_2=|OO_1|$,如图 6-11 所示,求在编程坐标系下的刀位点坐标值。

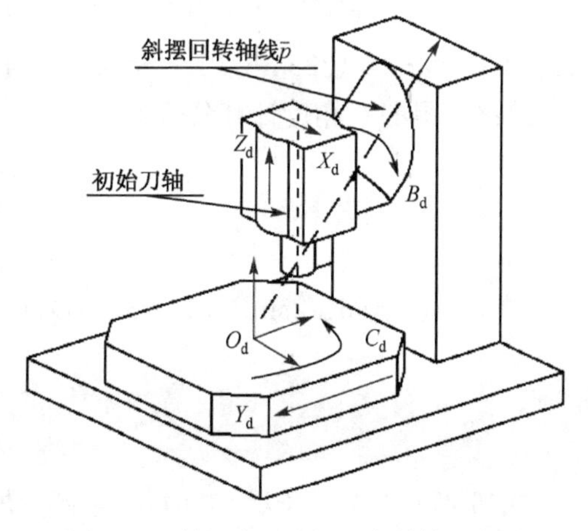

图 6-10　斜摆头五坐标机床结构示意图

首先进行第五轴 B 角度的计算。刀轴矢量和 XOY 平面的夹角决定了 B 角度的值,当刀轴矢量垂直于 XOY 平面,$B=0°$,当刀轴矢量平行于 XOY 平面,$B=180°$。如图 6-12 所示,$\overrightarrow{OI_1}$为刀轴矢量,$\overparen{Z_1I_1Y_1}$为刀轴矢量绕 OO_1 旋转时的端点轨迹,I_2为 I_1在 XOY 平面内的投影,I_3和 I_4为

I_1和I_2在 YOZ 平面内的投影，$\angle I_1OI_2$为刀轴矢量与 XOY 平面的夹角，由数学关系易知$\angle I_1OI_2=\arctan(k/\sqrt{i^2+j^2})$，而 B 角$=\angle I_3O_1I_1$，得到以下的推导关系：

$$\begin{aligned}\sin(\angle I_1OI_2)&=I_1I_2/OI_1\\&=(O_1O_2+I_3O_1\sin45°)/OI_1\\&=(O_1O_2+O_1I_1\cos B\sin45°)/OI_1\end{aligned}\tag{6-17}$$

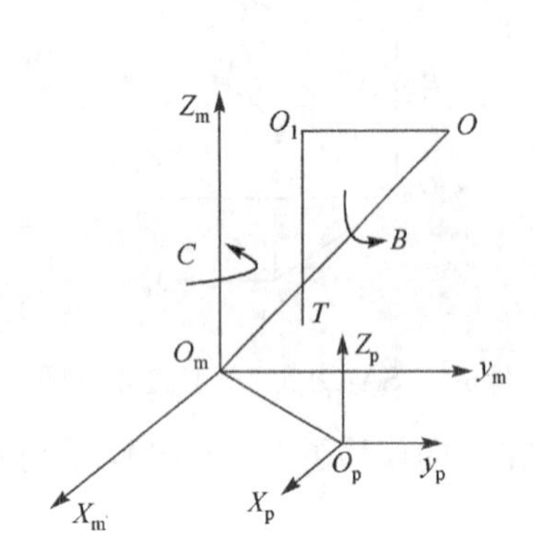

图 6-11　斜摆头五坐标机床角度示意图

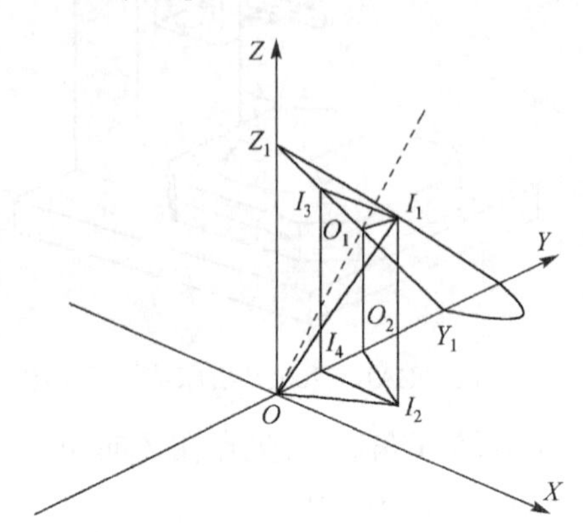

图 6-12　刀轴矢量空间关系

同时，$OI_1=2O_1O_2$，$O_1I_1=\sqrt{2}O_1O_2$，代入上式可得

$$\sin(\angle I_1OI_2)=(1+\cos B)/2\tag{6-18}$$

当 I_3 低于 O_1 时，公式不变。因此可得

$$B=\arccos(2\sin(\arctan(k/\sqrt{i^2+j^2}))-1)\quad(i^2+j^2=0\text{ 时，取 }B=0°)\tag{6-19}$$

C 角度在本机床中由两部分产生，一是由刀轴矢量在 XOY 平面的投影和 Y 轴的夹角，此部分 C_1 角度的计算方式和直摆头五坐标机床的 C 角度算法相同，可直接采用式(6-7)进行计算。当刀轴旋转过 C_1 角度后，刀轴矢量在 XOY 平面的投影与 Y 正方向重合，但是当主轴摆过 B 角度后，刀轴矢量在 XOY 平面内的投影产生了 $C_2=\angle I_2OO_2$，此部分角度要附加到工作台旋转角上。该附加转动的计算方法如下：

$$\begin{aligned}\tan(\angle I_2OO_2)&=I_2I_4/OI_4=O_1I_1\sin B/(OO_2-O_2I_4)\\&=O_1I_1\sin B/(OO_2-O_1I_1\cos B\cos45°)=\sqrt{2}\sin B/(1-\cos B)\end{aligned}\tag{6-20}$$

因此，$C_2=\arctan(\sqrt{2}\sin B/(1-\cos B))$，当 $B=0°$时，处于立铣状态，取 $C_2=90°$。

最终获得的 C 角度计算公式为

$$C=\arctan(\sqrt{2}\sin B/(1-\cos B))+\begin{cases}\arctan\left|\dfrac{i}{j}\right| & (i\leqslant 0,j>0)\\-\arctan\left|\dfrac{i}{j}\right| & (i>0,j\geqslant 0)\\-180°+\arctan\left|\dfrac{i}{j}\right| & (i\geqslant 0,j<0)\\180°-\arctan\left|\dfrac{i}{j}\right| & (i<0,j\leqslant 0)\end{cases}\tag{6-21}$$

式(6-21)中，当 $i^2+k^2=0$ 时，前半部分取 90°，后半部分按程序走刀规律取值。

刀位点随工作台引起的偏移可按双直摆五坐标机床的工作台旋转计算：

$$\boldsymbol{T}_{10} = \boldsymbol{T}_1\boldsymbol{T}_4\boldsymbol{T}_3 \tag{6-22}$$

主轴头斜摆后，引起了刀尖点的偏移，刀尖偏移变换矩阵为

$$\boldsymbol{T}_{11} = \begin{pmatrix} 1 & 0 & 0 \\ 0 & \cos45^\circ & \sin45^\circ \\ 0 & -\sin45^\circ & \cos45^\circ \end{pmatrix} \begin{pmatrix} \cos B & \sin B & 0 \\ -\sin B & \cos B & 0 \\ 0 & 0 & 1 \end{pmatrix} \begin{pmatrix} 1 & 0 & 0 \\ 0 & \cos45^\circ & -\sin45^\circ \\ 0 & \sin45^\circ & \cos45^\circ \end{pmatrix} \tag{6-23}$$

刀尖偏移量为

$$(\Delta x \quad \Delta y \quad \Delta z) = (0 \quad -l_2 \quad -l_1)(T_{11} - E) \tag{6-24}$$

则在编程坐标系下转换后刀位点为

$$[X \quad Y \quad Z \quad 1] = [x_0 \quad y_0 \quad z_0 \quad 1]\boldsymbol{T}_{10} \begin{pmatrix} 1 & 0 & 0 & 0 \\ 0 & 1 & 0 & 0 \\ 0 & 0 & 1 & 0 \\ -\Delta x & -\Delta y & -\Delta z & 1 \end{pmatrix} \tag{6-25}$$

6.3.5 后置处理中的其他问题

1. 直线轴后置计算的简化

通过以上后置处理刀位点算法可知，多坐标机床坐标轴旋转后刀位点和工件在工作台上的安装位置及主轴总摆长有直接的关系，如果安装位置发生变化或刀长发生变化，加工程序需要重新后置处理，或者在数控加工程序中采用较复杂的变量编程以适应工况变化。基于前述刀位点随工作台旋转及主轴摆动的位置变化，机床控制系统可以嵌入实时计算系统，自动完成刀尖跟随工件加工点运动，比如当前多用的 SIEMENS 840D 和 HEIDENHAIN TNC530 系统中，将前述刀位点转换矩阵嵌入到了控制系统中，只需打开相应的跟踪指令 TRAORI 和 M128，即可自动完成刀位点随工作台旋转和主轴头摆动的跟踪功能，而不需要在后置处理过程中对刀位点进行转换。刀尖自动跟踪刀位点的运动功能也可分别称为 RTCP 与 RPCP。RTCP(Rotation Around Tool Center Point)指围绕刀具中心运动，机床刀具摆动轴可以自动按照刀具长度的变化完成跟踪运动功能；RPCP(Rotation Around Part Center Point)指围绕工件中心运动，机床工作台旋转轴可以自动按照工件安装位置的变化跟踪运动功能。TRAORI 和 M128 指令综合集成了这两种功能，有的机床自动集成了一种或两种功能，例如美制 CINCINNATI H15 机床只集成了 RPCP 功能。采用自动跟踪方式的加工程序，其加工程序刀位点和刀位文件中的完全相同，但实际上机床在加工中机械坐标的运动仍是按转换后的机械坐标控制的，后置处理可不再对刀位点进行计算，但在实际加工中要注意当旋转轴角度不为零时所给的刀位点不是实际加工中刀尖点的位置，以免在对加工程序进退刀运动进行编辑时发生失误导致超程或碰撞。

2. 转角走向问题

对于连续的两个刀位点，由于工作台回转角度计算中刀轴矢量分量所在的象限跨界，两个刀位点 A_1 和 A_2 之间获得的转角差别较大，如果只对刀位点自身调整，其解决办法是：

如果 $A_2 - A_1 > 180^\circ$，则 $A_2 = A_2 - 360^\circ$；

如果 $A_2 - A_1 < -180^\circ$，则 $A_2 = A_2 + 360^\circ$。

跨界可能是正常走刀刀轴均匀变化导致的，采用前述解决办法一定有效，也可能是编程方法对刀轴控制不当，导致在局部区域刀轴变化异常剧烈，或者刀轴变化的绝对角度很小，但刀

轴方向矢量和第四轴回转线中心的夹角太小，导致刀轴矢量在第四轴回转平面上的投影在两个刀位之间发生了很大的角度变化，这种情况下必须调整刀轴控制方式，以优化加工。

3. 第五轴行程划分及后置选取问题

机床第四轴一般是工作台连续旋转轴，第五轴是工作台摆动或主轴头摆动轴。主轴头摆动轴受机床结构限制，不能做360°连续运动，只能在有限范围内摆动，例如SAJO12000P的A轴实际摆动范围是[−120°，+30°]。6.3.3节中后置处理将A角限制在了[−90°，+90°]之间，剔除(+30°，+90°]之间的硬限位区间，实际利用了[−90°，+30°]共120°的范围。做这样的限制只是为了简化后置处理算法描述，在实际加工中，剩余的30°范围是可用的。当A角度处在[−90°，−60°]并出现Z轴超程时，可利用其对面的[−120°，−90°]的范围加工，在Z向的对侧完成加工，此时A角度算法为

$$A = -180^\circ + \arctan\frac{j}{\sqrt{i^2+k^2}} \quad (\text{当 } i^2+k^2=0 \text{ 时}, A=\pm 90^\circ, \text{符号与 } j \text{ 相反}) \tag{6-26}$$

B角度算法为

$$\begin{cases} B = 180^\circ + \arctan\left|\dfrac{i}{k}\right| & (i \geqslant 0, k > 0) \\ B = 360^\circ - \arctan\left|\dfrac{i}{k}\right| & (i > 0, k \leqslant 0) \\ B = \arctan\left|\dfrac{i}{k}\right| & (i \leqslant 0, k < 0) \\ B = 180^\circ - \arctan\left|\dfrac{i}{k}\right| & (i < 0, k \leqslant 0) \end{cases} \quad \left(k=0 \text{ 时，取 } \arctan\left|\dfrac{i}{k}\right| = 90^\circ\right) \tag{6-27}$$

前文未提及双摆主轴头类型的五坐标机床后置处理，因后置算法类似不再详述。在双摆主轴头类型的五坐标机床后置处理中，第五轴反方向并将工作台调转180°会形成相同的工位，具体选择哪个工位，可依据机床的实际结构，选择加工过程中有利于操作人员观察加工状态的工位进行后置处理和加工，实际使用中常固定选择第五轴区间的一半行程进行加工。

6.4 数控加工程序逆后置处理和程序转换

许多复杂零件需要采用五坐标设备加工完成，在实际生产过程中加工设备可能经常发生变更，但不同类型的五坐标机床结构不同，机床坐标系和旋转轴也不同，导致原数控加工程序不能直接在不同类型的机床上使用。工艺人员往往需要重新从加工工艺系统输出新设备所需的刀位文件，经后置处理后获得新数控加工程序并进行加工验证。这不但费时费力，也可能在重新处理程序过程中出现错误导致零件报废。如何快速将已经过调整、优化和实用验证的数控加工程序转换为其他设备所能直接使用的程序，对保证数控加工的高效率和正确性非常必要。

6.4.1 数控加工程序转换过程

1. 多目标转换模式

在两台不同机床之间进行数控加工程序转换时，可直接建立加工程序的互换算法。但当机床种类扩展至n类时，如果仍旧按照这种“一对一”的方式进行程序转换，则需要建立$n(n-1)/2$个互换算法，所需构造的算法库非常庞大。因此，为了减少多台设备间加工程序转换算法的数

量，采用“多对一”的方式，定义一台典型机床作为过渡机床，建立所有 n 类机床和过渡机床之间的互换算法，使互换算法的个数减小到 n 个。当需要进行数控加工程序转换时，先将程序从源机床转换到过渡机床，再从过渡机床转换到目标机床，从而在任意机床之间完成数控加工程序的转换功能，如图 6-13 所示。当增加新的数控机床时，只需建立新机床与过渡机床之间的互换算法，即可实现新机床与其他多台机床之间的程序互换。

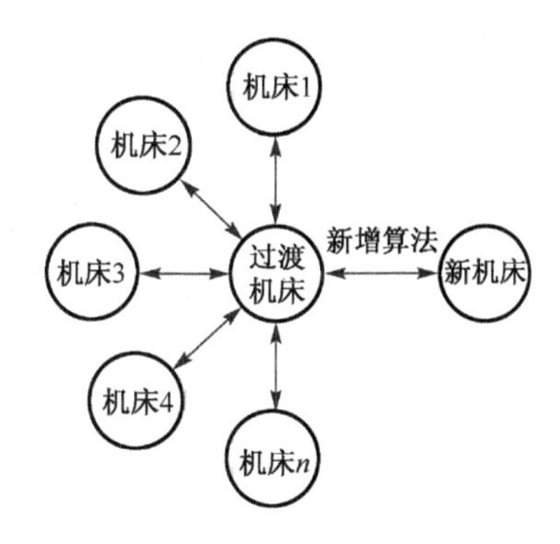

图 6-13　数控加工程序多目标转换模式

本文定义应用最广泛且极具代表性的直摆头-转台式五坐标数控机床作为过渡机床，其结构参见图 6-8。其坐标轴为 X_s、Y_s、Z_s、B_s、A_s，第四轴 B_s绕 Y_s轴可 360°旋转，第五轴 A_s绕 X_s轴摆动，摆动区间为$[A_{s1},A_{s2}]$，其中 $A_{s1}<-90°$，$A_{s2}>0°$。

2. 目标机床匹配性分析

以斜摆头-转台式五坐标机床作为新增目标机床，如图 6-10 所示，其坐标轴为 X_d、Y_d、Z_d、C_d、B_d，第四轴 C_d绕 Z_d轴旋转，第五轴 B_d绕空间矢量 $\boldsymbol{p}$ $(0,\sqrt{2}/2,\sqrt{2}/2)$ 摆动。其中，第四轴 C_d可 360°旋转，第五轴 B_d的摆动区间为[0°,180°]，但由于其摆动中心矢量 $\boldsymbol{p}$ 是图 6-10 中所示的斜摆回转轴线，实际刀轴矢量绕 X_d轴摆动范围为[0°,90°]。

由图 6-8 和图 6-10 可知，过渡机床与目标机床的三个直线轴按实际行程进行匹配；两者的第四轴均为 360°无限制旋转，不存在匹配性问题；两者的第五轴结构形式不同，需对第五轴的转换进行匹配性判定。设过渡机床第五轴摆动角度为 a_s，其行程可分为三个区间：$[A_{s1},-90°)$、$[-90°,0°]$、$(0°,A_{s2}]$，在各区间和新机床的匹配关系如下：

(1) 当 $a_s\in[A_{s1},-90°)$时，新增目标机床受结构限制，无法实现加工刀具的空间姿态，过渡机床数控加工程序不能向新机床转换。

(2) 当 $a_s\in[-90°,0°]$时，两机床之间的数控加工程序姿态可准确匹配，实现无差互换。

(3) 当 $a_s\in(0°,A_{s2}]$时，新增目标机床受结构限制，加工刀具的所需的空间姿态无法直接实现。当过渡机床的数控加工程序中第五轴摆动角度全部位于$(0°,A_{s2}]$范围内时，可通过将第四轴 B_s旋转 180°的方式将第五轴角度变换到$[-A_{s2},0°)$，再进行数控加工程序转换；反过来从新机床数控加工程序向过渡机床转换时，无法直接将第五轴角度转换到$(0°,A_{s2}]$范围内。因此当 $a_s\in(0°,A_{s2}]$时，两机床之间的数控加工程序匹配受限。

3. 机床坐标系对应关系

过渡机床与新增目标机床相同加工姿态下所建立的坐标系对应关系如图 6-14 所示。

过渡机床第四轴 B_s旋转平面为 $X_sO_sZ_s$，新增目标机床第四轴 C_d旋转平面为 $X_dO_dY_d$；过渡机床第五轴 A_s摆动平面 $Y_sO_sZ_s$在坐标平面内，新增目标机床第五轴 B_d摆动时，刀轴矢量在半锥面 $O_dB_1B_2$内变化，刀轴摆动矢量边界 $\overrightarrow{O_dB_1}$ 和 $\overrightarrow{O_dB_2}$ 在坐标轴上，取坐标平面 $Y_dO_dZ_d$作为第五轴摆动边界平面。按照两机床第四轴旋转平面和第五轴摆动平面分别对应的方式，确定两机床三个直线坐标轴和两个旋转坐标轴的对应关系如表 6-4 所示。

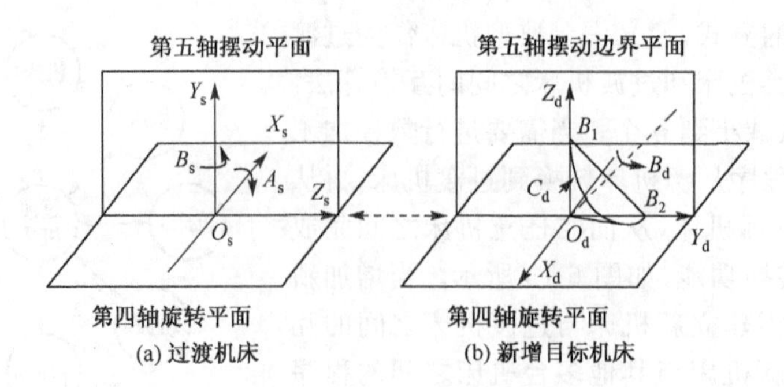

(a) 过渡机床　　(b) 新增目标机床

图 6-14　机床坐标系对应关系

表 6-4　机床坐标轴对应关系

对应关系	过渡机床	新增目标机床
第四轴	B_s	C_d
第五轴	A_s	B_d
旋转平面和摆动平面公共坐标轴	Z_s	Y_d
旋转平面内第二坐标轴	X_s	X_d
摆动平面内第二坐标轴	Y_s	Z_d

6.4.2　后置和逆后置处理算法构造

1. 过渡机床后置和逆后置处理算法

过渡机床旋转轴如图 6-15 所示，第四轴旋转平面为平面 XOZ，第五轴摆动平面为平面 YOZ。刀轴矢量 $\overrightarrow{OI}$ 在平面 XOZ 内的投影为 $\overrightarrow{OI'}$，第四轴旋转角 b_s 为矢量 $\overrightarrow{OI'}$ 和平面 YOZ 的夹角，第五轴摆动角 a_s 为矢量 $\overrightarrow{OI}$ 和矢量 $\overrightarrow{OI'}$ 的夹角。

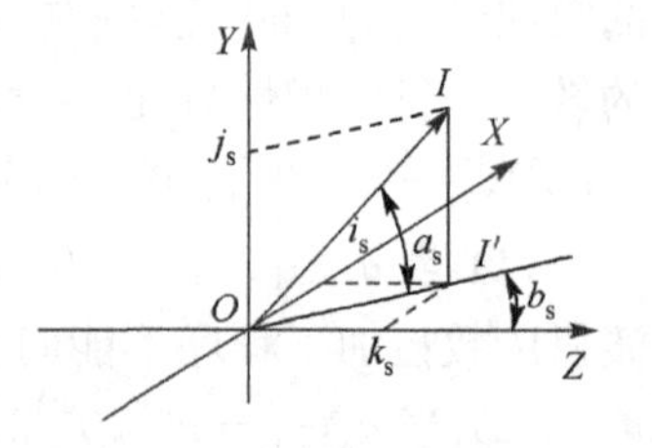

图 6-15　过渡机床的旋转轴

将机床第五轴摆角约束在[−90°, 0°]，其旋转轴角度和刀轴矢量 (i_s, j_s, k_s) 间的后置处理算法为

$$a_s = -\arctan\frac{j_s}{\sqrt{i_s^2 + k_s^2}} \tag{6-28}$$

当 $i_s^2 + k_s^2 = 0$ 时，取 $a_s = -90°$。

$$\begin{cases} b_s = \arctan\left|\dfrac{i_s}{k_s}\right| & (i_s \geqslant 0, k_s > 0) \\ b_s = 180° - \arctan\left|\dfrac{i_s}{k_s}\right| & (i_s > 0, k_s \leqslant 0) \\ b_s = 180° + \arctan\left|\dfrac{i_s}{k_s}\right| & (i_s \leqslant 0, k_s < 0) \\ b_s = 360° - \arctan\left|\dfrac{i_s}{k_s}\right| & (i_s < 0, k_s \leqslant 0) \end{cases} \tag{6-29}$$

当 $k_s = 0$ 时，取 $\arctan|i_s/k_s| = 90°$。

根据式(6-28)和式(6-29)，可得刀轴矢量和旋转角度之间的逆后置处理算法为

$$\begin{cases} i_s = \cos(-a_s)\sin b_s \\ j_s = \sin(-a_s) \\ k_s = \cos(-a_s)\cos b_s \end{cases} \tag{6-30}$$

工件在过渡机床上安装状态如图6-16所示，编程坐标系为 $O_pX_pY_pZ_p$，机床坐标系为 $O_mX_mY_mZ_m$，刀具坐标系为 $O_tX_tY_tZ_t$，工作台 C 轴中心点 O_m 指向工件原点 O_p 的向量为 $\boldsymbol{v}_{sa}(x_a,y_a,z_a)$ 处，刀长加主轴摆长 $l=|O_tO_1|$，在刀具坐标系下从原点指向刀尖点的向量为 $\boldsymbol{v}_{st}(0,0,-l)$，在编程坐标系下的刀位点为 $P(X_s,Y_s,Z_s)$，后置处理后加工点坐标为 (x_s,y_s,z_s)。

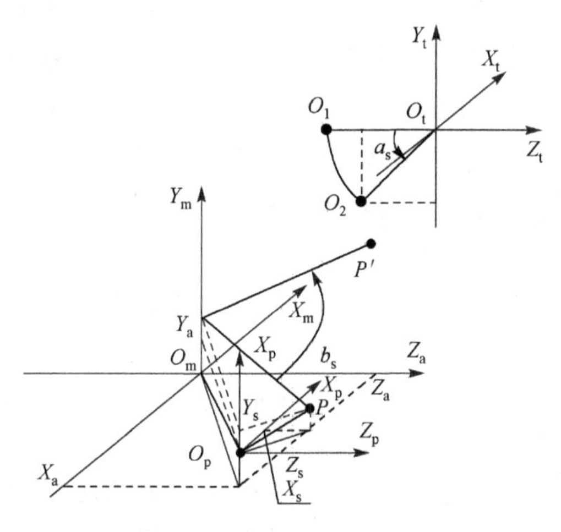

图6-16 过渡机床和工件的关系

第四轴旋转引起编程坐标系下加工点 P 点的平移，点 P 绕 O_mY_m 旋转 $-b_s$ 到达 P' 点，在编程坐标系 $O_p X_pY_pZ_p$ 下加工点变换矩阵为

$$\boldsymbol{T}_{12} = \begin{bmatrix} 1 & 0 & 0 & 0 \\ 0 & 1 & 0 & 0 \\ 0 & 0 & 1 & 0 \\ x_a & y_a & z_a & 1 \end{bmatrix} \begin{bmatrix} \cos(-b_s) & 0 & -\sin(-b_s) & 0 \\ 0 & 1 & 0 & 0 \\ \sin(-b_s) & 0 & \cos(-b_s) & 0 \\ 0 & 0 & 0 & 1 \end{bmatrix} \begin{bmatrix} 1 & 0 & 0 & 0 \\ 0 & 1 & 0 & 0 \\ 0 & 0 & 1 & 0 \\ -x_a & -y_a & -z_a & 1 \end{bmatrix} \tag{6-31}$$

同时，第五轴摆动引起刀尖位置的变化，刀尖点 O_1 绕 O_tY_t 轴摆动 a_s 后到达 O_2 点，在刀具坐标系下变换矩阵为

$$\boldsymbol{T}_{13} = \begin{bmatrix} 1 & 0 & 0 \\ 0 & \cos a_s & \sin a_s \\ 0 & -\sin a_s & \cos a_s \end{bmatrix} \tag{6-32}$$

刀尖点平移矢量为

$$\Delta \boldsymbol{v}_{st} = \boldsymbol{v}_{st}(\boldsymbol{T}_2 - \boldsymbol{E}) = [0 \quad l\sin a_s \quad l(1-\cos a_s)]$$

为抵消刀尖点平移，对加工刀位点进行变换，其变换矩阵为

$$\boldsymbol{T}_{14} = \begin{bmatrix} \boldsymbol{E} & 0 \\ \Delta \boldsymbol{v}_{st} & 1 \end{bmatrix} = \begin{bmatrix} 1 & 0 & 0 & 0 \\ 0 & 1 & 0 & 0 \\ 0 & 0 & 1 & 0 \\ 0 & -l\sin a_s & l(\cos a_s - 1) & 1 \end{bmatrix} \tag{6-33}$$

过渡机床编程刀位点和实际加工点间的后置处理和逆后置处理算法为

$$\begin{cases}[x_s \quad y_s \quad z_s \quad 1]=[X_s \quad Y_s \quad Z_s \quad 1]\boldsymbol{T}_1\boldsymbol{T}_3 \\ [X_s \quad Y_s \quad Z_s \quad 1]=[x_s \quad y_s \quad z_s \quad 1]\boldsymbol{T}_3^{-1}\boldsymbol{T}_1^{-1}\end{cases} \tag{6-34}$$

2. *新增目标机床的后置和逆后置处理算法*

新增目标机床旋转轴如图 6-17 所示，设单位刀轴矢量为 $\overrightarrow{OI}$，刀轴矢量为 (i_d, j_d, k_d)。第五轴摆动时，由于初始刀具轴线 $\overrightarrow{OI_2}$ 和摆动轴心 OO_1 不垂直，刀具轴线沿正圆锥面 $OI_2I_1I_3$ 运动，刀具轴线端点 I_1 落在正圆锥的底边 $\overparen{I_2I_1I_3}$ 上，在第五轴摆动平面 $O_1I_2I_1I_3$ 内，第五轴摆动角度为 b_d。在刀具轴线端点轨迹 $\overparen{I_2I_1I_3}$ 上取点 I_1，使刀具轴线 $\overrightarrow{OI_1}$ 的 Z 轴分量 k_d 和刀轴矢量 $\overrightarrow{OI}$ 的对应分量相等，$\overrightarrow{OI_1}$ 即为第五轴摆动后的刀具轴线。第五轴摆动时，刀具轴线 $\overrightarrow{OI_1}$ 在第四轴旋转平面 XOY 内的投影亦发生变化，投影角为 c_t，在第四轴旋转平面内，刀轴矢量的投影为 $\overrightarrow{OI'}$，第五轴摆动后的刀具轴线投影为 $\overrightarrow{OI_4}$，两投影间的夹角即为第四轴旋转角 c_d。

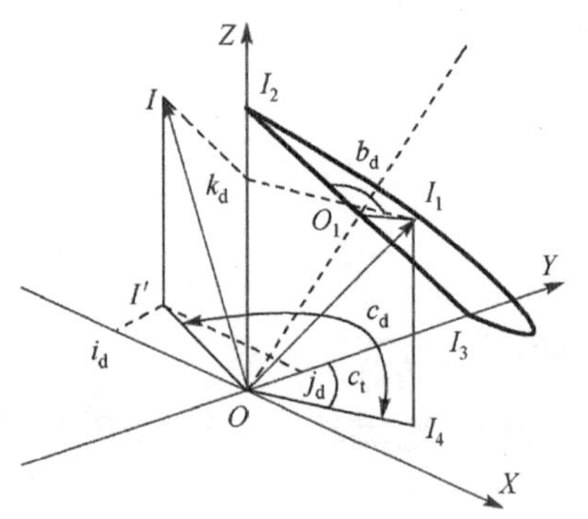

图 6-17　斜摆头一转台式五坐标机床第五轴运动矢量图

由空间几何关系可得第五轴摆动角度和刀轴矢量关系为

$$\cos\angle I_1O_1I_2 = 2\mid I_1I_4\mid - 1 = 2k_d - 1 \tag{6-35}$$

得到

$$b_d = \angle I_1O_1I_2 = \arccos(2k_d - 1) \tag{6-36}$$

刀轴矢量第四轴旋转平面内投影角 c_t 和刀轴矢量关系为

$$\tan\angle I_3OI_4 = \frac{\sqrt{2}\sin\angle I_1O_1I_2}{1-\cos\angle I_1O_1I_2} = \sqrt{\frac{2k_d}{1-k_d}} \tag{6-37}$$

$$c_t = \angle I_3OI_4 = \arctan\sqrt{\frac{2k_d}{1-k_d}} \tag{6-38}$$

当 $k_d=1$ 时，取 $c_t = 90°$。

考虑第五轴摆动投影角 c_t 时，第四轴旋转角度 c_d 和刀轴矢量的后置处理算法为

$$c_d = c_t + \begin{cases}\arctan\left|\dfrac{i_d}{j_d}\right| & (i_d \leqslant 0, j_d > 0) \\ -\arctan\left|\dfrac{i_d}{j_d}\right| & (i_d > 0, j_d \geqslant 0) \\ -180° + \arctan\left|\dfrac{i_d}{j_d}\right| & (i_d \geqslant 0, j_d < 0) \\ 180° - \arctan\left|\dfrac{i_d}{j_d}\right| & (i_d < 0, j_d \leqslant 0)\end{cases} \tag{6-39}$$

当 $j_d = 0$ 时，取 $\arctan\left|\dfrac{i_d}{j_d}\right| = 90°$。

根据式(6-36)和式(6-39)，可得刀轴矢量和旋转角度之间的逆后置处理算法为

$$\begin{cases} i_{\mathrm{d}} = \dfrac{\sqrt{2}}{2}\sin b_{\mathrm{d}}\cos c_{\mathrm{d}} - \dfrac{1-\cos b_{\mathrm{d}}}{2}\sin c_{\mathrm{d}} \\ j_{\mathrm{d}} = \dfrac{\sqrt{2}}{2}\sin b_{\mathrm{d}}\sin c_{\mathrm{d}} + \dfrac{1-\cos b_{\mathrm{d}}}{2}\cos c_{\mathrm{d}} \\ k_{\mathrm{d}} = \dfrac{1+\cos b_{\mathrm{d}}}{2} \end{cases} \tag{6-40}$$

工件在新增目标机床上安装状态如图 6-18 所示，编程坐标系为 $O_{\mathrm{p}}X_{\mathrm{p}}Y_{\mathrm{p}}Z_{\mathrm{p}}$，机床坐标系为 $O_{\mathrm{m}}X_{\mathrm{m}}Y_{\mathrm{m}}Z_{\mathrm{m}}$，刀具坐标系为 $O_{\mathrm{t}}X_{\mathrm{t}}Y_{\mathrm{t}}Z_{\mathrm{t}}$，工作台 C 轴中心点 O_{m} 指向工件原点 O_{p} 的向量为 $\boldsymbol{v}_{\mathrm{da}}(x'_a, y'_a, z'_a)$ 处，刀长加主轴的纵向摆长为 $l_1 = |O_1T|$，横向摆长 $l_2 = |O_tO_1|$，在刀具坐标系下从原点指向刀尖点的向量为 $\boldsymbol{v}_{\mathrm{dt}}(0, -l_2, -l_1)$，在编程坐标系下的刀位点为 $P(X_{\mathrm{d}}, Y_{\mathrm{d}}, Z_{\mathrm{d}})$，后置处理后加工点坐标为 $(x_{\mathrm{d}}, y_{\mathrm{d}}, z_{\mathrm{d}})$。

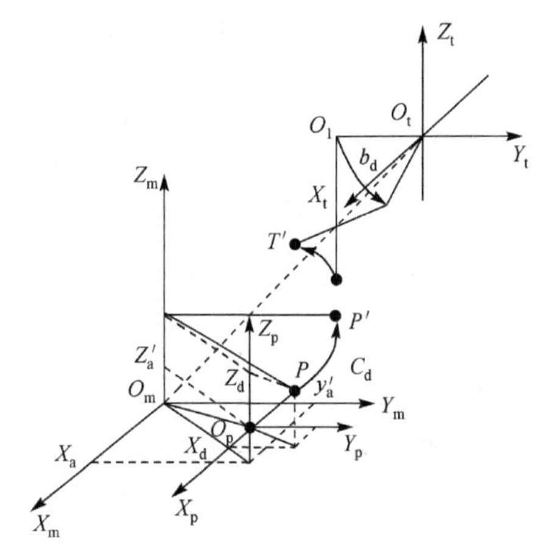

图 6-18　新机床和工件的关系

第四轴旋转引起了加工点的旋转，编程加工点 P 绕 $O_{\mathrm{m}}Z_{\mathrm{m}}$ 旋转 $-c_{\mathrm{d}}$ 到达 P' 点，在编程坐标系下其变换矩阵为

$$\boldsymbol{T}_{15} = \begin{bmatrix} 1 & 0 & 0 & 0 \\ 0 & 1 & 0 & 0 \\ 0 & 0 & 1 & 0 \\ x'_a & y'_a & z'_a & 1 \end{bmatrix} \begin{bmatrix} \cos(-c_{\mathrm{d}}) & \sin(-c_{\mathrm{d}}) & 0 & 0 \\ -\sin(-c_{\mathrm{d}}) & \cos(-c_{\mathrm{d}}) & 0 & 0 \\ 0 & 0 & 1 & 0 \\ 0 & 0 & 0 & 1 \end{bmatrix} \begin{bmatrix} 1 & 0 & 0 & 0 \\ 0 & 1 & 0 & 0 \\ 0 & 0 & 1 & 0 \\ -x'_a & -y'_a & -z'_a & 1 \end{bmatrix} \tag{6-41}$$

同时，第五轴摆动引起了刀尖位置的变化，刀尖点 T 绕斜线 $\overrightarrow{O_{\mathrm{m}}O_{\mathrm{t}}}$ 摆动 b_{d} 后到达 T' 点，在刀具坐标系下变换矩阵为

$$\boldsymbol{T}_{16} = \begin{pmatrix} 1 & 0 & 0 \\ 0 & \cos45^\circ & \sin45^\circ \\ 0 & -\sin45^\circ & \cos45^\circ \end{pmatrix} \begin{pmatrix} \cos b_{\mathrm{d}} & \sin b_{\mathrm{d}} & 0 \\ -\sin b_{\mathrm{d}} & \cos b_{\mathrm{d}} & 0 \\ 0 & 0 & 1 \end{pmatrix} \begin{pmatrix} 1 & 0 & 0 \\ 0 & \cos(-45^\circ) & \sin(-45^\circ) \\ 0 & -\sin(-45^\circ) & \cos(-45^\circ) \end{pmatrix} \tag{6-42}$$

刀尖偏移量 $\Delta\boldsymbol{v}_{\mathrm{dt}}$ 为

$$\Delta\boldsymbol{v}_{\mathrm{dt}} = \boldsymbol{v}_{\mathrm{dt}}(\boldsymbol{T}_5 - \boldsymbol{E}) = \left[\frac{\sqrt{2}}{2}\sin b_{\mathrm{d}}(l_2 - l_1) \quad \frac{1}{2}(1-\cos b_{\mathrm{d}})(l_2 - l_1) \quad \frac{1}{2}(\cos b_{\mathrm{d}} - 1)(l_2 - l_1)\right] \tag{6-43}$$

为抵消刀尖点平移，对加工刀位点进行变换，其变换齐次矩阵为

$$\boldsymbol{T}_{17} = \begin{bmatrix} \boldsymbol{E} & 0 \\ -\Delta\boldsymbol{v}_{\mathrm{dt}} & 1 \end{bmatrix} \tag{6-44}$$

即

$$\boldsymbol{T}_{17} = \begin{bmatrix} 1 & 0 & 0 & 0 \\ 0 & 1 & 0 & 0 \\ 0 & 0 & 1 & 0 \\ \dfrac{\sqrt{2}}{2}\sin b_{\mathrm{d}}(l_1 - l_2) & \dfrac{1}{2}(1-\cos b_{\mathrm{d}})(l_1 - l_2) & \dfrac{1}{2}(\cos b_{\mathrm{d}} - 1)(l_1 - l_2) & 1 \end{bmatrix} \tag{6-45}$$

新机床编程刀位点和实际加工点的后置处理和逆后置处理算法为

$$\begin{cases}[x_d \quad y_d \quad z_d \quad 1]=[X_d \quad Y_d \quad Z_d \quad 1]\boldsymbol{T}_{15}\,\boldsymbol{T}_{17} \\ [X_d \quad Y_d \quad Z_d \quad 1]=[x_d \quad y_d \quad z_d \quad 1]\boldsymbol{T}_{17}^{-1}\,\boldsymbol{T}_{15}^{-1}\end{cases} \tag{6-46}$$

6.4.3 数控加工程序坐标转换算法

两机床间数控加工程序转换,应分别进行直线轴和旋转轴的转换。

1. 直线轴转换算法

设过渡机床指令坐标为 $(x_s, y_s, z_s, b_s, a_s)$,对应编程坐标系下刀位数据为 $(X_s, Y_s, Z_s, i_s, j_s, k_s)$,新增目标机床的指令坐标为 $(x_d, y_d, z_d, c_d, b_d)$,对应编程坐标系下刀位数据为 $(X_d, Y_d, Z_d, i_d, j_d, k_d)$。在编程坐标系下直线轴刀位坐标按机床坐标轴对应关系进行转换,转换算法为

$$\begin{cases}(X_s \quad Y_s \quad Z_s)=(X_d \quad Y_d \quad Z_d)\begin{pmatrix}-1 & 0 & 0\\ 0 & 0 & 1\\ 0 & 1 & 0\end{pmatrix} \\ (X_d \quad Y_d \quad Z_d)=(X_s \quad Y_s \quad Z_s)\begin{pmatrix}-1 & 0 & 0\\ 0 & 0 & 1\\ 0 & 1 & 0\end{pmatrix}\end{cases} \tag{6-47}$$

在编程坐标系下,机床直线轴坐标转换矩阵为

$$\boldsymbol{T}_{ds}=\begin{pmatrix}-1 & 0 & 0\\ 0 & 0 & 1\\ 0 & 1 & 0\end{pmatrix} \tag{6-48}$$

$$\boldsymbol{T}_{sd}=\begin{pmatrix}-1 & 0 & 0\\ 0 & 0 & 1\\ 0 & 1 & 0\end{pmatrix} \tag{6-49}$$

两机床直线轴间递推关系为

$$\begin{Bmatrix}x_s\\ y_s\\ z_s\end{Bmatrix}\underset{\text{后置处理}}{\overset{\text{逆后置处理}}{\rightleftharpoons}}\begin{Bmatrix}X_s\\ Y_s\\ Z_s\end{Bmatrix}\underset{\boldsymbol{T}_{ds}}{\overset{\boldsymbol{T}_{sd}}{\rightleftharpoons}}\begin{Bmatrix}X_d\\ Y_d\\ Z_d\end{Bmatrix}\underset{\text{逆后置处理}}{\overset{\text{后置处理}}{\rightleftharpoons}}\begin{Bmatrix}x_d\\ y_d\\ z_d\end{Bmatrix}$$

数控加工程序刀位点转换算法为

$$\begin{cases}[x_d \quad y_d \quad z_d \quad 1]=[x_s \quad y_s \quad z_s \quad 1]\boldsymbol{T}_{14}^{-1}\,\boldsymbol{T}_{12}^{-1}\,\boldsymbol{T}_{sd}\,\boldsymbol{T}_{15}\,\boldsymbol{T}_{17} \\ [x_s \quad y_s \quad z_s \quad 1]=[x_d \quad y_d \quad z_d \quad 1]\boldsymbol{T}_{17}^{-1}\,\boldsymbol{T}_{15}^{-1}\,\boldsymbol{T}_{ds}\,\boldsymbol{T}_{12}\,\boldsymbol{T}_{14}\end{cases} \tag{6-50}$$

2. 旋转轴转换算法

两机床刀轴矢量 (i_s, j_s, k_s) 和 (i_d, j_d, k_d) 之间的对应关系与编程坐标系下直线轴对应关系相同,所建立的两机床旋转轴间递推关系为

$$\begin{Bmatrix}a_s\\ b_s\end{Bmatrix}\underset{\text{后置处理}}{\overset{\text{逆后置处理}}{\rightleftharpoons}}\begin{Bmatrix}i_s\\ j_s\\ k_s\end{Bmatrix}\underset{\boldsymbol{T}_{ds}}{\overset{\boldsymbol{T}_{sd}}{\rightleftharpoons}}\begin{Bmatrix}i_d\\ j_d\\ k_d\end{Bmatrix}\underset{\text{逆后置处理}}{\overset{\text{后置处理}}{\rightleftharpoons}}\begin{Bmatrix}b_d\\ c_d\end{Bmatrix}$$

依据此递推关系及上述公式可得两机床旋转轴之间的相互转换公式如下:

(1) 新增目标机床——过渡机床转换公式

$$(a_s \quad b_s \quad 1) = (1 \quad 1 \quad 1)\begin{pmatrix} -\arcsin\dfrac{1+\cos b_d}{2} & 0 & 0 \\ 0 & c_d & 0 \\ 0 & -\arctan\dfrac{\sqrt{2}\sin b_d}{1-\cos b_d} & 1 \end{pmatrix} \tag{6-51}$$

当 $b_d = 0°$ 时，取 $b_s = c_d - 90°$。

(2) 过渡机床——新增目标机床转换公式

$$(b_d \quad c_d \quad 1) = (1 \quad 1 \quad 1)\begin{pmatrix} \arccos(-1-2\sin a_s) & 0 & 0 \\ 0 & b_s & 0 \\ 0 & \arctan\sqrt{\dfrac{-2\sin a_s}{1+\sin a_s}} & 1 \end{pmatrix} \tag{6-52}$$

当 $a_s = -90°$ 时，取 $c_d = b_s + 90°$。

根据得到的直线轴和旋转轴转换公式，即可完成数控加工程序在新增目标机床和过渡机床之间的互相转换，从而实现新增目标机床与其他多台机床之间的程序互换。

6.4.4 算法实例

利用前述算法开发的五坐标数控加工程序互换软件已在某航空发动机制造企业成功应用，实现了多种航空发动机整体叶盘、叶轮和机匣在设备变更时数控加工程序的快速有效转换。使用该软件加工完成的整体叶轮如图 6-19 所示。

图 6-19　整体叶轮局部

该整体叶轮在斜摆头-转台式 DMU 80P 五坐标机床上加工，加工过程中工件安装在工作台中心位置，纵向摆长 $l_1 =$ 599.923mm，横向摆长 $l_2 =$ 300.000mm；数控加工程序转换到过渡机床，安装在工作台中心上，摆长 $l =$ 660.000mm；工件最终在直摆头一转台式 MIKRON 1350 五坐标机床上完成加工，工件安装在工作台中心上，摆长 $l =$ 435.685mm。经转换后的数控加工程序如表 6-5 所示。

表 6-5　数控加工程序转换结果

DMU 80P 机床上的数控加工程序	过渡机床上的数控加工程序	MIKRON 1350 机床上的数控加工程序
……	……	……
L X176.532Y-23.263Z2.762 B16.942C89.688	G1X-41.625Y654.948Z-412.269 A-78.042B5.700	L X41.625Y-234.431Z435.501 A-11.958C5.700
L X174.771Y-23.301Z2.947 B16.808C90.220	G1X-41.334Y655.254Z-414.566 A-78.136B6.184	LX41.334Y-236.368Z435.731 A-11.864C6.184
L X173.089Y-23.269Z3.134 B16.692C90.731	G1X-41.003Y655.548Z-416.712 A-78.218B6.653	LX41.003Y-238.002Z435.959 A-11.782C6.653
L X171.579Y-23.276Z3.298 B16.631C91.290	G1X-40.792Y655.767Z-418.465 A-78.261B7.191	LX40.792Y-239.788Z436.143 A-11.739C7.191

续表

DMU 80P 机床上的数控加工程序	过渡机床上的数控加工程序	MIKRON 1350 机床上的数控加工程序
L X170.136Y-23.126Z3.471 B16.577C91.779 ……	G1X-40.437Y655.989Z-420.105 A-78.299B7.660 ……	LX40.437Y-241.282Z436.335 A-11.701C7.660 ……

实际生产加工表明，所构造的数控加工程序转换算法可以实现数控加工程序在多设备之间的快速转换，避免由于设备变更引起的数控加工程序的重新输出和验证，保证了加工工艺的一致性和准确性，提高了机床使用的灵活性，节约了加工程序在新加工设备上的调试时间。在新增机床设备时，按前述转换模式构造数控加工程序转换算法，能以最小的工作量完成设备的扩充，可显著简化数控加工程序多目标转换算法的构造复杂性。

6.5 通用后置处理系统的原理及实现途径

6.5.1 通用后置处理系统原理

后置处理系统分为专用后置处理系统和通用后置处理系统。前者一般是针对专用数控编程系统和特定数控机床而开发的专用后置处理程序，通常直接读取刀位原文件中的刀位数据，根据特定的数控机床指令集及代码格式将其转换成数控程序输出，这类后置处理系统在一些专用(非商品化的)数控编程系统中比较常见，这是因为其刀位原文件格式简单，不受 IGES 标准的约束，机床特性一般直接编入后置处理程序之中，而不要求输入数控系统数据文件，后置处理过程的针对性很强，一般只用到数控机床的部分指令，程序的结构比较简单，实现起来也比较容易。

通用后置处理系统一般是指后置处理程序功能的通用化，要求针对不同类型的数控系统对刀位原文件(Cutter Location Source file，CLS)进行后置处理，输出数控程序。一般情况下，通用后置处理系统要求输入标准格式的刀位原文件和数控系统数据文件(NDF)或机床数据文件(MDF)，输出的是符合该数控系统指令集及格式的数控程序，如图 6-20 所示。

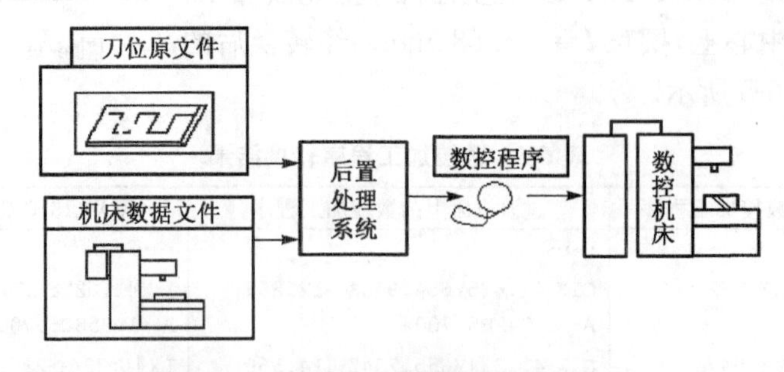

图 6-20 通用后置处理系统的操作流程

一般来说，一个通用后置处理系统是某个数控编程系统的子系统，要求输入的刀位原文件经刀具轨迹计算生成，其格式由该数控编程系统规定。

如果某数控编程系统输出的刀位原文件格式符合 IGES 标准的话，那么只要其他某个数控编程系统输出的刀位原文件格式也符合 IGES 标准，该通用后置处理系统便能处理其输出的刀位原文件，即后置处理系统在不同的数控编程系统之间具有通用性。目前国际上流行的商品化 CAD/CAM 集成系统中数控编程系统的刀位原文件格式都符合 IGES 标准，它们所带的通用后置处理系统一般可以通用。

数控系统数据文件(也就是后置处理系统中针对特定数控系统指令格式的规定文件)的格式说明附属于通用后置处理系统说明之中。一般情况下，软件商提供给用户若干应用较为广泛的 ASCⅡ码编写的数控系统数据文件。如 MasterCAM 系统就提供了市场上常见的各种数控系统的数据文件(.pst)。如果用户在使用过程中还有其他数控系统的话，可以根据数控系统数据文件的格式说明，在已有数控系统数据文件的基础上进行修改，生成所需的数控系统数据文件。

也有的软件商提供给用户一个生成数控系统数据文件的交互式对话程序，用户只要运行该程序，依次回答其中的问题，便能生成一个所需数控机床的数控系统数据文件。如 UGⅡ CAD/CAM 系统中的后置处理就采用了这种模式，一方面提供用户一个典型的缺省机床数据文件(default.mdf)，另一方面还提供用户一个生成数控系统的机床数据文件(.mdf)的交互式对话程序，用户运行该程序，依次回答其中的问题，便能生成一个特定数控系统的机床数据文件。

6.5.2 通用后置处理程序系统设计的前提条件

尽管不同类型数控机床(主要是指数控系统)的指令和程序段格式不尽相同，彼此之间有一定差异，但仍然可以找出它们之间的共同性，主要体现在以下几个方面：

1) 数控程序都是由字符组成；
2) 地址字符意义基本相同，见表 6-6；
3) 准备功能 G 代码和辅助功能 M 代码功能的标准化；
4) 文字地址加数字的指令结合方式基本相同，如 G01、M03、F2、X103.456、Y-25.386 等；
5) 数控机床坐标轴的运动方式种类有限。

不同类型的数控机床的这些共同性是通用后置处理系统设计的前提条件。

表 6-6　字符

字符	意义	字符	意义
A	关于 *X* 轴的角度尺寸	M	辅助功能
B	关于 *Y* 轴的角度尺寸	N	顺序号
C	关于 *Z* 轴的角度尺寸	O	程序编号
D	刀具半径偏置号	P	平行于 *X* 轴的第三尺寸，也有定义为固定循环参数
E	第二进给功能	Q	平行于 *Y* 轴的第三尺寸，也有定义为固定循环参数
F	第一进给功能	R	平行于 *Z* 轴的第三尺寸，也有定义为孤星循环参数、圆弧半径等
G	准备功能	S	主轴转速功能
H	刀具长度偏置号	T	第一刀具功能
I	平行于 *X* 轴的插补参数或螺纹导程	U	平行于 *X* 轴的第二尺寸
J	平行于 *Y* 轴的插补参数或螺纹导程	V	平行于 *Y* 轴的第二尺寸
K	平行于 *Z* 轴的插补参数或螺纹导程	W	平行于 *Z* 轴的第二尺寸
L	固定循环或子程序返回次数	X,Y,Z	基本尺寸

6.5.3　通用后置处理系统程序结构设计

通用后置处理系统的基本要求是系统功能的通用化。为了达到这一目标，必须保证：刀位源文件和数控系统数据文件格式的规范化（或标准化），以及程序结构的模块化。

(1) 输入文件格式的规范化

输入文件包括刀位源文件和数控系统数据文件。目前国际上流行的数控编程系统输出的刀位源文件一般都符合 IGES 标准，其后置处理系统所要求的数控系统数据文件的内容与刀位源文件的 IGES 标准所包含的内容相对应，其作用是告诉后置处理系统的控制程序如何把刀位源文件的相应数据转换（包含若干处理过程）成适用于数控系统数据文件所表示的数控机床的数控加工程序。

如果刀位源文件是非标准的，数控编程系统也应对刀位源文件的格式制定一个规范，然后以此规范为约束，制定数控系统数据文件所包含的内容及其格式。这就是说，刀位源文件的规范与数控系统数据文件的内容必须相对应。

一般来说，IGES 标准刀位源文件所对应的数控系统数据文件所包含的内容涉及数控系统的全部功能，这是因为非标准刀位源文件的来源大都是某些专用数控编程系统，目前国内所开发的通用后置处理系统（附属于特定的数控编程系统）大都属于这种类型，其典型代表是西北工业大学 CAD/CAM 研究中心开发的 NPU GNCP/SS（复杂曲面图像数控编程系统）中的通用后置处理系统。

(2) 通用后置处理系统的程序结构

根据以上分析，通用后置处理系统程序结构如图 6-21 所示。

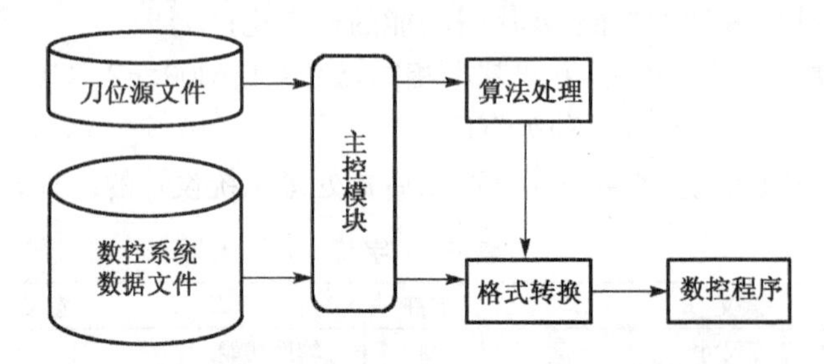

图 6-21　通用后置处理系统的程序结构框图

在此程序结构中，数控系统数据文件的读取是根据刀位源文件的内容随机进行的，其指针的移动采用刀位源文件中的特征代码（区分各加工方式的标志）进行控制，读取的信息具有继承性，即刀位源文件中的下一个记录与当前记录的特征代码一致的话，则下一个记录的处理无需再读取数控系统数据文件。

输入部分包括刀位源文件和数控系统数据文件。算法处理包括上一节中所介绍的坐标变换、跨象限处理等功能模块。格式转换包括数据类型转换与圆整、字符串处理等功能模块。整个系统的运行在主控模块的控制下进行。为了保证系统的通用性和可靠性，要求各基本功能模块做到规范化（或标准化），并且具有较好的通用性。

(3) 通用后置处理举例

下面的刀位源文件是在 UG-II 软件系统中生成的。

```
TOOL PATH/DYBJX1_80,TOOL,FR8BR3
```

```
TLDATA/MILL,16.0000,3.0000,75.0000,0.0000,0.0000
MSYS/175.5000,0.0000,0.0000,0.0000000,0.0000000,- 1.0000000,0.0000000,1.0000000,0.0000000
PAINT/PATH
PAINT/SPEED,10
PAINT/COLOR,186
FEDRAT/MMPM,8000.0000
GOTO/225.0125,-83.4828,209.3263,0.9289708,-0.2132665,0.3025402
PAINT/COLOR,211
FEDRAT/2000.0000
GOTO/150.4993,-66.3766,185.0594
PAINT/COLOR,42
FEDRAT/500.0000
GOTO/152.1519,-62.4092,182.5043
PAINT/COLOR,31
GOTO/152.6201,-61.2852,181.7804,0.9314835,-0.2055244,0.3001636
GOTO/153.9771,-57.8666,179.5746,0.9380291,-0.1836437,0.2938988
GOTO/157.5646,-47.4538,172.5560,0.9560983,-0.1099057,0.2716556
GOTO/157.9064,-46.3052,171.7361,0.9576220,-0.1011970,0.2696651
GOTO/160.2920,-37.1772,164.9058,0.9674733,-0.0268713,0.2515420
GOTO/162.2967,-27.1505,156.3554,0.9730453,0.0582728,0.2231304
GOTO/163.5929,-17.7107,146.8742,0.9702047,0.1321726,0.2030596
GOTO/164.3300,-9.1086,136.1825,0.9636193,0.1991845,0.1782226
GOTO/164.6340,-1.7854,124.5774,0.9543047,0.2504998,0.1629494
GOTO/164.6969,3.4243,114.0297,0.9486419,0.2741048,0.1579402
GOTO/165.3328,5.9042,106.5663,0.9388569,0.2715071,0.2117346
GOTO/166.7726,7.3569,99.2867,0.9222014,0.2736879,0.2732022
GOTO/168.9982,8.1919,92.3527,0.8998082,0.2782027,0.3360780
GOTO/172.0004,8.5879,85.8328,0.8759821,0.2823352,0.3910784
GOTO/175.6864,8.7014,79.9370,0.8543726,0.2819321,0.4365338
GOTO/181.5625,8.7815,73.0994,0.8202650,0.2683837,0.5051094
GOTO/190.2389,8.8151,65.9903,0.7734470,0.2566609,0.5795730
GOTO/198.7701,8.7827,61.2634,0.7189690,0.2511792,0.6480683
GOTO/208.7235,8.6670,57.7872,0.6392351,0.2547890,0.7255764
GOTO/221.6692,8.4411,55.4084,0.6007903,0.2682331,0.7530618
GOTO/226.0216,8.3635,54.8329,0.5876591,0.2723462,0.7618952
GOTO/227.4801,8.3378,54.6619,0.5823878,0.2735550,0.7655012
PAINT/COLOR,37
GOTO/229.4661,8.3027,54.4291
PAINT/COLOR,211
FEDRAT/8100.0000
GOTO/258.5855,21.9805,92.7042
PAINT/TOOL,NOMORE
END-OF-PATH
```

上面的刀位源文件，在 SIEMENS 840D 机床数控系统数据文件约束下，经运行 UG-II 通用后置处理软件，其后置处理结果如下：

```
% _N_1_MPF
;$PATH= /_N_WKS_DIR/_N_YLJX_WPD
N20 T= "FR8BR3"
N21 TOOLCHANGE
N22 S3000 M03 M08
N23 G90 G64
N24 G54 G17
N25 TRAORI
N26 F8000.0000
N27 G1 X225.012Y-83.483Z209.326A12.314B71.961
N28 F2000.0000
N29 G1X150.499Y-66.377Z185.059
N30 F500.0000
N31 X152.152Y-62.409Z182.504
N32 X152.620Y-61.285Z181.780A11.860B72.139
N33 X153.977Y-57.867Z179.575A10.582B72.603
N34 X157.565Y-47.454Z172.556A6.310B74.139
N35 X160.292Y-37.177Z164.906A1.540B75.426
N36 X162.297Y-27.150Z156.355A-3.341B77.085
N37 X163.593Y-17.711Z146.874A-7.595B78.179
N38 X164.330Y-9.109Z136.182A-11.489B79.521
N39 X164.634Y-1.785Z124.577A-14.507B80.310
N40 X164.697Y3.424Z114.030A-15.909B80.547
N41 X165.333Y5.904Z106.566A-15.754B77.291
N42 X166.773Y7.357Z99.287A-15.884B73.498
N43 X168.998Y8.192Z92.353A-16.153B69.519
N44 X172.000Y8.588Z85.833A-16.400B65.942
N45 X175.686Y8.701Z79.937A-16.376B62.936
N46 X181.562Y8.781Z73.099A-15.568B58.376
N47 X190.239Y8.815Z65.990A-14.872B53.154
N48 X198.770Y8.783Z61.263A-14.547B47.969
N49 X208.723Y8.667Z57.787A-14.761B41.380
N50 X221.669Y8.441Z55.408A-15.559B38.583
N51 X226.022Y8.363Z54.833A-15.804B37.643
N52 X227.480Y8.338Z54.662A-15.876B37.264
N53 X229.466Y8.303Z54.429N79 F8100.0000
N54 X258.586Y21.980Z92.704
N55 TRAFOOF
N56 M30
```

第7章　数字化精密测量

设计、加工与测量技术三者是互相促进不断向前发展的。随着计算机辅助设计、数字控制和计算机辅助制造等技术的发展，制造业对测量技术也提出了更高的要求，数字化精密测量技术便应运而生。数字化精密测量是将测量对象进行精确测量并把测量结果以数字形式输出，其融合了计算机、智能传感器、信息处理和人工智能等领域的多项技术。测量对象不但包括平面等二维尺寸和形位误差，而且还包括自由曲面等三维尺寸和形位误差，测量精度可以达到微米级。数字化精密测量最典型的设备是三坐标测量机(Coordinate Measuring Machine，CMM)，简称坐标测量机。

随着计算机辅助检测技术研究与应用的深入，测量的目的已从单纯解决产品精度评定问题发展到解决产品几何形状数学建模、逆向制造等领域的一系列问题。数字化精密测量技术在航空航天、国防军工、汽车工业、机床工具、电子和模具等领域得到了长足发展，被广泛应用于零件检测、产品质量保证、逆向设计等方面，不仅保证了测量精度和产品质量，而且大大提高了产品设计和制造效率。

7.1　三坐标测量机

三坐标测量机是集机、电、光、计算机以及自动控制等技术于一体的机电一体化设备，是制造行业实现几何尺寸检测和质量控制的重要设备之一。三坐标测量机的基本原理是将被测零件放入它允许的测量空间，精确地测量出被测零件表面点的空间坐标，然后将测得的坐标点经过计算机数据处理，拟合形成测量元素，如圆、球、圆柱、圆锥、曲面等，或得出其形状、位置公差及其他几何量数据。

国外三坐标测量机的研制工作早在20世纪50年代初期已经开始。1956年英国FERRANTI公司成功研制出世界上第一台现代意义上的三坐标测量机，采用光栅作为长度基准，并采用数字显示。1962年世界上第一家专业制造坐标测量机设备的公司——DEA公司诞生，1963年10月DEA公司推出了第一台行程为2500mm×1600mm×600mm的龙门式测量机ALPHA，它也是世界上第一台龙门式测量机，从而开创了坐标测量技术的新时代。随后，DEA公司相继推出其手动和数控测量机，并率先采用气浮技术。虽然第一台测量机已经应用了数显技术，但在测量过程中用硬测头接触零件，然后用脚踏开关来锁存坐标读数。硬测头存在补偿困难、受人为因素影响大、测量精度不高等缺陷，精度只能达到0.025mm，另外硬测头还限制了数控技术在测量机上的应用。1972年当时身为Rolls-Royce公司的副总设计师David McMurtry，现为雷尼绍(Renishaw)公司的董事长和总裁，发明了世界上第一个触发式测头，精度可达0.01mm以内。触发测头的出现，使得测量机从静态测量发展到动态测量。随后又相继研发了各种先进的触发测头和扫描测头。20世纪80年代后，德国的蔡司(Zeiss)和莱茨(Leitz)、意大利的DEA、美国的布朗-夏普(Brown & Sharp)等公司不断推出新产品，测量机不但配备了各种接触测头、光学测头，而且还开发了具有强大CAD功能的通用测量软件，先后推出了系列桥式测量机和大型水平臂、龙门式测量机。进入 21 世纪后，瑞典海克斯康测量技术集团公司(HEXAGON METROLOGY)整合了德国的莱茨(Leitz)、意大利的 DEA、美国的布朗—夏普(Brown & Sharp)和 SHEFFIELD、瑞典的 CE JOHANSSAN 以及著名的测量软件 PC-DIMS专业开发商 WILCOX、瑞士的精密量具/量仪制造商 TESA 公司，关节臂测量机专业制造商法国的 ROMER S. A 以及美国的 CIMCORE 公司，成为了全球最大的测量机制造商。除了海克斯康之外，世界上目前著名的测量机生产厂商还有德国的蔡司(Zeiss)、德国的温泽(WENZEL)、日本的三丰(Mitutoyo)等。

我国坐标测量机发展过程可分为三个阶段。第一阶段为 20 世纪 70 年代，三坐标测量机的研制和生产处于样机试制阶段。第二阶段为 20 世纪 80 年代，随着国内的改革开放，在引进国外先进技术的基础上，结合自身的特点进行开发生产，加快了我国三坐标测量机生产的步伐，初步形成了国产测量机的生产能力。1988 年青岛前哨机械厂成功研制出了全花岗岩固定桥式的高精度测量机 ZC8645，测量精度达到了当时同类产品国际先进国家水平。后来前哨又相继成功研制了数控型 ZOO、ZC 以及水平臂等不同系列、不同尺寸的测量机，并开发了具有自主版权的控制系统 ZCSK 和通用测量软件 QS3D。第三阶段为 20 世纪 90 年代初至今，是测量机合资生产和自主生产并存阶段。青岛前哨机械厂先与美国的布朗-夏普(Brown & Sharp)合资成立青岛前哨郎普测量技术有限公司，后又更名为海克斯康测量技术(青岛)有限公司，成为海克斯康亚太区测量机制造厂商，其测量机在中国市场上占有一半以上的用户。此外，西安爱德华、中航工业 303 所以及西安力德等中国企业生产的测量机在中国测量机市场上占有一定的份额，有的还远销海外。

三坐标测量机的发展趋势主要概括为以下几个方面：

(1) 提高测量精度和稳定性

提高坐标测量机稳定性和精度要从三个方面进行。其一，提高测量机标尺和结构精度，包括主机、分度台、测头和各种附件的精度；其二，减小力变形、热变形以及其他环境因素带来的影响；其三，加强软件误差补偿技术研究，尤其是在一些新式结构的测量机和非接触测量系统，软件误差补偿的好坏已成为决定测量性能的关键性因素，这些补偿涉及的功能有静态误差补偿、弹性变形补偿、温度误差补偿、磨损补偿、动态补偿、光学器件补偿、冗余要素补偿、样件补偿、基准点补偿、主动执行器补偿等。

伴随着微电子、材料物理、光学器件等行业快速发展，纳米级精度测量机已经成为测量机发展的一个重要分支。

(2) 提高测量效率

提高效率从以下几方面进行：①改进测量机的结构设计，减轻运动部件的质量。②提高控制系统性能，使测量机能以较高速度运动，同时运动平稳，定位准确，不产生振荡、过冲现象。③发展探测技术，采用扫描测量方式和非接触测量。非接触光学测量将得到越来越广泛的应用。④深入研究测量机的动态误差，并对动态误差进行补偿，动态性能与测量机的结构参数、运动规程、工件状况有关。⑤提高测量机的软件运行速度。

(3) 不断采用新材料、新机构和新技术

采用更轻、更稳定、受环境影响更小、工艺性更好、成本更低的新材料。由于碳纤维、硅材料和各类陶瓷材料具有高强度质量比和低温度膨胀的特性，因而成为近期受关注比较多的几种可应用在坐标测量设备上的新材料。

在测量机结构设计方面，一些基于全新运动结构的非传统测量机用技术正逐渐引起了人们的关注，包括手动关节式测量机和多边运动结构测量机。新型测量机采用了不同于传统测量机的各种器件，如球/柱状关节、流体压力定位系统、角度传感器等，就自然地成为研究测量机发展的方向。还有一些其他方面的新技术，比如磁悬浮技术也会在测量机中获得应用。

(4) 发展测量机软件技术

测量机的软件技术是三坐标测量机发展中最为重要的一项技术，测量机各项功能的实现依赖于它的软件。软件主要包括运动控制程序、数据处理程序和测量结果评定程序等。软件的使用极大地提高了效率，保证了准确性，减轻了操作强度，拓宽了应用，方便了管理，减少了成本。测量机软件的发展趋势为：①软件能自动编程，包括确定测量策略、选择测量配置和路径规划等；②能按测量任务对测量机进行优化；③能在测量前对测量的不确定度进行评价，以及确定采样策略和测量速度；④软件能够进行故障自诊断；⑤测量软件模块化、网络化和系列化。一个系列软件共享一个或一组核心模块，通过各自不同的应用或接口模块可以在不同的坐标测量机和系统上使用或实现不同的功能。多个测量设备可以通过测量软件和网络连接到一起，实现在线数据和指令交换，统一协调工作。

7.2　测量机的组成、结构形式及精度评价指标

7.2.1　测量机的组成

测量机一般由主机、电气系统、软件系统及测头系统组成，如图7-1所示。其中主机主要包括框架结构、标尺系统、导轨、驱动装置和转台等模块单元。

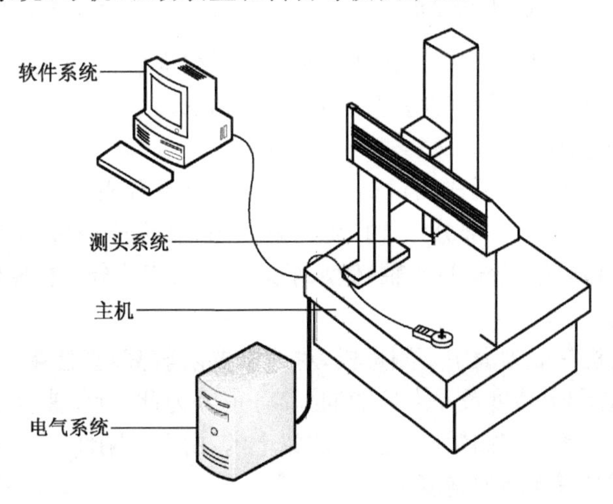

图7-1　测量机基本组成

7.2.2　测量机的结构形式

根据ISO10360国际标准《坐标测量机的验收、检测和复检检测》第一部分的规定，对常见的测量机结构类型作如下分类：

(1) 固定工作台悬臂式坐标测量机

固定工作台悬臂式坐标测量机见图7-2，有沿着相互正交的导轨而运动的三个组成部分，

装有探测系统的第一部分(Z 轴)装在第二部分(Y 轴)上并相对第三部分(X 轴)做垂直运动。第一部分和第二部分的总成相对第三部分做水平运动。第三部分以悬臂式被支撑在一端,并相对机座做水平运动,机座承载工件。

这类结构开敞性好,但精度不太高,一般用于小型测量机。

(2) 移动桥式坐标测量机

这类坐标测量机见图 7-3,有沿着相互正交的导轨而运动的三个组成部分,装有探测系统的第一部分(Z 轴)装在第二部分(Y 轴)上,相对其做垂直运动。第一部分和第二部分的总成相对第三部分(X 轴)做水平运动。第三部分被架在机座的对应两侧的支柱支承上,并相对机座做水平运动,机座承载工件。

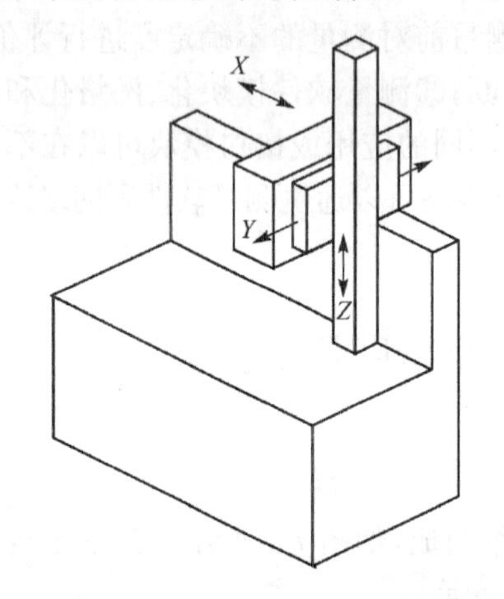

图 7-2 固定工作台悬臂式坐标测量机

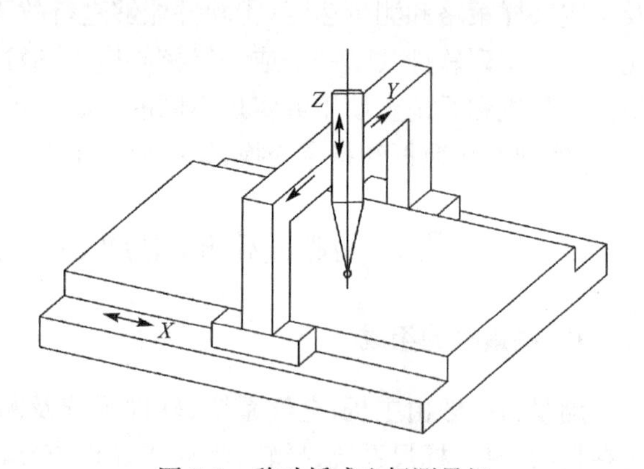

图 7-3 移动桥式坐标测量机

移动桥式坐标测量机是目前中小型测量机的主要结构形式,承载能力较大,本身具有台面,受地基影响相对较小,开敞性好,精度比固定桥式稍低。

(3) 龙门式坐标测量机

这类坐标测量机也叫高架桥式测量机,见图 7-4。有沿着相互正交的导轨而运动的三个组成部分,装有探测系统的第一部分(Z 轴)装在第二部分(X 轴)上并相对其做垂直运动。第一和第二部分的总成相对第三部分(Y 轴)做水平运动。第三部分在机座两侧的导轨上做水平运动,机座或地面承载工件。

龙门式坐标测量机一般为大中型测量机,对地基要求较高,立柱影响操作的开敞性,但减少了移动部分质量,有利于精度及动态性能的提高,正因为此,近年来亦发展了一些小型带工作台的龙门式测量机。龙门式测量机最长可达数十米,由于其刚性要比水平臂式好,因而对大尺寸零件测量而言可具有更高的精度。

经典的龙门式测量机如意大利 DEA 公司的 ALPHA、DELTA 和 LAMBDA 系列测量机。

(4) L 形桥式坐标测量机

这类坐标测量机见图 7-5,有沿着相互正交的导轨而运动的三个组成部分,装有探测系统的第一部分(Z 轴)装在第二部分(X 轴)上并相对其做垂直运动。第一和第二部分的总成相对第三部分(Y 轴)做水平运动。第三部分在机座平面或低于平面上的一条导轨和在机座上方另一条导轨组成的两条导轨上做水平运动,机座或地面承载工件。

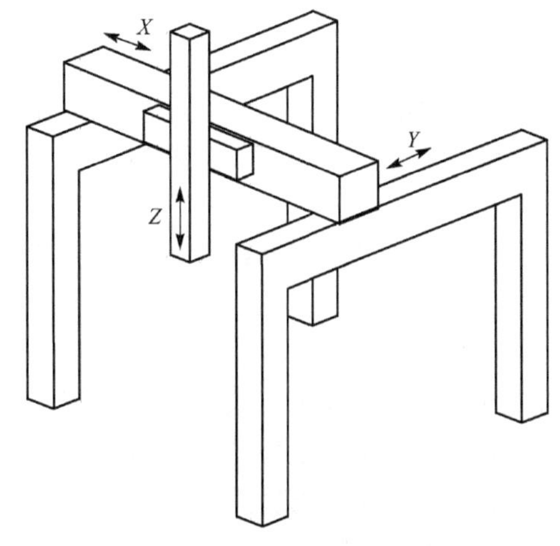

图 7-4　龙门式坐标测量机

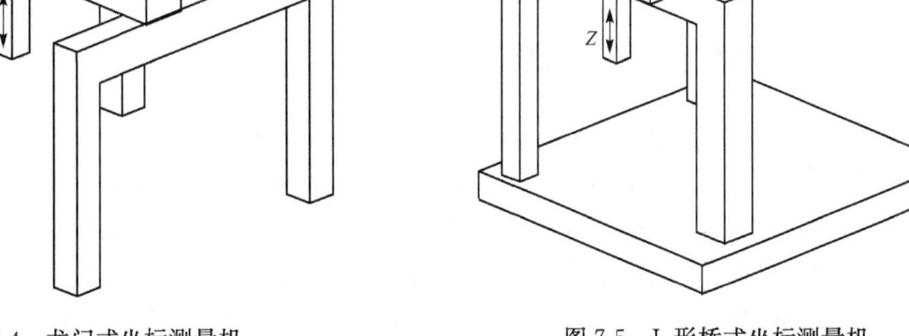

图 7-5　L 形桥式坐标测量机

L 形桥式坐标测量机是综合移动桥式和龙门式测量机优点的测量机，既有移动桥式开敞性较好的工作平面，又有龙门式质量较轻、运动速度和加速度可以较大的移动部件。

（5）固定桥式测量机

这类坐标测量机见图 7-6，有沿着相互正交的导轨而运动的三个组成部分，装有探测系统的第一部分（*Z* 轴）装在第二部分（*Y* 轴）上并相对其做垂直运动。第一和第二部分的总成沿着牢固定在机座两侧的桥架上端做水平运动，在第三部分（*X* 轴）上安装工件。

高精度测量机通常采用固定桥式结构。固定桥式测量机的优点是结构稳定、整机刚性强、偏摆小、阿贝误差小；光栅在工作台的中央和工作台中央驱动的特点；*X*、*Y* 方向运动相互独立，相互影响小。缺点是被测量对象由于在移动工作台上，降低了机动的移动速度，承载能力较小。经过改进，这类测量机速度已可达 400mm/s，加速度达到 400mm/s^2，承重达 2000kg。典型的固定桥式有德国 LEITZ 公司的 PMM-C 测量机。

（6）移动工作台悬臂式坐标测量机

这类坐标测量机见图 7-7，有沿着相互正交的导轨而运动的三个组成部分，装有探测系统的第一部分（*Z* 轴）装在第二部分（*Y* 轴）上并相对其做垂直运动。第二部分以悬臂状被支承在一端，并相对机座做水平运动。第三部分（X 轴）相对机座做水平运动并在其上安装工件。

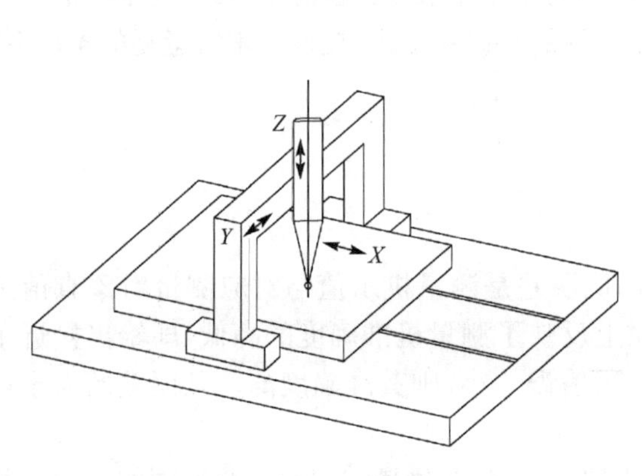

图 7-6　固定桥式测量机

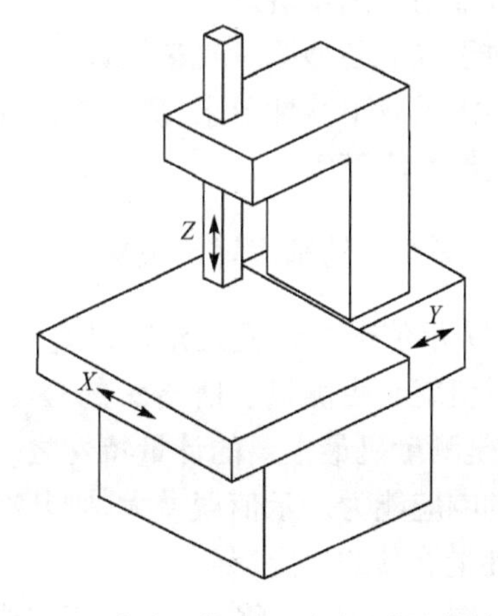

图 7-7　移动工作台悬臂式坐标测量机

此类测量机承载力不高，应用较少。

(7) 柱式坐标测量机(见图 7-8)

这类坐标测量机有两个可移动组成部分，装有探测系统的第一部分(Z 轴)相对机座做垂直运动。第二部分(X 轴和 Y 轴)装在机座上并相对于其沿水平方向运动，在该部分上安装工件。

柱式坐标测量机精度比固定工作台悬臂测量机高，一般只用于小型高精度测量机。适于要求前方开阔的工作环境。

(8) 水平悬臂坐标测量机(见图 7-9)

这类坐标测量机有沿着相互正交的导轨而运动的三个组成部分，装有探测系统的第一部分(Y 轴)装在第二部分(Z 轴)上并相对其做水平运动。第一部分和第二部分的总成相对第三部分(X 轴)做垂直运动。第三部分相对机座做水平运动，并在机座上安装工件；如果进行细分，可分为水平悬臂移动式坐标测量机、固定工作台水平悬臂坐标测量机、移动工作台水平悬臂坐标测量机。

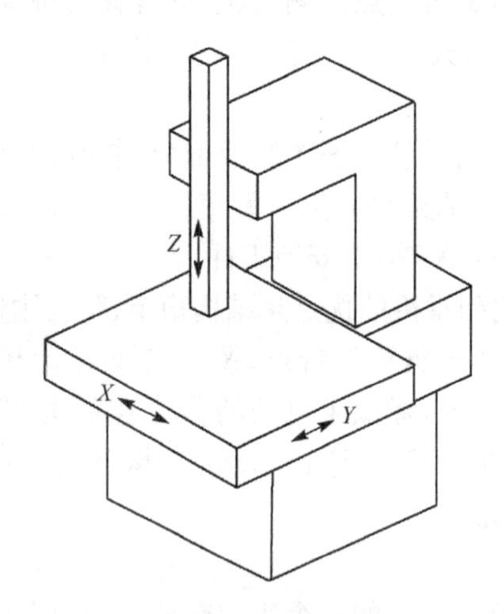

图 7-8　柱式坐标测量机

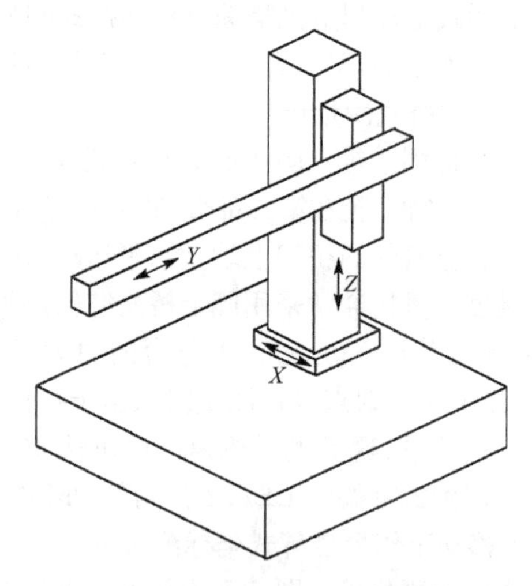

图 7-9　水平悬臂坐标测量机

水平悬臂测量机在 Y 方向很长，Z 方向较高，整机开敞性较好，是测量汽车各种总成、车身时最常用的测量机。

对于以上各型测量机来说，除其自身为满足不同工作需求而具备的特点外，在结构形式上还均需满足以下共性要求：测量空间充足，便于工件的安放和操作；在保证正常运动的条件下，要有足够的刚度等。

7.2.3　测量机的精度评价指标

(1) 示值误差≤最大允许误差

示值就是由测量机所指示的被测量值。示值误差是测量机示值与对应测量对象真值之差，它是测量机最主要的计量特性之一，从本质上反映了测量机准确度的高低，即给出接近于真值的响应能力。示值误差大，则其准确度低；示值误差小，则其准确度高。该误差的大小可通过计量器具的检定得到。

如图 7-10 所示，将 5 个尺寸实物标准器(比如块规)放在测量空间的 7 个不同的方向或位置，各测量3次，共进行105次测量。在考虑了测量不确定度后，如果所有105次测量示值误差E均不大于规定的用于尺寸测量的坐标测量机的最大允许示值误差MPEE($E\leqslant$MPEE)，则认为坐标测量机的性能合格。

如果在35组尺寸测量中，最多有5组，每组测量的3个值中允许有一个值超出合格区。每一个超出合格区的尺寸测量必须在相应的方向和位置重测10遍，当所有重复测量的数据满足示值误差E且不大于规定的最大示值误差MPEE，则用于尺寸测量的坐标测量机性能合格。

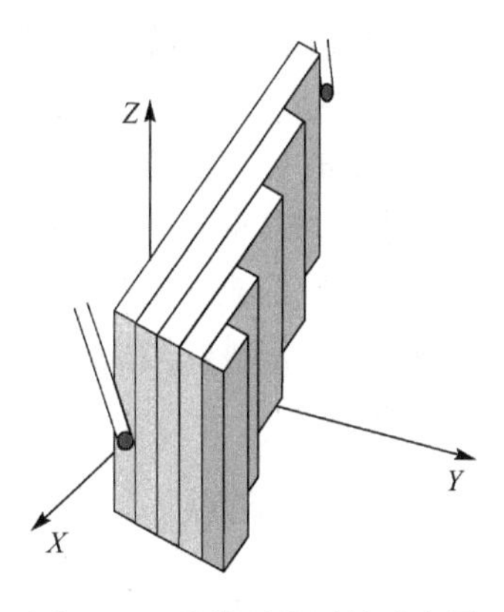

图7-10 示值误差测量示意图

(2) 探测误差≤最大允许探测误差($P=r_{max}-r_{min}\leqslant MPE_p$)

探测误差是通过三坐标测量机测量标准球半径得到的示值变化范围而确定的误差，主要反映了测头的各向异性、瞄准误差和作用直径的影响，提供了坐标测量机的方向特性参数。探测误差是影响测量不确定度的重要因素，对于不同的测头，探测误差也不同。

考虑了测量不确定度后，探测误差P不大于规定的最大允许探测误差MPE_p，即$P=r_{max}-r_{min}\leqslant MPE_p$。在检测球上均匀选取25个探测点进行探测，计算最小二乘(高斯)球的中心，并使用25个测量值分别对该球心计算出径向距离r，探测误差$P=r_{max}-r_{min}$。

各测量点应在检测球上均匀分布，至少覆盖半个球面。对垂直探针，推荐采样点分布为：一点位于检测球极点；四点均布且与极点成22.5°；八点均布，相对于前者绕极轴旋转22.5°且与极点成45°；四点均布，相对于前者绕极轴旋转22.5°且与极点成67.5°；八点均布，相对于前者绕极轴旋转22.5°且与极点成90°。

7.3 测量机的探测系统

探测系统是由测头及其附件组成的系统，附件包括测座、连接器、加长杆等。其中，测头是测量机探测时发送信号的装置，它可以输出开关信号，亦可以输出与探针偏转角度成正比的比例信号，是测量机的关键部件。测头精度的高低很大程度上决定了测量机的测量重复性以及精度，对于不同零件要选择不同功能的测头进行测量。

7.3.1 测头的分类

1) 按测量方法：接触式测头和非接触式测头。

接触式测头(Contact Probe)需与待测表面发生实体接触，也叫接触式探测系统，可分为硬测头和软测头两类。硬测头多为机械式测头，主要用于手动测量，有的也用于数控自动测量。此类多用于精度不太高的小型测量机中。硬测头包括圆锥测头、圆柱形测头、球形测头、回转式半圆测头、回转式四分之一柱面测头、盘形测头、凹圆锥测头、点测头、V形块测头及直角测头等。在接触式测量头中又分为机械式测头和电气式测头两类。软测头包括触发式测头和模拟式测头。

非接触式测头(Non-Contact Probe)不需与待测表面发生实体接触，也叫非接触式探测系统。例如光学探测系统。

2）按接触方式：触发测头和扫描测头。

触发测头（Trigger Probe）：又称为开关测头。测头的主要任务是探测零件并发出锁存信号，以便实时锁存被测表面坐标点的三维坐标值。

扫描测头（Scanning Probe）：又称为比例测头或模拟测头，此类测头不仅能作触发测头使用，更重要的是能输出与探针的偏转成比例的信号，由计算机同时读入探针偏转及测量机的三维坐标信号（作触发测头时则锁存探测表面坐标点的三维坐标值），以保证实时得到被探测点的三维坐标。

7.3.2 接触式测头

（1）接触式触发测头

以雷尼绍（Renishaw）公司的TP2测头为例来说明测头的结构及性能参数。TP2是接触式三维测头，由测头体、测杆、导线组成。测头体内部结构如图7-11所示，这是一个弹簧结构，弹力大小即测力。在图中三个小铁棒，分别枕放在两个球上，在运动位置上形成6点接触。在接触工件后触发信号产生，并用于停止测头运动。在测杆和工件接触之后，再离开时该弹簧把测杆恢复到原始位置。测球恢复位置精度可以达到1μm。所配备的测杆有3个，一个长25mm，测球直径为3mm；另一个长35mm，测球直径为5mm；另外还有一个星形测杆。TP2测头的功能是在测尖接触零件表面的瞬间产生一个触发信号，因此其内部为一微开关电路。测杆和测头体内部通过弹簧结构连接，在复位状态（未接触表面）形成一参考位，此时电路导通；一旦测尖接触物体表面，测杆偏离复位状态，电路截止，形成一个触发信号。在此瞬时可以记录各个坐标的位置，从而实现对工件的测量。

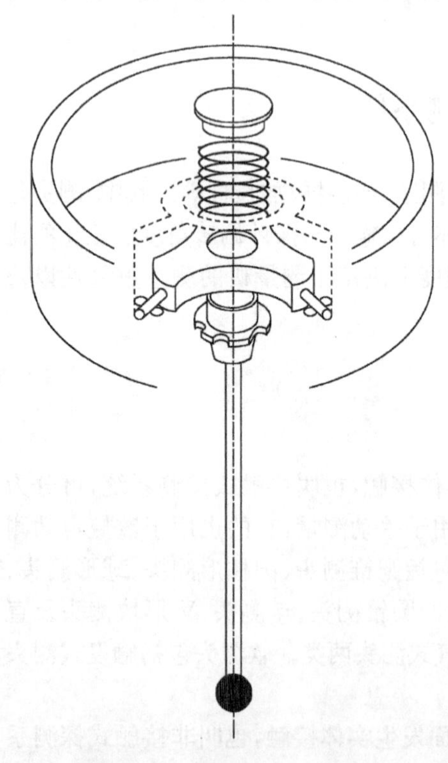
图7-11 触发测头基本结构

触发式测头在结构上的特点决定了它在接触表面时，并不能立刻产生触发信号，而是有一定的延时。该延时具有不确定性，但具有统计特性。延时的长短，直接决定着测头的精度。与之对应的行程称为预行程，它是测头的一个重要指标。触发信号的延时还和测量速度有关，但在一定速度范围内，触发信号延时是基本稳定的。

TP2测头触发延时为200μs，测量速度为10mm/s时，延时期间行进距离为：

$$d_1 = 200\mu s \times 10mm/s = 2\mu m$$

此即测头的误差精度。可见，测头的精度和测头自身的结构和测量速度有关。

应用广泛的触发式电子测头，可完成快速和重复性的测量任务。其优点是使用寿命长、精度高、便于使用、成本相对较低及测量空间局限性小，缺点是测量效率较低。

在只考虑测量尺寸、位置要素的情况下，尽量选择接触式触发测头；考虑成本又能满足测量效率要求的情况下，尽量选择接触式触发测头。

(2) 扫描测头

扫描测头不仅能作触发测头使用,更重要的是能输出与探针的偏转成比例的信号,由计算机同时读入探针偏转及测量机的三维坐标信号(作触发测头时则锁存探测表面坐标点的三维坐标值),以保证实时的得到被探测点的三维坐标。当零件的形状或轮廓测量需要密集采点且测量精度满足要求的情况下,选用扫描测头。

高精度快速扫描测头通过获取大量的数据点完成对箱体类零件和轮廓曲面的可靠测量。三坐标测量机在高速扫描时由于加速度而引起的动态误差很大,不可忽略,必须加以补偿。在扫描过程中,测头总是沿着曲面表面运动,即使速度的大小不变亦存在着运动方向的改变,因而总存在加速度及惯性力,使得测量机发生变形,测头也在变负荷下工作,由此而导致测量的误差。扫描速度越高影响越大,甚至成为扫描测量误差的主要来源。

7.3.3 光学探测系统

(1) 二维光学测头

二维光学测头是基于影像的两维测头。测量原理是:利用判断阴影及反光在光电器件上生成的特性类型(轮廓灰度值),人工对准发出锁存信号,锁存垂直于光轴方向的两维坐标值(测量机标尺给出或光电器件本身坐标给出),如图 7-12 所示。

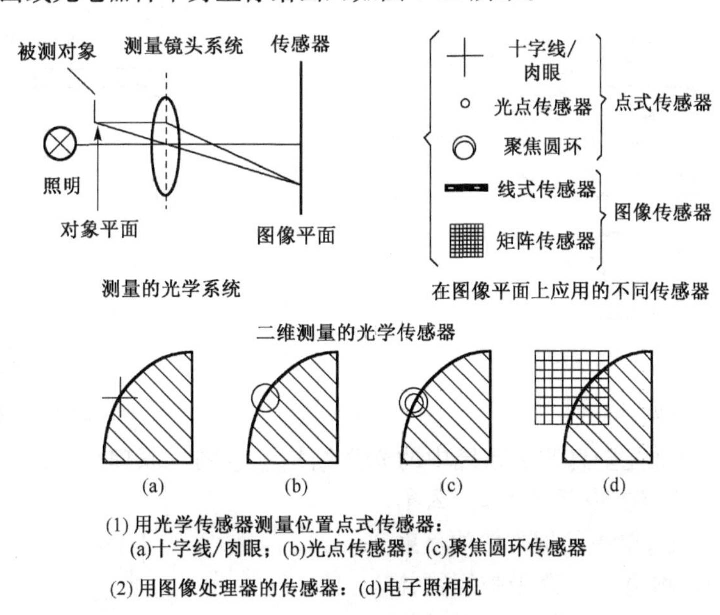

图 7-12　二维光学测头原理示意图

(2) 激光三维测头

根据光学三角形测量原理,以激光作为光源,其结构模式可以分为光点、单线条、多线条等,将其投射到被测物体表面,并采用光电敏感元件在另一位置接收激光的反射能量,根据光点或光条在物体上成像的偏移,通过被测物体基平面、像点、像距等之间的关系计算物体的深度信息。激光测头的三角形原理,如图 7-13 所示。

由相似三角形得

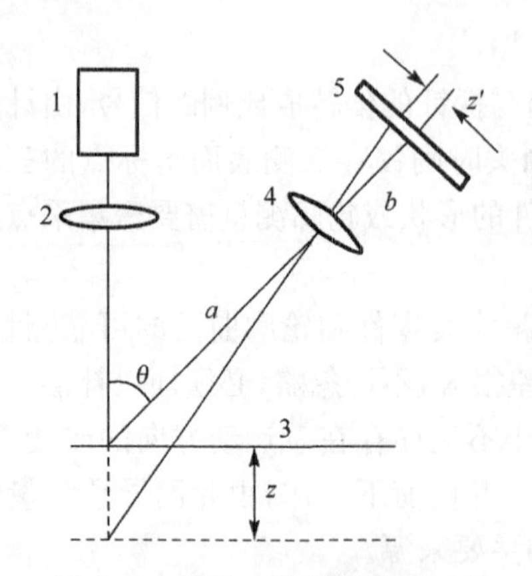

图 7-13　激光三维测头测量原理

1-激光器；2-透镜；3-被测表面；
4-接收透镜；5-光电探测器

$$\frac{z}{a}=\left(\frac{z'}{\sin\theta}\right)\frac{1}{\left(b-\frac{z'}{\tan\theta}\right)}$$

最后得到

$$z=\frac{a\times z'}{(b\times\sin\theta-z'\times\cos\theta)}$$

式中，a 为激光束光轴和接收透镜光轴的交点到接收透镜前主面的距离；b 为接收透镜后主面到成像面中心点的距离；θ 为激光束光轴和接收透镜光轴之间的夹角。

对于激光测头，a、b、θ 为常数，由上述公式就建立了 z' 与 z 的一一对应关系，z' 的变化就反映了被测物体在高度方向的变化，超出激光测头的径深则由测量机移动 Z 轴来实现，而 X、Y 轴的位置由坐标测量机给出。

改进的三角形原理如图 7-14 和图 7-15 所示。从图中可以看出，经过改进的三角形原理，可以通过多角度同时测量，经过不同角度的接收器传输探测被测表面，收集探测结果进行数据处理，探测的精度和准确度都有很大提高。

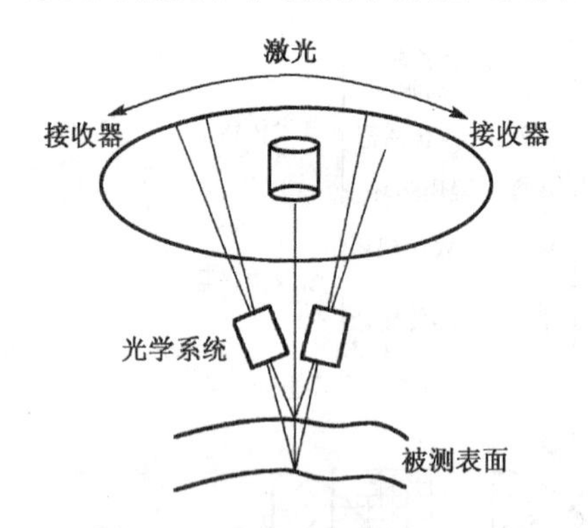

图 7-14　改进的三角形原理 1

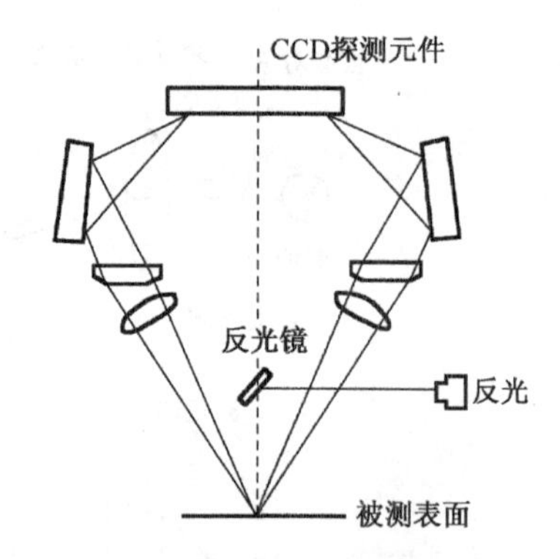

图 7-15　改进的三角形原理 2

图 7-16 展示了锥光全息测量系统中的光学结构示意图。原理如下：从激光器 10 发出的一束激光，经过准直扩束系统 9 后，入射到偏振分光棱镜 4 上；单一偏振方向的反射光经过 $\lambda/4$ 波片 3、物镜 2 汇聚于被测物体表面 1 上；经该点散射后，反射光线通过物镜 2、$\lambda/4$ 波片 3，透过偏振分光镜 4；再经 $\lambda/4$ 波片 5 后，变成圆偏振光入射单轴晶体 6，分裂成传播速度不同的寻常光 L_o 和非寻常光 L_e。非寻常光 L_e 光的速度依赖于光束的入射角。旋转检偏器 7，使两束光线分量发生干涉，进而在摄像头 CCD 上得到全息图。

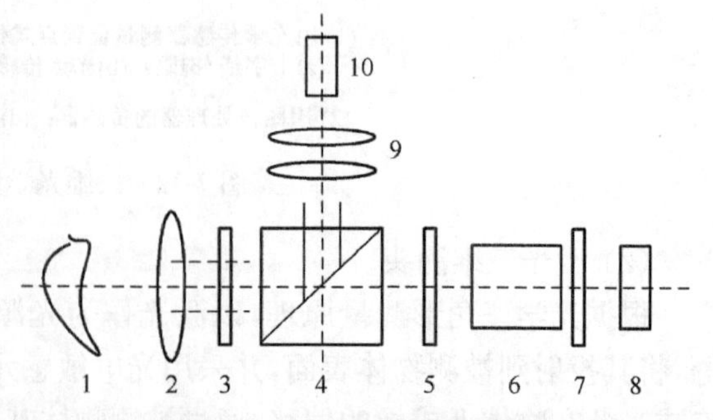

图 7-16　锥光测量系统结构图

1-被测物体；2-物镜；3、5-$\lambda/4$ 波片；4-偏振分光镜；6-单轴晶体；
7-检偏器；8-CCD；9-准直扩束系统；10-激光器

激光衍射测量方法由于非接触、稳定性

好、自动化程度及精度高等优点被广泛应用。以单缝衍射测量为例阐述激光衍射测量原理如图7-17所示。用激光束照射被测物与参考物之间的间隙，当观察屏与狭缝的距离 $L \gg b^2/\lambda$ 时，形成单缝远场衍射，在观察屏上看到清晰的衍射条纹。条纹的光强可表示为

$$I = I_0 \frac{\sin^2\beta}{\beta^2}$$

式中，$\beta = (\pi b/\lambda)\sin\theta$，$\theta$ 为衍射角，I_0 是 $\theta = 0°$ 时的光强，即光轴上的光强。

由上式可以得出，当 $\beta = \pm\pi, \pm\pi, \cdots, \pm n\pi$ 时，出现的一系列 $I=0$ 的暗条纹。测定任一个暗条纹的位置及其变化就可以精确知道被测间隙 b 的尺寸及尺寸的变化，这就是衍射测量的基本原理。

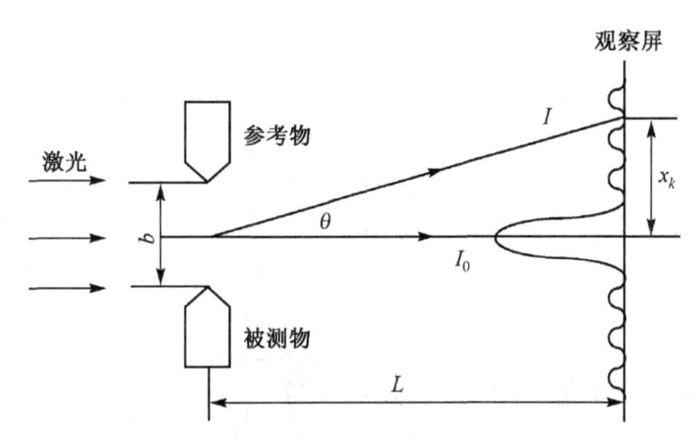

图7-17　衍射测量原理图

x_k-第 k 级暗条纹中心距中央零级条纹中心的距离；θ-衍射角；

I_0-$\theta=0°$时的光强，即光轴上的光强；b-被测间隙

(3) 照相测量

工业照相测量(Industrial Photogrammetry)是实施工业测量的一种重要手段。基于结构光的照相测量方法采用可见光将特定的光栅条纹投影到被测工件表面，借助两个高分辨率CCD数码相机对光栅干涉条纹进行拍照，利用光学拍照定位技术和光栅测量原理，可在极短时间内获得复杂工作表面的完整点云。

照相测量特别适用于待测点密集的目标，借助目标的影像，通过图像处理过程和照相测量处理过程，以获取目标的几何形状和运动状态。典型的基于结构光原理光学测量系统包括：德国GOM公司生产的基于双目视觉和结构光原理的ATOS流动式光学扫描仪及美国GE公司研制的基于结构光条纹投射的Lightscan自由型面三维非接触测量系统。其中，ATOS工作原理流程图、测量系统的工作原理如图7-18、图7-19所示。

(4) 激光聚焦传感器

激光聚焦测头也叫离焦测头。其含义为：照在被测物体上的光斑处于聚焦状态或焦平面附近，即只有聚焦准确时，才能给出相应触发信号。由于工作在聚焦状态，照到被测表面的光斑直径可小到1μm左右，这种测头也叫光触针。该探测器用工件反射激光，由差动二极管接收，不仅聚焦准确，而且能给出相应触发信号。激光聚焦传感器如图7-20所示。

(5) 视觉自动聚焦传感器

根据光学聚焦情况，锁存相应的探测位置坐标。如图7-21所示是影像自动聚焦传感器。

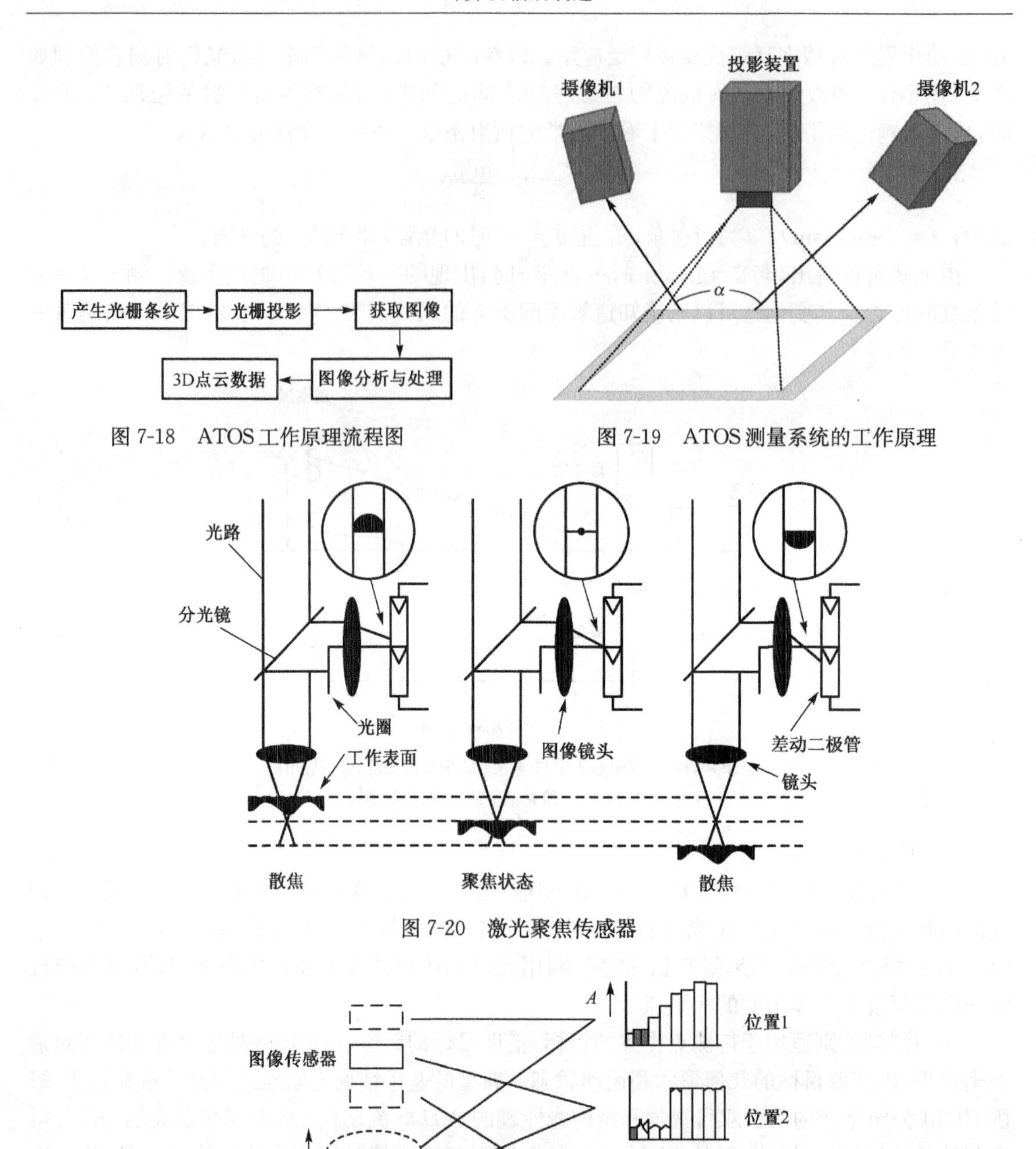

图 7-18　ATOS 工作原理流程图

图 7-19　ATOS 测量系统的工作原理

图 7-20　激光聚焦传感器

图 7-21　视觉自动聚焦传感器

7.4　测量机曲面测量路径规划

7.4.1　曲面测量模式

曲面测量归纳为两种模式。第一种模式叫检测误差模式，简称检测模式。在该模式中，被测曲面有理论数据或数字模型，测量该曲面的目的是为了得到被测曲面相对于理论数据或数字模型的误差，最终判断该曲面是否合格。第二种模式叫重构模式，也叫逆向制造。在该模式中，被测曲面既没有理论数据也没有数字模型，对其进行测量的目的是为了重构该曲面，进而加工出具有该曲面特征的零件。

7.4.2　测量路径规划原则

测量路径规划就是确定测量点的位置和测量次序。

1）测量路径要有代表性。由于测量机是有限点测量，所以测量路径规划的测量点要能代表测量对象的全部特征；

2）测量路径要安全，即在测头移动过程中不与工件或夹具发生碰撞；

3）测量路径规划要保证测量的快捷性，即测量路径要尽量短，整个测量过程尽量在一次装夹、一次坐标系建立过程中完成等；

4）测量路径要根据最终测量数据处理方法所要求的方式进行规划，比如在重构模式下，曲面片测量路径要符合 CAD 软件的曲面重构方式。

7.4.3　常见的几种路径规划方法

1）平行路径扫描法，即在一条测量路径线上要求测量点在一个平面上。测量路径线通过平行平面与被测面相交获取。这种扫描方法适合于曲面片边界为多边形或组合曲线。

2）放射路径扫描法，这种扫描方法适合于类扇形的曲面片。测量路径由某中心点的放射状扫描线构成。

3）等半径 R 扫描法，即在一条测量路径线上要求测量点到某一固定轴线距离相等。测量路径线通过柱面与被测面相交获取。这类测量方法适合叶轮叶盘类零件的曲面测量，该类零件有固定的回转中心。

4）等高扫描法（等 Z 法），是平行路径扫描法的一种，但一次扫描路径线一般情况下是一条封闭曲线。这种扫描方法适合于叶片类零件型面测量。

5）回转曲面扫描法，由于回转曲面是一条曲线作为母线绕某一轴线旋转而获得，因此测量路径就是近似于曲面母线的曲线。测量路径线通过过回转中心的平面与被测面相交获取。在检测模式下，测量两条或三条这类曲线就能判断该回转曲面是否合格；在重构模式下，在获取回转中心轴线的情况下，如果回转曲面精度足够高，只需测量一条这类曲线，通过 CAD/CAM 系统的曲线回转功能就可以得到该被测回转曲面。

7.4.4　叶片型面测量路径规划

等高法测量路径是测量叶片最常用 CMM 测量路径方式，见图 7-22(a)。采用该路径利于计算叶片截面线轮廓度，但由于叶片前缘长度和后缘长度的差异，经常会造成测量路径线断裂。流道线是指叶片工作时气流流经叶片型面的近似路线，如图 7-22(b)所示，采用流道线测量路径方法可以避免测量路径线断裂的情况出现。流道线法测量路径通过对叶片型面重新参数化求取参数线方法获得。

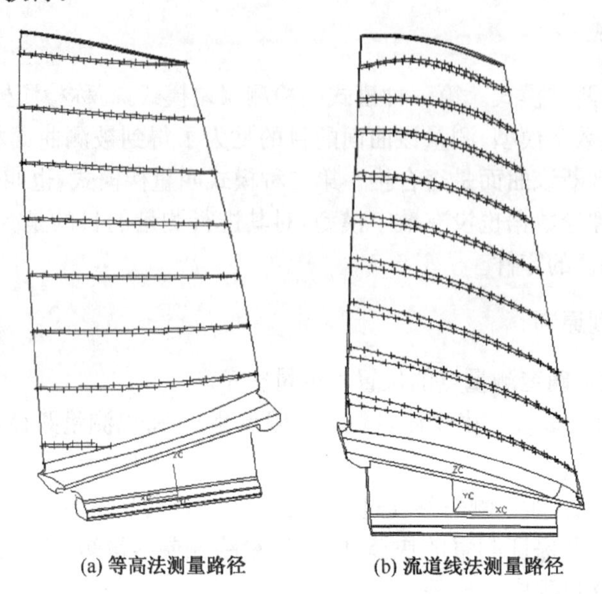

(a) 等高法测量路径　　(b) 流道线法测量路径

图 7-22　叶片型面测量路径规划

流道线法与等高法测量路径的区别有两点：

1）一条测量路径线上的测量点不在一个截平面内。

2）每条测量路径线都是封闭的。与等高法比较，流道线法有以下优点：

① 流道线法获得的测量数据适于计算叶片型面面轮廓度，等高法获得的测量数据适于计算叶片截面线轮廓度，而面轮廓度相比线轮廓度更能精确地描述叶片型面误差；

② 流道线法测量点位置偏离要求测量位置对叶片型面误差计算没有影响，等高法测量点位置偏离理论截面线就会对叶片误差计算造成影响；

③ 流道线法每条测量路径线封闭，利于叶片型面造型建模。

7.5　测量机测头半径补偿

在使用接触式测头测量时，三坐标测量机是通过测头触碰被测要素获取零件表面特征，而测头是一个标准球体，因此测量机有两种测量模式，一种是测量时采用测头半径补偿模式，测量数据是被测轮廓的坐标值，这种方法适合于直线轮廓或平面；另一种是测头半径不补偿模式，测量数据是测头中心坐标值，这种方法适合于曲线轮廓或曲面。

当采用测头半径补偿模式对曲线或曲面进行测量时，如果不沿测量点的法线方向进行触测，就会造成测量误差。以测量曲线轮廓为例，如图 7-23 所示，当测头沿 Y 方向欲测量实际轮廓上 Q_j 点时，此时测头与实际轮廓接触点为 Q_k，而测量机输出的坐标为 Q''_j点的坐标，所以造成的测量误差为

$$\Delta y = Q''_jQ_j = Q'_jQ_j - r \approx \frac{r}{\cos\theta} - r = r \cdot \left(\frac{1}{\cos\theta} - 1\right)$$

因此,对于曲面或曲线测量时宜采用测头半径不补偿模式进行。但是测量的最终目的是获取被测要素实际型面特征,所以要对测头半径进行补偿。CMM 测头半径补偿方法有以下几种。

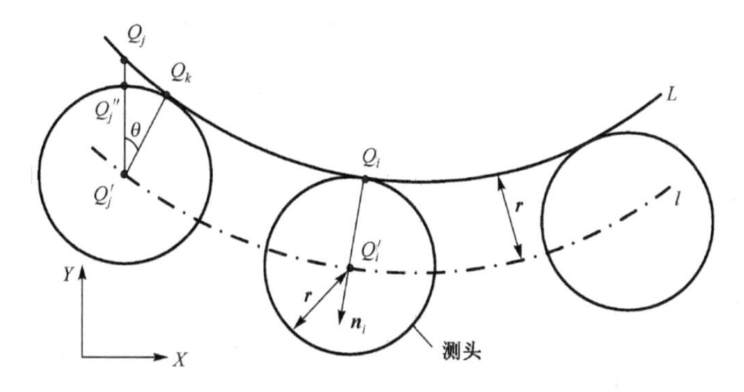

图 7-23　测量机测量自由曲面

(1) 微平面法

为了确定被测点在曲面上的法矢方向,可以在被测点周围很小范围内测量若干个点(至少三个点),然后通过这些点做一个微平面,这平面的法线即可视作被测点在曲面上的法矢方向。根据法矢及测头中心坐标就可以计算得到被测要素特征点坐标值。

(2) 微球面法

微球面法的基本思想与微平面法十分相似。对测量点 P 及其周围很小范围内的四个点或更多点用最小二乘法拟合成最佳微球面,微球面球心为 O 点,半径为 R。在 OP 连线上,与球心点 O 点相距 $R-r$(其中 r 为测头半径)的点,即为经测头半径补偿后求得的被测曲面上的点。用微球面法进行半径补偿,和微平面法一样存在各个测量点不能相距太远或太近的要求,以及测量不确定度影响求得法线方向等问题。

(3) 曲面拟合法

在测得大量测头中心轨迹的数据后,如果能用建模的方法用一个近似的解析表达式逼近它、代表它,也就可以根据这一解析表达式求出测头中心轨迹上各点的法线方向,从而进行测头半径补偿。曲面拟合法可以避免微平面法的一些不足。但曲面拟合法自身也有两个不足:① 建模的数学运算十分复杂,而在测头半径补偿前后,需对测头中心轨迹和曲面轮廓进行两次建模;②建模本身带有近似性,所以按拟合的曲面求取法线方向及进行测头半径补偿也必然会带来一些误差。

(4) 多次细化测量点法

首先沿测量路径方向进行测量点的插值细化;再对插值细化后整个被测表面上的细化点进行两次插值求导,从而求得每个细化点在 X 和 Y 方向的切向量。在此基础上,对两个方向的切向量进行叉积,求得被测表面上各细化点的法向量。

(5) Delaunay 三角剖分法

Delaunay 三角剖分是将空间数据点投影到平面来实现二维剖分的方法。测量数据在 Delaunay 三角划分后,根据测量点临近的点采用最小二乘法构造一个平面,以此平面的法线作为测量点处的法矢量。

(6) 测量目的补偿法

以上所有测头半径补偿方法都是以获得测头与被测要素接触点的坐标值为目的,最后通过计算获得误差或建立数学模型。而测量目的补偿法以达到最终测量目的为目标。检测模式和重构模式的测量目的各不相同。

1）检测模式的最终目的是判断被测曲面误差是否符合设计要求。这种模式有理论数据或数学模型，通过计算得到测头球心点到理论曲面的距离 d，比较 d_i 与测头半径 r 的关系来判断曲面是否合格，从而达到测量的目的。

曲面误差 E 的计算如下：

当 $d_i > r$ 时，　　　　　　　$E = +\max\{|d_i - r|\}$

当 $d_i < r$ 时，　　　　　　　$E = -\max\{|d_i - r|\}$

其中，$i=0,1,2,\cdots,n$；n 为测量点总数。

假设被测曲面允许误差是 δ，当 $|d_i - r| < \delta$ 时，该曲面合格，否则被测曲面的误差超出设计要求。另外，当 $d_i > r$ 时，说明被测曲面相对理论曲面偏厚，从加工的角度来说，该被测曲面还有加工余量；当 $d_i < r$ 时，说明被测曲面相对理论曲面偏薄，从加工的角度来说，该被测曲面已过切。

2）重构模式的最终目的是为了得到被测曲面模型。该方法分为两个步骤，首先用测量机测量数据拟合测头球心点曲面；然后求与该曲面距离为测头半径的等距面，该等距面即为被测曲面模型。通过这样的一个过程实现重构模式下对三坐标测量机测头半径的补偿。

7.6　航空发动机叶片测量数据处理方法

7.6.1　叶片型面公差

叶片型面几何形状精度由三个因素构成，即叶片型面轮廓度、弯曲变形、扭转变形。目前图纸常以多个截面线轮廓度控制型面轮廓度。

图纸中给出的最常见叶片叶型公差如图 7-24 所示，主要有三部分。

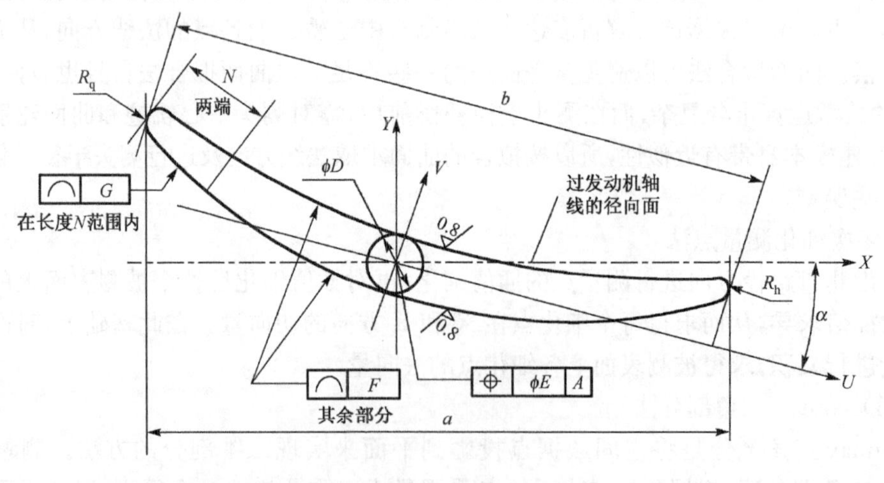

图 7-24　叶片叶型公差示意图

R_q-前缘半径；R_h-后缘半径；D-叶片最大厚度；a-叶片水平方向弦长；b-叶片弦长；α-叶片方向角

1）截面线轮廓度控制叶片截面形状精度。轮廓度公差带分为定公差和变公差两种，其中变公差一般在叶片前后缘处公差带宽度变小；有的叶片轮廓度有正负之分，负轮廓度要求实际加工叶片只能比理论叶片薄，而正轮廓度要求实际加工叶片只能比理论叶片厚。

2）截面积叠点的位置度控制叶片的弯曲变形。图7-24中位置度 ϕE，它的公差带是直径为 ϕE 的圆，控制每个截面积叠点不能超出直径为 ϕE 的圆，如图7-25(a)。当图纸给出的位置度公差不带直径符号 ϕ 时，其位置度公差带为正方形，控制每个截面积叠点不能超出边长为 E 的正方形，如图7-25(b)。

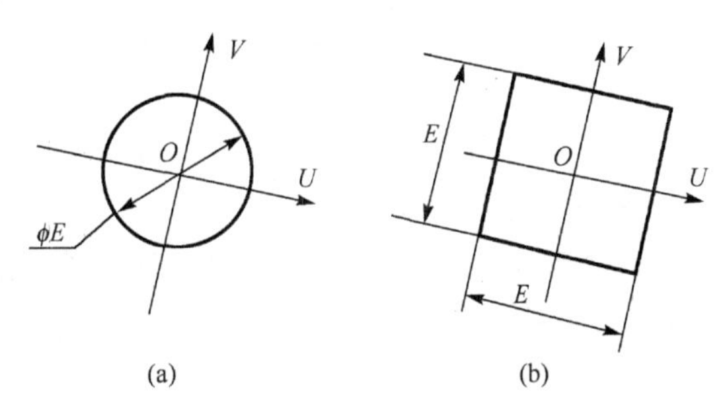

图7-25 叶片截面积叠点位置度公差带

3）叶片扭转变形误差控制叶片扭转变形，即允许叶片截面线可以绕发动机积叠轴在一定范围旋转。这种要求一般在技术条件中给出，如图7-24中“允许各截面型面对理论型面因变形而扭转 $\pm H'$ 范围内”，一般以角度形式给出。

7.6.2 等高法测量数据处理

用等高法测量叶片时，将测量数据点直接与理论截面线比较，得出的误差是综合误差，是截面线轮廓度误差、叶片扭转误差、叶片弯曲误差的综合值。由于叶片图纸给出的是三个分项误差，只有对综合误差进行分离得到分项误差才能判断被测叶片是否合格。

误差分离最重要的一个环节就是实现测量数据与叶片理论截面线精确匹配，也叫配准，即通过移动或旋转测量点使叶片实测点相对于理论截面线的误差达到最小。

1. 匹配目标函数

(1) 最小二乘原则

最小二乘原则是被测轮廓点 P_i 到理论曲线轮廓 L 对应点距离的偏差平方和为最小。目标函数为

$$F = \min\sum_{i=1}^{n}(d-r)^2 = \min\sum_{i=1}^{n}[\text{distance}(p'_i, L) - r]^2 = \min\sum_{i=1}^{n}[\text{distance}(Tp_i, L) - r]^2 \tag{1}$$

其中，p_i 为CMM测量点，测量时不进行测头半径补偿，测量数据为测头球心坐标；p'_i 为经过匹配转换后的测量点；r 为CMM测头半径；d 为点到理论截面线的距离；L 为理论截面线；n 为测量点总数；$\boldsymbol{T}$ 为变换矩阵。

$$\boldsymbol{T} = \begin{bmatrix} \boldsymbol{R} & 0 \\ \boldsymbol{M} & 1 \end{bmatrix} = \begin{bmatrix} \cos(\gamma) & \sin(\gamma) & 0 \\ -\sin(\gamma) & \cos(\gamma) & 0 \\ m_x & m_y & 1 \end{bmatrix} \tag{2}$$

$\boldsymbol{T}$ 中包含旋转矩阵 $\boldsymbol{R}$ 和平移矩阵 $\boldsymbol{M}$，其中变量 m_x、m_y 分别为沿 X 轴、Y 轴的平移量；变量 γ 为绕 Z 轴的旋转量；叶片积叠轴为 Z 轴；X 轴、Y 轴如图7-24所示。

(2) 最小区域原则

最小区域原则就是使得被测实际要素对其理想要素的最大变动量最小，最小区域原则符合最小条件，根据最小条件建立的数学模型为

$$F=\min[\max(\mathrm{distance}(p_i,L)-r)] \quad i=1,2,\cdots,n$$

其中，p_i 为 CMM 测量点，测量时不进行测头半径补偿，测量数据为测头球心坐标；L 为理论曲线；r 为 CMM 测头半径；n 为测量点总数。

2. 叶片叶型误差计算

叶片叶型误差包括三个方面，即扭转误差、位置度误差、轮廓度误差，各项误差计算均与匹配过程中的参数相关。

(1) 扭转误差

$$e_\theta=-\gamma$$

其中，γ 为测量点与叶片模型匹配时测量点沿 Z 轴的旋转量。

(2) 位置度误差

公差带为圆形时： $E=2\sqrt{m_x^2+m_y^2}$

公差带为正方形时： $E=\max\{m_x,m_y\}$

其中，m_x、m_y 分别为测量点与叶片模型匹配时测量点沿 X 轴、Y 轴平移量。

(3) 叶型轮廓度误差

$$e=\max|d_i-r|-\min|d_i-r|=\max(d_i)-\min(d_i) \quad i=1,2,\cdots,n$$

其中，d_i 为匹配后的测点距理论截面线的距离；r 为测头半径；n 为测量点总数。

7.7 在机测量

7.7.1 在机测量的概念

在机测量(Measurement on Machine)是指当工件位于机床工作台上时，利用安装在机床主轴上的测头，通过在机测量软件或者专业的测量宏程序驱动机床直接对加工工件实施工序间的测量，实现对工件加工制造实时、在线的过程控制。

在机测量是以机床硬件为载体，附以相应的测量工具，在工件加工过程中，实时在机床上对工件或夹具进行几何特征的测量，根据检测结果指导后续工艺的改进。

7.7.2 在机测量系统的组成

在机测量系统的核心是数控设备与测头系统的通信以及测点坐标的传输。目前，在机测量的测头多为接触式，按信号传输方式分为硬线连接式、感应式、光学式和无线电式四类。

在机测量系统的系统结构如图 7-26 所示。

在机测量系统由硬件和软件两部分组成。

1) 硬件部分如图 7-27 所示，通常由机床本体、数控系统、伺服系统、测量系统和计算机系统五部分组成。

① 机床本体。是实现加工、检测的基础，其工作部件是实现所需基本运动的部件，它的传动部件的精度直接影响着加工、检测的精度。

② 数控系统。目前数控机床一般都采用 CNC 数控系统，其主要特点是输入存储，数控加工、插补运算以及机床各种控制功能都通过程序来实现。计算机与其他装置之间可通过接口设备连接，当控制对象或功能改变时，只需改变软件和接口。CNC 系统一般由中央处理存储器和输入输出接口组成，中央处理器又由存储器、运算器、控制器和总线组成。

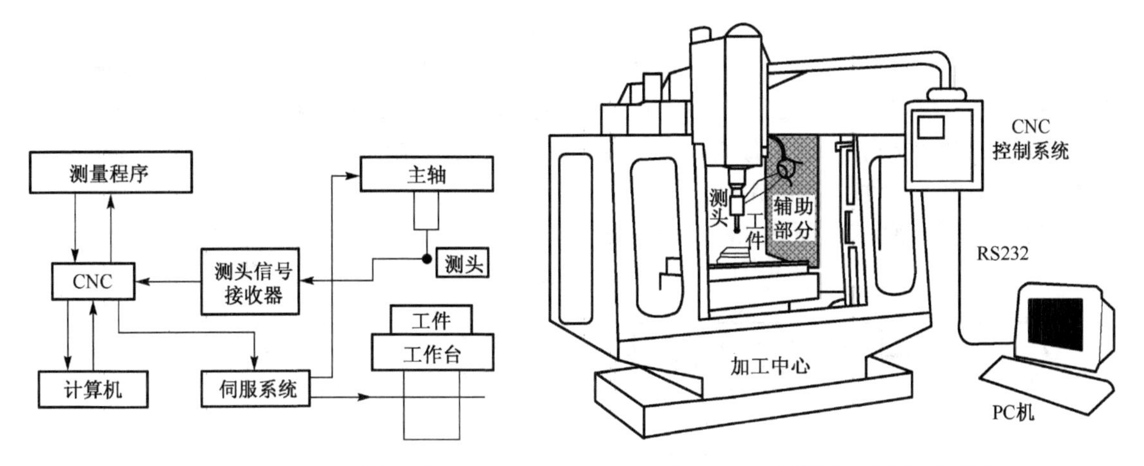

图 7-26　在机测量系统的系统结构　　图 7-27　在机测量系统硬件部分

③ 伺服系统。伺服系统是数控机床的重要组成部分，用以实现数控机床的进给位置伺服控制和主轴转速(或位置)伺服控制。伺服系统的性能是决定机床加工精度、测量精度、加工表面质量和生产效率的主要因素。

④ 测量系统。测量系统由接触触发式测头、信号传输系统和数据采集系统组成，是数控机床在机测量系统的关键部分，直接影响着在机测量的精度。

⑤ 计算机系统。在机测量系统利用计算机实现测量数据的采集和处理、检测程序的生成、检测过程的仿真及与数控机床通信等功能。

2) 软件一般由七个模块组成。

① 系统设置模块，主要完成对软件系统参数的设置，如测头型号、测杆长度、宝石球直径等参数。

② 测量主程序自动生成模块，主要完成零件待测信息的输入和生成检测主程序。

③ 仿真模块，主要完成测量路径、检测过程以及测头碰撞干涉检查的仿真。

④ 误差补偿模块，对测量过程中所产生的误差进行补偿，提高测量精度。

⑤ 通信模块，完成主程序与被调用宏程序的发送及测量点坐标信息的接收。

⑥ 测量宏程序模块，实现宏程序的管理和内部调用。主模块要实现对宏程序的查找、增添、修改及删除等操作。

⑦ 数据处理模块，对测量点坐标进行补偿，完成各种尺寸及精度计算。该过程通过打开测量数据文件，获得测量点坐标信息，经过相应的运算过程得到最终结果。

7.7.3　在机测量系统的工作原理

数控设备利用触发式测头进行自动检测时，测头接触工件的瞬间发出一个 TTL 输出信号，该信号通过信号传输器以有线方式或无线方式传送至控制器接口，控制器接口将触发时产生的带有不规则振荡的信号经整形后传输至数控系统，数控系统接收到触发信号后发出中断信号，并通过指令使测量程序产生跳步，跳转到下一段，同时记下接触点的坐标。数控系统自动将数据送至相应的参数单元，并作为变量进行运算处理，此时数控系统通过数据处理软件和测量误差处理软件计算出工件的尺寸，并及时反馈回数控系统进行刀具自动补偿或工件坐标调整，以保证工件的加工精度。

在测量过程中，被测工件安装在工作台上，系统利用工作台的回转运动完成测量需求的旋转功能。系统还可以增加由测试导轨、微调对正机构、精密测量元件、计算机等组成的附加测量装置。另外，可以将测量装置安装在机床刀架上，并通过刀架的垂直、径向运动和刀架的转动实现测量装置的位置调整。最终构成了由大型精密机床和附加测量装置组成的一体化测量系统，从而实现了工件的在机测量。

在机测量系统的工作原理如图 7-28 所示。

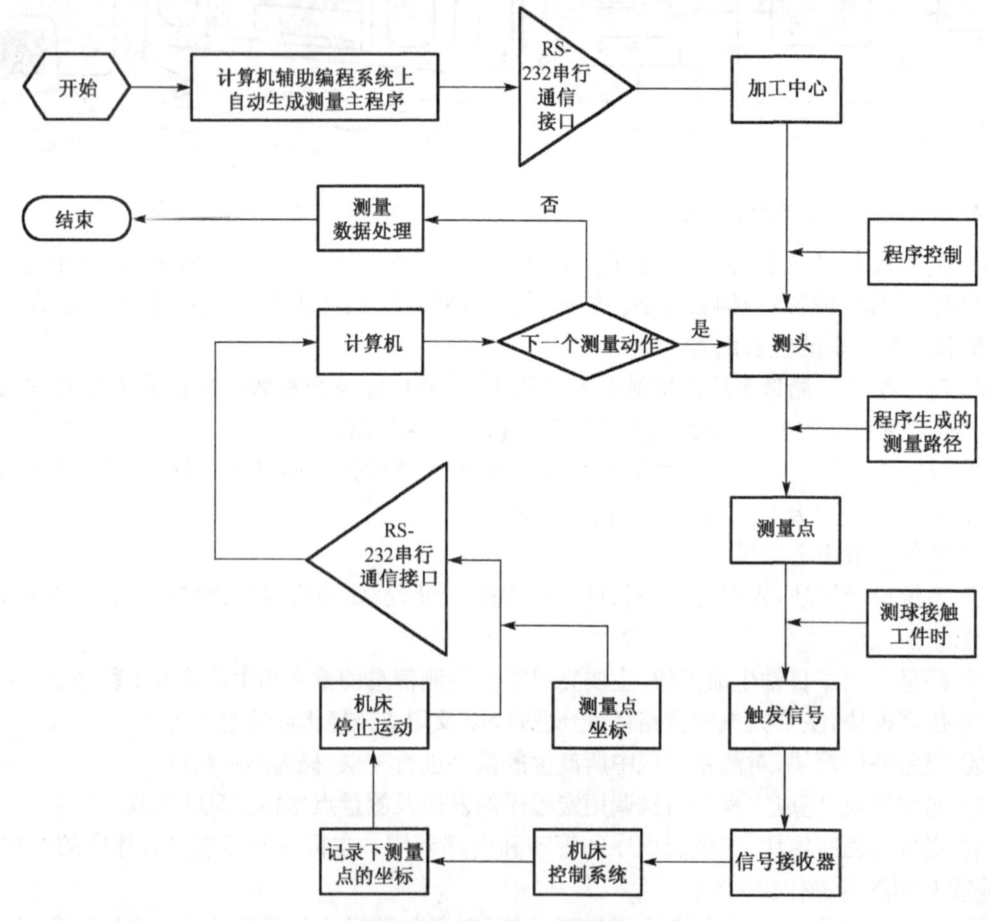

图 7-28　在机测量系统的工作原理

7.7.4　在机测量系统的功能

在机测量系统的功能如下：

1）加工坐标系精度补偿。通常加工坐标系精度完全依赖工件在工装上的定位精度，然而由于人为操作误差及工装本身精度等原因，加工坐标系的精度并不是很可靠，所以在加工之前，应采用在机测量系统精确建立坐标系，并据此补偿机床的加工坐标系，为后续工件的加工质量奠定基础。

2）刀具状态的检测。对刀具状态的检测也称为“对刀”，是利用安装于机床工作台面上的测量装置（对刀仪），对刀库中的刀具按事先设定的程序进行对刀测量，然后与既定值进行比较并作出判断。同时，通过对刀具的检测也能实现对刀具磨损、破损或安装型号正确与否的识别。

3）机床加工参数的设定。通过在机测量间接或直接地获取加工中心在执行下道工序时最合适的加工参数，从而可大大提高工件的制造质量。其能有效地保证加工过程中工件、夹具的找正和补偿状态。

4）工装状态监测。工装的状态严重影响工件的定位精度，所以利用在机测量技术验证工装的精度是大批量生产线惯用的手段。在一道工序完毕或者在所有工序都已完成后，再对工件进行自动测量，即直接在机床上实施对加工零件的检验，是在机测量的又一种功能。此时，相当于把一台坐标测量机移至机床上，显然，这能大大减少脱机测量的辅助时间，降低生产成本。事实上，现今这种在机测量功能已十分强大，除了可进行各种几何元素的快速检测外，还可以利用专门开发的测量软件完成脱机编程，并在电脑上进行模拟，避免在机测量中可能发生的干涉、碰撞等现象。

5）关键特征工序控制测量。当工件原料昂贵、难以加工或其他原因需要控制废品率，或者新产品新工艺处于验证阶段，非常需要最快的验证手段完成验证，以缩短研发周期时，可以对工序中的某些关键特征进行在机测量，实时指导下一道工序生产，提高加工质量，同时避免了使用其他非在机测量手段导致的工件搬运成本、工期时间浪费以及工件再次返工时带来的重定位累积误差。

7.8 CT 测量

7.8.1 CT 测量的概述

计算机断层成像技术（Computed Tomography，CT）是通过对物体进行不同角度的射线投影测量，而获取物体横截面信息的成像技术，是一门综合的科学技术，涉及物理、数学、机械、计算机、图形图像等多个学科专业领域。作为一种应用前景广泛的检测工具，国际上工业发达国家已将工业 CT 应用于航空航天、精密机械、汽车、石油化工、地质、考古等众多领域，不仅用于对产品进行无损检测与评估，而且正逐步应用于工业生产控制过程。

在进行物体内部结构非接触、非破坏地检测时，与常规射线检测技术相比，工业 CT 主要有以下技术优点：

1）检测关注的目标不受周围细节特征的遮挡，图像容易识别，可直接获得目标特征的空间位置、形状及尺寸信息；

2）具有突出的密度分辨能力，高质量的 CT 图像密度分辨力可达 0.1%，甚至更高；

3）空间分辨力高，能够精确地测定出被测物体内部结构（缺陷）的大小、位置及形状。

4）CT 图像是检测对象的一种数字化形式，便于储存、传输、分析与处理。

7.8.2　CT 测量系统组成

工业 CT 系统需要满足以下基本要求：能够测量 X 射线穿透被检测物之后的射线强度，同时完成 X 射线源、探测系统与被测物体之间的扫描运动；并将被测物的完整数据通过重建算法得到物体的断面图像。因此，如图 7-29 所示，一台工业 CT 测量系统主要有以下基本部件组成：射线源、辐射探测器和准直器、数据采集系统、被检物体扫描机械系统、计算机系统（软/硬件）及辅助系统（如辅助电源和辐射安全系统）等。

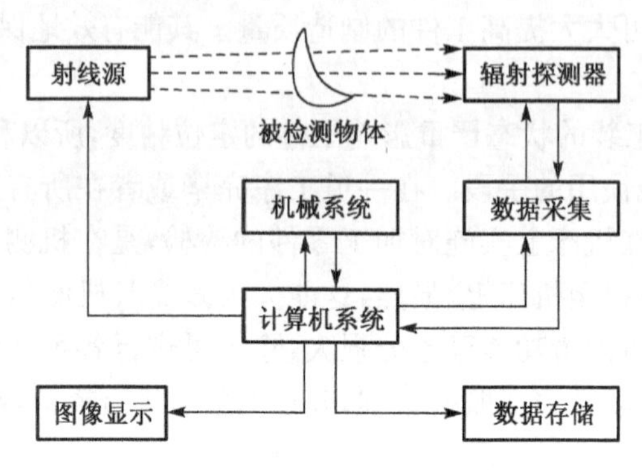

图 7-29　CT 测量系统示意图

7.8.3　测量点云的获取

利用锥束 CT 对工件进行扫描，得到的是工件的数字投影图像，为了得到供后续评估分析的点云模型，还需要对投影图像进行一系的处理过程。锥束 CT 检测工件的一般过程如下：首先通过锥束 CT 扫描获得高分辨率的数字投影图像，接着经过重建得到其断层结构信息即序列切片图像，然后经过去噪处理以获得比较优质的图像源，之后通过图像分割得出其内外轮廓，并进行高精度点云提取得出其三维点云数据，最后通过与工件 CAD 模型匹配，进行误差计算与统计分析，完成整个检测过程。整个检测过程主要包含三个重要算法处理：图像重建、图像去噪、图像分割。

以精铸叶片为例的锥束 CT 无损检测流程如图 7-30 所示。

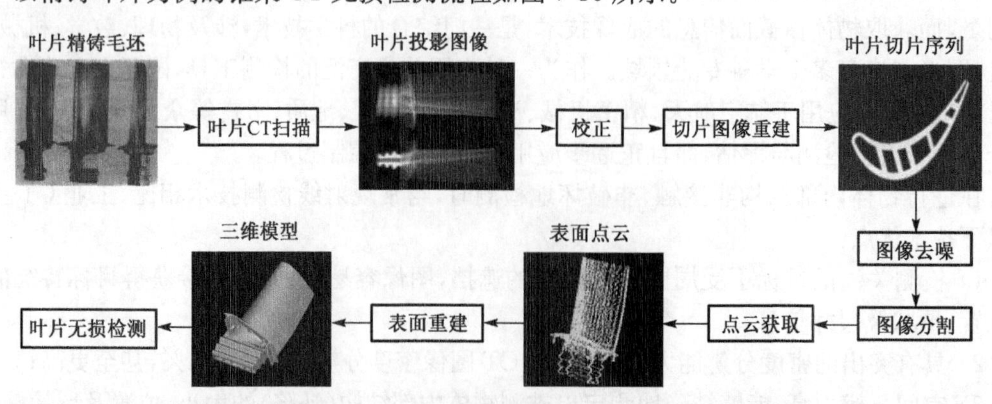

图 7-30　精铸叶片锥束 CT 无损检测流程

7.9　点云数据的处理

利用光学测量或CT测量系统对物体进行数字化测量,主要是为了实现逆向工程和数字化型面检测两个应用。由于逆向工程是为了获取实物的三维CAD模型,其数据处理是为了重构的CAD模型的曲线、曲面更为光顺;而曲面的数字化检测是为了反映实物与CAD模型的偏差,所以数据处理应更好的保证实物的形状特征信息。因此,针对不同的应用,对所获得的散乱点云数据进行后续处理也有所不同。

7.9.1　点云拼合

光学测量每次扫描获得的通常是某个视角的数据,在将工件旋转一周后可获得多幅扫描数据,这些数据需要通过参考点拼合到统一的坐标系中,生成整体的三维点数据,该过程可由测量设备的软件系统自动完成。

7.9.2　点云去噪

很多情况下,测量得到的点云数据会包含一些夹具或背景数据,同时还可能包括测量系统本身产生的自激干扰噪声,因此需要对点云数据去噪。一般通过自动处理算法或者人工交互方法进行点云数据去噪处理。

7.9.3　点云三角化

对去噪后的点云数据,可进行三角网格化计算,系统会根据工件表面曲率的变化,采用不同密度的三角网格将所有的点联结成统一的网格面。

最后将处理后的测量数据进行输出操作,如以IGES格式输出点云文件,以STL格式输出三角网格文件。其中STL格式输出最常用,因为它包含的信息最全面,而且可以被大多数软件所使用。

7.9.4　偏差分析

(1) 点云数据配准

无论是光学测量还是CT测量,利用测量系统对物体进行精度评价和误差分析时,需要把点云测量坐标系与CAD模型的坐标系统一起来,也就是实现测量数据与CAD模型的配准。

配准主要分为两个阶段:预配准与精配准。预配准可以使待配准模型上的数据点移动到比较靠近CAD模型的位置,从而有效地缩小模型间差异,为后续精确配准做好准备。目前常用的预配准方法有遗传算法、三点对齐法、力矩主轴法等。广泛应用的精确配准算法主要是迭代最近点算法。

(2) 偏差分析

测量数据与CAD模型配准后,为了直观地表示配准后模型与CAD模型间的偏差分布,先计算配准后测量点到CAD模型的距离,得到测量数据相对于CAD模型的偏差;再将偏差值同颜色映射起来,即得到三维偏差彩色云图,如图7-31所示。

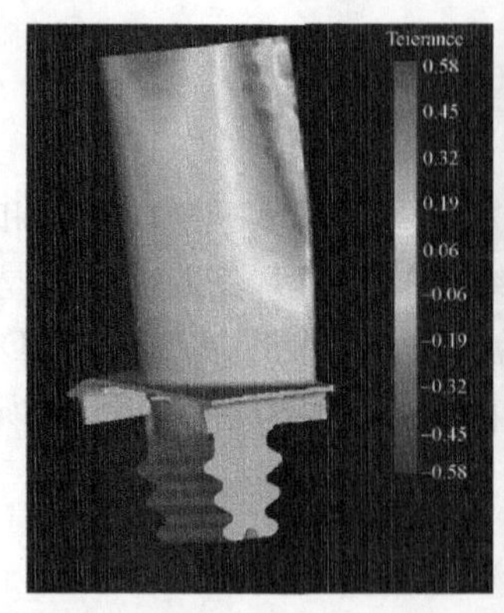

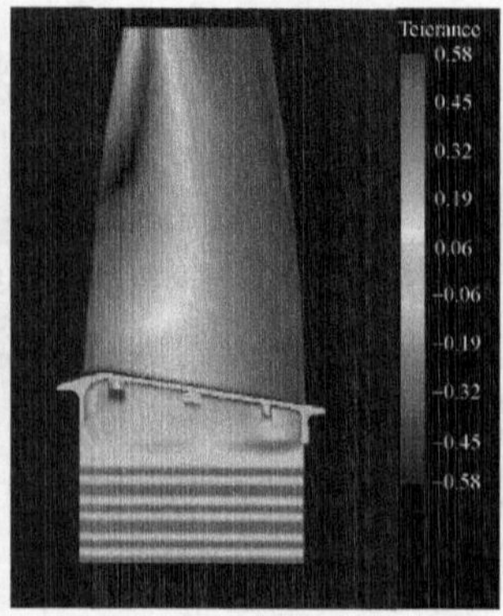

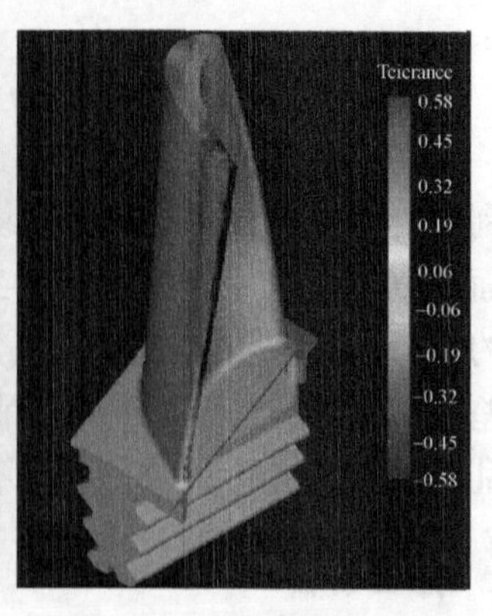

图 7-31　偏差分析

思　考　题

7-1　三坐标测量机有哪些用途?

7-2　测量机误差产生的因素有哪些?

7-3　测量机有哪些结构形式,哪种结构有利于高精度要求?

7-4　测量方法都有哪些种类?

7-5　测量头都有哪些种类?

7-6　请简述内孔及圆柱直径的测量方法。

第 8 章　计算机辅助特种加工技术

计算机辅助特种加工亦称“非传统加工”或“现代加工方法”，泛指用电能、热能、光能、电化学能、化学能、声能及特殊机械能等能量达到去除或增加材料的加工方法，从而实现材料被去除、变形、改变性能或被镀覆等。20 世纪 40 年代发明的电火花加工开创了用软工具、不靠机械力来加工硬工件的方法。50 年代以后先后出现电子束加工、等离子弧加工和激光加工。这些加工方法不用成形的工具，而是利用密度很高的能量束流进行加工。对于高硬度材料和复杂形状、精密微细的特殊零件，特种加工有很大的适用性和发展潜力，在模具、量具、刀具、仪器仪表、飞机、航天器和微电子元器件等制造中得到越来越广泛的应用。

特种加工的发展方向主要是：提高加工精度和表面质量，提高生产率和自动化程度，发展几种方法联合使用的复合加工，发展纳米级的超精密加工等。

8.1　计算机辅助快速成形制造

8.1.1　快速成形技术的原理

快速成形是 20 世纪 80 年代末期开始商品化的一种高新制造技术，它有不同的英文名称，如 Rapid Prototyping（快速原型制造、快速成形）、Freeform Manufacturing（自由形式制造）、Additive Fabrication（添加式制造）等，常常简称为 RP。快速成形将计算机辅助设计（CAD）、计算机辅助制造（CAM）、计算机数字控制（CNC）、激光、精密伺服驱动和新材料等先进技术集于一体。依据计算机上构成的工件三维设计模型，如图 8-1 所示，对其进行分层切片，得到各层截面的二维轮廓。按照这些轮廓，成形头选择性地固化一层层的液态树脂（或切割一层层的纸，烧结一层层的粉末材料，喷涂一层层的热熔材料或粘结剂等），形成各个截面轮廓并逐步顺序叠加成三维工件。

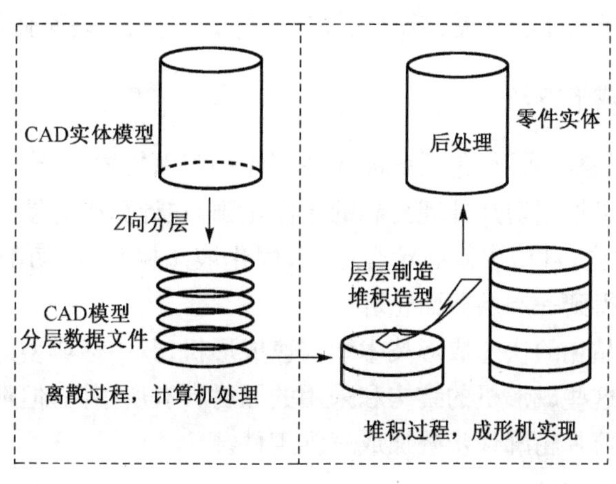

图 8-1　快速成形原理

快速成形技术彻底摆脱了传统的“去除”加工法—去除大部分毛坯上的材料来得到工件。而采用全新的“增长”加工法——用一层层的小毛坯逐步叠加成大工件，将复杂的三维加工分解成简单的二维加工的组合。因此，它不必采用传统的加工机床和工模具，只需传统加工方法的10%～30%的工时和20%～35%的成本，就能直接制造出产品样品或模具。由于快速成形具有上述突出的优势，所以近年来发展迅速，已成为现代先进制造技术中的一项支柱技术，实现并行工程(Concurrent Engineering，CE)的必不可少的手段。

8.1.2 快速成形过程

快速成形过程包括工件的三维模型的构造、三维模型的近似处理、模型成形方向的选择和三维模型的切片处理等过程，如图8-2所示。由于快速成形机只能接受计算机构造的三维模型，然后才能进行切片处理。因此，首先应利用计算机辅助设计软件，构造产品的三维模型。

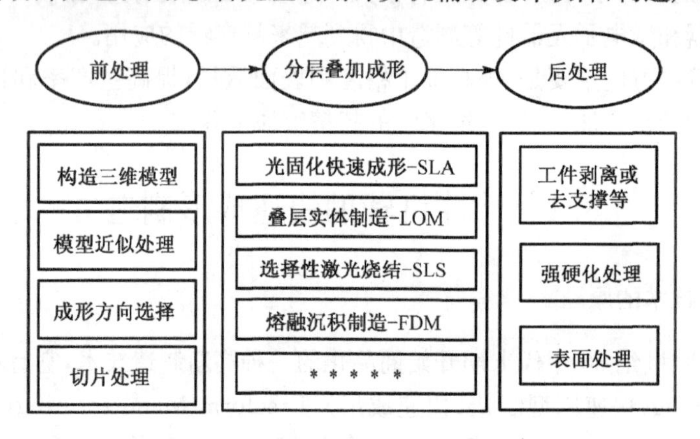

图8-2 快速成形基本过程

快速成形制造工艺的全过程可以归纳为以下三个步骤：

1) 前处理。它包括工件的三维模型的构造、三维模型的近似处理、模型成形方向的选择和三维模型的切片处理。

2) 分层叠加成形。它是快速成形的核心，包括模型截面轮廓的制作与截面轮廓的叠合。

3) 后处理。它包括工件的剥离、后固化、修补、打磨、抛光和表面强化处理等。

8.1.3 快速成形机及成形方法

快速成形机是分层叠加成形(包括截面轮廓制作和截面轮廓叠合)的基本设备。所谓截面轮廓制作，是快速成形机根据切片处理得到的截面轮廓，在计算机的控制下，用其成形头(激光头或喷头)在 *X-Y* 平面内，自动按截面轮廓运动，固化液态树脂(或切割纸，烧结粉末材料，喷涂粘结剂、热熔材料)，得到一层层截面轮廓。

现在，已有多种商品化的快速成形技术和快速成形机，其中最典型的有如下几种。从以下的介绍可以看到，尽管这些成形机的结构和采用的原材料有所不同，但都是基于“增长”成形法原理，即用一层层的小薄片轮廓逐步叠加成三维工件。

1. 光固化成形工艺 SLA

光固化成形工艺，也常被称为立体光刻成形(Stereo Lithography，SL)，也有时被简称为

SLA(Stereo Lithography Apparatus),该工艺是由 Charles Hull 于 1984 年获得美国专利,是最早发展起来的快速成形技术。自从 1988 年 3D Systems 公司最早推出 SLA 商品化快速成形机以来,SLA 已成为最为成熟而广泛应用的 RP 典型技术之一。它以光敏树脂为原料,通过计算机控制紫外激光使其凝固成形。这种方法能简捷、全自动地制造出历来各种加工方法难以制作的复杂立体形状,在加工技术领域中具有划时代的意义。

(1) 光固化成形的基本原理

光固化成形工艺的成形过程如图 8-3 所示。液槽中盛满液态光敏树脂,氦-镉激光器或氩离子激光器发出的紫外激光束在控制系统的控制下按零件的各分层截面信息在光敏树脂表面进行逐点扫描,使被扫描区域的树脂薄层产生光聚合反应而固化,形成零件的一个薄层。一层固化完毕后,工作台下移一个层厚的距离,以使在原先固化好的树脂表面再敷上一层新的液态树脂,刮板将粘度较大的树脂液面刮平,然后进行下一层的扫描加工,新固化的一层牢固地粘结在前一层上,如此重复直至整个零件制造完毕,得到一个三维实体原型。

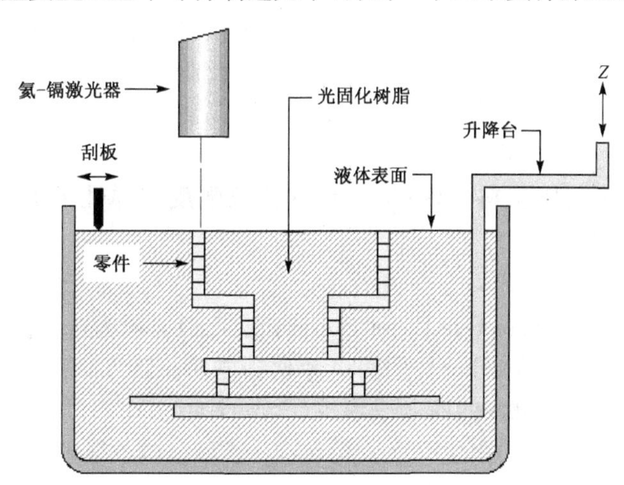

图 8-3　光固化成形工艺原理

(2) 光固化成形工艺特点

优点:1)成形过程自动化程度高。2)尺寸精度高,SLA 原型的尺寸精度可以达到±0.1mm。3)优良的表面质量,虽然在每层固化时侧面及曲面可能出现台阶,但上表面仍可得到玻璃状的效果。4)可以制作结构十分复杂的模型。5)可以直接制作面向熔模精密铸造的具有中空结构的消失形。

缺点:1)制件易变形。2)设备运转及维护成本较高。3)使用的材料较少。4)液态树脂有气味和毒性,并且需要避光保护,以防止提前发生聚合反应,选择时有局限性。5)需要二次固化。6)较脆,易断裂性能尚不如常用的工业塑料。

2. 叠层实体制造工艺 LOM

叠层实体制造技术(Laminated Object Manufacturing,LOM)是几种最成熟的快速成形制造技术之一。这种制造方法和设备自 1991 年问世以来,得到迅速发展。由于叠层实体制造技术多使用纸材,成本低廉,制件精度高,而且制造出来的木质原型具有外在的美感性和一些特殊的品质,因此受到了较为广泛的关注,在产品概念设计可视化、造型设计评估、装配检验、熔模铸造型芯、砂型铸造木模、快速制模母模以及直接制模等方面得到了迅速应用。

(1) 叠层实体制造工艺基本原理

叠层实体制造工艺的成形过程如图 8-4 所示。由计算机、材料存储及送进机构、热粘压机构、激光切割系统、可升降工作台和数控系统和机架等组成。首先在工作台上制作基底,工作台下降,送纸滚筒送进一个步距的纸材,工作台回升,热压滚筒滚压背面涂有热熔胶的纸材,将当前迭层与原来制作好的迭层或基底粘贴在一起,切片软件根据模型当前层面的轮廓控制激光器进行层面切割,逐层制作,当全部迭层制作完毕后,再将多余废料去除。

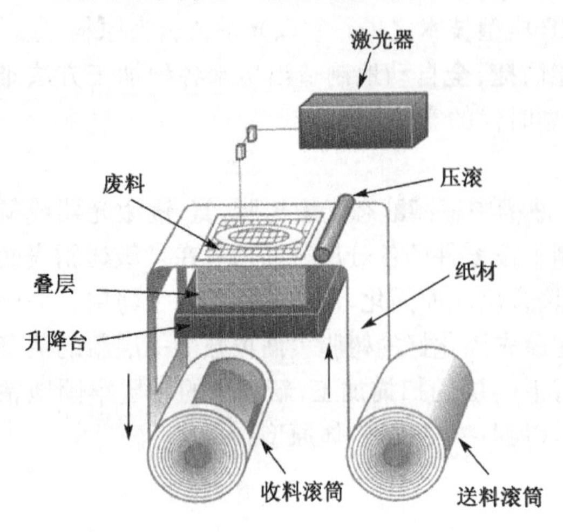

图 8-4 叠层实体制造工艺原理图

(2) 叠层实体制造工艺特点

优点:1)原型精度高;2)有较高的硬度和较好的机械性能,可进行各种切削加工;3)无需后固化处理;4)无需设计和制作支撑结构;5)废料易剥离;6)原材料价格便宜,原型制作成本低;7)设备可靠性高,寿命长。

缺点:1)不能直接制作塑料工件;2)工件的抗拉强度和弹性不够好;3)工件易吸湿膨胀;4)工件表面有台阶纹。

3. 选择性激光烧结工艺 SLS

选择性激光烧结工艺(Selective Laser Sintering,SLS)又称为选区激光烧结,由美国得克萨斯大学奥汀分校的 C. R. Dechard 于 1989 年研制成功。该方法已被美国 DTM 公司商品化。于 1992 年开发了基于 SLS 的商业成形机(Sinterstation)。十几年来,DTM 公司在 SLS 领域做了大量的研究工作。德国的 EOS 公司在这一领域也做了很多研究工作,并开发了相应的系列成形设备。

SLS 工艺是利用粉末材料(金属粉末或非金属粉末)在激光照射下烧结的原理,在计算机控制下层层堆积成形。SLS 的原理与 SLA 十分相像,主要区别在于所使用的材料及其形状。SLA 所用的材料是液态的紫外光敏可凝固树脂,而 SLS 则使用粉状的材料。这是该项技术的主要优点之一,因为理论上任何可熔的粉末都可以用来制造模型,这样的模型可以用作真实的原型制件。

(1) 选择性激光烧结工艺的基本原理

选择性激光烧结成形过程如图 8-5 所示。选择性激光烧结加工过程是采用铺粉辊将一层粉末材料平铺在已成形零件的上表面,并加热至恰好低于该粉末烧结点的某一温度,控制系统控制激光束按照该层的截面轮廓在粉层上扫描,使粉末的温度升至熔化点,进行烧结并与下面已成形的部分实现粘接。当一层截面烧结完后,工作台下降一个层的厚度,铺料辊又在上面铺上一层均匀密实的粉末,进行新一层截面的烧结,直至完成整个模型。在成形过程中,未经烧结的粉末对模型的空腔和悬臂部分起着支撑作用,不必像 SLA 和 FDM 工艺那样另行生成支撑工艺结构。

当实体构建完成并在原型部分充分冷却后,粉末块会上升到初始的位置,将其拿出并放置到工作台上,用刷子小心刷去表面粉末露出加工件部分,其余残留的粉末可用压缩空气除去。

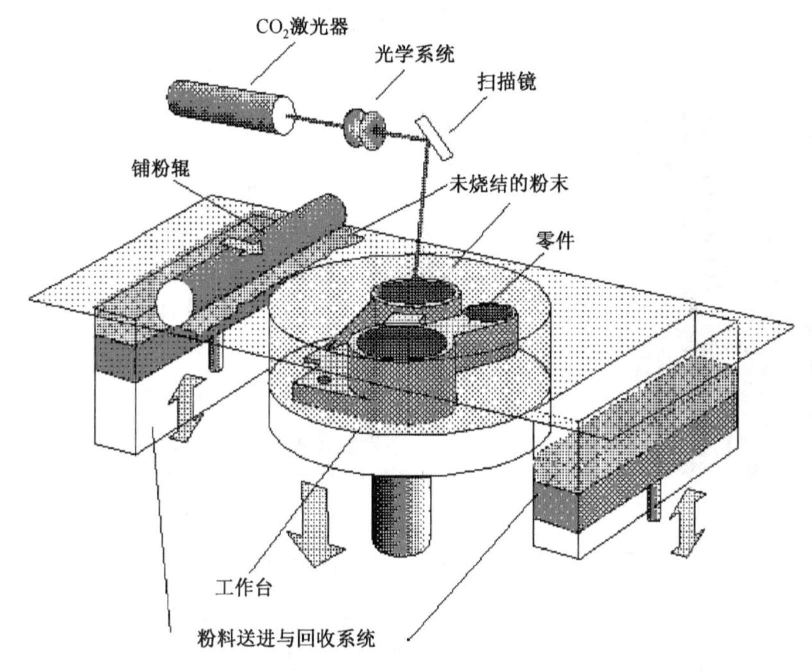

图 8-5　选择性激光烧结工艺原理图

(2) 选择性激光烧结工艺特点

优点：1)可直接制作金属制品；2)可采用多种材料；3)制造工艺比较简单；4)无需支撑结构；5) 材料利用率高。

缺点：1)原型表面粗糙；2) 烧结过程挥发异味；3)时需要比较复杂的辅助工艺。

4. 熔融沉积快速成形工艺 FDM

熔融沉积快速成形(Fused Deposition Modeling，FDM)是继光固化快速成形和叠层实体快速成形工艺后的另一种应用比较广泛的快速成形工艺。该工艺方法以美国 Stratasys 公司开发的 FDM 制造系统应用最为广泛。该公司自 1993 年开发出第一台 FDM1650 机型后，先后推出了 FDM2000、FDM3000、FDM8000 及 1998 年推出的引人注目的 FDM Quantum 机型，FDM Quantum 机型的最大造型体积达到 600mm×500mm×600mm。国内的清华大学与北京殷华公司也较早地进行了 FDM 工艺商品化系统的研制工作，并推出熔融挤压制造设备 MEM 250 等。

(1) 熔融沉积快速成形工艺的基本原理

熔融沉积快速成形工艺如图 8-6 所示，熔融沉积又叫熔丝沉积，它是将丝状的热熔性材料加热熔化，通过带有一个微细喷嘴的喷头挤喷出来。喷头可沿着 X 轴方向移动，而工作台则沿 Y 轴方向移动。如果热熔性材料的温度始终稍高于固化温度，而成形部分的温度稍低于固化温度，就能保证热熔性材料挤喷出喷嘴后，随即与前一层面熔结在一起。一个层面沉积完成后，工作台按预定的增量下降一个层的厚度，再继续熔喷沉积，直至完成整个实体造型。

(2) 熔融沉积快速成形工艺特点

优点：1)系统构造原理和操作简单，维护成本低，系统运行安全；2)可以使用无毒的原材料，设备系统可在办公环境中安装使用；3)用蜡成形的零件原型，可以直接用于失蜡铸

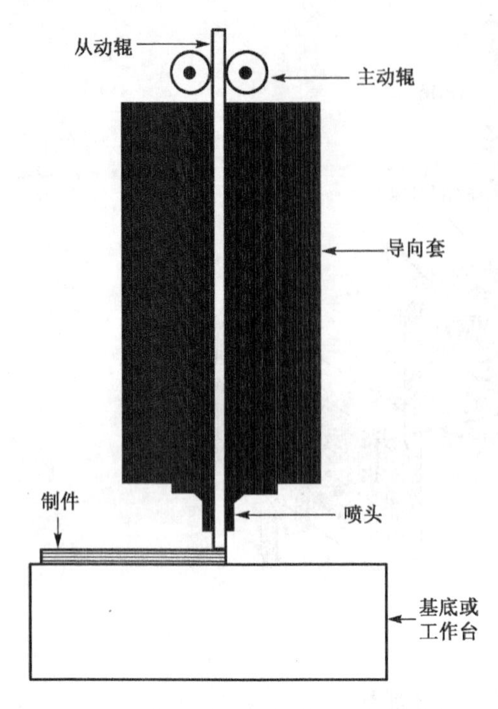

图 8-6　熔融沉积快速成形工艺原理图

造;4)可以成形任意复杂程度的零件,常用于成形具有很复杂的内腔、孔等零件;5)原材料在成形过程中无化学变化,制件的翘曲变形小;6)原材料利用率高,且材料寿命长;7)支撑去除简单,无需化学清洗,分离容易。

缺点:1)成形件的表面有较明显的条纹;2)沿成形轴垂直方向的强度比较弱;3)需要设计与制作支撑结构;4)需要设计与制作支撑结构。原材料价格昂贵。

5. 其他快速成形工艺

快速成形技术作为基于离散/堆积原理的一种崭新的加工方式,自出现以来得到了广泛的关注,对其成形工艺方法的研究一直十分活跃,除了前面介绍的 4 种快速成形方法比较成熟之外,其他的许多技术也已经实用化,如三维喷涂粘结(Three Dimensional Printing and Gluing,3DPG,常被称为 3DP)、数码累积成形(Digital Brick Laying,DBL)、光掩膜法(Solid Ground Curing,SGC,也称立体光刻)、弹道微粒制造(Ballistic Particle Manufacturing,BPM)、直接壳法(Direct Shell Production Casting,DSPC)、三维焊接(Three Dimensional Welding,TDW)、直接烧结技术、全息干涉制造、光束干涉固化等。

8.1.4　快速成形机的选择

不同类型的快速成形机有不同的特点,为了正确选择快速成形机,应综合考虑以下几个方面:

1. 成形件的尺寸大小

每种型号的快速成形机所能制作工件的最大尺寸有一定的限制。通常,工件的尺寸不能超过它的限制值。然而,对于薄形材料选择性切割快速成形机,由于它制作的纸基工件有较好的粘结性能和机械加工性能,因此,当工件的尺寸超过机器的限制值时,可将工件模型分割成若干块,使每块的尺寸不超过机器的限制值,分别进行成形,然后再予以粘结,从而拼合成较大的工件。

2. 成形件的用途

成形件可能有以下多种不同的用途要求,但是,每种类型的快速成形机只能满足有限的要求,例如:

(1) 检查和核实形状、尺寸用的样品

这种要求比较简单,绝大多数精度较好的快速成形机均可达到。

(2) 性能考核用样品

对于这种用途,要求样品的材质和机械性能接近真实产品,因此,必须考虑所选快速成形机能否直接或间接制作出符合材质和机械性能要求的工件。例如，对于要求具有类似 ABS 塑料性能的工件，用 SLS 和 FDM 型快速成形机可以直接制作，用 LOM 型快速成形机不能直接制作，但能间接通过反应式注塑法制作。对于要求具有类似金属性能的工件，用 SLS 型快速成形机可以直接制作（但一般必需配备后续烧结、渗铜工序），用 SLA、FDM 和 LOM 型等快速成形机不能直接制作，只能间接通过熔模铸造等方法制作。

（3）模具

可能是铸造模、注塑模或其他模具。由于模具对机械强度、表面硬度、耐热性和导热性等要求较高，而且尺寸往往比较大，因此，用 LOM 型快速成形机通过直接或间接法，比较容易制作。

3. 成形件的形状

对于形状复杂、薄壁的小型工件，比较适合用 SLA、SLS 和 FDM 型快速成形机制作；对于厚实的中、大型工件，比较适合用 LOM 型快速成形机制作。

4. 成本

（1）设备购置成本

此项成本包括购置快速成形机的费用，以及有关的上、下游设备的费用。对于下游设备，除了通用的打磨、抛光、表面喷镀等设备之外，SLA 型快速成形机还必需配备后固化用紫外炉，SLS 快速成形机往往还需配备烧结炉和渗钢炉。

（2）设备运行成本

此项成本包括设备运行时所需的原材料、水电动力、房屋、备件和维护费用，以及设备折旧费等。对于采用激光作成形源的快速成形机，必需着重考虑激光器的保证使用寿命和维修价格。一般而言，用聚合物为原材料时，由于这些材料不是工业中大批量生产的材料，因此价格比较贵，但材料利用率高；而纸基材料比较便宜，但材料利用率较低。

（3）人工成本

此项成本包括操作快速成形机的人员费用，以及前、后处理所需人员费用。

8.1.5　快速成形的后处理

从快速成形机上取下的制品往往需要进行剥离，以便去除废料和支撑结构，有的还需要进行后固化、修补、打磨、抛光和表面强化处理等，这些工序统称为后处理。例如，SLA 成形件需置于大功率紫外箱（炉）中作进一步的内腔固化；SLS 成形件的金属半成品需置于加热炉中烧除粘结剂、烧结金属粉和渗铜；TDP 和 SLS 的陶瓷成形件也需置于加热炉中烧除粘结剂、烧结陶瓷粉。此外，制件可能在表面状况或机械强度等方面还不能完全满足最终产品的需要，例如，制件的表面不够光滑，其曲面上存在因分层制造引起的小台阶，以及因 STL 格式化而可能造成的小缺陷；制件的薄壁和某些小特征结构（如孤立的小柱、薄筋）可能强度、刚度不足；制件的某些尺寸、形状还不够精确；制件的耐温性、耐湿性、耐磨性、导电性、导热性和表面硬度可能不够满意；制件表面的颜色可能不符合产品的要求等。因此在快速成形之后，一般都必须对制件进行适当的后处理。以下对剥离、修补、订磨、抛光和表面徐覆等表面后处理方法作进一步的介绍。其中，修补、打磨、抛光是为了提高表面的精度，使表面光洁；表面涂覆是为了改变表面的颜色，提高强度、刚度和其他性能。

1. 剥离

剥离是将成形过程中产生的废料、支撑结构与工件分离。虽然，SLA、FDM 和 TDP 成形基本无废料，但是有支撑结构，必须在成形后剥离；LOM 成形无需专门的支撑结构，但是有网格状废料，也须在成形后剥离。剥离是一项细致的工作，在有些情况下也很费时。剥离有三种方法：

1）手工剥离。用手和一些简单的工具使废料、支撑结构与工件分离。

2）加热剥离。当支撑材料为蜡，成形材料的熔点高于蜡时。此方法效率高，工件表面较清洁。

3）化学剥离。当某种化学液能溶解支撑结构而又不会损伤工件时。此方法效率高，工件表面较清洁。

2. 修补、打磨和抛光

当工件表面有较明显的小缺陷而需要修补时，可用热熔塑料、乳胶与细粉料调和而成的腻子，或湿石膏予以填补，然后用砂纸打磨、抛光。

打磨、抛光的常用工具有各种粒度的砂纸、小型电动或气动打磨机。

对于用纸基材料成形的工件，当其上有很小而薄弱的特征结构时，可以先在它们的表面涂敷一层增强剂(如强力胶、环氧树脂等)，然后再打磨、抛光。

3. 表面涂敷

对于快速成形工件，典型的涂敷方法有如下几种：

(1) 喷刷涂料

在工件的表面可以喷刷多种涂料，常用的涂料有油漆、液态金属和液态塑料等。喷刷涂料后能显著提高工件的强度、刚度和防潮能力。

(2) 金属电弧喷镀

即利用两根金属丝之间的电弧放电使金属丝熔化，再把它们喷镀到工件上，形成一层金属薄壳。此方法生产效率高，成本低，操作简单。但也存在着会在薄壳内产生很高的张应力，且难于喷镀窄槽和小孔的内表面。

(3) 等离子喷镀

即利用高温等离子弧把喷枪内的金属或非金属粉末熔化，使其被喷射到需喷镀的工件表面，形成机械结合的涂层。此方法可喷镀各种金属和高熔点非金属材料(如陶瓷)，材料制备简单，工艺稳定性好，被喷镀材料不易氧化，喷镀层的材料密度高，机械性能好。

此外还有电化学沉积，无电化学沉积，物理蒸发沉积等表面涂敷方法。

8.1.6 快速成形的精度、效率与标准

成形件的材质性能、精度和成形效率是制约快速成形技术应用的三个主要方面。

1. 影响快速成形精度的因素

快速成形时，由于要将复杂的三维加工转化为一系列简单的二维加工的叠加，因此，成形精度主要取决于二维平面上的加工精度和高度方向上的叠加精度。目前快速成形技术所能达到的工件最终尺寸精度还只能是毫米的十分位水平。

影响快速成形件最终精度的主要因素有如下几个方面。

(1) CAD 模型的前处理造成的误差

目前,对于绝大多数快速成形机而言,开始成形之前,必须对工件的三维 CAD 模型进行 STL 格式化和切片等前处理,以便得到一系列的截面轮廓。

STL 格式化是用许多小三角面去逼近模型的表面,因此 STL 格式化后的模型与原始的 CAD 模型有差别,故造成了模型转换的误差。

(2) 成形机的误差

成形机的 X、Y 和 Z 方向的运动定位误差,以及 Z 方向工作台的水平度和垂直度等,都会直接影响成形件的形状和尺寸精度。

(3) 成形过程中的误差

成形过程中,有以下多种原因导致误差:

1) 原材料状态的变化。成形时,原材料由液态变为固态,或由固态变为液态、熔融态再凝结成固态,而且可能同时伴随加热作用,这会引起工件的形状、尺寸发生变化。

2) 不一致的约束。由于相邻截面层的轮廓有所不同,它们的成形轨迹也可能有差别,因此,每一层成形截面都会受到上、下相邻层的不一致的约束,导致复杂的内应力,使工件产生翘曲变形。

3) 叠层高度的累积误差。由于测量方面的困难,在许多快速成形机上,不便实测正在成形的叠层相对工作台的总高度,而是测量每一层新增加的高度,并由此计算出叠层的累积总高度,根据这个高度对 STL 模型进行切片,得到相应的截面轮廓,然后成形该截面。显然,用上述方法算出的叠层的累积总高度可能与实际值有差别,从而导致切片位置(高度)错位,成形的轮廓发生错误。一般,模型的切片层高达几百以至几千层,所以上述累积误差可能相当大。

4) 成形功率控制不恰当。成形功率过大时,可能损伤已成形的前一层轮廓。例如在 LOM 型快速成形机上,难于绝对准确地将激光切割功率控制到正好切透一层纸。实际操作时,常将切割网格线的激光功率值取得略大,以便成形后易于剥离废料,但因此可能损伤前一层轮廓。

5) 工艺参数不稳定。在长时间成形或成形大工件时,可能出现工艺参数(如温度压力、功率、速度等)不稳定的现象,从而导致层与层之间或同一层的不同位置处的成形状况的差异。例如,当 LOM 型快速成形机制作大工件时,由于在 X 和 Y 方向热压辊对纸施加的压力和热量不一致,会使粘胶的粘度和厚度产生差异,并且导致工件厚度不均匀。

(4) 成形之后环境变化引起的误差

从成形机上取下已成形的工件后,由于温度、湿度等环境状况的变化,工件可能继续变形并导致误差。成形过程中残留在工件内的残余应力,也可能由于时效的作用而部分消失并导致误差。

(5) 工件后处理不当造成的误差

通常,成形后的工件需进行剥离、打磨、抛光和表面喷涂(镀)等后处理。如果处理不当,对工件的形状、尺寸控制不严,也可能导致误差。

2. 成形误差的主要表现形式和衡量方法

快速成形件的误差可归纳为以下三种主要表现形式。

(1) 尺寸误差

由于多种原因,成形件与 CAD 模型相比,在 X、Y 和 Z 三方向上,都可能有尺寸误差。为衡量此项误差,应沿成形件的 X、Y 和 Z 方向,分别量取最大尺寸,测量其绝对误差与相对误差。

目前,快速成形机样本中列出的“工件精度”指的就是工件尺寸误差范围,这一数据往往是根据某些制造厂商或用户协会设计的测试件测量所得。然而,上述测试件并无统一的标准,也未得到快速成形行业的公认,所以难于据此衡量和比较真正的精度水平。

(2) 形状误差

快速成形时可能出现的形状误差主要有:翘曲、扭曲、椭圆度、局部缺陷和遗失特征等。其中,翘曲误差应以工件的底平面为基准,测量其最高上平面的绝对和相对翘曲变形量。扭曲误差应以工件的中心线为基准,测量其最大外径处的绝对和相对扭曲变形量。椭圆度误差应沿成形的 Z 方向,选取一最大圆轮廓线,测量其椭圆度,局部缺陷和遗失特征两种误差可以用其数目和尺寸大小来衡量。

(3) 表面误差

快速成形件的表面误差有台阶、波浪和粗糙度,都应在打磨、抛光和其他表面处理之前进行测量。其中,台阶误差常见于自由曲面处。波浪误差是成形件表面的明显起伏不平。粗糙度应在成形件各结构部分的侧面和上、下表面进行测量,并取其最大值。

8.2 计算机辅助电火花加工

电火花加工是利用工具电极与工件电极之间脉冲性的火花放电,产生瞬时高温将金属蚀除。又称放电加工、电蚀加工、电脉冲加工。电火花加工主要用于加工各种高硬度的材料(如硬质合金和淬火钢等)和复杂形状的模具、零件,以及切割、开槽和去除折断在工件孔内的工具(如钻头和丝锥)等。

8.2.1 电火花加工的基本原理及机床

1. 电火花加工的基本原理

电火花加工的原理是基于工具和工件(正、负电极)之间脉冲性火花放电时的电腐蚀现象来蚀除多余的金属,以达到对零件的尺寸、形状及表面质量预定的加工要求。研究结果表明,电火花腐蚀的主要原因是:电火花放电时火花通道中瞬时产生大量的热,达到很高的温度,足以使任何金属材料局部熔化、汽化而被蚀除掉,形成放电凹坑,如图 8-7 所示。

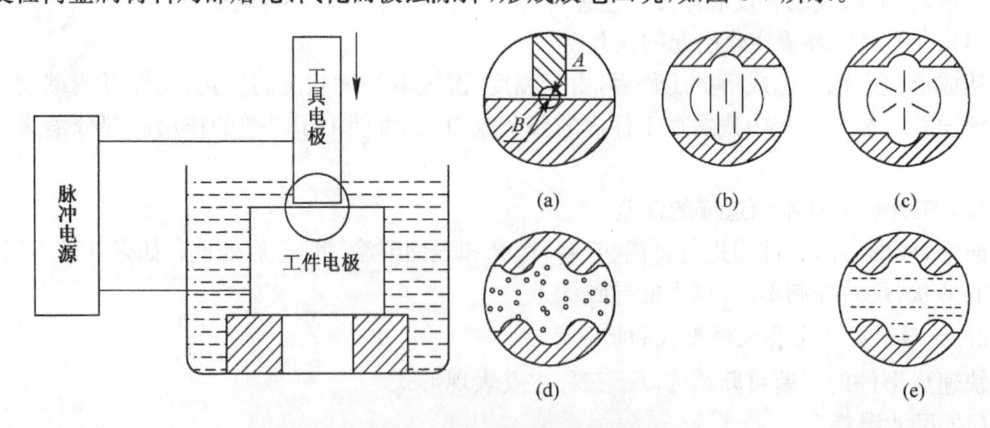

图 8-7 电火花加工原理示意图

1) 极间介质的电离、击穿,形成放电通道(图 8-7(a))。工具电极与工件电极缓缓靠近,极间的电场强度增大，由于两电极的微观表面是凹凸不平的，因此在两极间距离最近的 A、B 处电场强度最大。

工具电极与工件电极之间充满着液体介质，液体介质中不可避免地含有杂质及自由电子，它们在强大的电场作用下，形成了带负电的粒子和带正电的粒子，电场强度越大，带电粒子就越多，最终导致液体介质电离、击穿，形成放电通道。放电通道是由大量高速运动的带正电和带负电的粒子以及中性粒子组成的。由于通道截面很小，通道内因高温热膨胀形成的压力高达几万帕，高温高压的放电通道急速扩展，产生一个强烈的冲击波向四周传播。在放电的同时还伴随着光效应和声效应，这就形成了肉眼所能看到的电火花。

电火花加工机床通常分为电火花成形机床、电火花线切割机床和电火花磨削机床，以及各种专门用途的电火花加工机床，如加工小孔、螺纹环规和异形孔纺丝板等的电火花加工机床。

2) 电极材料的熔化、气化热膨胀(图 8-7(b)、(c))。液体介质被电离、击穿，形成放电通道后，通道间带负电的粒子奔向正极，带正电的粒子奔向负极，粒子间相互撞击，产生大量的热能，使通道瞬间达到很高的温度。通道高温首先使工作液汽化，进而气化，然后高温向四周扩散，使两电极表面的金属材料开始熔化直至沸腾气化。气化后的工作液和金属蒸气瞬间体积猛增，形成了爆炸的特性。所以在观察电火花加工时，可以看到工件与工具电极间有冒烟现象，并听到轻微的爆炸声。

3) 电极材料的抛出(图 8-7(d))。正负电极间产生的电火花现象，使放电通道产生高温高压。通道中心的压力最高，工作液和金属气化后不断向外膨胀，形成内外瞬间压力差，高压力处的熔融金属液体和蒸气被排挤，抛出放电通道，大部分被抛入到工作液中。仔细观察电火花加工，可以看到橘红色的火花四溅，这就是被抛出的高温金属熔滴和碎屑。

4) 极间介质的消电离(图 8-7(e))。加工液流入放电间隙，将电蚀产物及残余的热量带走，并恢复绝缘状态。若电火花放电过程中产生的电蚀产物来不及排除和扩散，产生的热量将不能及时传出，使该处介质局部过热，局部过热的工作液高温分解、积炭，使加工无法继续进行，并烧坏电极。因此，为了保证电火花加工过程的正常进行，在两次放电之间必须有足够的时间间隔让电蚀产物充分排出，恢复放电通道的绝缘性，使工作液介质消电离。

上述步骤 1)～4)在一秒内约数千次甚至数万次地往复式进行，即单个脉冲放电结束，经过一段时间间隔(即脉冲间隔)使工作液恢复绝缘后，第二个脉冲又作用到工具电极和工件上，又会在当时极间距离相对最近或绝缘强度最弱处击穿放电，蚀出另一个小凹坑。这样以相当高的频率连续不断地放电，工件不断地被蚀除，故工件加工表面将由无数个相互重叠的小凹坑组成(图 8-8)。所以电火花加工是大量的微小放电痕迹逐渐累积而成的去除金属的加工方式。

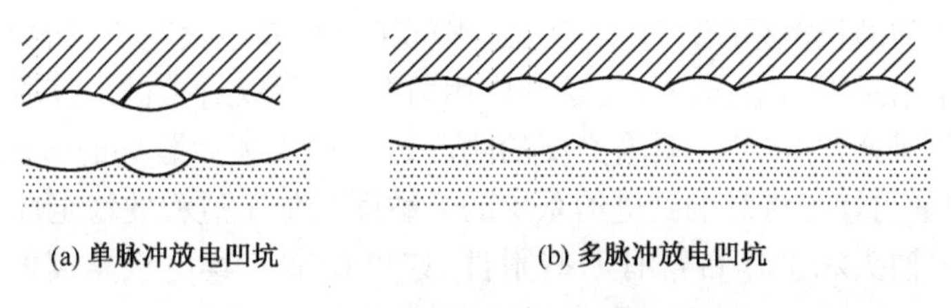

(a) 单脉冲放电凹坑　(b) 多脉冲放电凹坑

图 8-8　电火花表面局部放大图示意图

2. 电火花加工机床

我国国标规定，电火花成形机床均用D71加上机床工作台面宽度的1/10表示。例如D7132中，D表示电加工成形机床(若该机床为数控电加工机床，则在D后加K，即DK)；71表示电火花成形机床；32表示机床工作台的宽度为320 mm。

在中国大陆外，电火花加工机床的型号没有采用统一标准，由各个生产企业自行确定，如日本沙迪克(Sodick)公司生产的A3R、A10R，瑞士夏米尔(Charmilles)技术公司的ROBOFORM20/30/35，台湾乔懋机电工业股份有限公司的JM322/430，北京阿奇工业电子有限公司的SF100等。电火花加工机床按其大小可分为小型(D7125以下)、中型(D7125～D7163)和大型(D7163以上)；按数控程度分为非数控、单轴数控和三轴数控。随着科学技术的进步，国外已经大批生产三坐标数控电火花机床，以及带有工具电极库、能按程序自动更换电极的电火花加工中心，我国的大部分电加工机床厂现在也正开始研制生产三坐标数控电火花加工机床。

3. 电火花加工机床结构

电火花加工机床主要由机床本体、脉冲电源、自动进给调节系统、工作液过滤和循环系统、数控系统等部分组成，如图8-9所示。

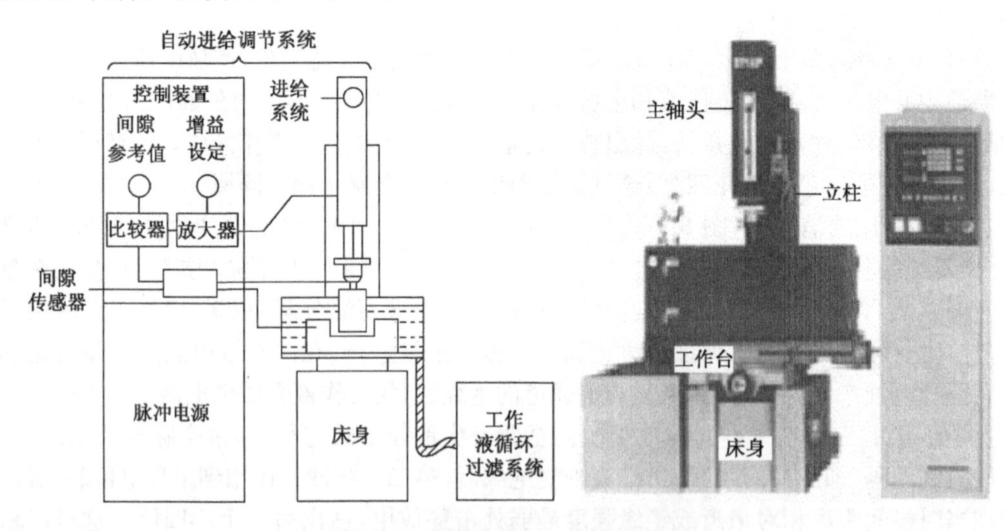

图8-9　高速电火花加工专用设备

(1) 机床本体

机床本体主要由床身、立柱、主轴头及附件、工作台等部分组成，是用以实现工件和工具电极的装夹固定和运动的机械系统。床身、支柱、坐标工作台是电火花机床的骨架，起着支承、定位和便于操作的作用。因为电火花加工宏观作用力极小，所以对机械系统的强度无严格要求，但为了避免变形和保证精度，要求具有必要的刚度。主轴头下面装夹的电极是自动调节系统的执行机构，其质量的好坏将影响到进给系统的灵敏度及加工过程的稳定性，进而影响工件的加工精度。机床主轴头和工作台常有一些附件，如可调节工具电极角度的夹头、平动头、油杯等。

(2) 脉冲电源

在电火花加工过程中，脉冲电源的作用是把工频正弦交流电流转变成频率较高的单向脉冲电流，向工件和工具电极间的加工间隙提供所需要的放电能量以蚀除金属。脉冲电源的性能直接关系到电火花加工的加工速度、表面质量、加工精度、工具电极损耗等工艺指标。

(3) 自动进给调节系统

在电火花成形加工设备中，自动进给调节系统占有很重要的位置，它的性能直接影响加工稳定性和加工效果。电火花成形加工的自动进给调节系统，主要包含伺服进给系统和参数控制系统。伺服进给系统主要用于控制放电间隙的大小，而参数控制系统主要用于控制电火花成形加工中的各种参数(如放电电流、脉冲宽度、脉冲间隔等)，以便能够获得最佳的加工工艺指标等。

(4) 数控系统

数控系统规定除了直线移动的 X、Y、Z 三个坐标轴系统外，还有三个转动的坐标系统，即绕 X 轴转动的 A 轴，绕 Y 轴转动的 B 轴，绕 Z 轴转动的 C 轴。若机床的 Z 轴可以连续转动但不是数控的，如电火花打孔机，则不能称为 C 轴，只能称为 R 轴。根据机床的数控坐标轴的数目，目前常见的数控机床有三轴数控电火花机床、四轴三联动数控电火花机床、四轴联动或五轴联动甚至六轴联动电火花加工机床。三轴数控电火花加工机床的主轴 Z 和工作台 X、Y 都是数控的。从数控插补功能上讲，将这类型机床细还可以分为三轴两联动机床和三轴三联动机床。

8.2.2 电火花加工编程、加工工艺及实例

1. 电火花加工工艺分析

电火花成形加工有其独特的优点，加上数控水平和工艺技术的不断提高，其应用领域日益扩大，已在机械(特别是模具制造)、宇航、航空、电子、核能、仪器、轻工等部门用来解决各种难加工材料和复杂形状零件的加工问题。加工范围可从几微米的孔、槽到几米大的超大型模具和零件。

电火花加工过程中，脉冲放电是个快速复杂的动态过程，多种干扰对加工效果的影响很难掌握。影响工艺指标的主要因素可以分为离线参数(加工前设定，加工中基本不再调节的参数，如极性、峰值电压等)和在线参数(加工中常需调节的参数，如脉冲间隔、进给速度等)。

(1) 在线控制参数

在线控制参数在加工中的调整没有规律可循，主要依靠经验。它们对表面粗糙度和侧面间隙的影响不大。下面介绍一些调整的参考性方法：

1) 伺服参考电压 S_v(平均端面间隙 S_F)。S_v 与 S_F 呈一定的比例关系，这一参数对加工速度和电极相对损耗影响很大。一般说来，其最佳值并不正好对应于加工速度的最佳值，而应当使间隙稍微偏大些，这时的电极损耗较小。小间隙不但引起电极损耗加大，还容易造成短路和拉弧，因而稍微偏大的间隙在加工中比较安全，在加工起始阶段更为必要。

2) 脉冲间隔 t_o。当 t_o 减小时，u_w 提高，θ 减小。但是过小的 t_o 会引起拉弧，只要能保证进给稳定和不拉弧，原则上可选取尽量小的 t_o 值，但在加工起始阶段应取较大的值。

3) 冲液流量。由于电极损耗随冲液流量(压力)的增加而增大，因而只要能使加工稳定，保证必要的排屑条件，应使冲液流量尽量小(在不计电极损耗的场合另作别论)。

4) 伺服抬刀运动。抬刀意味着时间损失，只有在正常冲液不够时才采用，而且要尽量缩小电极上抬和加工的时间比。

(2) 离线控制参数

这类参数通常在安排加工时要预先选定，并在加工中基本不变，但在下列一些特定的场合，它们还是需要在加工中改变的。

1) 加工起始阶段。实际放电面积由小变大，这时的过程扰动较大，采用比预定规准小的放电电流可使过渡过程比较平稳，等稳定加工几秒钟后再把放电电流调到设定值。

2) 补救过程扰动。加工中一旦发生严重干扰，往往很难摆脱。例如拉弧引起电极上的结碳沉积后，所有以后的放电就容易集中在积碳点上，从而加剧了拉弧状态。为摆脱这种状态，需要把放电电流减少一段时间，有时还要改变极性(暂时人为地高损耗)来消除积炭层，直到拉弧倾向消失，才能恢复原规准加工。

3) 加工变截面的三维型腔。通常开始时加工面积较小，放电电流必须选小，然后随着加工深度(加工面积)的增加而逐渐增大电流，直至达到为满足表面粗糙度、侧面间隙或电极损耗所要求的电流值。对于这类加工控制，可预先编好加工电流与加工深度的关系表。同样，在加工带锥度的冲模时，可编好侧面间隙与电极穿透深度的关系表，再由侧面间隙要求调整离线参数。

2. 电火花电极及电极材料

电火花成形加工常用的工具电极材料有钢、铸铁、石墨、黄铜、紫铜、铜钨合金、银钨合金等。电极设计的主要内容是选择电极材料，确定结构形式和尺寸等。目前，型腔电火花加工中应用最广泛的材料是石墨和紫铜。石墨电极加工容易，密度小，重量轻，但力学强度较差，在采用宽脉冲大电流加工时容易起弧烧伤。同时，不同质量的石墨材料电火花加工性能也有很大差异。一般选用颗粒小而均匀、气孔率低、抗弯强度高和电阻率低的石墨材料。紫铜的组织致密、韧性强，用来加工形状复杂、轮廓清晰、精度高和表面粗糙度小的型腔，但紫铜的切削加工性能差，密度较大，价格较高，不适宜大中型电极。铜钨合金和银钨合金是较理想的型腔加工电极材料，但价格昂贵，只在特殊情况下采用；铸铁、黄铜、钢等，因其损耗大，加工速度低，均不适宜型腔的加工。

3. 加工条件的选择

影响电火花加工精度的主要因素有：放电间隙的大小及其一致性，工具电极的损耗及其稳定性。电火花加工时，工具电极与工件之间存在着一定的放电间隙，如果加工过程中放电间隙保持不变，则可以通过修正工具电极的尺寸对放电间隙进行补偿，以获得较高的加工精度。然而，放电间隙的大小实际上是变化的，影响着加工精度。

4. 电火花数控编程

数控电火花加工时要使用数控加工程序。其代码主要采用 ISO 码。一般规定：

1) 左右方向为 X 轴，主轴头向工作台右方做相对运动时为正方向；

2) 前后方向为 Y 轴，主轴头向工作台立柱侧做相对运动时为正方向；

3) 上下方向为 Z 轴，主轴头向上运动时为正方向。

对于系统支持的 G00、G01、G02、G03、G04、G17、G18、G19 等不再说明。

5. 电火花数控编程实例

例 8-1　冲模零件如图 8-10 所示，其外形已加工，余量均为 0.50mm，粗线为需要加工部位，要求编制其加工程序，工件的编程原点设在 $\phi30$ mm 孔的中心上方。

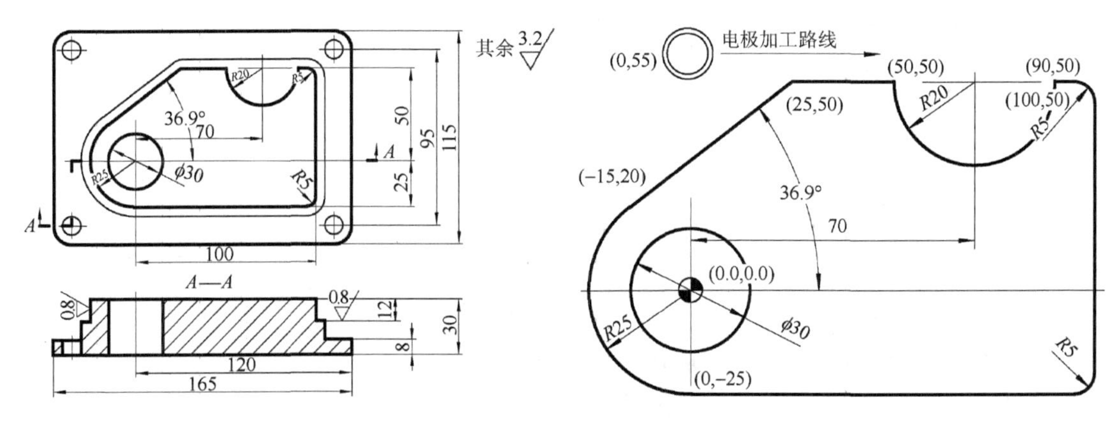

图 8-10　电极加工路线示意图

T84;	打开液泵
G90;	绝对坐标指令
G54;	工件坐标系 G54
G00 X0.0 Y55.0;	快速定位 X0.0 Y55.0
H097= 5000;	电极补偿半径值
G00 Z-12.0;	快速定位 Z-12.0
M98 P0107;	调用子程序 107
M98 P0106;	调用子程序 106
M98 P0105;	调用子程序 105
M98 P0104;	调用子程序 104
G00 Z5.0;	快速定位 Z5.0
G00 X0.0 Y0.0;	返回工件零点
T85 M02;	关闭液泵及程序结束
N0107;	子程序 107
C107 OBT000;	执行条件号 107
G32;	指定抬刀方式为按加工路径的反向进行
G00 X0.0 Y55.0;	快速定位 X0.0 Y55.0
G41 H000= 0.40+ H097;	电极左补偿 5.4
G01 X25.0 Y50.0;	加工
G01 X50.0 Y50.0;	
G03 X90.0 Y50.0 I20.0 J0.0;	
G01 X100.0 Y50.0 R5.0;	
G01 X100.0 Y-25.0 R5.0;	
G01 X0.0 Y-25.0;	
G02 X-15.0 Y20.0 I0.0 J25.0;	
G01 X25.0 Y50.0;	
G40 G00 X0.0 Y55.0;	取消电极补偿及快速定位 X0.0 Y55.0
M99;	子程序结束
N0106;	子程序 106
C106 OBT000;	执行条件号 106
G32;	指定抬刀方式为按加工路径的反向进行
G00 X0.0 Y55.0;	快速定位 X0.0 Y55.0

```
G41 H000=0.20+H097;          电极左补偿 5.2
G01 X25.0 Y50.0;             加工
G01 X50.0 Y50.0;
G03 X90.0 Y50.0 I20.0 J0.0;
G01 X100.0 Y50.0 R5.0;
G01 X100.0 Y-25.0 R5.0;
G01 X0.0 Y-25.0;
G02 X-15.0 Y20.0 I0.0 J25.0;
G01 X25.0 Y50.0;
G40 G00 X0.0 Y55.0;          取消电极补偿及快速定位 X0.0 Y55.0
M99;                         子程序结束
```

8.2.3 电火花线切割编程、加工工艺及实例

1. 电火花线切割加工工艺分析

首先对零件图进行分析以明确加工要求。其次是确定工艺基准，采用什么方法定位。对于以底平面作主要定位基准的工件，当其上具有相互垂直而又同时垂直于底平面的相邻侧面时，应选择这两个侧面作为电极丝的定位基准。其次，需要考虑以下影响因素。

(1) 电火花线切割加工工艺指标

1) 切割速度。单位时间内电极丝中心线在工件上切过的面积总和，慢走丝线为 40～80mm^2/min，快走丝可达 350mm^2/min；

2) 切割精度。快走丝线切割精度可达一般为±(0.015～0.02)mm；慢走丝线切割精度可达±0.001mm 左右；

3) 表面粗糙度。快走丝线切割加工的 Ra 值一般为 1.25～2.5μm 慢走丝线切割的 Ra 值可达 0.3μm。

(2) 影响工艺指标的主要因素

1) 主要电参数。峰值电流，脉冲宽度，脉冲间隔。

2) 线电极。直径：走丝速度。

3) 工件厚度。工件太薄，电极丝易产生抖动，对加工精度和表面粗糙度不利。工件太厚，工作液难于进入和充满放电间隙，加工稳定性差。

(3) 线电极的选择

一般情况下，快速走丝机床常用钼丝作线电极，钨丝或其他昂贵金属丝因成本高而很少用，其他线材因抗拉强度低，在快速走丝机床上不能使用。慢速走丝机床上则可用各种铜丝、铁丝，专用合金丝以及镀层(如镀锌等)的电极丝。

2. 切割路线的确定

1) 应将工件与其夹持部分的分割部分安排在切割路线的末端(图 8-11(a)、(b))。

2) 切割路线应从坯件预制的穿丝孔开始，由外向内顺序切割(图 8-11(c)～(e))。

3) 两次切割法。切割孔类零件，为减少变形，采用两次切割(图 8-11(f))。

4) 在一块毛坯上要切出两个以上零件时，应从该毛坯的不同预制穿丝孔开始加工(图 8-11(g)、(h))。

5) 加工的路线，距离端面(侧面)应大于 5mm。

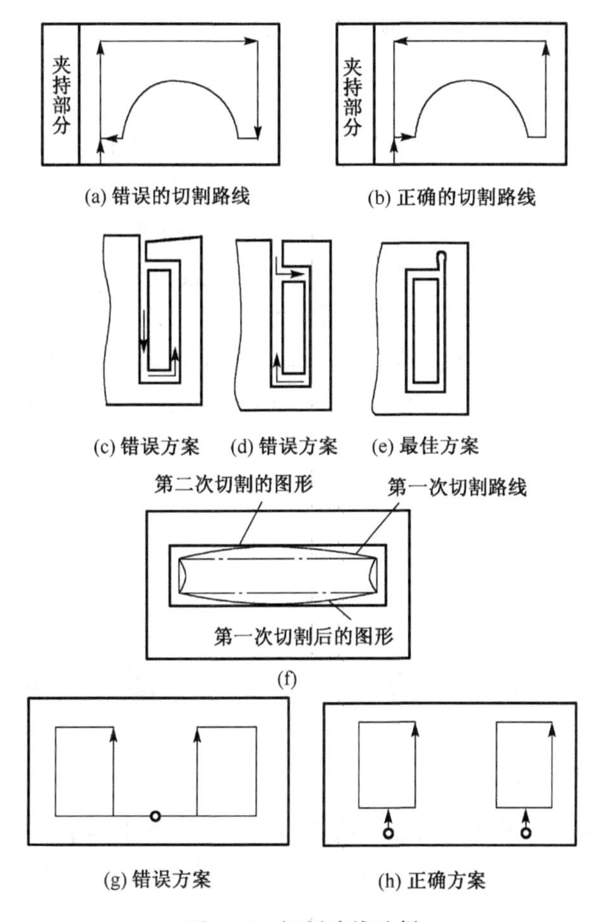

图 8-11　切割路线选择

3. 加工条件的选择

1) 电参数的选择：线切割加工一般采用晶体管高频脉冲电源，用单个脉冲能量小、脉宽窄、频率高的电参数进行正极性加工。

2) 工作液的选配：工作液对切割速度、表面粗糙度、加工精度等都有较大影响。常用的工作液主要有乳化液（快速走丝线切割加工）和去离子水（慢速走丝线切割加工）。

3) 电极丝选择：电极丝应具有良好的导电性和抗电蚀性，抗拉强度高，材质均匀。常用电极丝有钼丝（快速走丝加工）、钨丝、黄铜丝（慢速导向走丝加工）。

4) 工件装夹及常用夹具。

4. 电火花线切割编程指令代码

电火花线切割编程指令代码格式一般有 3B、4B、ISO 三种格式。这里主要讲解一下 3B 格式编程指令，ISO 码与数控车、铣加工指令代码类似。

3B 代码编程格式：　BX　BY　BJ　G　Z

B——间隔符，它的作用是将 X、Y、J 数码区分开来；

X、Y——表示增量（相对）坐标值，单位为 μm，负号不写；

J——表示加工线段的计数长度，单位为 μm，为正数；

G——表示加工线段计数方向，记为 GX 或 GY；

Z——表示加工指令。

整个程序的最后，应有停机符“MJ”，表示程序结束(加工完毕)。

1) 标系与坐标值 X、Y 的确定。参考电极丝相对静止工件的运动方向来决定。面向机床正面，横向为 X 方向，且丝向右运行为 X 正方向；纵向为 Y 方向，且丝向外运行为 Y 正方向。X、Y 的确定：编程时，采用相对坐标系，即坐标系的原点随程序段的不同而变化。加工直线时，以该直线的起点为坐标系的原点，X、Y 取该直线终点的坐标值；加工圆弧时，以该圆弧的圆心为坐标系的原点，X、Y 取该圆弧起点的坐标值。

2) 计数方向 G 的确定：按终点的位置来确定。加工直线时，终点靠近何轴，则计数方向取该轴，如图 8-12 所示。加工圆弧时，终点靠近何轴，则计数方向取另一轴，如图 8-13 所示。

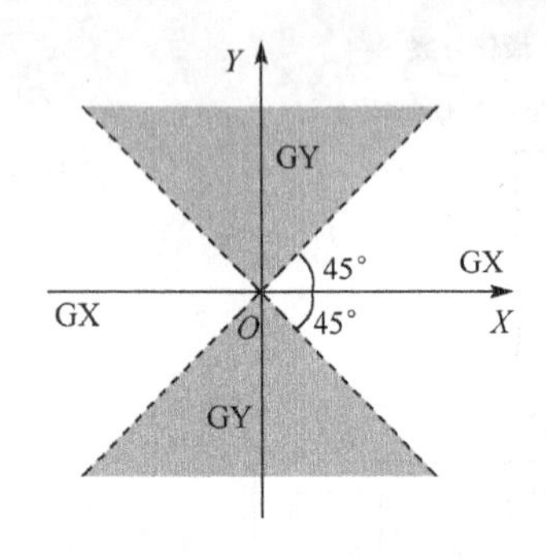

图 8-12 直线的计数方向

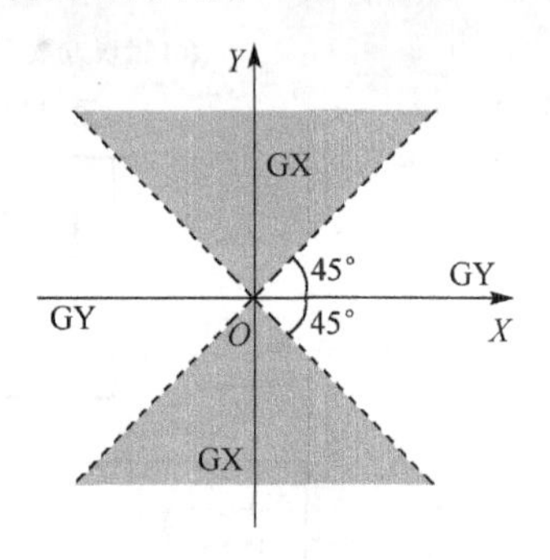

图 8-13 圆弧的计数方向

3)计数长度 J 的确定。被加工的直线或圆弧在计数方向坐标轴上投影的绝对值总和。

4)加工指令 Z 的确定。用于表达被加工图形的形状、所在象限和加工方向等信息。共有 12 种加工指令。

加工直线时有四种加工指令：L1、L2、L3、L4。直线在第Ⅰ象限时，加工指令记作 L1，如图 8-14(a)。加工顺时针圆弧时有四种加工指令：SR1、SR2、SR3、SR4。圆弧的起点在第Ⅰ象限时，加工指令记作 SR1，如图 8-14(b)。加工逆时针圆弧时有四种加工指令：NR1、NR2、NR3、NR4。当圆弧的起点在第Ⅰ象限时，加工指令记作 NR1，如图 8-14(c)。

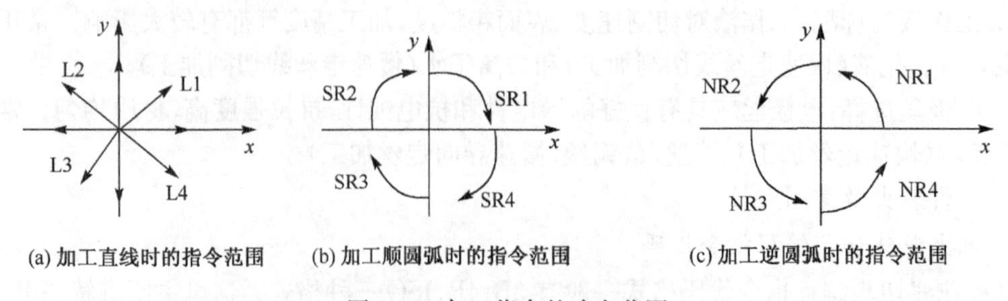

(a) 加工直线时的指令范围 (b) 加工顺圆弧时的指令范围 (c) 加工逆圆弧时的指令范围

图 8-14 加工指令的确定范围

5. 电火花线切割编程实例

例 8-2 零件的图形如图 8-15 所示。该图由六条直线和两个圆弧组成，编制其程序。

工艺分析：

1) 确定加工路线：起始点为 A，加工路线按逆时针方向进行。

2）分别计算各段曲线的坐标值。

3）按“3B”格式编写程序单。

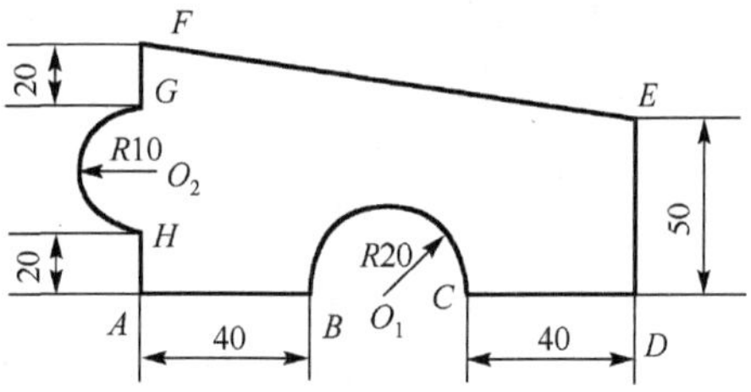

程序清单：

```
Example.3b;
B40000 B0 B40000 GX  L1;          AB 直线段
B20000 B0 B40000 GY  SR2;         BC 圆弧
B40000 B0 B40000 GX  L1;          CD 直线段
B0 B50000 B50000 GY  L2;          DE 直线段
B120000 B10000 B120000 GX L2;     EF 直线段扩展名为.3B 的文件名
B0 B20000 B20000 GY  L4;          FG 直线段
B0 B10000 B20000 GX  NR2;         GH 圆弧
B0 B20000 B20000 GY  L4;          HA 直线段
MJ;                               结束语句
```

图 8-15　线切割示意图

8.3　其他计算机辅助特种加工技术发展趋势

8.3.1　电化学加工

1. 电化学加工概述

电化学加工是通过化学反应去除工件材料或在其上镀覆金属材料等的特种加工，主要利用电化学反应（或称电化学腐蚀）对金属材料进行加工的方法。近几十年来，借助高新科学技术，在精密电铸、复合电解加工、电化学微细加工等发展较快。

目前电化学加工已成为一种不可缺少的微细加工方法。与机械加工相比，电化学加工不受材料硬度、韧性的限制，已广泛用于工业生产中。常用的电化学加工有电解加工、电磨削、电化学抛光、电镀、电刻蚀和电解冶炼等。中国在 20 世纪 50 年代就开始应用电解加工方法对炮膛进行加工，现已广泛应用于航空发动机的叶片，筒形零件、花键孔、内齿轮、模具、阀片等异形零件的加工。近年来出现的重复加工精度较高的一些电解液以及混气电解加工工艺，大大提高了电解加工的成形精度，简化了工具阴极的设计，促进了电解加工工艺的进一步发展。利用电化学反应对金属材料进行加工的方法。

电化学加工与一般的机制工艺相比较，具有以下特点：

1）电化学反映具有很高的反应速度，反应速率远远高于其他的制造工艺，其电流密度达到 10～500A/cm；

2）两电极的距离很小，约为 0.1～1mm，且阴极对阳极被加工工件做相对运动；

3）电解液在电极间隙高速通过，具有高液压、高流速，带走反应中产生的大量金属溶解产物和气体以及热量，其流体动力学状态至为复杂；

4）能同时进行三维的加工，一次加工出形状复杂的型面、型腔、异形孔，由于加工中工件与刀具（阴极）不接触，不会产生切削力和切削热，不生成毛刺；

5）与材料的机械性能（如硬度、韧性、强度）无关，因此可加工一般机制工艺难以加工的高硬度、高韧性、高强度材料，如硬质合金、淬火钢、耐热合金、钛合金，但与材料的电化学性质、化学性质、金相组织密切有关。

电化学加工有三种不同的类型。第Ⅰ类是利用电化学反应过程中的阳极溶解来进行加工，主要有电解加工和电化学抛光等；第Ⅱ类是利用电化学反应过程中的阴极沉积来进行加工，主要有电镀、电铸等；第 Ⅲ 类是利用电化学加工与其他加工方法相结合的电化学复合加工工艺进行加工，目前主要有电解磨削、电化学阳极机械加工（其中还含有电火花放电作用）。

2. 电化学的基本原理

电化学加工的基本原理是用两片金属作为电极，通电并浸入电解溶液中，形成通路。导线和溶液中均有电流通过。但是金属导线和电解溶液是两类性质不同的导体，前者是靠自由电子在外电场大的作用下沿一定方向移动导电的；后者是靠溶液中正、负离子移动而导电的，是离子导体。当上述两类导体形成通路时，在金属片和溶液的界面上产生交换电子的反应，机电化学反应。

如图 8-16 所示，两片金属铜（Cu）板浸在导电溶液，例如氯化铜（$CuCl_2$）的水溶液中，此时水（H_2O）离解为氢氧根负离子 OH^- 和氢正离子 H^+，$CuCl_2$ 离解为两个氯负离子 $2Cl^-$ 和二价铜正离子 Cu^{2+}。

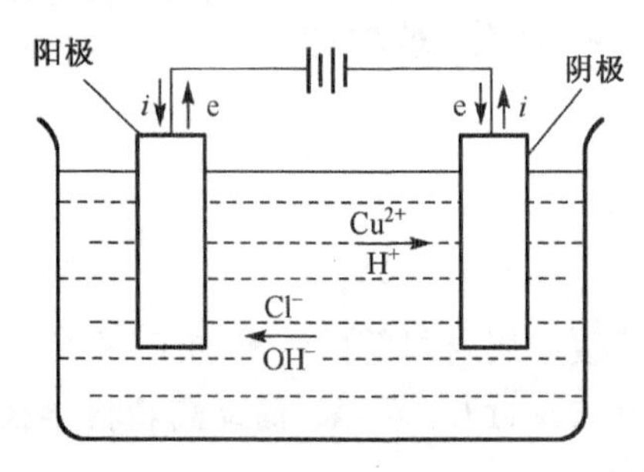

图 8-16　电解（电镀）液中的电化学反应

当两个铜片接上直流电形成导电通路时，导线和溶液中均有电流流过，在金属片（电极）和溶液的界面上就会有交换电子的反应，即电化学反应。溶液中的离子将做定向移动，Cu^{2+} 正离子移向阴极，在阴极上得到电子而进行还原反应，沉积出铜。在阳极表面 Cu 原子失掉电子而成为 Cu^{2+} 正离子进入溶液。溶液中正、负离子的定向移动称为电荷迁移。在阳、阴电极表面发生得失电子的化学反应称为电化学反应。这种利用电化学反应原理对金属进行加工（图中阳极上为电解蚀除，阴极上为电镀沉积，常用以提炼纯铜）的方法即电化学加工。

3. 电化学加工的应用

（1）电解加工技术

电解加工是特种加工技术中应用最广泛的技术之一，尤其适合于难加工材料、形状复杂或薄壁零件的加工。

电解加工是利用金属在电解液中的“电化学阳极溶解”来将工件成形的。如图 8-17 所示，在工件（阳极）与工具（阴极）之间接上直流电源（10～20V），使工具阴极与工件阳极间保持较小的加工间隙（0. 1～0. 8 mm），间隙中通过高速流动的电解液。这时，工件阳极开始溶解。开始时，两极之间的间隙大小不等，间隙小处电流密度大，阳极金属去除速度快；而间隙大处电流密度小，去除速度慢。

随着工件表面金属材料的不断溶解，工具阴极不断地向工件进给，溶解的电解产物不断地被电解液冲走，工件表面也就逐渐被加工成接近于工具电极的形状，如此下去直至将工具的形状复制到工件上。

电解加工的特点是：①能以简单的进给运动一次加工出复杂的型腔或型面。②可加工高硬度、高强度和高韧性的难加工金属材料（如淬火钢、高温合金和钛合金等）。③工具电极不损耗。④产生的热量被电解液带走，工件基本上没有温升，适合于加工热敏性材料的零件。⑤加工中无机械切削力，加工后零件表面无残余应力，无毛刺。⑥表面粗糙度可达 $Ra1.25$～

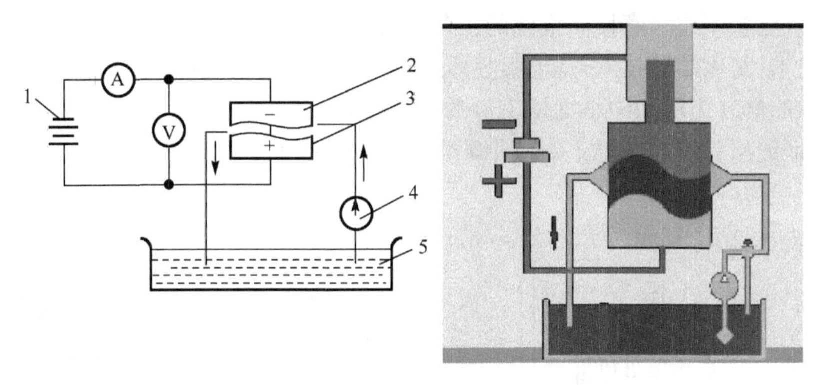

图 8-17　电解加工原理图

1-直流电源；2-工具电极；3-工件阳极；4-电解液泵；5-电解液

0.16μm；加工精度：型孔或套料为±0.03～±0.05mm，模锻型腔为±0.05～±0.20mm；透平叶片型面为 0.18～0.25mm。电解加工存在的问题是加工间隙受许多参数的影响，不易严格控制，因而加工精度较低，稳定性差，并难以加工尖角和窄缝。此外，设备投资较大，电极制造以及电解产物的处理和回收都较困难等。

电解加工目前主要应用模具型腔加工、叶片型面加工、型孔及小孔加工枪、炮管膛线加工、整体叶轮加工、电解去毛刺、数控展成电解加工、微精电解加工等方面。目前微精电解加工还处于研究和试验阶段，其应用还局限于一些特殊的场合，如电子工业中微小零件的电化学蚀刻加工(美国 IBM 公司)、微米级浅槽加工(荷兰飞利浦公司)、微型轴电解抛光(日本东京大学)已取得了很好的加工效果，精度已可达微米级。微细直写加工、微细群缝加工及微孔电液束加工，以及电解与超声、电火花、机械等方式结合形成的复合微精工艺已显示出良好的应用前景。

(2) 电铸加工技术

电解加工是利用电化学阳极溶解的原理去除工件材料的减材加工。与此相反的是利用电化学阴极沉积的原理进行的镀覆加工(增材加工)，主要包括电镀、电铸及电刷镀三类。

电铸的基本加工原理如图 8-18 所示，将电铸材料作为阳极，原模作为阴极，电铸材料的金属盐溶液做电铸液。在直流电源的作用下，阳极发生电解作用，金属材料电解成金属阳离子进入电铸液，再被吸引至阴极获得电子还原而沉积于原模上。当阴极原模上电铸层逐渐增厚达到预定厚度时，将其与原模分离，即可获得与原模型面凹凸相反的电铸件。

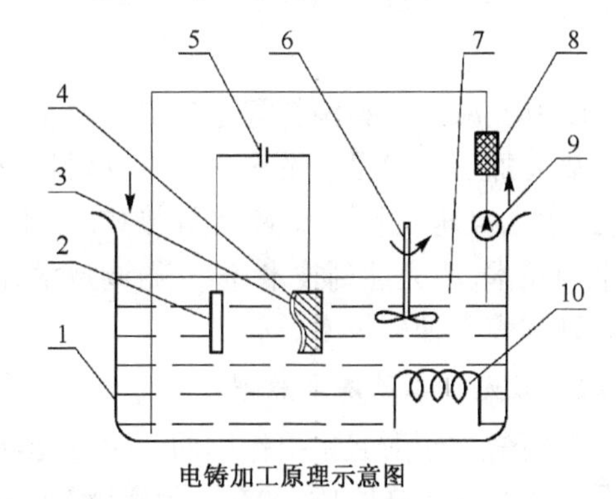

图 8-18　电铸加工原理示意图

1-电铸槽；2-阳极；3-沉积层；4-原模；5-电源；6-搅拌器；7-电铸液；8-过滤器；9-泵；10-加热器

电铸加工目前主要应用在激光视盘、电铸薄膜、电铸网状元件、微型电铸件等方面。

(3) 电刷镀加工技术

电刷镀是用电解方法在工件表面获取镀层的过程。其目的在于强化、提高工件表面性能，取得工件的装饰性外观、耐腐蚀、抗磨损和特殊光、电、磁、热性能；也可以改变工件尺寸，改善机械配合，修复因超差或因磨损而报废的工件等，因而在工业上有广泛的应用。

电刷镀技术(简称刷镀技术)是电镀技术中的一个重要分支，除了有上述的共同作用外，它更偏重于工件的修复应用和中小批量工件的功能性表面强化。因此在实践上更要求现场或在线施镀，在保证镀层品质的基础上，更强调镀层的快速高效沉积。其基本工艺过程如图 8-19 所示。

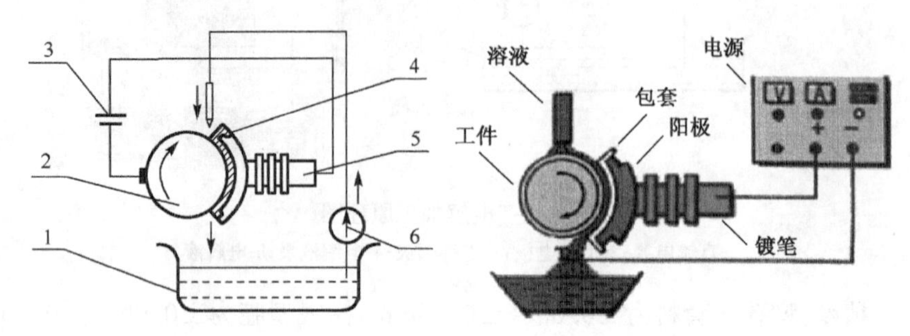

图 8-19　电刷镀工艺过程示意图

1-镀液盆；2-工件；3-电源；4-包套；5-刷镀笔；6-输液泵

电刷镀加工时，工件接电源的负极，刷镀笔接电源的正极。裹有绝缘包套，浸渍特种镀液的刷镀笔"贴合"在工件的被镀部位并作相对运动。在阴极工件上，镀液中的金属离子在电场作用下与电子结合，还原为金属原子而沉积形成镀层。

目前，电刷镀加工的应用范围几乎遍及国民经济建设和国防建设的各个行业，包括航空、军工、船舰、能源、石化、铁路、建筑、冶金、采矿、汽车、印刷及轻工等。

8.3.2　激光加工技术

1. 激光加工技术概述

激光加工技术是利用激光束与物质相互作用的特性对材料(包括金属与非金属)进行切割、焊接、表面处理、打孔、微加工等的一门技术。激光加工作为先进制造技术已广泛应用于汽车、电子、电器、航空、冶金、机械制造等国民经济重要部门，对提高产品质量、劳动生产率、自动化、无污染、减少材料消耗等起到愈来愈重要的作用。

激光加工技术是涉及光、机、电、材料及检测等多门学科的一门综合技术，它的范围一般可分为：激光快速成形技术、激光焊接技术、激光打孔技术、激光切割技术、激光打标技术、激光去重平衡技术、激光蚀刻技术、激光微调技术、激光存储技术、激光划线技术、激光清洗技术、激光热处理和表面处理技术。

2. 激光加工的基本原理

要使受激辐射起主要作用而产生激光，必须具备三个前提条件：①有提供放大作用的增益介质作为激光工作物质；②有外界激励源，使激光上下能级之间产生粒子数反转；③有激光谐振腔，使受激辐射的光能够在谐振腔内维持振荡。概括来说：粒子数反转和光学谐振腔是激光形成的两个基本条件。

(1) 粒子数反转

在物质处于热平衡状态，高能级上的粒子数总是小于低能级的粒子数。由于外界能源的激励(光泵或放电激励)，破坏了热平衡，有可能使得处于高能级 E_2 上的粒子数 n_2 大大增加，

达到 $n_2>n_1$。这种情况称为粒子数反转分布。我们把原子从低能级 n_1 激励到高能级 n_2 以使在某两个能级之间实现粒子数反转的过程称为泵浦(或抽运)。泵浦装置实质上是激光器的外来能源,提供光能、电能、热能、化学反应能或原子核能等。激光泵浦装置的作用,是通过适当的方式,将一定的能量传送到工作物质,使其中的发光原子(或分子、离子)跃迁到激发态上,形成粒子数反转分布状态。

(2) 谐振腔

光学谐振腔装有两面反射镜,分置在工作物质的两端并与光的行进方向严格垂直。反射镜对光有一定的透过率,便于激光输出;但又有一定的反射率,便于进行正反馈。由于两反射镜严格平行,使在两镜间(即谐振控内)往返振荡的光有高度的平行性,因而激光有好的方向性。

(3) 激光振荡

处于粒子数反转状态的激光工作物质,一旦发生受激发射。由于在激光工作物质的两端装上反射镜,光就在反射镜间多次来回反射。于是在反射镜之间光强度增大,有效地产生受激发射,形成急剧地放大。若事先使一端的反射镜稍微透光,则放大后的一部分激光就能输出到腔外,如图 8-20 表示这种情况。

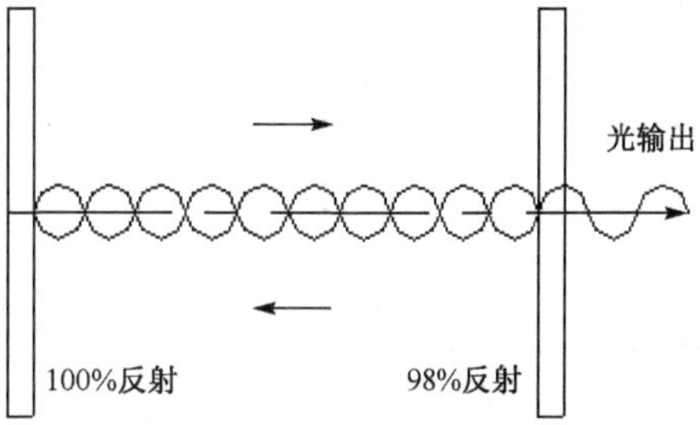

光输出

100%反射

98%反射

图 8-20　光学谐振腔的激光振荡

(4) 激光放大

处于激活状态的激光工作物质,当有一束能量为 $E= h\nu21=E_2-E_1$ 的入射光子通过该激活物质,这时光的受激辐射过程将超过受激吸收过程,而使受激辐射占主导地位。在这种情况下,光在激活物质内部将越走越强,使该激光工作物质输出的光能量超过入射光的能量,这就是光的放大过程。其实,这样一段激活物质就是一个放大器。

3. 激光加工技术的应用

(1) 激光切割

与传统的机械切割方式和其他切割方式(如等离子切割、水切割、氧溶剂电弧切割、冲裁等)相比,激光切割具有如下优点:1)缝细小,可以实现几乎任意轮廓线的切割;2)切割速度高;3)切口的垂直度和平行度好,表面粗糙度好;4)热影响区非常小,工件变形小;5)几乎没有氧化层;6)几乎不受切割材料的限制,能切割易碎的脆性材料,和极软、极硬的材料,既可以切割金属、也可以切割非金属如玻璃、陶瓷以及木材、布料、纸张等;7)无力接触式加工,没有“刀具”磨损,亦不会破坏精密工件的表面;8)具有高度的适应性、加工柔性高,可以实现小批量、多品种的高效自动化加工;9)噪声小,无公害。

(2) 电激光打孔

在所有的打孔技术中激光打孔是最新的无屑加工技术。在工业用脉冲激光器中,光泵浦的 Nd:YAG 固体激光器调制后输出的脉冲峰值功率是比较高的。聚焦后焦点处的功率密度达到 107W/cm^2 的量级。如此高的能量密度足以气化任何已知的材料。激光打孔分为五个阶段:表面加热、表面熔化、气化、气态物质喷射和液态物质喷射。

激光打孔的特点是速度快、效率高,现在最快每秒钟可以实现打 100 孔;打孔的孔径可以从几个微米到任意孔径；可以实现在任何材料上打孔，如宝石、金刚石、陶瓷、金属、半导体、聚合物和纸等；不需要工具，也就不存在工具磨损和更换工具，因此特别适合自动化打孔；另外，激光还可以打斜孔，如航空发动机上大量的斜孔加工。与其他高能束打孔打孔相比，激光打孔不需要抽真空，能够在大气中进行打孔。

(3) 激光焊接技术

激光焊接技术是激光在工业应用的一个重要方面。激光焊接技术从小功率薄板焊接到大功率厚件焊接，由单工件加工向多工作台多工件同时焊接发展，以及由简单焊缝向复杂焊缝发展，激光焊接的应用也在不断发展。在航空工业以及其他许多应用中，激光焊接能够实现很多类型材料的连接，而且激光焊接通常具有许多其他熔焊工艺所无法比拟的优越性，尤其是激光焊接能够连接航空与汽车工业中比较难焊的薄板合金材料，如铝合金等，并且构件的变形小，接头质量高，重现性好。目前激光焊接技术已经广泛应用于武器制造、船舶工业、汽车制造、压力容器制造、民用及医用等多个领域。激光焊接主要使用 CO_2 激光器和 Nd:YAG 激光器。Nd:YAG 激光器由于具有较高的平均功率，在它出现之后就成为激光点焊和激光缝焊的优选设备。

激光焊接的特点：

1) 激光加热范围小，在同等功率和焊接厚度条件下，焊接速度高，热输入小，热影响区小，焊接应力和变形小。

2) 激光可通过光导纤维、棱镜等光学方法弯曲传输、偏转、聚焦，特别适合于微型零件和可进行远距离或一些难以接近的部位的焊接。

3) 一台激光器可供多个工作台进行不同的工作，既可用于焊接，又可用于切割、合金化和热处理，一机多用。

4) 激光在大气中损耗不大，可以穿过玻璃等透明物体，适用于在玻璃制成的密封容器里焊接铍合金等剧毒材料；激光不受电磁场影响，不存在 X 射线防护，也不需要真空保护。

5)可以焊一般焊接方法难以焊接的材料，如高熔点金属等，甚至可用于非金属材料的焊接，如陶瓷、有机玻璃；焊后无需热处理，适合于某些对热输入敏感的材料的焊接。

6) 属于非接触焊接；由于激光焊的焊接接头没有严重的应力集中，表现出良好的抗疲劳性能和高的抗拉强度。

(4) 激光表面技术

激光表面处理技术是在材料表面形成一定厚度的处理层，可以改善材料表面的力学性能、冶金性能、物理性能，提高零件、工件的耐磨、耐蚀、耐疲劳等一系列性能的表面处理技术。激光加工技术的研究始于 20 世纪 60 年代，但到 20 世纪 70 年代初研制出大功率激光器之后，激光表面处理技术才获得实际的应用，并在近十年内得到迅速的发展。

激光表面处理采用大功率密度的激光束，以非接触性的方式加热材料表面，借助于材料表面本身传导冷却，实现表面改性。它在材料加工中的如下特点：

1) 能量传递方便，可以对被处理工件表面有选择的局部强化；

2) 能量作用集中，加工时间短，热影响区小，激光处理后工件变形小；

3) 处理表面形状复杂的工件，而且容易实现自动化生产线；

4) 改性效果比普通方法更显著，速度快，效率高，成本低；

5) 通常只能处理一些薄板金属，不适宜处理较厚的板材；

6) 由于激光对人眼的伤害性影响工作人员的安全，因此要致力于发展安全设施。

常用的激光表面处理方法主要有激光表面强化、激光表面重熔和激光熔覆。激光表面强化工艺在工件处理过程中，表面温度必须低于熔点；激光表面重熔要把材料表面加热到熔点以上，在材料表面生成一个重熔层；激光熔覆是激光加热过程伴随有新材料的填充。

8.3.3　电子束加工技术

1. 电子束加工技术概述

电子束加工(Electron Beam Machining，EBM)起源于德国。1948 年德国科学家斯特格瓦发明了第一台电子束加工设备。利用电子束的热效应可以对材料进行表面热处理、焊接、刻蚀、钻孔、熔炼，或直接使材料升华。电子束曝光则是一种利用电子束辐射效应的加工方法(见电子束与离子束微细加工)。作为加热工具，电子束的特点是功率高和功率密度大，能在瞬间把能量传给工件，电子束的参数和位置可以精确和迅速地调节，能用计算机控制并在无污染的真空中进行加工。根据电子束功率密度和电子束与材料作用时间的不同，可以完成各种不同的加工。而利用高能量密度的电子束对材料进行工艺处理的一切方法统称为电子束加工。

电子束加工的特点：

1) 电子束能够极其微细地聚焦(可达 1～0.1 μm)，故可进行微细加工。

2) 加工材料的范围广。能加工各种力学性能的导体、半导体和非导体材料。

3) 加工效率很高。

4) 加工在真空中进行，污染少，加工表面不易被氧化。

5) 电子束加工需要整套的专用设备和真空系统，价格较贵，故在生产中受到一定程度的限制。

经过几十年的发展，目前电子束加工技术已在核工业、航空宇航、精密制造等工业部门广泛应用。电子束加工应用于：电子束焊接、打孔、表面处理、熔炼、镀膜、物理气相沉积、雕刻、铣切、切割以及电子束曝光等。世界上电子束加工技术较先进的国家：德国、日本、美国、俄罗斯以及法国等。

2. 电子束的基本原理

在真空条件下，利用电子枪中产生的电子经加速、聚焦后能量密度为 106～109W/cm^2 的极细束流高速冲击到工件表面上极小的部位，并在几分之一微秒时间内，其能量大部分转换为热能，使工件被冲击部位的材料达到几千摄氏度，致使材料局部熔化或蒸发，来去除材料。其加工原理如图 8-21 所示。

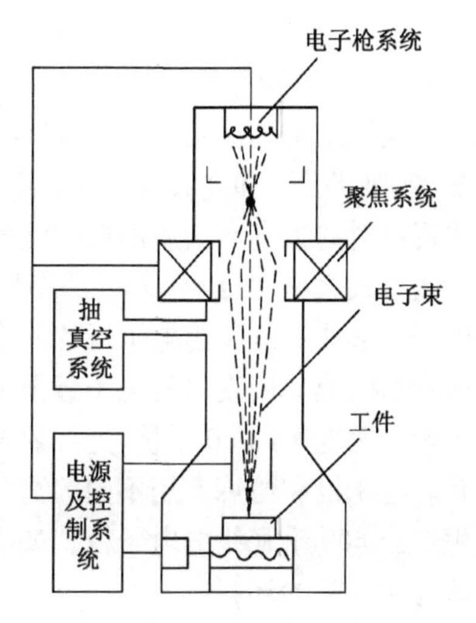

图 8-21　电子束加工原理

控制电子束能量密度的大小和能量注入时间，就可以达到不同的加工目的。

1) 只使材料局部加热就可进行电子束热处理；

2) 使材料局部熔化就可以进行电子束焊接；

3) 提高电子束能量密度，使材料熔化和汽化，就可进行打孔、切割等加工；

4) 利用较低能量密度的电子束轰击高分子材料时产生化学变化的原理，即可进行电子束光刻加工。

3. 电子束加工技术的应用

(1) 电子束焊接

电子束功率密度达 10～10W/cm 时，电子束轰击处的材料即局部熔化；当电子束相对工件移动，熔化的金属即不断固化，利用这个现象可以进行材料的焊接。电子束焊具有深熔的特点，焊缝的深宽比可达 20∶1 甚至 50∶1。这是因为当电子束功率密度较大时，电子束给予焊接区的功率远大于从焊接区导走的功率。利用电子束焊的这一特点可实现多种特殊焊接方式。利用电子束几乎可以焊接任何材料，包括难熔金属(W、Mo、Ta、Nb)、活泼金属(Be、Ti、Zr、U)、超合金和陶瓷等。此外，电子束焊接的焊缝位置精确可控、焊接质量高、速度快，在核、航空、火箭、电子、汽车等工业中可用作精密焊接。在重工业中，电子束焊机的功率已达 100 千瓦，可平焊厚度为 200 毫米的不锈钢板。对大工件焊接时需采用大体积真空室，或在焊接处形成可移动的局部真空。

(2) 电子束钻孔

用聚焦方法得到很细的、功率密度为 10～10W/cm 的电子束周期地轰击材料表面的固定点，适当控制电子束轰击时间和休止时间的比例，可使被轰击处的材料迅速蒸发而避免周围材料的熔化，这样就可以实现电子束刻蚀、钻孔或切割。同电子束焊接相比，电了束刻蚀、钻孔、切割所用的电子束功率密度更大而作用时间较短。电子束可在厚度为 0.1～6 毫米的任何材料的薄片上钻直径为 1 至几百微米的孔，能获得很大的深度-孔径比，例如在厚度为 0.3 毫米的宝石轴承上钻直径为 25 微米的孔。电子束还适合在薄片(例如燃气轮机叶片)上高速大量地钻孔与异形孔的加工，如图 8-22 所示。

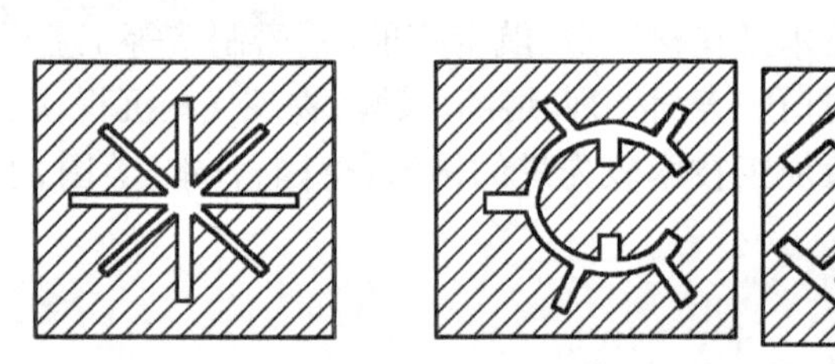
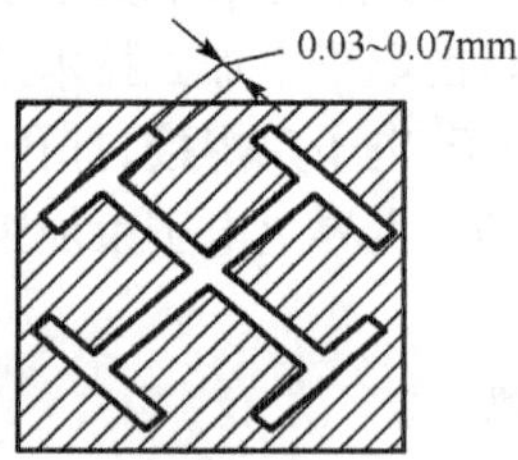

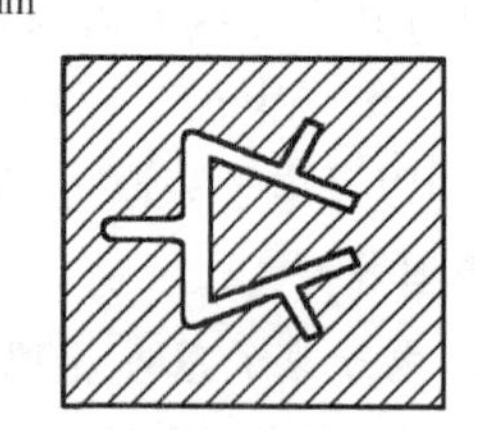

图 8-22　电子束异形孔加工

(3) 电子束熔炼

电子束熔炼法发明于 1907 年，但直到 50 年代才用于熔炼难熔金属，后来又用于熔炼活泼金属(如 Ti 锭)和高级合金钢。电子束加热可使材料在真空中维持熔化状态并保持很长时间，实现材料的去气和杂质的选择性蒸发，可用来制备高纯材料。电子束加热是电能转为热能的有效方式之一，大约有 50%功率用于熔化和维持液化。功率在 60 千瓦以下的电子束熔炼机可用直热式钨丝作为电子枪的阴极。60 千瓦以上熔炼机的电子枪则用间热式块状钽阴极，它由背后的钨丝所发射的电子轰击加热到 2700K，可有每平方厘米为几安的发射电流密度。电子枪加速电压约 30 千伏，这样容易防止电击穿和减弱 X 射线辐射，电子束用磁聚焦和磁偏转。电子枪和熔炼室用不同的真空泵抽气，真空度分别维持在 10 帕和 10 帕左右。80 年代已生产出 600 千瓦级的电子枪。如需更大功率，可用几支电子枪同时工作。利用电子束加热可铸造 100 吨的坯料。

(4) 电子束光刻

利用低能量密度的电子束照射高分子材料时，将使材料分子链被切断或重新组合，引起分子量的变化即产生潜象，再将其浸入适当的溶剂中，由于分子量的不同而溶解度不同，就会将潜像显影出来。将光刻与粒子束刻蚀或蒸镀工艺结合，就可以在金属掩模或材料表面指出图形来。

(5) 电子束表面改性

快速加热淬火，可得到超微细组织，提高材料的强韧性；处理过程在真空中进行，减少了氧化等影响，可以获得纯净的表面强化层；电子束功率参数可控，可以控制材料表面改性的位置、深度和性能指标，主要有表面淬火、表面熔凝、表面合金化、表面熔覆和制造表面非晶态层。经表面改性的表层一般具有较高的硬度、强度以及优良的耐腐蚀和耐磨性能。

8.3.4　离子束加工技术

1. 离子束加工技术概述

离子束加工是在真空条件下，先由电子枪产生电子束，再引入已抽成真空且充满惰性气体之电离室中，使低压惰性气体离子化。由负极引出阳离子又经加速、集束等步骤，获得具有一定速度的离子投射到材料表面，产生溅射效应和注入效应。由于离子带正电荷，其质量比电子大数千、数万倍，所以离子束比电子束具有更大的撞击动能，是靠微观的机械撞击能量来加工的。离子束被广泛应用于蚀刻加工、离子束镀膜等加工。

离子束加工的特点：

1) 离子束加工是所有特种加工方法中最精密、最微细的加工方法，是当代毫微米加工(纳米加工)技术的基础。

离子束可以通过电子光学系统进行聚焦扫描，离子束轰击是逐层去除原子，离子束流密度及离子能量可以精确控制，所以离子刻蚀可以达到毫微米即纳米(0.001μm)级的加工精度。离子镀膜可以控制在亚微米级精度，离子注入的深度和浓度也可极精确地控制。

2) 由于离子束加工是在高真空中进行，所以污染少，特别适用于易氧化的金属、合金材料和高纯度半导体材料的加工。

3) 离子束加工是靠离子轰击材料表面的原子来实现的。它是一种微观作用，宏观压力很小，所以加工应力、热变形等极小，加工质量高，适合于对各种材料和低刚度零件的加工。

4) 离子束加工设备费用贵、成本高，加工效率低，因此应用范围受到一定限制。

2. 离子束的基本原理

离子束加工的原理和电子束加工基本类似，也是在真空条件下，将离子源产生的离子束经过加速聚焦，使之撞击到工件表面。不同的是离子束带正电荷，其质量比电子大数千、数万倍，所以一旦离子加速到较高速度时，离子束比电子束具有更大的撞击动能，它是靠微观的机械撞击能量，而不是靠动能转化为热能来加工的。离子束加工的物理基础是离子束射到材料表面时所发生的撞击效应、溅射效应和注入效应。

离子束加工的原理与电子束加工类似，也是在真空条件下，将氩、氪、氙等惰性气体，通过离子源产生离子束并经过加速、集束、聚焦后，以其动能轰击工件表面的加工部位，实现去除材料的加工。该方法所用的是氩(Ar)离子或其他带有 10keV 数量级动能的惰性气体离子。图 8-23 所示为离子束加工原理示意图。惰性气体在高速电子撞击下被电离为离子，离子在电磁偏转线圈作用下,形成数百个直径为 0.3mm 的离子束。调整加速电压可以得到不同速度的离子束,进行不同的加工。该种方法所用的离子质量是电子质量的千万倍,例如氢离子质量是电子质量的 1840 倍,氩离子质量是电子质量的 7.2 万倍。由于离子的质量大,故离子束轰击工件表面,比电子束具有更大的能量。

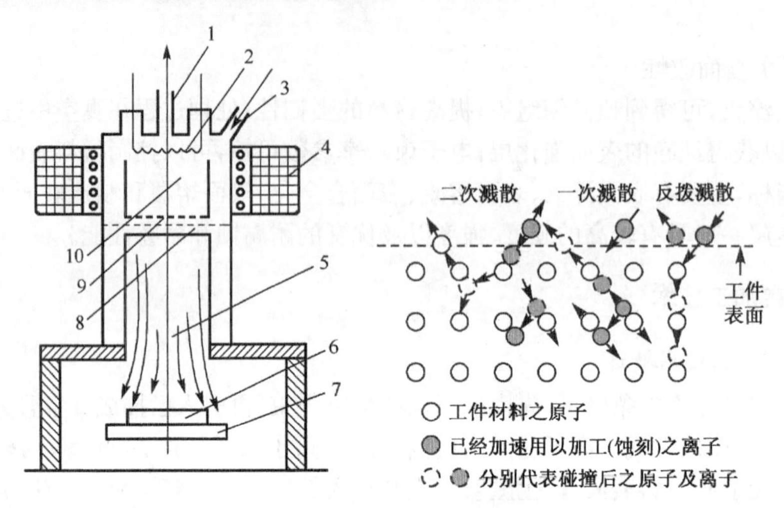

图 8-23　离子束加工原理示意图

1-真空抽气孔;2-灯丝;3-惰性气体注入口;4-电磁线圈;5-离子束流;6-工件;7、8-阴极;9-阳极;10-电力室

3. 离子束加工技术的应用

离子束加工的应用范围正在日益扩大,目前主要用于改变零件尺寸和表面物理力学性能的。同时还用于离子刻蚀加工、离子镀膜加工、离子注入加工等。

(1) 蚀刻加工

采用能量为 0.1～5keV、直径为十分之几纳米的氩离子轰击工件表面时,此高能离子所传递的能量超过工件表面原子(或分子)间键合力时,材料表面的原子(或分子)被逐个溅射出来,以达到加工目的。这种加工本质上属于一种原子尺度的切削加工,通常又称为离子铣削。蚀刻加工可用于加工空气轴承的沟槽、打孔、加工极薄材料及超高精度非球面透镜,还可用于刻蚀集成电路等的高精度图形。

(2) 离子束镀膜加工

离子镀膜一方面是把靶材射出的原子向工件表面沉积,另一方面还有高速中性粒子打击工件表面以增强镀层与基材之间的结合力(可达 10～20MPa)。该方法适应性强、膜层均匀致密、韧性好、沉积速度快,目前已获得广泛应用。其有许多独特的优点:镀覆面积大、镀膜附着力强、膜层不易脱落、提高或改变材料的使用性能。可在金属或非金属、各种合金、化合物、某些合成材料、半导体材料、高熔点材料均可镀覆,使用广泛,如工具上覆盖高硬度的碳化钛、可以大大提高其使用寿命。钢的表面热处理,进行离子氮化,以强化表面层,可以大大提高耐磨性。

(3) 离子注入

用 5～500keV 能量的离子束,直接轰击工件表面,由于离子能量相当大,可使离子钻进被加工工件材料表面层,改变其表面层的化学成分,从而改变工件表面层的机械物理性能。该方法不受温度及注入何种元素及粒量限制，可根据不同需求注入不同离子(如磷、氮、碳等)。注入表面元素的均匀性好，纯度高，其注入的粒量及深度可控制，但设备费用大、成本高、生产率较低。

8.3.5　超声波加工技术

1. 超声波加工技术概述

1927 年，美国物理学家伍德和卢米斯最早作了超声加工试验，利用强烈的超声振动对玻璃板进行雕刻和快速钻孔，但当时并未应用在工业上；1951 年，美国的科恩制成第一台实用的超声加工机。20 世纪 50 年代中期，日本、苏联将超声加工与电加工(如电火花加工和电解加工等)、切削加工结合起来，开辟了复合加工的领域。这种复合加工的方法能改善电加工或金属切削加工的条件，提高加工效率和质量。1964 年，英国又提出使用烧结或电镀金刚石工具的超声旋转加工的方法，克服了一般超声加工深孔时，加工速度低和精度差的缺点。超声波发生器将工频交流电能转变为有一定功率输出的超声频电振荡，换能器将超声频电振荡转变为超声机械振动，通过振幅扩大棒(变幅杆)使固定在变幅杆端部的工具振产生超声波振动，迫使磨料悬浮液高速地不断撞击、抛磨被加工表面使工件成形。

超声波加工特点：

1) 适合加工各种硬脆材料，特别是不导电的非金属材料，例如玻璃、陶瓷、石英、宝石、金刚石等。

2) 工具可用较软的材料做较复杂的形状。

3) 工具与工件相对运动简单，使机床结构简单。

4) 切削力小、切削热少，不会引起变形及烧伤，加工精度与表面质量也较好。

5) 超声波加工的面积较小，工具头磨损较大，因此，生产率低。

2. 超声波的基本原理

如图 8-24 所示，超声发生器将交流电转变为超声电振荡；换能器将电振荡转变为机械振动；变幅杆将振幅放大至 0.05～0.1mm，驱动工具做超声振动。工具推动磨料高速撞击、抛磨工件，击碎工件表面材料，并使之去除；工作液产生的液压冲击波和空化作用加快了表面材料的裂纹扩展和破坏。超声波加工是机械撞击、抛磨、空化作用的综合结果。其中撞击起主要作用。

其中，超声波空化作用指存在于液体中的微小气泡，在声波的作用下振动，当声压达到一定值时发生的生长和崩溃的动力学过程。空化作用一般包括 3 个阶段：空化泡的形成、长大和剧烈的崩溃。

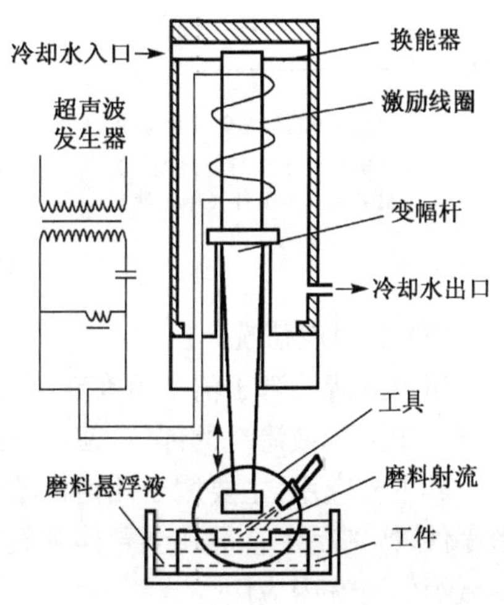

图 8-24　超声波加工示意图

3. 超声波加工技术的应用

超声波加工的生产率虽然比电火花加工和电解加工低，但其加工精度和表面质量都优于它们。更重要的是可以加工它们难以加工的半导体和非金属的硬脆材料，如玻璃、陶瓷、石英、硅、玛瑙、宝石、金刚石等。对于电火花加工后的一些淬火钢、硬质合金冲模、拉丝模、塑料模等，最后还经常用超声波抛磨、光整加工，使表面粗糙度进一步降低。

(1) 型(腔)孔加工

超声波目前主要应用在脆硬材料的圆孔、型孔、型腔、套料、微细孔等的加工，如图 8-25 所示。

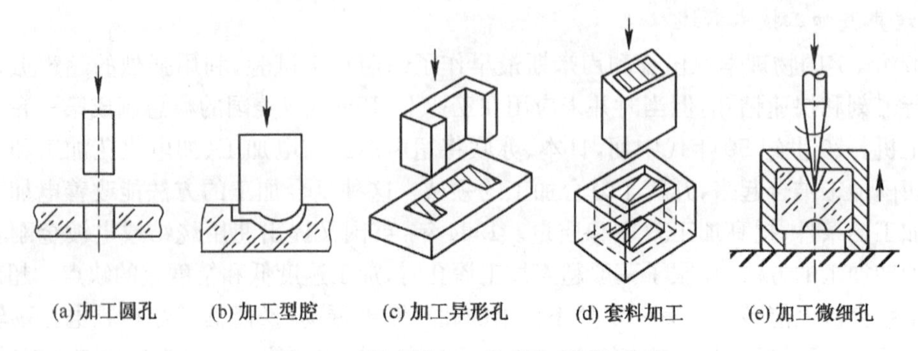

(a) 加工圆孔　(b) 加工型腔　(c) 加工异形孔　(d) 套料加工　(e) 加工微细孔

图 8-25　超声波加工的型孔、腔孔类型

(2) 切割加工(图 8-26)

对于难以用普通加工方法切割的脆硬材料，如陶瓷、石英、硅、宝石等，用超声波加工具有切片薄、切口窄、精度高、生产率高、经济性好等优点。

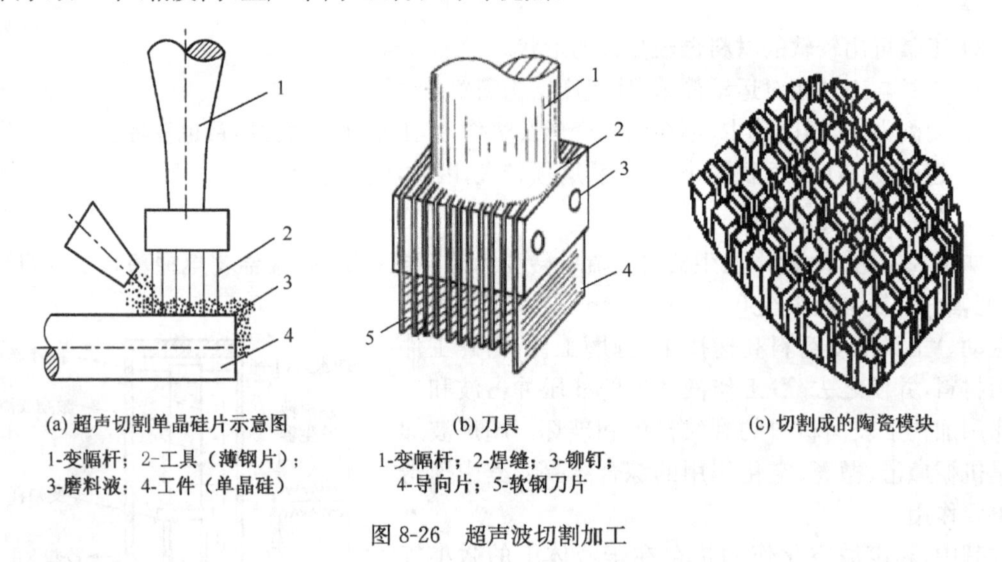

(a) 超声切割单晶硅片示意图
1-变幅杆；2-工具（薄钢片）；3-磨料液；4-工件（单晶硅）

(b) 刀具
1-变幅杆；2-焊缝；3-铆钉；4-导向片；5-软钢刀片

(c) 切割成的陶瓷模块

图 8-26　超声波切割加工

(3) 超声波清洗

超声波清洗基于清洗液在超声波作用下产生空化效应的结果。空化效应产生的强烈冲击液直接作用到被清洗的部位，使污物遭到破坏，并从被清洗表面脱落下来，如图 8-27 所示。

其主要应用：主要用于几何形状复杂、清洗质量要求高而用其他方法清洗效果差的中小精密零件，特别是工目前在半导体和集成电路元件、仪器仪表零件、电真空器件、光学零件、医疗器械等的清洗中应用。

(4) 超声波焊接

超声波焊接利用超声振动作用去除工件表面的氧化膜，使工件露出本体表面，使两个被焊工件表面在高速振动撞击下摩擦发热并亲和粘在一起，如图8-28所示。

超声波主要用于焊接尼龙、塑料及表面易生成氧化膜的铝制品，还可以在陶瓷等非金属表面挂锡、挂银，从而改善这些材料的可焊性；焊接一般很难焊接的稀有金属，如钛、钼等。

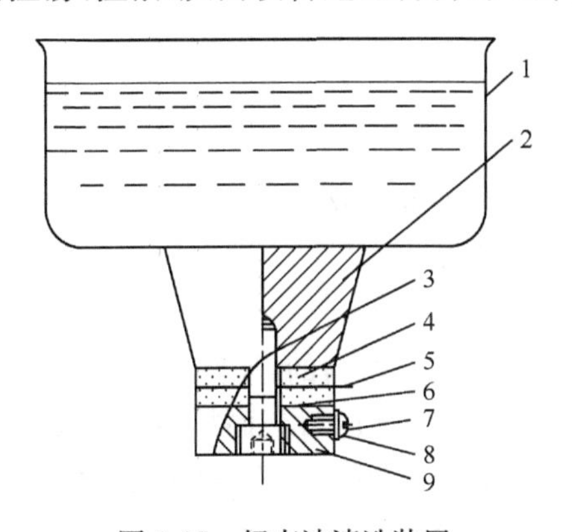

图8-27　超声波清洗装置

1-清洗槽；2-变幅杆；3-压紧螺钉；4-压电陶瓷换能器；5-镍片(+)；6-镍片(-)；7-接线螺钉；8-垫圈；9-钢垫块

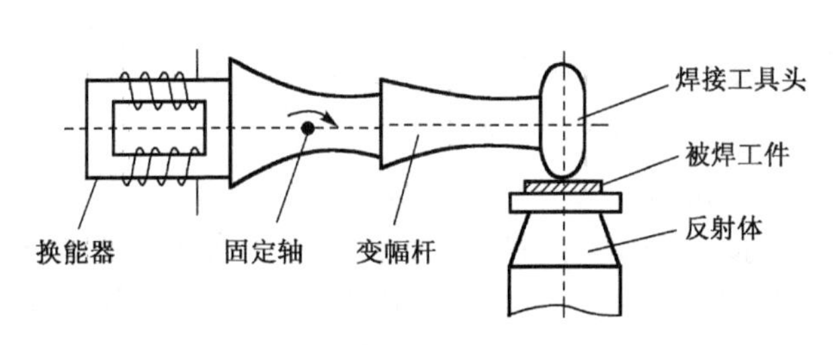

图8-28　超声波焊接

(5) 复合加工

采用超声波加工硬质合金、耐热合金等硬质金属材料时加工速度低，工具损耗大，为了提高加工速度和降低工具损耗，采用超声波、电解加工或电火花加工相结合来加工喷油嘴、喷丝板上的孔或窄缝，这样可大大提高生产率和质量。

1) 超声电解复合加工。辅以超声振动的复合电解加工。用于难加工材料的表面光整及深小孔加工。

2) 超声电火化复合加工。在普通电火花加工时，引入超声波，使电极工具端面做超声振动。超声声学部件夹固在电火花加工机床的主轴头下部，脉冲电源加在工具和工件上，加工时主轴做伺服进给，工具端面做超声振动。不加超声时电火花精加工的放电脉冲利用率为3%～5%，加上超声振荡后，电火花精加工时的有效放电脉冲利用率可提高50%以上，从而提高生产效率2～20倍。

3) 超声抛光及电解超声复合加工。利用导电油石作导电工具，对工件表面进行电解超声复合抛光加工，有利于改善表面粗糙度。

4) 无损检测。利用超声波定向发射、反射、穿透大多数材料特性，在测距、控制、监测及材料测量方面进行无损检测。

8.3.6　超高压水射流加工技术

1. 水射流加工技术概述

高压水射流(WJ)、磨料水射流(AWJ)的产生却是最近30年的事，利用高压水为人们的生产服务始于19世纪70年代左右，用来开采金矿，剥落树皮，直到第二次世界大战期间，飞机运行中“雨蚀”使雷达舱破坏这一现象启发了人们思维。直到20世纪50年代，高压水射流切割的可能性才源于苏联，但第一项切割技术专利却在美国产生，即1968年由美国密苏里大学林学教授诺曼·弗兰兹博士获得。在最近十多年里，水射流(WJ、AWJ)切割技术和设备有了长足进步，其应用遍及工业生产和人们生活各个方面。许多大学、公司和工厂竞相研究开发，新思维、新理论、新技术不断涌现，形成了一种你追我赶的势头。目前已有 3000 多套水射流切割设备在数十个国家几十个行业应用，尤其是在航空航天、舰船、军工、核能等高、尖、难技术上更显优势，已可切割 500 余种材料，其设备年增长率超过 20%。

水射流加工与其他加工方式相比的优点：1）加工效率高；2）没有热反应区；3）加工精度较高；4）不会改变被加工材料的力学性能；5）几乎可以加工所有的材料等。

其缺点如下：1）设备功率大；2）喷嘴磨损快；3）加工表面质量较差；4）不适合于大型零件及去除超大的毛刺加工；5）对软材料及弹性材料加工不理想。

2. 水射流的基本原理

超高压水射流加工是利用高速水流对工件的冲击作用来去除材料的，如图 8-29 所示。高压水射流基本原理归之为：运用液体增压原理，通过特定的装置（增压口或高压泵），将动力源（电动机）的机械能转换成压力能，具有巨大压力能的水在通过小孔喷嘴（又一换能装置），再将压力能转变成动能，从而形成高速射流（WJ）。因而又常叫高速水射流。

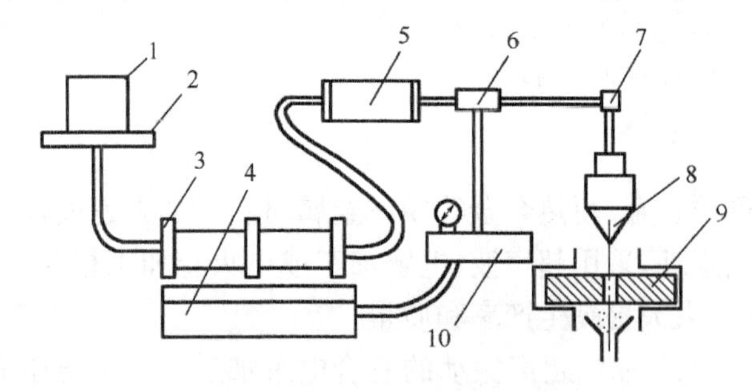

图 8-29　超高压水射流加工原理图

1-水箱；2-过滤器；3-水泵；4-液压机构；5-蓄能器；6-控制器；7-阀门；8-喷嘴；9-工件；10-增压器

储存在水箱 1 中的水或加入添加剂的水液体，经过过滤器 2 处理后，由水泵 3 抽出送至蓄能器 5 中，使高压液体流动平稳。液压机构 4 驱动增压器 10，使水压增高到 70～400MPa。高压水经控制器 6、阀门 7 和喷嘴 8 喷射到工件 9 上的加工部位，进行切割。切割过程中产生的切屑和水混合在一起，排入水槽。超高压水射流本身具有较高的刚性，流束的能量密度可达 $1010W/mm^2$，流量为 7.5L/min，在与工件发生碰撞时，会产生极高的冲击动压和涡流，具有固体的加工作用。

3. 水射流加工技术的应用

水射流加工一开始就受到工业发达国家的重视。在国际上先后成立了英国流体研究中心（BHIG）、日本国际水射流协会（ISWJT）和美国水射流协会（WJTA），国际上已举行了 20 多届水射流学术会议。目前磨料水射流技术已经成为国内外许多学者研究的热点，水射流加工技术已经先后在 40 个国家和地区应用，主要包括美国、英国、日本、俄罗斯、加拿大、澳大利亚、新加坡等。我国的水射流技术起步不晚，始于 20 世纪 50 年代，主要应用在矿业运用与开发，压力为中高压水平，在 20 世纪 80 年代才引进超高压水射流设备，主要应用在航空业。国内水射流技术主要应用在油田、清洗和矿山开采等领域。

目前高压水射流用于切割、清洗方面的研究已渐于成熟，其用途和优势主要体现在难加工材料方面：如陶瓷、硬质合金、高速钢、淬火钢、钨钼钴合金、耐蚀、耐热合金、钛合金、复合材料、不锈钢、高锰钢、高硅铸铁、可锻铸铁等一般工程材料。高压水射流除切割外，稍降低压力或增大靶距和流量还可以用于破碎、表面毛化和强化处理。目前已在以下行业获得成功应用：汽车制造与修理、航空航天、机械加工、国防、军工、电子电力、石油、采矿、轻工、建筑建材、核工业、化工、船舶、食品、医疗、农业、市政工程等方面。

用于钻孔、铣削和车削等方面的研究，尚处于理论和工业实验阶段，还有许多问题需要解决，如用纯水射流进行切割破岩等所需系统压力过高，磨料射流则存在喷嘴磨损快，磨料水射流对磨料的传输效率低，在淹没状态下穿透能力差等特点，目前国内学者研究较多的水射流形式主要有脉冲水射流、磨料射流、磨料水射流、旋转射流和摆动振荡射流等。

8.3.7　复合加工技术

1. 复合加工技术概述

复合加工是指用多种能源组合进行材料去除的工艺方法，以便能提高加工效率或获得很高的尺寸精度、形状精度和表面完整性。对于陶瓷、玻璃和半导体等高脆性材料，复合加工是经济、可靠地实现高的成形精度和极低的(可达 10nm 级范围)表面粗糙度，并是使表层和亚表层的晶体结构组织的损伤减少至最低程度的有效方法。

复合加工的方法大多是在机械加工的同时应用流体力学、化学、光学、电力、磁力和声波等能源进行综合加工。早期出现的复合加工都是用来解决难切削材料的加工以及提高其加工效率的，20 世纪 70 年代后期以来的研究则大多着眼于改善加工质量。最普遍使用的复合加工大多是在定形切削刃的切削加工、非定形切削刃的磨料加工和电火花及电解加工等常规加工方法基础上，同时或反复使用其他能量的加工方法。此外，也有不用上述常规的加工方法而仅依靠化学、光学和液动力等作用的复合加工。

目前，复合加工由于集多种加工方法之优势，已显示出很好的综合应用效果，发展比较迅速，但并不是所有的复合加工都会取得相辅相成、互相促进的效果。因为两种加工复合在一起，会有互相促进的一面，也会有互相制约的一面。合理的、切实可行的复合加工工艺，还需要人们在不断的科学实践中创造并完善起来。

2. 切削复合加工

切削复合加工(Cutting Combined Machining，CCM)主要以改善切屑形成过程为目标，常用的有以下两种。

(1) 加热切削

加热切削通过对工件局部瞬时加热，改变其物理力学性能和表层的个相组织以降低工件在切削区材料的强度，提高其塑性使切削加工性能改善。它是对铸造高锰钢、无磁钢和不锈钢等难切材料进行高效切削的一种方法。常用的有等离子弧加热辅助车削和激光辅助车削。

1) 等离子弧加热辅助车削。

等离子弧加热辅助车削是用等离子弧发生器产生的等离子弧实现对工件加热。将该发生器安装于切削刀具前的合适位置，并始终与刀具同步运动，在适当电参数及切削用量等条件配合下，不断使待切削材料层预先加热至高温，达到易切削的目的。

此方法的优点是：切削速度高，效果好，用陶瓷刀具更能提高切削效果。缺点是：必须对弧光加以保护，设备复杂，费用较高。

等离子弧加热车削切削原理如图 8-30 所示，沿普通车削加工的切削运动方向，将喷出热能高度集中等离子弧喷嘴置于刀具前边的适当位置，与刀具做同步运动，在适当的加热电量（工作电压U和工作电流I）和切削用量（切削速度v、进给量f、被吃刀量a_p）的配合下，使即将被切除的金属层预先受到高温等离子加热，使之局部地改变切削层金属的物理-机械性能，使切削层金属软化，甚至于局部发生金相变化，减轻或消除加工硬化的产生，从而使被切削金属层达到易于切削的目的，很容易被切削刀具切除。

2）激光辅助车削。

激光辅助车削(LAT)是应用激光将金属工件局部加热，以改善其车削加工性，它是加热车削的一种新的形式。典型的LAT装置如图8-31所示。激光束经可转动的反射镜M_1的反射，沿着与车床主轴回转轴线平行方向射向床鞍上的反射镜M_2，再经X向横滑鞍上的反射镜M_3及邻近工件的反射镜M_4，最后聚射于工件上。其聚焦点始终位于车刀切削刃上方如图中距δ处，经激光局部加热位于切屑形成区的剪切面上的材料。

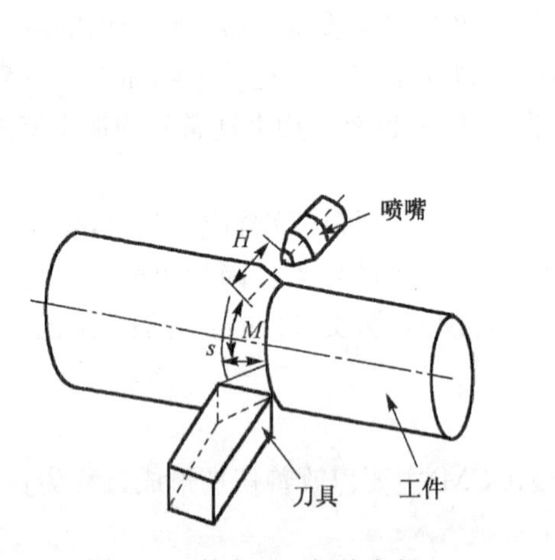

图8-30　等离子弧加热车削

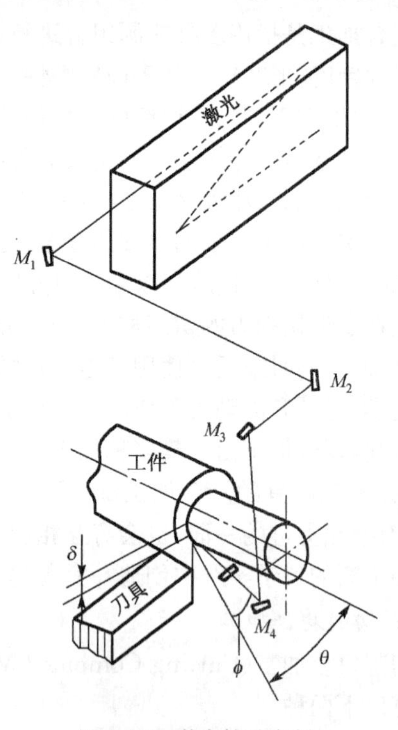

图8-31　激光辅助车削

激光加热的优点是可加热大部分剪切面处材料，而不会对切削刃或刀具前面的切屑显著地加热，因而不会使刀具加热而降低耐用度。通过激光的局部加热可获得：

① 流线的连续切屑，并可减少形成积屑瘤的可能性，从而改善被加工表面的质量包括表面粗糙度、残余应力和微观缺陷等。

② 切削力的降低。温度的升高使材料的屈服应力明显减少导致切削力减小，这样既使工件的弹性变形减少易于保证加工精度，又能提高刀具的耐用度，并有利于对难切材料的金属切除率的提高和加工成本的降低。如加工高强度30NiCrMo166钢和WCrCo6合金钢用5kW，CO_2激光器辅助加工，切削力降低70%，刀具磨损减少90%，切削速度提高使金属切除率增加2倍。

（2）机械超声振动复合加工

这种复合加工是指将超声振动附加在机械加工上。在切削过程中，刀具与工件周期性地接触与离开，切削速度的大小和方向在不断地变化。由于切削速度的变化和加速度的出现，使得振动切削力大大减小，切削温度明显降低，刀具寿命可以提高，加工精度和表面质量可以提高，特别是在难加工材料（如耐热钢、不锈钢等硬韧性材料）加工中，收到了异乎寻常的效果。

常见的有超声振动车削、超声振动钻削等，图 8-32 所示为超声振动车削原理图。振动切削已作为精密机械加工中的一种新技术，渗透到多个领域中，形成了放电超声振动、电解超声振动等各种复合加工方法，使传统切削加工技术有了新的突破。

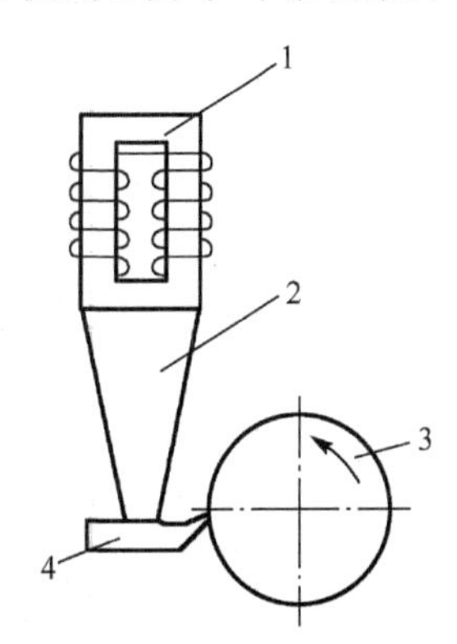

图 8-32　超声振动车削加工
1-换能器；2-变幅杆；3-工件；4-车刀

3. 化学机械复合加工

化学机械复合加工是指化学加工和机械加工的复合，也称电解机械复合加工。所谓化学加工是利用酸、碱和盐等化学溶液对金属或某些非金属工件表面产生化学反应，腐蚀溶解而改变工件尺寸和形状的加工方法。如果仅进行局部有选择性的加工，则需对工件上的非加工表面用耐腐蚀性涂层覆盖保护起来，而仅露出需加工的部位。化学机械复合加工是一种超精密的精整加工方法，可有效地加工陶瓷、单晶蓝宝石和半导体晶片，可防止通常机械加工用硬磨料引起的表面脆性裂纹和凹痕，避免磨粒的耕犁引起的隆起以及擦滑引起的划痕，可获得光滑无缺陷的表面。化学机械复合加工中常用的有下列两种：

1) 机械化学抛光（CMP）。机械化学抛光（CMP）的加工原理是利用比工件材料软的磨料（如对 Si_3N_4 陶瓷用 Cr_2O_3，对 Si 晶片用 SiO_2），由于运动的磨粒本身的活性以及因磨粒与工件间在微观接触区的摩擦产生的高压、高温，使能在很短的接触时间内出现固相反应，随后这种反应生成物被运动的磨粒的机械摩擦作用去除，其去除量约可微小至 0.1nm 级。因为磨粒软于工件，故不是以磨削的作用来去除材料。如果把软质磨粒悬浮于化学溶液中进行湿式加工，则会同时出现溶液和磨粒两者生成的反应物，但因磨粒的吸水性而使其表面活性和接触点温度降低，故加工效率比单用软磨粒与适量抛光剂的干式加工为低。

2) 化学机械抛光。化学机械抛光的工件原理是由溶液的腐蚀作用形成化学反应薄层，然后由磨粒的机械摩擦作用去除。

采用机械化学抛光可加工直径达 300mm 的硅晶片，其加工系统如图 8-33 所示，工艺参数如下：

1) 抛光剂：超微粒（5～7nm）的烘制石英（SiO_2）悬胶弥散于含水氢氧化钾（pH≈10.3）中，分布于抛光衬垫上。

2) 颗粒含量：SiO_2（5～7nm）在软膏中占 20%（质量分数）。

3) 软膏流量：50mL/min；软膏黏度：108Pa · s。

4) 晶片尺寸：200mm；晶片压力：27～76kPa。

5) 衬垫转速：20r/min；保持架转速：50r/min。

6) 衬垫材料：浸渍聚氨酯的聚酯。

7) 衬垫的修整：转动衬垫修整器清除衬垫上已用过的软膏，并露出衬垫的纤维以供下一次加工。

8) 加工表面粗糙度 Ra：1.3～1.9nm。

机械化学抛光和化学机械抛光的加工方法比较如表 8-1 所示。

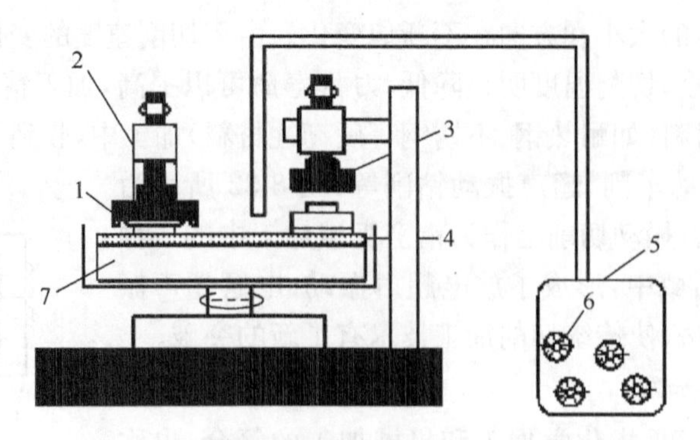

图 8-33 机械化学抛光法加工硅晶片示意图

1-晶片；2-晶片卡持器；3-衬垫修整器；4-抛光衬垫；5-SiO_2软膏；6-SiO_2颗粒；7-抛光盘

表 8-1 机械化学抛光和化学机械抛光的加工方法比较

<table>
<tr><th rowspan="2">加工方法</th><th colspan="4">加工原理</th><th colspan="3">工艺条件</th><th rowspan="2">应用举例</th></tr>
<tr><th colspan="2">作用机理</th><th>反应物生成条件</th><th>主要影响因素</th><th>磨粒</th><th>抛光轮</th><th>加工液</th></tr>
<tr><td rowspan="2">机械化学抛光</td><td>干式</td><td>磨粒与工件表面生成固相反应层，并由磨粒机械作用去除</td><td>① 磨粒与工件表面接触点产生高压高温；
② 磨粒本身的表面活性</td><td>① 单晶体或晶片出现固相反应的温度；② 磨粒的硬度和摩擦因数；③ 磨粒的粒径；④ 磨粒的表面能量及它与其他物质的吸附性</td><td>软质超微粒</td><td>硬质</td><td></td><td>用 SiO_2 超微磨粒(≤10nm) 对蓝宝石 LaB6 单晶体和硅晶片抛光，Ra 值为 2～3nm</td></tr>
<tr><td>湿式</td><td>磨粒的固相反应及加工液的腐蚀作用，化学生成层由磨粒机械作用去除</td><td>① 磨粒对加工表面的惯性力和摩擦力引起工件表面温升；
② 晶粒与晶片的工件表层的活性</td><td>① 抛光轮形成的摩擦热；② 加工液的搅拌</td><td>软质超微粒</td><td>软质</td><td>晶体能起化学腐蚀作用</td><td>① 单晶硅用碱溶液加工；
② 铁素体用酸溶液加工</td></tr>
<tr><td>化学机械抛光</td><td colspan="2">加工液的腐蚀作用生成化学反应薄层，由磨粒机械作用或液体动力作用去除</td><td>① 加工表面的温度；② 加工液的液体流动特性</td><td></td><td>无磨粒或添加超微粒</td><td>硬质</td><td>晶体起化学腐蚀作用</td><td>砷化稼(GaAs)半导体晶片加工</td></tr>
</table>

4. 超声电火花(电解)复合加工

(1) 超声电火花复合加工

利用电火花对小孔、窄缝进行精微加工时，及时排除加工区的蚀除产物成了保证电火花精微加工能顺利进行的关键所在。当蚀除产物逐渐增多时，电极间隙状态变得十分恶劣，电极间搭桥、短路屡屡发生，使进给系统一直处于进给-回退的非正常振荡状态，使加工不能正常进行。如果在小孔或窄缝的电火花精微加工时在工具电极上引入超声振动，由于产生超声空化作用，则可导致一种叫微冲流的紊流产生。这种微冲流有利于电蚀产物的排除，因此，超声电火花复合加工将使加工区的间隙状况得到改善，加工平稳，有效放电脉冲比例增加，从而达到提高生产率的目的。

超声电火花复合加工主要用于小孔或窄缝的精微加工。例如，采用超声－RC 发生器加工直径为 0.25mm 的小孔时，孔深为 0.4mm，加工时间仅为 8s，当加工深孔时，孔径为

0.25mm，孔深为 6mm($L/D=25$)，加工时间为 7min，当加工孔径为 0.1mm，孔深为 7mm 时($L/D=70$)，加工时间仅为 20min。又如利用方波脉冲加工异型喷丝孔，孔深为 0.5mm，原需 20min，加超声后，仅用 20s 即可完成。

(2) 超声电解复合加工

在电解加工中，一旦在工件表面形成钝化膜，加工速度就会下降，如果在电解加工中引入超声振动，钝化膜就会在超声振动的作用下遭到破坏，使电解加工能顺利进行，促进生产率的提高。另外，如果在小孔、窄缝加工中引入超声振动，则可促使电解产物的排放，同样也有利于生产率的提高。这种用超声振动改善电解加工过程的加工工艺，就是超声电解复合加工。

图 8-34 所示为超声电解加工小深孔的示意图。超声频振动的工具连接直流电源的负极，工件连接正极，工具与工件之间的直流电压为 6～18V，电流密度为 30A/cm^2 以上，电解液常用 20%食盐水与磨料的混合液。加工时工件表面进行阳极溶解并生成阳极钝化膜，而超声频振动的工具和磨料则不破坏这种钝化膜，使工件表面加速阳极溶解，从而使其加工的生产率和质量均获得显著提高。

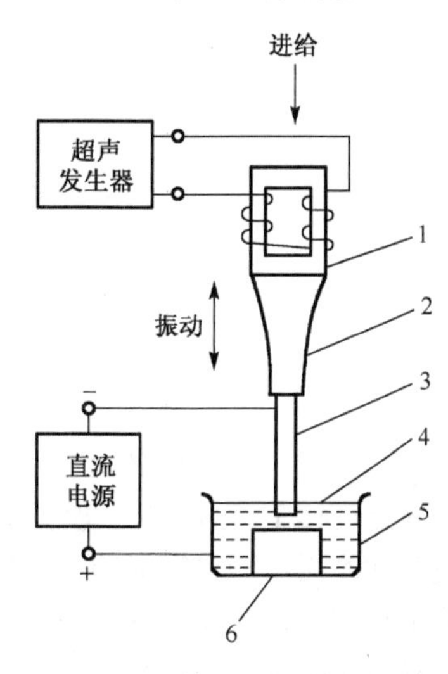

图 8-34　超声-电解复合加工简图

1-换能器；2-变幅杆；3-工具；4-混合液；5-液槽；6-工件

(3) 超声电解复合抛光

超声电解复合抛光是超声波加工和电解加工复合而成的一种复合加工方法。它可以获得优于靠单一电解或单一超声波抛光的抛光效率和表面质量。超声电解复合抛光的加工原理图如图 8-35 所示。抛光时，工件连接正极，工具连接直流电源负极。工件与工具间通入钝化性电解液。高速流动的电解液不断在工件待加工表层生成钝化膜，工具则以极高的频率进行抛磨，不断地将工件表面凸起部位的钝化膜去掉。被去掉钝化膜的表面迅速产生阳极溶解，溶解下来的产物不断地被电解液带走。而工件凹下去部位的钝化膜，工件抛磨不到，因此不溶解。这个过程一直持续到将工件表面整平时为止。

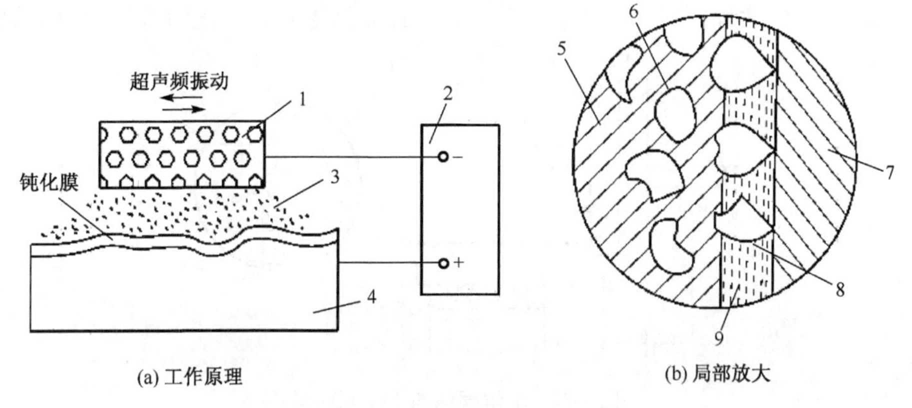

图 8-35　超声电解复合抛光的加工原理图

1-工具；2-电解电源；3-电解液；4-工件；5-结合剂；6-磨料；7-工件；8-阳极薄膜；9-电极间隙及电解液

工件在超声波振动下，不但能迅速去除钝化膜，而且在加工区域内产生的空化作用可增强电化学反应，进一步提高工件表面凸起部位金属的溶解速度。

(4) 超声电火花复合抛光

超声电火花复合抛光是超声波加工和电火花加工复合而成的一种复合加工方法。这种复合抛光的加工效率比纯超声机械抛光要高出 3 倍以上，表面粗糙度值 Ra 可达 0.2～0.1μm。特别适合于小孔、窄缝以及小型精密表面的抛光。超声电火花复合抛光的工作原理如图 8-36 所示。抛光时工具接脉冲电源的负极，工件接正极，在工具和工件间通乳化液作电解液。这种电解液的阳极溶解作用虽然微弱，但有利于工件的抛光。

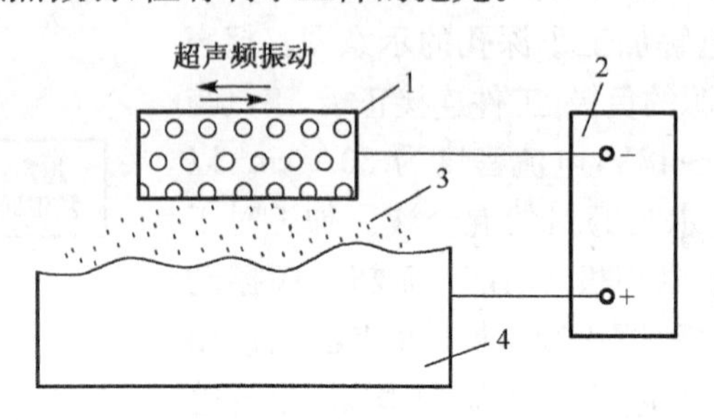

图 8-36 超声电火花复合抛光原理

1-工具；2-脉冲电源；3-乳化液；4-工件

抛光过程中，超声的空化作用一方面会使工件表面软化，有利于加速金属的剥离；另一方面使工件表面不断出现新的金属尖峰，这样不断增加了电火花放电的分散性，而且给放电加工创造了有利条件。超声波抛磨和放电交错而连续进行，不仅提高了抛光速度，而且提高了工件表面材料去除的均匀性。

5. 电化学机械复合加工

电化学机械复合加工包括电解磨削、电解珩磨、电解研磨等加工工艺，它们的材料去除机理基本相似。

(1) 电解磨削复合加工

图 8-37 是电解磨削的工作原理图。导电砂轮常为电镀金刚石砂轮，或者用铜粉、石墨作粘结剂制成的砂轮。将导电砂轮接负极，工件接正极，加工时在砂轮与工件间喷入电解液，接入直流电源后，工件表面层发生电解作用，产生一层氧化物或氢氧化物薄膜，又称阳极薄膜。

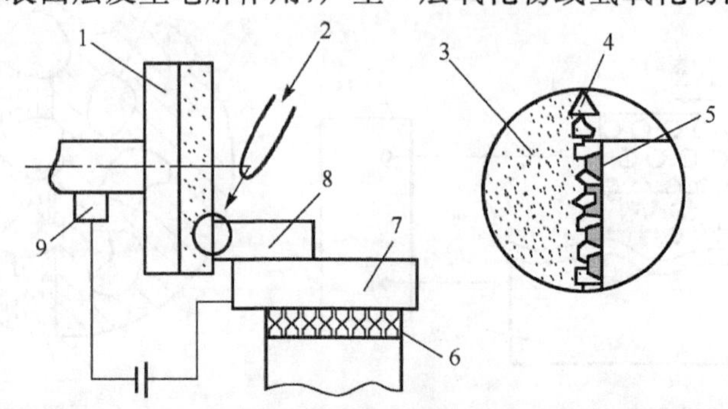

图 8-37 电解磨削的工作原理图

1-导电砂轮；2-电解液；3-导电基体；4-磨料；5-阳极膜；6-绝缘板；7-工作台；8-工件；9-电刷

阳极薄膜迅速被导电砂轮中的磨料刮除，新的金属表面又被继续电解。这样，使电解作用和刮除薄膜的磨削作用交替地进行。在电解磨削过程中，金属主要靠电解作用蚀除，而导电砂轮只起刮除阳极膜和整平加工表面的作用。

电解磨削的加工特点和应用如下：

1）磨削效率高，只要选择合适的电解液就可以加工任何高硬度、高韧性的材料。与机械磨削相比，电解磨削生产率提高好几倍。

2）加工表面质量高，因磨削热及力极小，不会产生裂纹、烧伤、变形等。一般加工精度可达0.01～0.02mm，表面粗糙度 Ra 达0.16μm，磨削硬质合金时 Ra 可达0.01～0.02μm，呈镜面。

3）砂轮损耗小，因砂轮仅起保持电解间隙和刮除阳极膜的作用，故减少了砂轮损耗，砂轮寿命比普通磨轮的使用寿命高5～10倍。

4）电解液对设备有腐蚀作用，且加工中有刺激性气体及电解液雾沫，应有抽风、吸雾设施。

5）电解磨削适用于加工淬硬钢、不锈钢、耐热钢、硬质合金，特别对硬质合金刀具刃磨及模具的磨削更为有利，不仅可以磨出高的精度、低的表面粗糙度，而且避免了表面裂纹，可磨出平直而锋利的切削刃，能提高刀具的耐用度。对于加工小孔、深孔、薄壁、细长零件更为适宜，还可用电解磨削原理进行电解珩磨。

(2) 电解珩磨复合加工

电解珩磨的原理如图8-38所示。在普通珩磨机上增设直流电源和电解液循环系统，加工时将工件接电源的正极，工具珩磨头接电源的负极并做旋转及往复运动。电解液通过工件与工具之间的间隙循环流动，使工件表面产生阳极溶解，同时，生成的阳极钝化膜则被珩磨条不断刮除。经过一定时间的电解珩磨，切断电解电源，再行机械珩磨几秒后停机，以提高其表面质量。珩磨头用导电性能好的金属如黄铜来制造，不导电的珩磨条凸出导电体外圆一定的距离。电解液与电解磨削所用的电解液相同，使用的电规准较小，电压一般为3～30V，电流密度为1A/cm²以下。

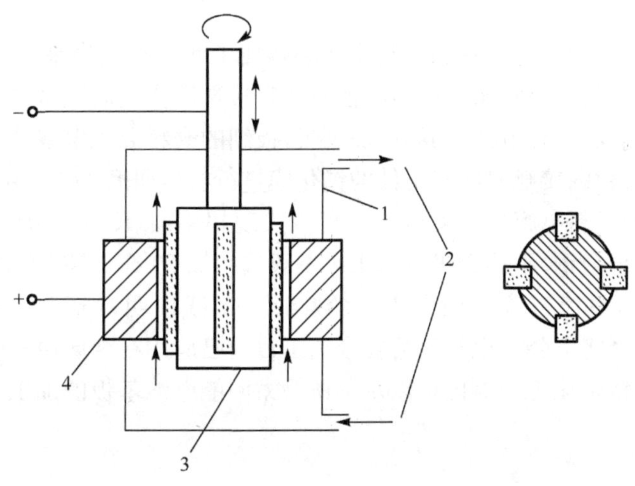

图8-38　电解珩磨原理图

1-电解液箱；2-电解液；3-珩磨头；4-工件

电解珩磨主要用于高硬度、高强度等难加工的材料，以及孔径在 ϕ10～150mm 受热易变形的内孔零件等加工。同普通机械珩磨相比，电解珩磨的加工生产率要高 3～5 倍，加工质量好，加工精度可达 0.01mm，圆度小于 5 μm，工件表面无烧伤裂纹、划痕及毛刺，表面粗糙度 Ra 可达 0.05μm。同时，珩磨条相对损耗小，延长了其使用寿命。电解珩磨现已在小径深孔、薄壁筒及齿轮等零件的加工中获得较为广泛的应用。

(3) 电解研磨复合加工

电解研磨是将电解加工与机械研磨相结合的一种复合加工方法，用来对外圆、内孔、平面进行表面光整加工以至镜面加工。

电解研磨又称电解超精加工，其加工原理如图 8-39 所示。在普通研磨机上增设电解电源、电解液系统和弧形“中介阴极”，加工时工件旋转并连接电源的正极，中介阳极连接电源的负极，在喷注电解液的作用下使工件表面产生阳极溶解。同时，生成的阳极钝化膜则被加压并作往复振动的研磨条不断刮除，加工到最后阶段切断电解电源，再行机械研磨几秒后停机，以提高加工的表面质量。

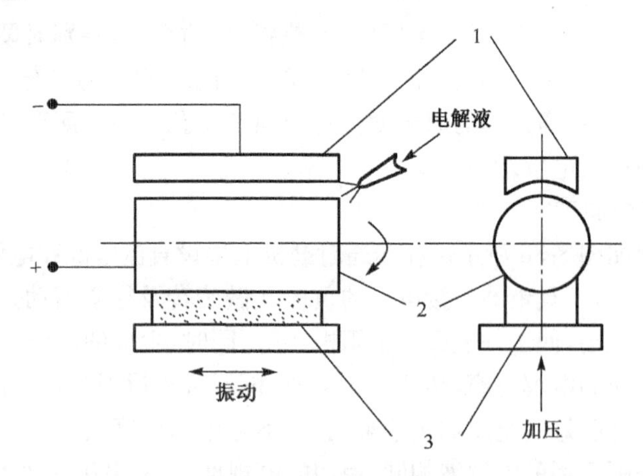

图 8-39　电解研磨原理图

1-弧形阴极；2-工件；3-研磨条

按照研磨方式可分为固定磨料加工及流动磨料加工两大类。当采用固定磨料加工时，研磨材料可选用浮动的、具有一定研磨压力的油石或直接选用弹性研磨材料(把磨料黏结在合成纤维毡或无纺布上制成)；当选用流动磨料加工时，极细的磨料混入电解液中注入加工区，利用与弹性合成纤维毡短暂的接触时间对工件的钝化膜进行机械研磨去除。由于可以实现微量的金属去除，因此，流动磨料电解研磨复合加工可以实现超镜面(Ra<0.012 5μm)的加工。电解研磨可以对碳钢、合金钢、不锈钢进行加工。一般选用加 20%$NaNO_3$(体积分数)电解液，电解间隙取 1mm 左右，电流密度一般在 1～2A/cm^2。实践证明，当 $NaNO_3$ 的体积分数低于 10%时，金属表面光泽将下降。电解研磨复合加工目前已应用在金属冷轧轧辊、大型船用柴油机轴类零件、大型不锈钢化工容器内壁以及不锈钢太阳能电池基板的加工。

参 考 文 献

艾兴，刘战强，黄船真等. 2002. 高速切削综合技术. 航空制造技术，(3)：72

卜昆，张定华. 1995. 计算机辅助制造. 西安：西北工业大学出版社

蔡青，高光焘. 1996. CAD/CAM 系统的可视化集成化智能化网络化. 西安：西北工业大学出版社

费业泰. 2000. 理论误差与数据处理. 北京：机械工业出版社

韩荣第等. 2003. 现代机械加工新技术. 北京：电子工业出版社

李诚人. 1988. 机床计算机数控. 西安：西北工业大学出版社

刘维伟，任军学. 2000. 叶轮类零件测量造型方法研究. 航空计算技术，(4)：52-55

刘雄伟等. 2000. 数控加工理论与编程技术. 北京：机械工业出版社

彭炎午. 1988. 计算机数控(CNC)系统. 西安：西北工业大学出版社

平雪良等. 2005. 未知自由曲面的三坐标测量新方法. 机械科学与技术，24(4)：64

尚朝阳. 2006. 干式切削的优势. 米克朗中国高速铣削应用开发中心.

孙文焕. 1994. 计算机辅助设计和制造技术. 西安：西北工业大学出版社

唐承统，阎艳. 2008. 计算机辅助设计与制造. 北京：北京理工大学出版社

唐荣锡. 1985. 计算机辅助飞机制造. 北京：国防工业出版社

王润孝. 1989. 机床数控原理与系统. 西安：西北工业大学出版社

许元昌. 2004. 数控技术. 北京：中国轻工业出版社

杨继昌，李金伴. 2005. 数控技术基础. 北京：化学工业出版社

佚名. 2006. 计算机辅助设计与制造. 崔洪滨，郭彦书译. 北京：清华大学出版社

殷国富，杨随先. 2008. 计算机辅助设计与制造技术. 武汉：华中科技大学出版社

袁红兵. 2007. 计算机辅助设计与制造教程. 北京：国防工业出版社

张伯霖等. 2002. 高速切削技术及应用. 北京：机械工业出版社

张望先. 2004. 基于三坐标测量机的大尺寸非接触测量. 武汉大学学报，37(5)：4

仲梁维，张国全. 2006. 计算机辅助设计与制造. 北京：北京大学出版社，中国林业大学出版社

卓迪士. 1997. 数控技术及应用. 北京：国防工业出版社

Choi K B，Jerard B R. 1998. Sculptured Surface Machining Theroy and Applications. Kluwer Academic Publishers

Chuang J J，Yang D C H. 2007. A laplace-based spiral contouring method for general pocket machining. The International Journal of Advanced Manufacturing Technology，34 (7)：714-723

http://cad.newmaker.com/disp_art/1310006/1538.html

http://kabinx.home.chinaren.com/others/cad_camfzqs2.htm

http://www.55555.com.cn/mastercam.htm

http://www.55555.com.cn/UG.htm

http://www.caxa.com/gongsi/jianjie.htm

http://www.edu.cn/download/wangxingwei.doc

http://www.icad.com.cn/html/2004-4-20/200442093648.asp

http://www.icad.com.cn/html/2005-12-13/20051213132430.asp

http://www.nc.com.cn/gb/cad_cam/cad_i_deas.htm

http://www.nc.com.cn/gb/cad_cam/cad_ug.htm
http://www.rp-tech.com/d04-catia.html
http://www.ufcbj.com.cn/ideas.htm
http://www.xjseeyon.com/xietong_index.asp
http://www.yesky.com/72344583752646656/index.shtml
http://www.zjhq.com/subject.asp? title_in=2831&id=2884
http://zhidao.baidu.com/question/2432848.html